运筹与管理科学丛书　6

离散时间排队论

田乃硕　徐秀丽　马占友　著

科学出版社
北　京

内 容 简 介

本书系统论述离散时间排队的思想原理和主要结果，建立了一个完整的理论框架. 内容包括 Markov 型、Geom/G/1 型、GI/Geom/c 型、D-BMAP/G/1 型等各种离散时间排队系统的建模和分析，并简要介绍了离散时间排队网络. 除经典模型外，还详细讨论了近些年出现的休假和工作休假离散时间排队系统，并包含计算机通信网络和卫星通信系统性能分析的应用实例. 其中部分内容是作者近年来的研究成果. 本书叙述深入浅出、论证严谨、图文并茂，注意先进性、系统性和实用性.

本书可作为运筹学、管理科学、应用数学、计算机科学、通信科学等专业高年级本科生和研究生的教材或教学参考书，也可供相关专业的科研人员和工程技术人员阅读参考.

图书在版编目(CIP)数据

离散时间排队论/田乃硕，徐秀丽，马占友 著. —北京：科学出版社，2008
(运筹与管理科学丛书；6)
ISBN 978-7-03-021869-8

I. 离… II. ①田… ②徐… ③马… III. 离散控制-控制系统-排队论
IV. TP271 O226

中国版本图书馆 CIP 数据核字(2008) 第 063476 号

责任编辑：赵彦超／责任校对：陈玉凤
责任印制：赵　博／封面设计：陈　敬

科学出版社出版
北京东黄城根北街 16 号
邮政编码：100717
http://www.sciencep.com
北京厚诚则铭印刷科技有限公司印刷
科学出版社发行　各地新华书店经销
*
2008 年 6 月第 一 版　开本：720×1000 1/16
2024 年 4 月第六次印刷　印张：21 3/4
字数：406 000

定价：98.00 元

（如有印装质量问题，我社负责调换）

《运筹与管理科学丛书》序

运筹学是运用数学方法来刻画、分析以及求解决策问题的科学. 运筹学的例子在我国古已有之, 春秋战国时期著名军事家孙膑为田忌赛马所设计的排序就是一个很好的代表. 运筹学的重要性同样在很早就被人们所认识, 汉高祖刘邦在称赞张良时就说道:“运筹帷幄之中, 决胜千里之外.”

运筹学作为一门学科兴起于第二次世界大战期间, 源于对军事行动的研究. 运筹学的英文名字 Operational Research 诞生于 1937 年. 运筹学发展迅速, 目前已有众多的分支, 如线性规划、非线性规划、整数规划、网络规划、图论、组合优化、非光滑优化、锥优化、多目标规划、动态规划、随机规划、决策分析、排队论、对策论、物流、风险管理等.

我国的运筹学研究始于 20 世纪 50 年代, 经过半个世纪的发展, 运筹学队伍已具相当大的规模. 运筹学的理论和方法在国防、经济、金融、工程、管理等许多重要领域有着广泛应用, 运筹学成果的应用也常常能带来巨大的经济和社会效益. 由于在我国经济快速增长的过程中涌现出了大量迫切需要解决的运筹学问题, 因而进一步提高我国运筹学的研究水平、促进运筹学成果的应用和转化、加快运筹学领域优秀青年人才的培养是我们当今面临的十分重要、光荣、同时也是十分艰巨的任务. 我相信,《运筹与管理科学丛书》能在这些方面有所作为.

《运筹与管理科学丛书》可作为运筹学、管理科学、应用数学、系统科学、计算机科学等有关专业的高校师生、科研人员、工程技术人员的参考书, 同时也可作为相关专业的高年级本科生和研究生的教材或教学参考书. 希望该丛书能越办越好, 为我国运筹学和管理科学的发展做出贡献.

袁亚湘

2007 年 9 月

前　言

自 Erlang 的开创性工作以来, 排队论经历了百年历程, 已发展成为运筹学和应用概率论中的重要分支学科. 经典排队论主要研究和处理各种连续时间系统, 已经确立了成熟的理论体系, 并在生产、交通、服务、通信、管理和军事领域得到广泛的应用.

21 世纪, 人类进入了信息时代. 计算机和计算机网络的应用已经遍布社会活动和生产生活的各个领域, 人类文明和社会进步从来没有经历过如此深刻的震撼和推动. 信息革命正在改变着传统科学技术领域的思想观念、理论基础和研究方法. 在当代计算机产业和宽带综合业务数字网络 (BISDN) 中, 语音、数据、图像等各种业务都将通过数字化分割成固定长度信元或包, 进行统一的处理和传输. 一个业务量的大小, 用它所包含信元的个数来度量; 一个需求占用的服务时间, 是单位信元处理时间的整倍. 计算机系统和 BISDN 中大量操作环节和运行过程, 更自然地表现出离散时间现象的本质特征. 计算机科学和信息技术的发展, 激发了人们对离散时间系统的关注和探索, 离散时间排队研究正是在这种背景下产生和发展起来的.

Meisling(1958) 的论文是离散时间排队分析的起点. 与经典的连续时间排队不同, 一个离散时间排队模型的基本要素 (到达间隔、服务时间等) 都是非负整值随机变量; 系统运行过程中的各种事件 (顾客到达、服务的开始或结束等) 都只发生在整点时刻. 由于离散时间排队更适合于计算机系统建模和性能分析, 引起了大批排队论和通信工程专家的广泛关注, 并迅速产生了大量理论分析及实际应用成果. Hunter 在 *Mathematical Techniques of Applied Probability* (1983) 一书中, 以一章的篇幅对离散时间排队的早期成果给出了一个系统的处理. Takagi 的著作 *Queueing Analysis* (1993, 卷 3, 离散时间系统) 从为计算机系统性能分析提供数学工具的角度出发, 对各种 Gemo/G/1 系统给出了完整的分析. 使用离散时间排队进行计算机系统和通信网络分析和设计的专著主要有: Brunnel 和 Kim 的 *Discrete-time Models for Communication Systems Including ATM* (1993), Woodward 的 *Communication and Computer Network-Modelling with Discrete Time Queues* (1994). 离散时间排队不仅丰富和扩展了经典排队论研究, 而且为计算机系统和通信网络的设计优化与性能分析提供了理论基础和数学工具. 然而, 或因写作时间较早, 或因局限于具体应用目的, 上述著作均不能反映离散时间排队研究的全貌, 更未建立完整的理论体系.

本书的目的, 是对离散时间排队构建一个较完整的理论框架, 同时较全面地反映该领域的研究成果和方法. 除上述几本著作外, 离散时间排队的大量研究成果散见在各种杂志上, 并且通常是使用不同方法给出的. 我们对国内外大量成果进行梳理和加工, 结合自己的研究工作, 给出了一个由浅入深、层次分明、有机联系的理论体系. 在内容上, 不仅包括国内外最常见的 Geom/G/1 型系统, 还包括生灭链型和 GI/Geom/1 型模型; 既包括经典模型的分析, 也关注带有各种休假策略、成批 Markov 到达、离散时间排队网络等新近研究成果的系统处理. 对比较简单的模型, 尽量使用嵌入 Markov 链和补充变量等常规方法; 对更复杂的模型, 使用当代流行的拟生灭过程、矩阵几何解和 M/G/1 型结构矩阵分析方法处理. 力争在研究内容和分析方法上反映国内外当代水平. 书中还引入大量计算机系统和通信网络性能分析的例子, 努力做到理论分析难度适中, 应用例子丰富生动、表述流畅、图文并茂.

作者从事排队论研究已有三十多个寒暑, 特别是在休假排队和离散时间排队分析中取得了诸多研究成果. 书中大量内容是作者们自己的研究工作.

全书共分八章. 第 1 章论述离散时间排队中出现的一些新现象和独有的特性. 第 2 章简要介绍本书中需要的预备知识, 包括 Markov 链、离散 PH 分布、可逆 Markov 链等内容. 第 3 章处理各种离散时间生灭链型排队系统, 其中离散时间消失系统、非齐次成批到达的无穷服务台系统是作者的研究工作. 第 4 章致力于各种 Geom/G/1 型系统的分析, 包括成批到达、有限等待场所及各种休假机制的模型. 本章中多级适应性休假模型的引入和分析是作者的研究工作, 它包含国际上研究的众多 Geom/G/1 休假模型作为特例. 第 5 章处理各种 GI/Geom/c 型离散时间排队, 包括多服务台和带有休假机制的模型. 本章中 GI/Geom/1 型休假排队系统的分析是作者首先给出的. 第 6 章关于各种工作休假排队模型的分析全部是作者近期的研究成果. 工作休假机制由 Servi 与 Fann(2002) 引入, 是经典休假排队的一种推广, 并在光纤通信系统中有重要的应用背景. 众所周知, 在 BISDN 中, 需求的到达过程表现出明显的相依性和突发性, 传统的更新到达过程已不能描述这些新的特征. 近些年引入的 Markov 到达过程克服了传统到达模式的局限性, 能很好地适用于 BISDN 建模和分析. 第 7 章系统地处理各种有离散成批 Markov 到达过程的排队模型. 第 8 章简要介绍离散时间排队网络的理论和成果. 排队网络是尚处于发展过程中的研究领域, 但是在通信网络建模与分析中极为重要. 本章结合卫星通信和局域网领域的应用例子, 给出离散时间排队网络的一个系统的处理. 每一章的最后都设置文献评述一节, 给出本章内容和相关工作的出处, 便于读者阅读和研究进一步的文献.

阅读本书只需要 Markov 过程和矩阵分析的基本知识. 本书可供随机运筹学及管理科学领域的研究人员、高校教师和相关专业研究生使用, 也可供计算机系统和通信网络的工程技术人员阅读参考.

1994年以来, 我们关于排队论的研究得到国家自然科学基金 (19871072;

10271102; 10671170) 的连续资助, 对此作者表示衷心的感谢.

美国 Western Washington 大学 Zhe George Zhang 教授长期与作者合作研究, 燕山大学信息科学与工程学院申利民教授、金顺福教授、刘洺辛博士参与并承担部分研究工作, 博士研究生李继红、陈海宴、孙威、霍占强和田志斌也在课题研究和书稿撰写过程中做了大量的工作. 在此, 作者向他们表示感谢.

作　者

2007 年春节

于秦皇岛燕山大学

目　录

第1章　引　　论

§1.1　离散时间排队模型

自 Erlang 关于排队论的开创性工作以来, 排队论经历了近百年历史. 排队系统, 也称为随机服务系统, 是研究服务过程和拥挤现象的随机模型. 顾客随机地到达一个服务场所, 要求进行某种服务. 服务可能立即开始, 也可能需要排队等待一段时间后才开始, 完成服务的顾客离开系统. 在这类模型的描述中, 有两个随机变量是最基本的. T_n 表示第 $n+1$ 个顾客与第 n 个顾客到达时刻之间的间隔, 在简单的情况下, 假定 $\{T_n, n \geqslant 1\}$ 是独立同分布的, 简记为 T, 称为到达间隔, 有分布函数 $A(x) = P\{T \leqslant x\}, x > 0$. 以 S_n 表示第 n 个顾客要求的服务时间, 通常假定 $\{S_n, n \geqslant 1\}$ 是独立同分布的, 简记为 S, 称 $B(x) = P\{S \leqslant x\}, x > 0$ 为服务时间分布. 当然, 完整地刻画一个排队系统, 除了到达时间间隔和服务时间分布以外, 还需要指定一个排队规则 —— 以怎样的顺序安排顾客进行服务的法则.

到达间隔和服务时间是非负连续随机变量的排队系统, 称为连续时间排队. 在这类模型中, 顾客到达或离去这些事件的发生时刻可以取任何正实数. 排队论的大量文献和著作, 主要集中于连续时间排队系统. 到达间隔和服务时间都是正整值随机变量的排队系统, 称为离散时间排队. 这相当于把时间轴分割成等长的部分, 称为时隙 (slot). 顾客的到达和离去只能发生在时隙的分点处. 与连续时间排队相比, 离散时间排队的研究是较晚才开始的. Meisling(1958) 的论文是关于离散时间排队的开创性工作.

离散时间排队有广泛的应用背景, 特别是计算机通信技术的发展, 极大地推动了离散时间排队的研究和应用. 例如, 在宽带综合业务数字网络 (B-ISDN) 中, 异步转移模式 (ATM) 被国际电联电信标准部确立为未来的通用技术之一. ATM 网络以单一的网络结构和综合的方式处理语音、数据、图形和电视各种信息传输. 所有的消息数字化以后都被分割成有固定长度的 ATM 信元 (cell), 每个信元由 53 个字节 (8 位数) 构成. 前 5 个字节为首标, 其余 48 个字节为消息域. 在这个系统中, 顾客是随机到达并要求传输的消息, 排队指消息在缓冲器中等待传输, 服务台是计算机通信系统或传输路线. 任何消息的服务 (传输) 时间是单位 ATM 信元持续时间的整数倍, 因此是正整值随机变量. 这一系统中最自然和最基本的时间单位是一个 ATM 信元在线路中的传送时间, 服务开始和结束都只能在有确定间隔的分点处发生. 类似地, 在各种计算机系统中, 比特或二进制码的持续时间是最基本的时间单位, 一个程序所需要的服务时间就是它包含的二进制码的数量. 此外, 在生产自动线上, 待加工部件以等距方式传递; 在交通领域, 火车、飞机在确定时刻到站. 这些系统均可用离散时间排队模型刻画.

离散时间排队模型分析的整个过程, 几乎每一步骤都可给出直观而具体的概率解释. 关于系统性能指标的结果, 不仅有简单的形式, 而且有明确的概率意义. 另外, 正如 Meisling 指出的, 若干连续时间排队问题可以通过首先研究一个离散时间排队模型, 然后令时隙无限缩短取极限的方法解决.

同连续时间排队一样, 一个离散时间排队系统主要由下列三部分组成:

(1) 到达模式. 顾客到达只能发生在时间轴上的整点处. 若在每个时隙分点上最多到达一个顾客, 称为单个到达. τ_n 表示第 n 个顾客的到达时刻, $\tau_0=0, T_n=\tau_n-\tau_{n-1}, n\geqslant 1$ 称为到达间隔, 它是正整值随机变量. 在简单的情况下, 假定 $\{T_n, n\geqslant 1\}$ 是独立同分布的, 这时, 到达过程是有离散更新间隔的更新过程. 更新间隔 $T_n\equiv T$ 有分布

$$p_n=P\{T=n\},\quad n\geqslant 1,$$

数学期望 $E(T)$ 称为平均到达间隔. 一个重要的特例是 T 服从几何分布

$$p_n=P\{T=n\}=p(1-p)^{n-1},\quad n\geqslant 1,\quad 0<p<1.$$

这一到达过程可解释为: 在每个时隙分点处以概率 p 到达一个顾客, 以概率 $1-p$ 无到达, 并且不同整点处到达行为相互独立. 长为 n 个时隙的一段时间到达顾客数 C_n 服从二项分布

$$P\{C_n=k\}=\binom{n}{k}p^k(1-p)^{n-k},\quad k=0,1,\cdots,n.$$

因此, 有几何分布到达间隔的离散时间到达过程, 称为 Bernoulli 到达过程. 类似于连续时间排队中的指数分布, 在离散随机变量中只有几何分布是无后效的. 离散时间的 Bernoulli 到达过程相当于连续时间的 Poisson 到达过程, 有许多简单的性质, 并且容易进行解析的数学处理.

如果允许一个整点处有许多顾客同时到达, 称为成批到达. 这时, 除了到达间隔分布以外, 还需给出批量分布. 假设同时到达的顾客数为 A, 有批量分布

$$a_k=P\{A=k\},\quad k\geqslant 1,\quad \sum_{k=1}^{\infty}a_k=1.$$

当间隔 T 服从几何分布且与批量 A 独立时, 任何时隙分点处到达顾客数 C 有分布

$$b_0=P\{C=0\}=1-p,\quad b_k=P\{C=k\}=pa_k,\quad k\geqslant 1.$$

在更一般情况下，还需要引入到达间隔有相依性结构的离散时间到达过程. 例如，离散时间 Markov 到达过程 (DMAP).

(2) 服务机制. 首先应规定服务场所中服务员的个数，只有一个服务员称为单服务台系统; 多个服务员并列地接待顾客称为多服务台系统. 以 S_n 表示第 n 个顾客需要的服务时间，在简单的情况下假定 $\{S_n, n \geqslant 1\}$ 是独立同分布的，并记 $S_n \equiv S$，有分布

$$P\{S=k\}=g_k, \quad k \geqslant 1,$$

称 $E(S)$ 为平均服务时间. 一个特殊情况是 S 服从几何分布

$$P\{S=k\}=\mu(1-\mu)^{k-1}, \quad k \geqslant 1, \quad 0<\mu<1.$$

这可解释为：如果服务在某个时隙上正在进行，则在该时隙结束时以概率 μ 完成服务，以概率 $1-\mu$ 服务将持续到下一个时隙.

如果在任何时刻，服务台最多只能接待一个顾客，称为单个服务的，服务台可同时接待多个顾客称为成批服务的. 对后一种情况，服务员可同时接待的顾客数称为服务批量，它可以是定数，也可以是随机变量.

(3) 排队规则. 当系统中有多个顾客排队等待时，一旦服务台空出，如何安排队列中顾客进入服务台的方式称为排队规则. 在大多数情况下，按到达顺序安排顾客服务，称为先到先服务，简记为 FIFO(first in first out). 依据不同应用背景，也需要引入其他排队规则. LIFO(late in first out)指服务台空出时，队列中最后到达者先开始进行服务. 如果当服务台空出时，在排队中的顾客任意选出一名顾客开始服务，称为按随机顺序服务，简记为 SIRO (service in random order). 在许多实际应用中，顾客可能分成多种类型，每一类顾客享有不同等级的优先权. 一旦服务台空出，队列中具有高优先权的顾客先开始服务. 在优先权服务中，如果高优先权顾客一旦到达，立即驱逐正在接受服务的低优先权顾客，称为抢占型优先权服务. 如果容忍低优先权顾客完成正在进行的服务，然后高优先权顾客再进入服务台，称为非抢占型优先权服务. 根据各种实际问题的需要，在排队论研究中引入了形形色色的排队规则.

与连续时间排队一样，使用 Kendell 引入的记法表示一个离散时间排队系统. 按这种表示法，除了需指定排队规则外，使用 3 个符号描述一个排队系统，写成 A/B/c 形式，符号 A 和 B 分别用于描述到达间隔和服务时间的分布类型，c 是数字，用于表示系统中服务台的个数. A 与 B 将用一些特定的符号取代，通用记号是：

D: 表示定长分布. A=D 意味着到达间隔为一个确定的长度 (正整数), B−D 表明顾客服务时间为定长.

Geom: 表示几何分布, A=Geom 意味着到达是 Bernoulli 过程, B=Geom 表明服务时间服从几何分布.

G: 表示一般分布, 只假定到达间隔或服务时间是一般的正整值随机变量, 对其分布不加具体限制.

按 Kendell 表示法, 例如, Geom/G/1 表示到达为 Bernoulli 过程, 服务时间服从一般分布的单服务台离散时间排队系统. D/Geom/c 表示到达间隔定长, 服务时间服从几何分布的 c 个服务台离散时间排队系统, 如此等等.

与连续时间排队相同, 对离散时间排队模型, 主要关心的仍然是系统中顾客数、等待时间和忙期等性能指标. 区别在于, 不仅系统中顾客数, 现在, 等待时间和忙期也是整值随机变量.

§1.2　入 口 协 议

在连续时间排队中, 顾客到达和离去等事件发生于同一时刻的概率为零. 因此, 总可以区别这些事件发生的先后顺序. 在离散时间排队中, 所有事件发生在时间轴上的整点处, 时刻 $t=n$ 处既可能发生顾客到达, 也可同时发生完成服务顾客离去. 如果以 $Q(n)$ 表示时刻 n 系统中顾客数, 为了使 $Q(n)$ 有明确意义, 就必须进一步规定时刻 $t=n$ 处发生事件的顺序, 从而决定在 $t=n$ 处到达或离去的顾客是否记入 $Q(n)$. 关于在整点时刻到达和离去、服务开始或结束规则的更细致的约定, 统称为入口协议.

事实上, 可以讨论两种不同的情况: 第一类称为早到系统 (early arrival system), 到达发生在时隙首端 (n, n^+) 处, 服务完成只能发生于时隙末端 (n^-, n) 处. 第二类称为晚到系统 (late arrival system), 到达只能发生在时隙末端 (n^-, n) 处, 服务完成发生在时隙首端 (n, n^+) 处. 图 1.2.1 显示了这两类模型的区别.

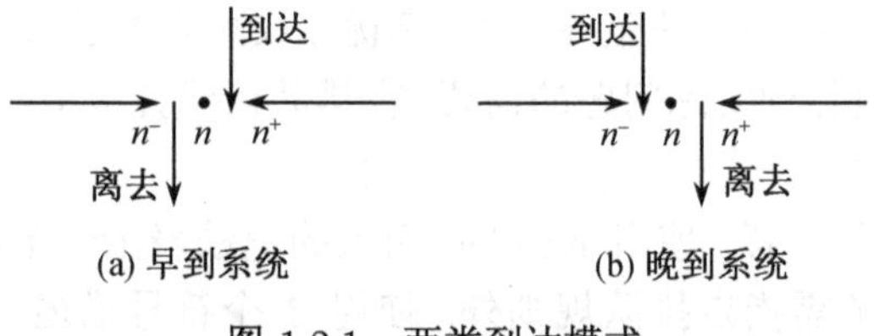

图 1.2.1　两类到达模式

在晚到系统中, 还要区别两类不同情况. 一类是 (n^-, n) 到达的顾客遇空闲服务台可立即开始服务, 并且服务可能在 (n, n^+) 处结束, 称为有直接入口 (immediate access) 的晚到系统. 例如, 当服务时间服从参数 μ 的几何分布时, 一个在 (n^-, n) 到达并遇空出的顾客, 在有直接入口的晚到系统中, 将以概率 μ 于 (n, n^+) 处完成服务离去. 另一类是 (n^-, n) 处到达的顾客遇空闲服务台, 其服务不能在 (n, n^+) 处结束, 称为有延迟入口 (delayed access) 的晚到系统. 这可看成顾客在 (n^-, n) 处不能直接进入空闲服务台, 需延迟到 (n, n^+) 才开始接受服务. 因此, 在 (n^-, n) 到达并遇服务台空闲的顾客, 于 (n, n^+) 处完成服务的概率为零.

如上所述, 按入口协议, 一个离散时间排队系统可以表现为三种不同的模型: 早到系统、有直接入口的晚到系统、有延迟入口的晚到系统. 离散时间排队系统状态的描述不仅取决于入口协议的分类, 还与考察时刻上的细微差别有关. $Q(n^-), Q(n)$, $Q(n^+)$ 分别表示时刻 n^-, n, n^+ 系统中的顾客数, 即使在入口行为完全确定的模型中, 它们也将取不同的值. 应该强调指出的是, 即使在完全相同的到达时刻和服务时间实现下, 上述三种入口行为模型中系统中顾客数过程也可以有不同的样本轨道. 作为例子, 设到达时刻是 0, 1, 3, 5, 6, 7(到达间隔是 1, 2, 2,1, 1), 服务时间是 2, 1, 1, 2, 1, 1. 图 1.2.2 给出了三种入口行为下顾客数过程的样本轨道, 以及在确定的入口行为下 $Q(n^-), Q(n)$ 和 $Q(n^+)$ 取值的区别.

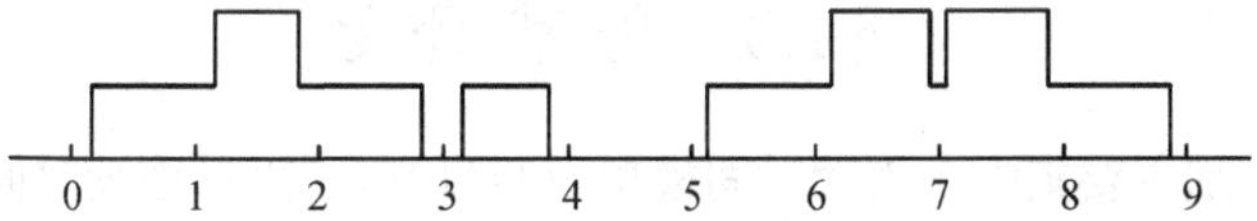

	0	1	2	3	4	5	6	7	8	9
$Q(n^-)$	0	1	2	1	1	0	1	2	2	1
$Q(n)$	0	1	1	0	0	0	1	1	1	0
$Q(n^+)$	1	2	1	1	0	1	2	2	1	0

(a) 早到系统

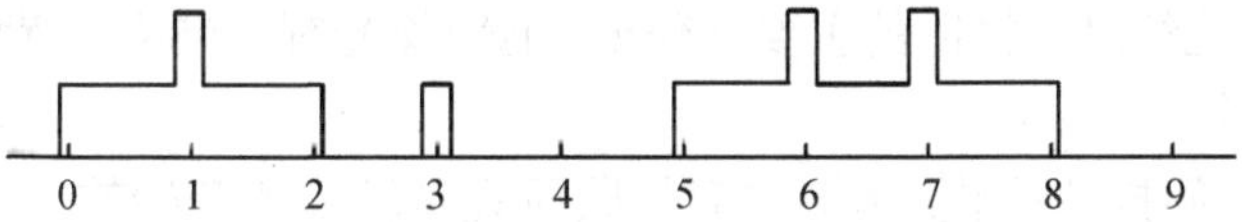

	0	1	2	3	4	5	6	7	8	9
$Q^{(i)}(n^-)$	0	1	1	0	0	0	1	1	1	0
$Q^{(i)}(n)$	1	2	1	1	0	1	2	2	1	0
$Q^{(i)}(n^+)$	1	1	0	0	0	1	1	1	0	0

(b) 有直接入口的晚到系统

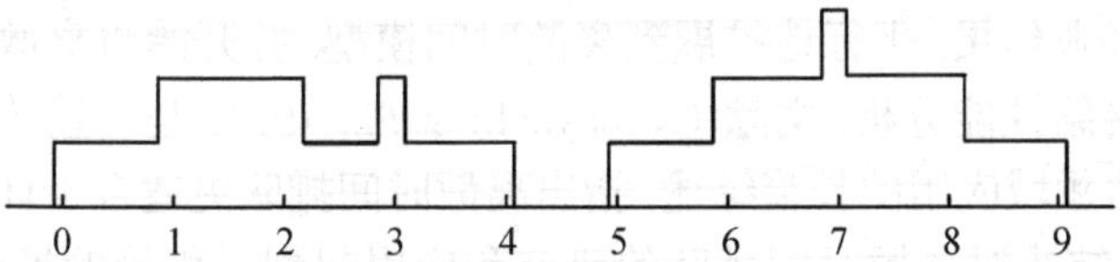

	0	1	2	3	4	5	6	7	8	9
$Q^{(d)}(n^-)$	0	1	2	1	1	0	1	2	2	1
$Q^{(d)}(n)$	1	2	2	2	1	1	2	3	2	1
$Q^{(d)}(n^+)$	1	2	1	1	0	1	2	2	1	0

(c) 有延迟入口的晚到系统

图 1.2.2 不同样本轨道的比较

虽然在同一模型中, $Q(n^-), Q(n), Q(n^+)$ 各不相同, 但对三种入口行为模型, 它们之间也存在一些明显的联系. 容易证明: $Q^{(i)}(n^-) = Q(n)$, $Q^{(i)}(n) = Q[(n+1)^-]$, $Q^{(i)}(n^+) = Q(n+1)$, $Q^{(d)}(n^-) = Q(n^-)$, $Q^{(d)}(n^+) = Q[(n+1)^-]$ 等等, 这里上标 (i) 和 (d) 分别表示直接入口和延迟入口的晚到系统, 无上标表示早到系统. 基于这些联系, 我们可以只研究一种入口行为的模型, 并集中于三个状态变量中的一个. 本书主要研究早到系统和有延迟入口的晚到系统, 其他模型的结果容易从得到的结论中推出. 无论如何, 在分析一个离散时间排队模型时, 必须明确规定入口协议及考察时刻, 才能确保系统状态有明确的意义.

在文献中, 关于到达和离去模式引入了有微小差别的各种变体. 不同的入口规则, 取决于控制系统运行中对同时发生事件顺序的不同规定和协议. 入口行为的规定, 对所关注的过程是否具有准可逆性及顾客服务质量的性能指标都有实质性的影响. 详见文献 (Chao et al., 1999; Gravey et al., 1992).

§1.3　文 献 评 述

排队论文献主要集中于连续时间模型, 已经出版了大量连续时间排队论的著作. 使用经典方法处理连续时间排队的著作如文献 (Saaty, 1961; Takacs, 1962; Prabhu, 1965; Cohen, 1982; Kleinrock, 1976; Cooper, 1981; Gross et al., 1985; Takagi, 1991) 等. 近些年, 出版了一批使用点过程和鞅论等现代方法处理连续时间排队的专著, 如文献 (Bremaud, 1981; Franken et al., 1982; Brandt et al., 1990; Baccelli et al., 2003) 等. 国内关于连续时间排队的主要著作如文献 (徐光辉, 1988; 孙荣恒等, 2002; 唐应辉等, 2006) 等.

与连续时间排队比较, 离散时间排队研究是较晚才开始的. 1958 年, Meisling 的论文研究了 Geom/G/1 离散时间排队模型, 并指出平行于连续时间排队论建立和发展离散时间排队理论的可能性. 随后, Dafermos 与 Netus (1971), Netus 等 (1973,I-IV), Hsu 与 Burke (1976), Chan 与 Maa (1978), Morrison (1979), Bharath-Kumar (1980) 等研究了各种离散时间排队模型的稳态指标和计算方法. 连续时间排队中大量经典结果, 平行地扩展到离散时间模型, 并开始将离散时间排队应用于计算机通信网络性能分析. 文献 (Kobayashi et al., 1977) 是一篇关于离散时间排队在计算机通信领域应用的长篇综述, 指出离散时间排队更适合于计算机网络的建模和分析, 这篇综述对离散时间排队的研究和应用起到了积极的推动作用. 迄今, 已经建立了较完整的离散时间排队理论体系. 然而, 与连续时间排队情况不同, 离散时间排队的著作只出版了少数几本. 关于离散时间排队早期结果的一个系统论述如文献 (Hunter, 1983, 卷 2, 第 9 章). 本书 §1.2 中关于入口性质的描述, 主要来源于 Hunter (1983). Gravey 与 Hebuterne (1992) 引入并研究了各种各样的入口行为及其相互关系. Takagi (1993) 系统地给出了各种 Geom/G/1 离散时间排队模型的分析和处理. 文献 (Daduna, 2001) 是一本离散时间排队网络的专著, 对多种离散时间排队网络给出了“乘积解”形式的稳态指标的解析表达式. 随着在计算机系统和通信网络中应用研究的发展, 也出版了若干使用离散时间排队方法进行计算机通信网络性能分析的专著, 如文献 (Bruneel et al., 1993; Woodward, 1994) 等. 在国内, 文献 (孙荣恒等, 2002) 中有一章篇幅用于介绍离散时间排队分析.

第 2 章 Markov 链及相关预备知识

离散时间排队分析的主要数学工具是 Markov 链, 为了论述的完整性, 本章简要介绍 Markov 链理论和相关知识. 国内外已有大量相关著作出版, 因此, 这里主要关注本书反复用到的内容, 许多细节不再给出详细的证明. 对 Markov 链给出深入理论分析的著作, 见文献 (侯振挺等, 1978; 王梓坤, 1980; Doob, 1953; Chung, 1967; Kemeny et al., 1983; Freedman, 1983) 等. 以各种应用领域中随机模型分析为主要目标介绍 Markov 链理论及应用的著作见文献 (Bharucha-Reid, 1960; Cohen, 1982; Hunter, 1983; Ross, 1983; Gunter, 2006; 邓永录, 1994; 蒋庆琅, 1987) 等.

§ 2.1 定义和转移概率矩阵

$\{X_n, n \geqslant 0\}$ 是一个离散时间参数随机过程, 参数集 $N = \{0, 1, \cdots\}$. 所有的 $X_n(n \geqslant 0)$ 是定义在同一概率空间上的非负整值随机变量, 其值域 Ω 是非负整数的有限或可数子集, 称为状态空间. 对任何 $n \in N, i \in \Omega, \{X_n = i\}$ 称为过程在时刻 n 处在状态 i 上, 或称过程在时刻 n 的实现是状态 i.

更直接地, $\{X_n, n \geqslant 0\}$ 可看成一个随机变量的序列, $\{X_n = i\}$ 理解为第 n 次随机试验的结果是状态 i. 在初等概率中, 主要处理相互独立随机变量的序列, 用大数定律和中心极限定理刻画部分和 $X_1 + \cdots + X_n$ 的分布形态. 然而, 在大量实际应用中, $\{X_n, n \geqslant 0\}$ 是相依的随机变量序列, Markov 链就是一类具有简单相依性结构的随机变量序列.

定义 2.1.1 $\{X_n, n \geqslant 0\}$ 是随机变量序列, 若对任何 $i_0, i_1, \cdots, i_n, j \in \Omega$ 及任何 $n \in N$, 都有

$$P\{X_{n+1} = j | X_0 = i_0, \cdots, X_n = i_n\} = P\{X_{n+1} = j | X_n = i_n\}, \tag{2.1.1}$$

则称 $\{X_n, n \geqslant 0\}$ 是一个 Markov 链 (简记为 MC).

由条件概率表述的 (2.1.1) 式称为 Markov 性质. 把过程在历史上的一段实现 $\{X_0 = i_0, X_1 = i_1, \cdots, X_{n-1} = i_{n-1}\}$ 称为“过去”, $\{X_n = i_n\}$ 称为“现在”. Markov 性质的含义是: 过程在将来的实现只取决于“现在”达到的状态, 而与“过去”历史上的实现无关. 因此, Markov 性质也称为无记忆性. 如果把 X_n 的实现看成第 n 次

随机试验的结果, (2.1.1) 可解释为: 下一次试验的结果只依赖当前这次试验发生了什么, 而与以前一系列随机试验的结果无关.

定义 2.1.2 对 MC$\{X_n, n \geqslant 0\}$, 若对任何 $n \in N, i, j \in \Omega$, 有

$$p_{ij} = P\{X_{n+1} = j | X_n = i\}, \tag{2.1.2}$$

则称 MC 具有平稳转移概率, 也称为时间齐次(简称时齐) 的, p_{ij} 称为由状态 i 转移到状态 j 的一步转移概率, $\boldsymbol{P} = (p_{ij})$ 称为一步转移概率矩阵 (简称转移阵).

(2.1.2) 表明, 对时齐的 MC, 一步转移概率不依赖于 n. 转移阵 $\boldsymbol{P}$ 显然满足 $p_{ij} \geqslant 0, \sum\limits_{j \in \Omega} p_{ij} = 1$, 即 $\boldsymbol{P}$ 是行和为 1 的非负矩阵, 满足这两个条件的矩阵称为随机矩阵. 随机变量 X_0 的分布 $p_i^{(0)} = P\{X_0 = i\}, i \in \Omega$, 称为 MC$\{X_n, n \geqslant 0\}$ 的初始分布. 使用 Markov 性质 (2.1.1), 对任何 $n \geqslant 1, i_0, \cdots, i_n \in \Omega$, 有

$$P\{X_0 = i_0, X_1 = i_1, \cdots, X_n = i_n\} = p_{i_0}^{(0)} p_{i_0 i_1} \cdots p_{i_{n-1} i_n}.$$

事实上, $\{X_n, n \geqslant 0\}$ 的任意有限维分布均可通过初始分布和转移阵 $\boldsymbol{P}$ 表出, 因此, 一个时齐 MC 由初始分布和转移阵唯一确定.

定义 2.1.3 对有转移阵 $\boldsymbol{P}$ 的时齐 MC$\{X_n, n \geqslant 0\}$, 条件概率

$$p_{ij}^{(n)} = P\{X_n = j | X_0 = i\}, \quad n \geqslant 1, \quad i, j \in \Omega$$

称为 n 步转移概率, $\boldsymbol{P}^{(n)} = (p_{ij}^{(n)})$ 称为 n 步转移概率矩阵.

对时齐 MC, 容易证明, 对任何 $n, m \in N$; $i, j \in \Omega$, 都有

$$p_{ij}^{(n)} = P\{X_{m+n} = j | X_m = i\}.$$

另外, 显然 n 步转移概率阵 $\boldsymbol{P}^{(n)}$ 也是随机矩阵. 使用 Markov 性质容易证明

定理 2.1.1 $\{X_n, n \geqslant 0\}$ 是时齐 MC, 有转移阵 $\boldsymbol{P}$, 则

(1) $p_{ij}^{(m+n)} = \sum\limits_{k \in \Omega} p_{ik}^{(m)} p_{kj}^{(n)}$, $m, n \geqslant 1$; $i, j \in \Omega$;

(2) $\boldsymbol{P}^{(n)} = \boldsymbol{P}^n$, $n \geqslant 1$.

结论 (1) 称为 Chapman-Kolmogorov 方程, 它有明显的直观概率意义. 结论 (2) 指出, n 步转移概率矩阵 $\boldsymbol{P}^{(n)}$ 是 (一步) 转移阵 $\boldsymbol{P}$ 的 n 次幂. 为了方便, 还规定 $\boldsymbol{P}^{(0)} = \boldsymbol{I}$ 是单位矩阵, 即 $p_{ij}^{(0)} = \delta_{ij}$(Kronecker 符号). 现在, 对任何 $n \in N$, MC 在时刻 n 达到状态 $j \in \Omega$ 的绝对概率可表为

$$P\{X_n = j\} = \sum_{i \in \Omega} p_i^{(0)} p_{ij}^{(n)}. \tag{2.1.3}$$

例 2.1.1 两个共线用户.

由一条通信线路接入同一台计算机上的两个用户，每个用户随机地发送消息. 把时间分割成定长的时隙，一个时隙是有固定长度的消息的传输时间. 接入控制协议是：在每个时隙上，每个用户以概率 p 发送一个消息，并以概率 $1-p$ 推迟到下一个时隙发送. 两个用户发送消息的行为是相互独立的. X_n 表示线路在第 n 个时隙上的状态，定义为：

状态 $0=$ 空闲 $=$ 在一个时隙上无用户发送消息；

状态 $1=$ 传输 $=$ 在一个时隙上恰有一个用户传输消息；

状态 $2=$ 冲突 $=$ 在一个时隙上两用户都试图发送消息.

$\{X_n, n\geqslant 0\}$ 是一个时齐 MC，有状态空间 $\Omega=\{0,1,2\}$，转移阵形如

$$\boldsymbol{P}=\begin{bmatrix} p_{00} & p_{01} & p_{02} \\ p_{10} & p_{11} & p_{12} \\ p_{20} & p_{21} & p_{22} \end{bmatrix},$$

其中的转移概率计算如下：

$$\begin{aligned} &p_{00}=(1-p)^2, \quad && p_{01}=2p(1-p), \quad && p_{02}=p^2, \\ &p_{10}=(1-p)^2, && p_{11}=2p(1-p), && p_{12}=p^2, \\ &p_{20}=(1-p)^2, && p_{21}=2p(1-p), && p_{22}=p^2. \end{aligned}$$

MC$\{X_n, n\geqslant 0\}$ 的状态转移机制如图 2.1.1 所示.

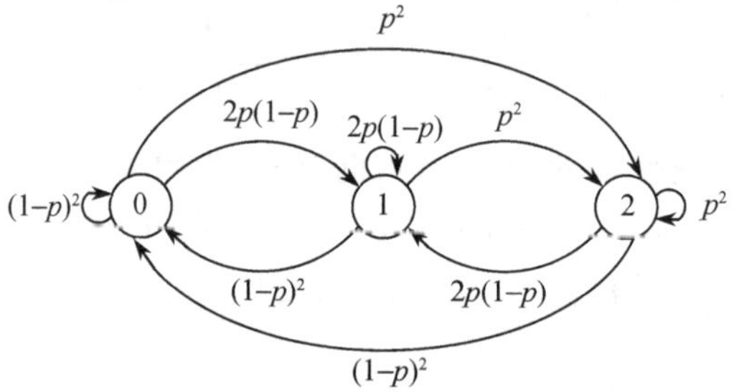

图 2.1.1 两个共线用户系统状态转移机制

例 2.1.2 弹性壁随机步行.

考虑 x 轴上点 $0,1,\cdots,a(\geqslant 2)$ 之间以下列方式移动的质点. 如果质点位于 i 处，$1\leqslant i\leqslant a-1$，下一次随机试验中质点以概率 p 达到 $i+1$，以概率 $q=1-p$ 达到位置 $i-1$. 质点一旦停留在 0 或 a 处，下一次随机试验不能转移到任何其他位置上. 此外，从位置 1 出发的质点达到 0 时，以概率 α 保持在点 0 处，并以概率 $1-\alpha$ 立刻反弹到位置 1. 类似地，从位置 $a-1$ 出发的质点达到位置 a 时，以概率

β 滞留在位置 a, 并以概率 $1-\beta$ 立刻反弹回位置 $a-1$. 以 X_n 表示第 n 次随机试验所达到的位置, 并设初始时刻质点等概率地在任何可能的位置上. $\{X_n, n \geqslant 0\}$ 是一个时齐 MC, 有初始概率分布

$$P_i^{(0)} = \frac{1}{1+a}, \quad i = 0, 1, \cdots, a.$$

$\{X_n, n \geqslant 0\}$ 的转移阵是

$$\boldsymbol{P} = \begin{bmatrix} 1 & 0 & 0 & \cdots & 0 & 0 & 0 \\ \alpha q & (1-\alpha)q & p & \cdots & 0 & 0 & 0 \\ 0 & q & 0 & \cdots & 0 & 0 & 0 \\ \vdots & \vdots & \vdots & & \vdots & \vdots & \vdots \\ 0 & 0 & 0 & \cdots & 0 & p & 0 \\ 0 & 0 & 0 & \cdots & q & (1-\beta)p & \beta p \\ 0 & 0 & 0 & \cdots & 0 & 0 & 1 \end{bmatrix}.$$

如果 $\alpha = 0$, 点 0 处称反射壁, MC 实际上不能达到位置 0. 如果 $\alpha = 1$, 点 0 处称吸收壁. 当 $0 < \alpha < 1$ 时, 点 0 处称弹性壁. 对位置 a 也可做类似讨论.

最后, 我们指出, 最简单的离散时间排队模型, 其系统中顾客数过程的动态行为, 与随机步行十分类似.

§2.2 状 态 分 类

$\{X_n, n \geqslant 0\}$ 是一个时齐 MC, 有转移阵 $\boldsymbol{P}$ 和状态空间 Ω. Ω 中的不同状态可能表现出有实质差异的属性, 认识和区别状态的各种属性称为状态分类.

定义 2.2.1 对时齐 MC$\{X_n, n \geqslant 0\}$, 条件概率

$$f_{ij}^{(m)} = P\{X_{n+m} = j, X_{n+h} \neq j, h = 1, \cdots, m-1 | X_n = i\}, \quad m \geqslant 2; \quad i, j \in \Omega$$

称为由状态 i 出发经 m 步首达状态 j 的概率, 简称首达概率.

MC 的时齐性保证 $f_{ij}^{(m)}$ 不依赖于 n. 自然地, 还规定 $f_{ij}^{(0)} = 0, f_{ij}^{(1)} = p_{ij}$(一步转移概率). 从状态 i 出发首次达到状态 j 所需要的转移次数称为首达时间, 对固定的状态 i 和 j, $\{f_{ij}^{(m)}, m \geqslant 1\}$ 是首达时间的概率分布. 定义

$$f_{ij} = \sum_{m=1}^{\infty} f_{ij}^{(m)},$$

f_{ij} 是从状态 i 出发迟早将达到状态 j 的概率. 若 $f_{ij} = 1$, 从 i 出发必定能达到 j, 这时 $\{f_{ij}^{(m)}, m \geqslant 1\}$ 是一个完全概率分布. 若 $f_{ij} < 1$, 从 i 出发以 $1 - f_{ij}$ 概率不能

达到 j, 这时 $\{f_{ij}^{(m)}, m \geqslant 1\}$ 是不完全概率分布. 考虑从 i 出发经 m 步达到 j 的各种可能性, 在高阶转移概率与首达概率之间, 可建立关系式

$$p_{ij}^{(m)} = \sum_{k=1}^{m} f_{ij}^{(k)} p_{jj}^{(m-k)}, \quad m \geqslant 1; \quad i, j \in \Omega. \tag{2.2.1}$$

特别地, 若 $i = j$ 是同一个状态, $f_{ii}^{(m)}$ 称为从 i 出发经 m 步首次返回状态 i 的概率, 简称返回概率. $\{f_{ii}^{(m)}, m \geqslant 1\}$ 称为 (状态 i 的) 返回时间分布. $f_{ii} = \sum\limits_{k=1}^{\infty} f_{ii}^{(k)}$ 是迟早可返回状态 i 的概率. 以是否返回这一属性可将 Ω 中的状态分为两类.

定义 2.2.2 对时齐 MC$\{X_n, n \geqslant 0\}, i \in \Omega$,

(1) 若 $f_{ii} = 1$, 称状态 i 是常返的;

(2) 若 $f_{ii} < 1$, 称状态 i 是非常返的.

对常返状态 i, $\{f_{ii}^{(m)}, m \geqslant 1\}$ 是真正的概率分布, 其数学期望

$$\mu_i = \sum_{k=1}^{\infty} k f_{ii}^{(k)}, \quad i \in \Omega$$

称为平均返回时间. 以 μ_i 是否有限, 常返状态又进一步分成两类:

定义 2.2.3 状态 $i \in \Omega$ 是常返的, 若 $\mu_i < \infty$, 称状态 i 是正常返的; 若 $\mu_i = \infty$, 称状态 i 是零常返的.

定义 2.2.4 自然数集 $\{k : p_{ii}^{(k)} > 0\}$ 的最大公因数 d_i, 称为状态 i 的周期. 如果 $d_i > 1$, 称状态 i 是以 d_i 为周期的周期状态; 如果 $d_i = 1$, 称状态 i 是非周期的.

如果状态 i 以 $d_i(\geqslant 2)$ 为周期, 对一切不能被 d_i 整除的自然数 n, 必有 $p_{ii}^{(n)} = 0$; MC 从状态 i 出发, 只在 d_i 的整数倍次转移才有可能再次达到状态 i. 另外, 若 i 是以 d_i 为周期的状态, 则 i 是 MC $\{X_{nd_i}, n \geqslant 0\}$ 的非周期状态, 后者有一步转移阵 $\boldsymbol{P}^* = (p_{kj}^{(d_i)})$.

现在, 一个时齐 MC 中, 任何一个状态可能是周期的或非周期的, 可能是非常返、正常返或零常返的. 非周期正常返的状态也称为遍历的 (ergodic), 这类状态在排队论中是最重要的. 如上所述, 周期性和常返性的分类是依据 $\{p_{ii}^{(n)}, n \geqslant 0\}$ 和 $\{f_{ii}^{(n)}, n \geqslant 1\}$ 实现的, 由式 (2.2.1), 两者之间的关系可描述如下

$$p_{ij}^{(n)} = \sum_{k=1}^{n} f_{ii}^{(k)} p_{ii}^{(n-k)}, \quad n \geqslant 1; \quad i \in \Omega. \tag{2.2.2}$$

因此, 返回时间分布 $\{f_{ii}^{(n)}, n \geqslant 1\}$ 可由转移概率序列 $\{p_{ii}^{(n)}, n \geqslant 0\}$ 唯一地确定. 下列定理给出由 $\{p_{ii}^{(n)}, n \geqslant 0\}$ 出发进行状态分类的准则.

定理 2.2.1 状态 i 是常返的, 当且仅当 $\sum\limits_{n=0}^{\infty} p_{ii}^{(n)} = \infty$.

定理 2.2.2 对非周期的常返状态 i, 有

$$\lim_{n\to\infty} p_{ii}^{(n)} = \begin{cases} \dfrac{1}{\mu_i}, & \mu_i < \infty, \\ 0, & \mu_i = \infty. \end{cases}$$

对以 d 为周期的常返状态, 有

$$\lim_{n\to\infty} p_{ii}^{(nd)} = \begin{cases} \dfrac{d}{\mu_i}, & \mu_i < \infty, \\ 0, & \mu_i = \infty. \end{cases}$$

这些定理的证明可在关于 Markov 过程的书中找到, 如文献 (Feller, 1964; Ross, 1983; Hunter, 1983) 等.

为了将状态空间 Ω 按状态属性进行分解, 引入下列互通概念:

定义 2.2.5 若存在非负整数 n, 使 $p_{ij}^{(n)} > 0$, 称状态 i 可达状态 j, 两个相互可达的状态 i 和 j, 称为互通的, 记作 $i \leftrightarrow j$.

容易证明, 互通是一个等价关系, 即满足: (1) $i \leftrightarrow i$(反身性); (2) 若 $i \leftrightarrow j$, 则 $j \leftrightarrow i$(对称性); (3) 若 $i \leftrightarrow k, k \leftrightarrow j$, 则 $i \leftrightarrow j$(传递性). 互通性与状态分类的关系由下列定理给出.

定理 2.2.3 若 $i \leftrightarrow j$, 则状态 i 和 j 是同型的, 即它们同为非常返、正常返或零常返的, 并且具有相同的周期性.

定义 2.2.6 状态空间 Ω 中任何两个状态都互通, 则称 MC 是不可约的.

对不可约的 MC, 所有的状态是同型的, 如果所有状态是遍历的, 则称 MC 是遍历的, 在排队论中, 主要研究各种遍历的 MC, 它们所有状态都是非周期、正常返的.

进一步, 对状态集 $C \subset \Omega$, 如从任何状态 $i \in C$ 出发, 不能通过一步转移达到 C 以外的状态, 则称 C 是一个闭集. 显然, 若 C 是闭集, $i \in C, j \in \Omega - C$, 则对任何 $n \geqslant 1$, 都有 $p_{ij}^{(n)} = 0$. MC 一旦转移到某个闭集 C 中的状态上, 其后的转移只能在 C 的内部进行. 对不可约 MC, Ω 是唯一的闭集. 可以证明, 任何一个 MC, 其状态空间 Ω 可分解成一个非常返状态的子集 T(它显然不是闭集) 与若干个互不相交的闭集之并. 对遍历的 MC, 非常返状态集 T 是空集, 且只有唯一的闭集 Ω. 因此, 遍历 MC 的状态空间 Ω 不能作进一步的分解.

§2.3 极限和平稳分布

$\{X_n, n \geqslant 0\}$ 是一个时齐 MC, 有转移阵 $\boldsymbol{P} = (p_{ij})$, 状态空间 Ω 和初始分布 $\{p_j^{(0)}, j \in \Omega\}$. 在 MC 的理论和应用中. 一个重要问题是研究在什么条件下存在极

限分布

$$p_j = \lim_{n\to\infty} P\{X_n = j\}, \qquad \sum_{j\in\Omega} p_j = 1.$$

如果存在这样的极限分布, 表明 MC 经长时间转移将达到一种稳定的态势. 在应用中, 计算绝对概率 $P\{X_n = j\}$ 涉及 n 阶转移概率阵 $\boldsymbol{P}^n$, 并且与初始分布有关. 当 n 较大时, 绝对概率的计算相当麻烦. 如果存在上述极限分布, 对较大的 n, 可用极限分布代替绝对分布, 使理论分析和实际计算得以简化. 为了研究极限分布 $\{p_j, j\in\Omega\}$ 存在的条件及确定极限分布的方法, 首先引入平稳分布的概念.

定义 2.3.1　对有转移阵 $\boldsymbol{P} = (p_{ij})$ 的 MC, 如果存在概率分布 $\{\pi_j, j\in\Omega\}$, 满足

$$\pi_j = \sum_{i\in\Omega} \pi_i p_{ij}, \quad \sum_{i\in\Omega} \pi_i = 1. \tag{2.3.1}$$

则称 $\{\pi_j, j\in\Omega\}$ 是 MC 的平稳分布.

引入行向量 $\boldsymbol{\Pi} = (\pi_{j,j\in\Omega})$ 和适当维数的列向量 $\boldsymbol{e}, \boldsymbol{e}$ 的分量都是 1, 条件 (2.3.1) 可简单地表成矩阵形式

$$\boldsymbol{\Pi} = \boldsymbol{\Pi P}, \quad \boldsymbol{\Pi e} = 1. \tag{2.3.2}$$

(2.3.1) 和 (2.3.2) 中的前式统称为 MC 的平衡方程, 后式称为正规化条件. 由非负矩阵理论, 随机阵 $\boldsymbol{P}$ 如果是有限维的, 则所有的特征值满足 $|\lambda| \leqslant 1$, 并且 $\lambda = 1$ 是 $\boldsymbol{P}$ 的有最大模的特征值. (2.3.2) 表明, MC 的平稳分布, 就是转移阵 $\boldsymbol{P}$ 的特征值 $\lambda = 1$ 对应的标准化特征向量.

平稳分布有一些独特的性质. 首先, 由 (2.3.2) 出发, 可归纳地证明, 对任何自然数 $n \geqslant 1$, 都有

$$\boldsymbol{\Pi} = \boldsymbol{\Pi P}^n, \quad n \geqslant 1.$$

其次, 如果 MC 的初始分布为平稳分布, 即 $p_j^{(0)} = \pi_j, j\in\Omega$, 由 (2.1.3), 有

$$P\{X_1 = j\} = \sum_{i\in\Omega} p_i^{(0)} p_{ij} = \sum_{i\in\Omega} \pi_i p_{ij} = \pi_j, \quad j\in\Omega,$$

更一般地, 使用归纳法可证明

$$P\{X_n = j\} = \sum_{i\in\Omega} P\{X_{n-1} = i\} p_{ij} = \sum_{i\in\Omega} \pi_i p_{ij} = \pi_j, \quad j\in\Omega.$$

这就是说, 取 MC 的平稳分布 $\{\pi_j, j\in\Omega\}$ 作为初始分布, 则任何时刻的绝对分布都不再发生变化. 换言之, $\{X_n, n\geqslant 0\}$ 是一个同分布序列. 注意到转移概率的时齐性, MC$\{X_n, n\geqslant 0\}$ 的统计特性不随时间的推移而变化. 因此, 以平稳分布为初始分布的 MC 是一个平稳随机序列, 称为平稳 Markov 链.

下面的定理给出了平稳分布存在的条件及其与极限分布之间的关系.

定理 2.3.1 一个不可约、非周期 MC$\{X_n, n \geqslant 0\}$, 必属下列两种情况之一:

(1) 所有状态非常返或零常返时, 对任意 $i, j \in \Omega$, 有

$$\lim_{n\to\infty} P\{X_n = j | X_0 = i\} = 0,$$

这样的 MC 不存在平稳分布.

(2) 若所有状态是正常返的, 对任意 $i, j \in \Omega$, 有

$$\lim_{n\to\infty} P\{X_n = j | X_0 = i\} = p_j,$$

满足 $p_j > 0, \sum_{j\in\Omega} p_j = 1$. 极限分布 $\{p_j, j \in \Omega\}$ 是唯一的, 并且 $p_j = \pi_j, j \in \Omega$. 即极限分布正是 MC 的平稳分布.

定理 2.3.1 还表明, 当极限分布存在时, 与初始状态 $X_0 = i$ 无关, 因此不依赖于初始分布. 对不可约、非周期 MC, 平稳分布的存在性转化为正常返性的判定. 然而, 正常返是通过平均返回时间 μ_i 定义的, 使用定义判断正常返性涉及返回时间分布和期望的计算, 通常十分复杂. 对有限状态的 MC, 只通过转移阵 $\boldsymbol{P}$ 就可以判定其正常返性.

定理 2.3.2 有限状态不可约非周期 MC 正常返的充分必要条件是存在自然数 n, 使 n 阶转移概率阵 $\boldsymbol{P}^n$ 无零元素.

证明见文献 (Kemeny et al., 1983, 定理 4.1.2). 一个不可约、非周期、正常返的有限状态 MC, 在文献中称为正则 MC. 对可数状态的不可约、非周期 MC, 正常返判定准则将在 §2.4 讨论.

不可约、非周期、正常返 MC, 存在唯一的平稳分布 $\{\pi_j, j \in \Omega\}$. 综合上述讨论, 至少有两种方法可用于求 MC 的平稳分布:

方法 1 由定理 2.2.2 和定理 2.3.1, 有

$$\pi_j = \lim_{n\to\infty} p_{jj}^{(n)} = \frac{1}{\mu_j}, \quad j \in \Omega,$$

这里 μ_j 是正常返状态的平均返回时间. 计算 μ_j 通常要先求出状态 j 的首达时间分布, 因此, 通过 μ_j 确定平稳分布是相当繁杂的.

方法 2 使用平衡方程和正规化条件

$$\boldsymbol{\Pi} = \boldsymbol{\Pi P}, \quad \boldsymbol{\Pi e} = 1,$$

确定平稳分布是排队论和其他随机模型分析中常用的方法, 这种方法只需求解作为平衡方程的线性齐次方程组, 是简便易行的.

例 2.3.1 一个三状态 MC.

考虑三状态 MC, $\Omega=\{1,2,3\}$, 有转移阵

$$\boldsymbol{P}=\begin{bmatrix} r & 1-r & 0 \\ q & r & p \\ 0 & 1-r & r \end{bmatrix},$$

其中 $0<r<1$, p 和 q 为正数满足 $p+q=1-r$. 使用定理 2.3.2, 容易验证这是一个正则 MC. 由平衡方程, 有

$$\begin{aligned} \pi_1 &= \pi_1 r+\pi_2 q, \\ \pi_2 &= \pi_1(1-r)\pi_1+\pi_2 r+\pi_3(1-r), \\ \pi_3 &= \pi_1 p+\pi_3 r. \end{aligned}$$

此外, 满足正规化条件 $\pi_1+\pi_2+\pi_3=1$. 取 π_1 为待定常数, 解得

$$\pi_2=\frac{1-r}{q}\pi_1, \quad \pi_3=\frac{p}{1-r}\pi_2=\frac{p}{q}\pi_1.$$

由正规化条件, 有

$$\pi_1\Big(1+\frac{1-r}{q}+\frac{p}{q}\Big)=1, \quad \pi_1=\frac{q}{2(1-r)}.$$

于是, MC 的平稳分布是

$$\pi_1=\frac{q}{2(1-r)}, \quad \pi_2=\frac{1}{2}, \quad \pi_3=\frac{p}{2(1-r)}.$$

例 2.3.2 带反射壁的随机步行.

质点在 $\Omega=\{0,1,\cdots,a\}$ 上移动, X_n 表示第 n 次移动后质点的坐标, 移动规则由下列转移阵决定

$$\boldsymbol{P}=\begin{bmatrix} q & p & & & \\ q & 0 & p & & \\ & \ddots & \ddots & \ddots & \\ & & q & 0 & p \\ & & & q & p \end{bmatrix}, \quad 0<p,q<1, \quad p+q=1.$$

所有状态互通, MC 是不可约的. 正则性可由定理 2.3.2 确认, 平衡方程是

$$\begin{aligned} \pi_0 &= \pi_0 q+\pi_1 q, \\ \pi_i &= \pi_{i-1}p+\pi_{i+1}q, \qquad i=1,\cdots,a-1, \\ \pi_a &= \pi_{a-1}p+\pi_a p. \end{aligned}$$

方程组可等价地写成

$$\begin{aligned}&\pi_1 q-\pi_0 p=0,\\&\pi_{i+1}q-\pi_i p=\pi_i q-\pi_{i-1}p, \qquad i=1,\cdots,a-1,\\&\pi_a q-\pi_{a-1}p=0.\end{aligned}$$

由此可递推地给出

$$\pi_i=\left(\frac{p}{q}\right)^i\pi_0, \quad i=1,\cdots,a.$$

π_0 可通过正规化条件确定, 有

$$\pi_0\sum_{i=0}^{a}\left(\frac{p}{q}\right)^i=1, \quad \pi_0=\left(1-\frac{p}{q}\right)\left[1-\left(\frac{p}{q}\right)^{a+1}\right]^{-1}.$$

最后, MC 的平稳分布是

$$\pi_i=\left(\frac{p}{q}\right)^i\left(1-\frac{p}{q}\right)\left[1-\left(\frac{p}{q}\right)^{a+1}\right]^{-1}, \quad i=0,1,\cdots,a.$$

§ 2.4 Foster 法则

如前所述, 对不可约、非周期 MC, 平稳分布存在性取决于状态分类. 然而, 对可数状态的 MC, 判定其常返性并非易事. Foster(1953) 建立了一些只依赖于转移阵 $\boldsymbol{P}=(p_{ij})$ 的判定准则, 统称为 Foster 引理, 它们在排队系统的分析中起着重要作用. 为了本书论述的完整性, 本节介绍若干个常用的判别准则.

设时齐 MC$\{X_n, n\geqslant 0\}$ 有可数的状态空间 $\Omega=\{0,1,\cdots\}$, $\boldsymbol{P}=(p_{ij})$ 是一步转移概率矩阵.

引理 2.4.1 对不可约、非周期 MC, 如果方程组

$$\sum_{i=0}^{\infty}x_i p_{ij}=x_j, \quad j=0,1,\cdots \tag{2.4.1}$$

有非零解 $\{x_i, i\geqslant 0\}$, 且满足 $\sum\limits_{i=0}^{\infty}|x_i|<\infty$, 则 MC 是正常返的; 当 MC 正常返时, 不等式组

$$\sum_{i=0}^{\infty}x_i p_{ij}\leqslant x_j \tag{2.4.2}$$

的任何非负解都满足 $\sum\limits_{i=0}^{\infty}x_i<\infty$.

证明　由定理 2.3.1, 对不可约、非周期 MC, 极限

$$\pi_j = \lim_{n\to\infty} p_{ij}^{(n)}, \quad j = 0, 1, \cdots$$

必定存在且与 i 无关. 要么 $\pi_j > 0$ 对一切 j 成立, 要么 $\pi_j = 0$ 对一切 j 成立. MC 正常返当且仅当对所有的 $j = 0, 1, \cdots$, 都有 $\pi_j > 0$.

现在, 设 $\{x_i, i \geqslant 0\}$ 是 (2.4.1) 的绝对收敛的非零解, 对一切自然数 n, 可迭代地证明

$$\sum_{i=0}^{\infty} x_i p_{ij}^{(n)} = x_j, \quad j = 0, 1, \cdots,$$

对 n 趋于无穷取极限, 有

$$\sum_{i=0}^{\infty} x_i \pi_j = \pi_j \sum_{i=0}^{\infty} x_i = x_j, \quad j = 0, 1, \cdots,$$

因此, 对一切 j 都有 $\pi_j > 0$, MC 是正常返的.

反之, 设 MC 是正常返的, 则 $\pi_j > 0, j = 0, 1, \cdots$. $\{x_i, i \geqslant 0\}$ 是不等式组 (2.4.2) 的非零解, 使用迭代法可证明

$$\sum_{i=0}^{\infty} x_i p_{ij}^{(n)} \leqslant x_j, \quad j \geqslant 0 \text{ 和 } n \geqslant 1.$$

取极限给出

$$\sum_{i=0}^{\infty} x_i \pi_j = \pi_j \sum_{i=0}^{\infty} x_i \leqslant x_j,$$

因此 $\sum\limits_{i=0}^{\infty} x_i < \infty$.　□

引理 2.4.2　不可约、非周期 MC 是非常返的, 当且仅当方程组

$$\sum_{j=0}^{\infty} p_{ij} y_j = y_i, \quad i = 0, 1, \cdots \tag{2.4.3}$$

存在有界的非常数解 $\{y_i\}$.

证明　不可约性保证了所有状态同型, MC 常返当且仅当状态 $i = 0$ 是常返的, 因此, 从任何非零状态必定以概率 1 达到零状态.

现在, 定义一个修正的 MC, 有转移概率阵 $\boldsymbol{P}' = (p'_{ij})$:

$$p'_{00} = 1, \quad p'_{0i} = 0, \quad p'_{ij} = p_{ij}, \quad i \neq 0,$$

在修正 MC 中, 状态 0 是吸收的, 状态空间 Ω 分解成 $C_0\bigcup T$, 其中 C_0 只含状态 0 是个闭集, $T=\{1,2,\cdots\}$ 的所有状态是非常返的. 由定理 2.3.1(1), 有

$$\lim_{n\to\infty}p_{ij}^{\prime(n)}=\pi'_{ij}=0,\quad j=1,2,\cdots,$$

而 π'_{i0} 是从状态 i 出发终将达到状态 0 的概率, 对所有的 i, 都有

$$\sum_{j=0}^{\infty}p'_{ij}\pi_{j0}=\pi_{i0}.$$

如果原始 MC 是非常返的, 则必有某状态 i 使 $\pi'_{i0}<1$, 而 $\pi'_{00}=1$. 因此, 设 $y_j=\pi'_{j0}$, 则 $\{y_j,j=0,1,\cdots\}$ 是 (2.4.3) 的有界非常数解.

反之, 若 (2.4.3) 存在有界非常数解 $\{y_i,i=0,1,\cdots\}$, 注意到常值序列 $\{x_i\equiv\alpha,i=0,1,\cdots\}$ 也是 (2.4.3) 的解, 因此, 对任何常数 α 和 β, 数列 $\{z_i=\alpha+\beta y_i,i=0,1,\cdots\}$ 也是 (2.4.3) 的解. 适当选取 α 和 β, 可使 $z_0=1,0\leqslant z_i\leqslant 2$. 不失一般性, 设 $\{y_i,i=0,1,\cdots\}$ 满足 $y_0=1$, $0\leqslant y_i\leqslant 2$, 满足

$$\sum_{j=0}^{\infty}p'_{ij}y_j=y_i,\quad i=0,1,\cdots.$$

由此可迭代地给出

$$\sum_{j=0}^{\infty}p_{ij}^{\prime(n)}y_j=y_i,\quad i=0,1,\cdots.$$

现在, 因为原始 MC 不可约, 对任何状态 i 都存在某自然数 n, 使 $p_{i0}^{(n)}>0$. 在修正 MC 中, 每个非零的状态都是非常返的, 因此, $p_{ij}^{\prime(n)}\to 0$ 对 $j\neq 0$ 成立. 当 $j=0$ 时, $p_{i0}^{\prime(n)}\to\pi'_{i0}$ 是从状态 i 终将达到状态 0 的概率. 注意到 $y_0=1$, 则对任何 i, 都有

$$p_{i0}^{\prime(n)}=p_{i0}^{\prime(n)}y_0\leqslant\sum_{j=0}^{\infty}p_{ij}^{\prime(n)}y_j=y_i.$$

令 $n\to\infty$ 取极限, 得到 $\pi'_{i0}\leqslant y_i$. 因 $\{y_i,i=0,1,\cdots\}$ 不恒等于常数 $1(=y_0)$, 有两种情况: (i) 对某 $k\neq 0,y_k<1$, 于是 $\pi'_{k0}\leqslant y_k<1$. 这蕴涵着原始 MC 是非常返的; (ii) 对某 $k\neq 0,y_k>1$, 应用前述理由取 (2.4.3) 的非常数解为 $z_i=2-y_i$, 从而有 $\pi'_{k0}\leqslant z_k<1$, 也得到原始 MC 的非常返性. □

引理 2.4.3 对不可约、非周期 MC, 若不等式组

$$\sum_{j=0}^{\infty}p_{ij}y_j\leqslant y_i,\quad i=1,2,\cdots \tag{2.4.4}$$

存在满足 $y_i\to\infty(i\to\infty)$ 的解 $\{y_i\}$, 则 MC 是常返的.

证明　沿用引理 2.4.2 的证明中引入的修正 MC. 注意到若 $\{y_i\}$ 是 (2.4.4) 的解, 则 $z_i = b + y_i$ 也是 (2.4.4) 的解. 不失一般性, 可设 $\{y_i, i = 0, 1, \cdots\}$ 为正值数列, 对一切 i 都满足

$$\sum_{j=0}^{\infty} p'_{ij} y_j \leqslant y_i.$$

由此可递推地给出

$$\sum_{j=0}^{\infty} p_{ij}'^{(m)} y_j \leqslant y_i, \quad m \geqslant 1.$$

现在, 任给 $\varepsilon > 0$, 存在自然数 M, 使对一切 $i \geqslant M$, 有 $y_i^{-1} \leqslant \varepsilon$. 对任意固定的 $i \neq 0$, 都有

$$\sum_{j=0}^{M-1} p_{ij}'^{(m)} y_j + \sum_{j=M}^{\infty} p_{ij}'^{(m)} y_j \leqslant y_i.$$

因此

$$\sum_{j=0}^{M-1} p_{ij}'^{(m)} y_j + y \sum_{j=M}^{\infty} p_{ij}'^{(m)} \leqslant y_i,$$

其中 $y = \min_{k \geqslant M} y_k$. 又因为 $\sum\limits_{j=0}^{\infty} p_{ij}'^{(m)} = 1$, 上式可写成

$$\sum_{j=0}^{M-1} p_{ij}'^{(m)} y_j + y\Big(1 - \sum_{j=0}^{M} p_{ij}'^{(m)}\Big) \leqslant y_i. \tag{2.4.5}$$

正如引理 2.4.2 的证明中指出的, 在修正 MC 中, 对 $j \neq 0$, 有

$$\lim_{n\to\infty} p_{ij}'^{(n)} = 0, \quad j = 1, 2, \cdots.$$

在 (2.4.5) 中令 $m \to \infty$, 得到

$$\pi'_{i0} y_0 + y(1 - \pi'_{i0}) \leqslant y_i,$$

其中 π'_{i0} 是从状态 i 出发终将达到状态 0 的概率, 等价地

$$1 - \pi'_{i0} \leqslant \frac{1}{y}(y_i - \pi'_{i0} y_0) \leqslant \varepsilon K,$$

这里 $K = y_i - \pi'_{i0} y_0$. 对固定的 i, K 是有限的. 由 ε 的任意性和 $\pi'_{i0} \leqslant 1$, 我们给出 $\pi'_{i0} = 1$, 即在原始 MC 中从任何状态 i 出发以概率 1 终将达到状态 0, MC 是常返的. □

引理 2.4.4 对不可约、非周期 MC, 若不等式组

$$\sum_{j=0}^{\infty} p_{ij}y_j \leqslant y_i - 1, \quad i \geqslant 1$$

存在非负解且满足 $\sum\limits_{j=0}^{\infty} p_{0j}y_j < \infty$, 则 MC 是正常返的.

证明 设 $\sum\limits_{j=0}^{\infty} p_{0j}y_j = \lambda$, 定义

$$y_i \equiv y_i^{(1)}, \quad y_i^{(n+1)} = \sum_{j=0}^{\infty} p_{ij}^{(n)} y_j, \quad n > 1.$$

则有

$$\begin{aligned} y_i^{(n+2)} &= \sum_{j=0}^{\infty}\sum_{k=0}^{\infty} p_{ij}^{(n)} p_{jk} y_k = \sum_{j=0}^{\infty} p_{ij}^{(n)} y_j^{(2)} \\ &\leqslant \lambda p_{i0}^{(n)} + \sum_{j=1}^{\infty} (y_j - 1) p_{ij}^{(n)} \\ &\leqslant (1+\lambda) p_{i0}^{(n)} + y_i^{(n+1)} - 1. \end{aligned}$$

因此, 若 $y_i^{(n)}$ 有限, 则 $y_i^{(n+1)}$ 也是有限的. 但是 $y_i^{(1)}$ 对所有的 i 是有限的，于是 $y_i^{(n)}$ 对一切 i 和 n 都是有限的. 从而有递推关系

$$y_i^{(n+2)} \leqslant (1+\lambda) \sum_{r=1}^{n} p_{i0}^{(r)} + y_i^{(2)} - n,$$

$$n^{-1} y_i^{(n+2)} \leqslant (1+\lambda) n^{-1} \sum_{r=1}^{n} p_{i0}^{(r)} + n^{-1} y_i^{(2)} - 1.$$

令 $n \to \infty$, 得到 $0 \leqslant (1+\lambda)\pi_0 - 1$, 即 $\pi_0 \geqslant (1+\lambda)^{-1} > 0$, 因此, MC 是正常返的. □

对 MC 正常返的必要条件, 我们引入下列引理

引理 2.4.5 不可约、非周期 MC 是正常返的，则从状态 j 首次达到状态 0 的平均时间 d_j 有限, 并满足

$$\sum_{j=1}^{\infty} p_{ij} d_j = d_i - 1, \quad i \geqslant 1,$$

$$\sum_{j=1}^{\infty} p_{0j} d_j < \infty.$$

这一引理的证明见文献 (费勒, 1964).

Foster(1953) 还讨论了上述引理的若干变体, 详见崔明奇编译的文集《排队论》.

§2.5 可 逆 链

考虑一个平稳 MC$\{X_n, n \geqslant 0\}$, 有转移概率阵 $\boldsymbol{P} = (p_{ij})$ 和平稳分布 $\{\pi_j, j \in \Omega\}$. 如前所述, 取 MC 的平稳分布作为其初始分布, 就给出一个平稳 MC, 并对任何 n, 都有

$$P\{X_n = j\} = \pi_j, \quad j \in \Omega.$$

在实际应用中, 对不可约、非周期、正常返的 MC, 其极限分布正是它的平稳分布. 设想这个 MC 已经运行了足够长的时间, 从而可作为一个平稳 MC 来处理.

现在, 从某一时刻开始, 把时间逆转过来追踪系统状态的演化过程, 即考虑序列 $X_n, X_{n-1}, \cdots$. 有

$$\begin{aligned}
p_{ij}^* &= P\{X_m = j | X_{m+1} = i, X_{m+2} = i_2, \cdots, X_{m+k} = i_k\} \\
&= \frac{P\{X_m = j, X_{m+1} = i, X_{m+2} = i_2, \cdots, X_{m+k} = i_k\}}{P\{X_{m+1} = i, X_{m+2} = i_2, \cdots, X_{m+k} = i_k\}} \\
&= \frac{P\{X_m = j\}P\{X_{m+1} = i | X_m = j\}P\{X_{m+h} = i_h, h = 2, \cdots, k | X_{m+1} = i\}}{P\{X_{m+1} = i\}P\{X_{m+h} = i_h, h = 2, \cdots, k | X_{m+1} = i\}} \\
&= \frac{P\{X_m = j\}P\{X_{m+1} = i | X_m = j\}}{P\{X_{m+1} = i\}} \\
&= \frac{\pi_j}{\pi_i} p_{ji}.
\end{aligned}$$

这一论证中使用了原始 MC 的 Markov 性质和平稳性.

这一分析表明, 对平稳 MC, 反向考察的链仍然具有 Markov 性质, 并有一步转移概率阵 $\boldsymbol{P}^* = (p_{ij}^*)$, p_{ij}^* 由正向 MC 的转移阵和平稳分布唯一决定

$$p_{ij}^* = \frac{\pi_j}{\pi_i} p_{ji}, \quad i, j \in \Omega. \tag{2.5.1}$$

称 $\boldsymbol{P}^* = (p_{ij}^*)$ 为反向 MC 的转移概率阵. 容易验证, 由 (2.5.1) 确定的 $\boldsymbol{P}^*$ 是一个随机矩阵.

定义 2.5.1　$\{X_n, n \geqslant 0\}$ 是平稳 MC, 若对任何状态 i, j, 有 $p_{ij}^* = p_{ij}$, 则称 MC 是时间可逆的, 并称反向观察的链为逆向 MC.

由定义, 对可逆的 MC, 正向链和逆向链没有区别, 而可逆的充分必要条件是

$$\pi_i p_{ij} = \pi_j p_{ji}, \quad i, j \in \Omega. \tag{2.5.2}$$

这一条件可解释为: 对一切状态 $i,j\in\Omega$, MC 发生从 i 到 j 转移的比率 $\pi_i p_{ij}$ 等于从 j 到 i 发生转移的比率 $\pi_j p_{ji}$. 这正是对可逆性概念的一个合理要求.

对有转移阵 $\boldsymbol{P}=(p_{ij})$ 的 MC, 如果能找到一个概率分布 $\{x_i,\ i\in\Omega\}$, 满足

$$x_i p_{ij}=x_j p_{ji},\quad i,j\in\Omega. \tag{2.5.3}$$

我们立即可断定 MC 是时间可逆的, 并且 $\{x_i,i\in\Omega\}$ 正是它的平稳分布. 事实上, 将 (2.5.3) 对一切 $i\in\Omega$ 求和, 有

$$\sum_{i\in\Omega}x_i p_{ij}=x_j\sum_{i\in\Omega}p_{ji}=x_j,\quad j\in\Omega.$$

这表明概率分布 $\{x_i,i\in\Omega\}$ 满足平衡方程. 由平稳分布的唯一性, $\{x_i,i\in\Omega\}$ 必是 MC 的平稳分布, 并且 MC 是时间可逆的.

然而, 并非对任意平稳 MC 的转移阵, 都能找到满足 (2.5.3) 的概率分布 $\{x_i,i\in\Omega\}$. 也就是说, 并非任何平稳 MC 都必定是时间可逆的. 如果存在状态 $i,j,k\in\Omega$, 使

$$x_i p_{ij}=x_j p_{ji},\quad x_k p_{kj}=x_j p_{jk}.$$

当 $p_{ij}p_{jk}>0$ 时, 有

$$\frac{x_i}{x_k}=\frac{p_{ji}p_{kj}}{p_{ij}p_{jk}}.$$

如果这个 MC 是可逆的, 必有

$$\frac{x_i}{x_k}=\frac{p_{ki}}{p_{ik}}.$$

代入前式, 可逆性的一个必要条件是

$$p_{ik}p_{kj}p_{ji}=p_{ij}p_{jk}p_{ki}.$$

换言之, 从 i 出发返回 i 的回路 $i\to k\to j\to i$ 与它的逆向回路 $i\to j\to k\to i$ 应具有相同的概率. 这一要求是自然的, 因为时间可逆性蕴涵上述两个回路应该有相同的发生比率, 即

$$\pi_i p_{ik}p_{kj}p_{ji}=\pi_i p_{ij}p_{jk}p_{ki}.$$

定理 2.5.1 (Kolmogorov 准则) 平稳 MC 是时间可逆的, 当且仅当对每一个状态 i 和一切从 i 出发再回到 i 的路径, 都与它的逆向路径有相同的概率, 即

$$p_{ii_1}p_{i_1i_2}\cdots p_{i_ki}=p_{ii_k}p_{i_ki_{k-1}}\cdots p_{i_1i}. \tag{2.5.4}$$

证明　必要性已在上述讨论中指出, 只需要再证充分性. 固定状态 i,j, 将 (2.5.4) 改写成

$$p_{ii_1}p_{i_1i_2}\cdots p_{i_kj}p_{ji}=p_{ij}p_{ji_k}\cdots p_{i_2i_1}p_{i_1i}.$$

对一切 $i_1,i_2,\cdots,i_k\in\Omega$ 求和, 给出

$$p_{ij}^{(k+1)}p_{ji}=p_{ij}p_{ji}^{(k+1)}.$$

于是, 有

$$p_{ji}\left(\frac{1}{n}\sum_{k=1}^{n}p_{ij}^{(k+1)}\right)=p_{ij}\left(\frac{1}{n}\sum_{k=1}^{n}p_{ji}^{(k+1)}\right). \tag{2.5.5}$$

平稳 MC 存在着极限分布 $\pi_j=\lim\limits_{n\to\infty}p_{ij}^{(n)}$, 于是数列 $\{p_{ij}^{(k)},k\geqslant 1\}$ 的算术平均值也有相同的极限. (2.5.5) 两端取极限, 给出

$$\pi_jp_{ji}=\pi_ip_{ij},\quad i,j\in\Omega.$$

这就证明了 MC 的时间可逆性. □

对复杂的随机模型, 特别是排队网络, 通过求解方程给出平稳分布仍然是十分困难的. 使用可逆性, 我们通常可以根据对 MC 及其逆向链结构的理解, 猜测出一个分布 $\{x_i,i\in\Omega\}$, 只要能验证这分布满足 (2.5.3), 那么它一定是 MC 的平稳分布. 这种通过猜测和验证确定平稳分布的方法, 甚至当 MC 并非时间可逆时也有应用价值.

定理 2.5.2 (Kelly 引理)　不可约 MC 有转移阵 $\boldsymbol{P}=(p_{ij})$, 若存在一个概率分布 $\{\pi_i,i\in\Omega\}$ 和一个随机矩阵 $\boldsymbol{P}^*=(p_{ij}^*)$, 使得

$$\pi_ip_{ij}=\pi_jp_{ji}^*,\quad i,j\in\Omega. \tag{2.5.6}$$

则 $\{\pi_i,i\in\Omega\}$ 是 MC 的平稳分布, 并且 $\boldsymbol{P}^*$ 是逆向链的转移概率阵.

证明　(2.5.6) 两端对 i 求和, 有

$$\sum_{i\in\Omega}\pi_ip_{ij}=\pi_j\sum_{i\in\Omega}p_{ji}^*=\pi_j,\quad j\in\Omega.$$

则 $\{\pi_i,i\in\Omega\}$ 满足正向 MC 的平衡方程, 因此它是唯一的平稳分布. 注意到

$$p_{ji}^*=\frac{\pi_i}{\pi_j}p_{ij},\quad i,j\in\Omega.$$

因此, $\boldsymbol{P}^*$ 是逆向链的转移概率矩阵. □

例 2.5.1　消息缓冲器.

消息进入一个有无限容量的缓冲器, 每当时刻 n, 以概率 α 进入一个消息, 以概率 $\beta=1-\alpha$ 将缓冲器内的一个消息发送出去 (如果缓冲器内有消息), 消息进入和发送是相互排斥的 (不能同时进行). 如果缓冲器内无消息, 则发射消息的概率为 0, 我们假定这时必定有一个消息进入缓冲器. X_n 表示时刻 n 缓冲器内的消息数. $\{X_n, n\geqslant 0\}$ 是一个 MC, 有状态空间 $\Omega=\{0,1,\cdots\}$ 和转移概率阵

$$\boldsymbol{P}=\begin{bmatrix} 0 & 1 & & & & \\ \beta & 0 & \alpha & & & \\ & \beta & 0 & \alpha & & \\ & & \beta & 0 & \alpha & \\ & & & \ddots & \ddots & \ddots \end{bmatrix},$$

这是一个不可约、非周期 MC, 其平衡方程是

$$\begin{aligned} &\pi_0=\pi_1\beta,\\ &\pi_1=\pi_0+\pi_2\beta,\\ &\pi_k=\pi_{k-1}\alpha+\pi_{k+1}\beta, \qquad k=2,3,\cdots. \end{aligned}$$

图 2.5.1 给出了 MC 的转移机制.

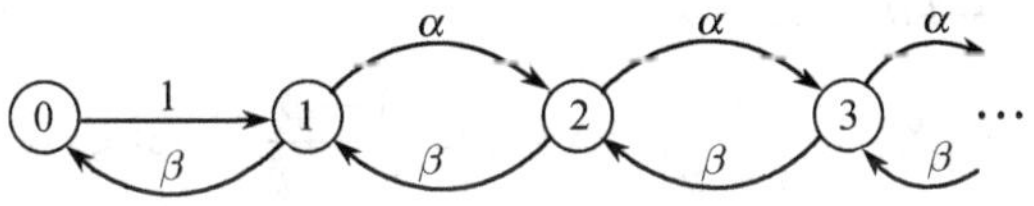

图 2.5.1　消息缓冲器转移机制

递推地求解平衡方程, 给出

$$\pi_k=\pi_0\beta^{-1}\left(\frac{\alpha}{\beta}\right)^{k-1}, \quad k\geqslant 1.$$

由正规化条件, 有

$$\sum_{k=0}^{\infty}\pi_k=\pi_0\left[1+\frac{1}{\beta}\sum_{k=0}^{\infty}\left(\frac{\alpha}{\beta}\right)^{k-1}\right]=1.$$

只有当 $0<\alpha<\beta$ 时, 上式中的无穷级数才收敛. 事实上, 可以证明 MC 正常返的充分必要条件是 $\alpha<\beta$. 此时, 有平稳分布

$$\begin{aligned} &\pi_0=\frac{\beta-\alpha}{2\beta},\\ &\pi_k=\frac{\beta-\alpha}{2\beta^2}\left(\frac{\alpha}{\beta}\right)^{k-1}, \quad k\geqslant 1. \end{aligned}$$

为了指出 MC 是时间可逆的, 只需对转移概率阵中正的元素验证 (2.5.2) 式, 即

$$\pi_0 = \pi_1\beta \Leftrightarrow \pi_0 p_{01} = \pi_1 p_{10},$$
$$\pi_k\alpha = \pi_{k+1}\beta \Leftrightarrow \pi_k p_{k,k+1} = \pi_{k+1} p_{k+1,k}, \quad k = 1, 2, \cdots.$$

因此, MC 是时间可逆的.

§2.6　离散 PH 分布

众所周知, 对各种随机模型进行解析处理的主要困难是条件概率引起的高度复杂性. 例如, 要了解当前正在接受服务的顾客还需多少时间才能完成服务, 就需要知道服务是从何时开始的, 它已经持续了多长时间. 然而, 在实际应用中, 这些关于历史过程的详细信息很难确切掌握; 即使知道了这些信息, 计算在给定信息下的条件分布也是极其复杂的. 长期以来, 在经典随机模型分析中广泛使用无后效的概率分布绕过这一困难.

与连续随机变量中的指数分布类似, 在离散随机变量中唯一的无后效分布是几何分布. 称非负整值随机变量 X 服从参数 p 的几何分布, 是指

$$P\{X = k\} = (1-p)p^k, \quad 0 < p < 1; \quad k = 0, 1, \cdots. \tag{2.6.1}$$

X 的数学期望和概率母函数分别是

$$E(X) = \frac{1}{1-p}, \quad X(z) = \frac{1-p}{1-zp}, \quad |z| \leqslant 1.$$

我们以 Bernoulli 试验首次"成功"前的等待时间(试验次数) 解释几何分布的无后效性. 在每次试验中以概率 $1-p$"成功", 以概率 p"失败". X 表示首次"成功"前的试验次数, X 服从几何分布 (2.6.1). 在已知 $X \geqslant n$ 的条件下, 对任何非负整数 m, 有

$$p\{X = n+m | X \geqslant n\} = \frac{(1-p)p^{m+n}}{p^n} = (1-p)p^m, \quad m \geqslant 0.$$

这表明已知 $X \geqslant n$ 的剩余等待时间与 X 同分布, 称为几何分布的无后效性.

在理论分析和实际应用中, 通常遇到修正的几何分布. 设 $0 \leqslant \alpha \leqslant 1$, X 的分布是

$$P\{X = k\} = \begin{cases} 1-\alpha, & k = 0, \\ \alpha(1-p)p^{k-1}, & k \geqslant 1. \end{cases} \tag{2.6.2}$$

称 X 服从修正的几何分布. 当 $\alpha = 0$ 时, 退化为集中于原点上的分布; $\alpha = p$ 时, 对应于标准的几何分布; $\alpha = 1$ 时, 给出自然数集上的几何分布. 分布 (2.6.2) 的均

值和 PGF 是

$$E(X)=\frac{\alpha}{1-p},\qquad X(z)=1-\alpha+\frac{\alpha z(1-p)}{1-zp}. \tag{2.6.3}$$

在排队论、可靠性、库存论等随机模型领域, 通常假定服务时间、部件寿命等随机变量服从无后效的 (指数或几何) 分布, 其不合理性是显而易见的. 然而, 如果使用其他分布, 随机模型的解析处理将遇到实质性障碍. 这一两难局面严重地束缚了随机模型理论和应用的发展. 20 世纪后期, 由 Netus(1975, 1981) 发展起来的位相型 (PH) 分布理论, 成功地解决了上述矛盾. PH 分布在很大程度上保持了无后效分布易于进行解析处理的优点, 同时广泛地适合于各种应用背景. 使用 PH 分布取代无后效的指数分布与几何分布, 已经成为当代随机模型理论研究和实际应用的潮流. 本书中将大量地使用离散 PH 分布, 以下是离散 PH 分布理论的一个简要论述.

考虑一个有限状态 MC, 在状态空间 $\Omega=\{1,\cdots,m,m+1\}$ 中, $m+1$ 是吸收状态, $1,\cdots,m$ 都是非常返状态. MC 的转移概率阵写成分块形式

$$\boldsymbol{P}=\begin{bmatrix}\boldsymbol{T} & \boldsymbol{T}^0\\ \boldsymbol{0} & 1\end{bmatrix},$$

其中 m 阶方阵 $\boldsymbol{T}=(T_{ij})$ 满足 $T_{ij}\geqslant 0$ 和 $\boldsymbol{Te}\leqslant\boldsymbol{e}$, 非负列向量 $\boldsymbol{T}^0=(T_1^0,\cdots,T_m^0)'$ 满足 $\boldsymbol{Te}+\boldsymbol{T}^0=\boldsymbol{e}$. 称 $\boldsymbol{T}$ 是一个子随机阵, $\boldsymbol{I}-\boldsymbol{T}$ 是非奇异的. 假定 MC 有初始分布 $(\boldsymbol{\alpha},\alpha_{m+1})$, 其中 $\boldsymbol{\alpha}=(\alpha_1,\cdots,\alpha_m)$ 满足 $\boldsymbol{\alpha e}+\alpha_{m+1}=1$. 这就是说, MC 在初始时刻以概率 α_j 从状态 j 出发, $j=1,\cdots,m$; 并以概率 α_{m+1} 位于吸收状态上. 图 2.6.1 给出了这类 MC 状态转移的解释.

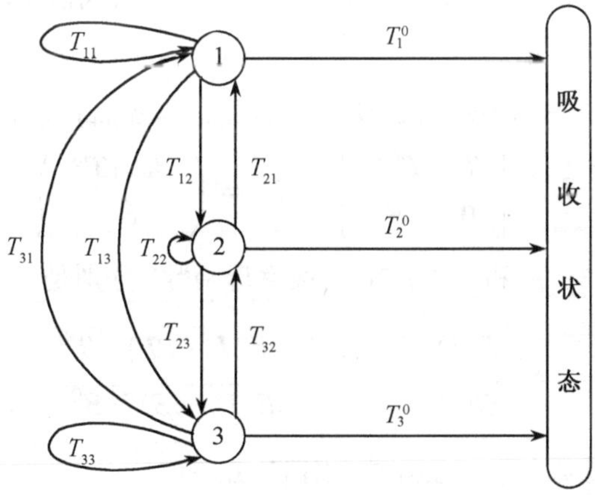

图 2.6.1 离散 PH 分布位相间的转移 ($m=3$)

定义 2.6.1　非负整数上的分布 $\{p_k, k \geqslant 0\}$ 称为离散 PH 分布, 当且仅当它是上述 MC 达到吸收状态的转移次数 X 的分布, $(\boldsymbol{\alpha}, \boldsymbol{T})$ 称为 X(或分布) 的 PH 表示, m 称为 PH 分布的阶. 状态 $1, \cdots, m$ 称 PH 分布的位相.

通过 $\boldsymbol{P}^n$ 的分块计算和绝对分布的表达式, 有

$$p_n = P\{X = n\} = \begin{cases} \alpha_{m+1}, & n = 0, \\ \boldsymbol{\alpha T}^{n-1}\boldsymbol{T}^0, & n \geqslant 1. \end{cases} \tag{2.6.4}$$

比较 (2.6.2) 和 (2.6.4), 离散 PH 分布正是修正几何分布从数值参数到矩阵参数的推广, (2.6.4) 形式的分布也称为矩阵几何分布. 容易计算离散 PH 分布 $(\boldsymbol{\alpha}, \boldsymbol{T})$ 的均值, PGF 和 k 阶阶乘矩分别是

$$\begin{aligned} E(X) &= \boldsymbol{\alpha}(\boldsymbol{I} - \boldsymbol{T})^{-1}\boldsymbol{e}, \\ X(z) &= \alpha_{m+1} + z\boldsymbol{\alpha}(\boldsymbol{I} - z\boldsymbol{T})^{-1}\boldsymbol{T}^0, \\ \mu_k &= X^{(k)}(1) = k!\boldsymbol{\alpha T}^{k-1}(\boldsymbol{I} - \boldsymbol{T})^{-k}\boldsymbol{e}. \end{aligned} \tag{2.6.5}$$

离散 PH 分布是一个包罗甚广的分布类, 可以证明, 对 $\Omega = \{0, 1, \cdots\}$ 上的任何概率分布, 总可以构造一个适当的离散 PH 分布, 将它逼近到误差任意小的程度. 换言之, 离散 PH 分布在非负整值上一切分布的类中是稠密的. 离散 PH 分布类的另一个优点是它具有良好的封闭性: 若干个 PH 分布的随机变量在某种运算下的结果通常仍是一个服从 PH 分布的随机变量; 含有 PH 分布的随机模型, 其指标通常仍然服从 PH 分布. 这类封闭性给随机模型的理论分析和实际应用带来了极大的便利.

定理 2.6.1 (卷积封闭性)　F 和 G 是相互独立的离散 PH 分布, 有 m 和 n 阶 PH 表示 $(\boldsymbol{\alpha}, \boldsymbol{T})$ 和 $(\boldsymbol{\beta}, \boldsymbol{S})$, 则卷积 $F * G$ 服从 $m + n$ 阶离散 PH 分布, 有 PH 表示 $(\gamma, \boldsymbol{L})$, 这里

$$\begin{gathered} \gamma = (\boldsymbol{\alpha}, \alpha_{m+1}\boldsymbol{\beta}), \qquad \gamma_{m+n+1} = \alpha_{m+1}\beta_{n+1}, \\ \boldsymbol{L} = \begin{bmatrix} \boldsymbol{T} & \boldsymbol{T}^0\boldsymbol{\beta} \\ \boldsymbol{0} & \boldsymbol{S} \end{bmatrix}, \quad \boldsymbol{L}^0 = \begin{pmatrix} \beta_{n+1}\boldsymbol{T}^0 \\ \boldsymbol{S}^0 \end{pmatrix}. \end{gathered} \tag{2.6.6}$$

证明　由 (2.6.5), F 和 G 的 PGF(概率母函数) 分别是

$$\begin{aligned} F(z) &= \alpha_{m+1} + z\boldsymbol{\alpha}(\boldsymbol{I} - z\boldsymbol{T})^{-1}\boldsymbol{T}^0, \\ G(z) &= \beta_{n+1} + z\boldsymbol{\beta}(\boldsymbol{I} - z\boldsymbol{S})^{-1}\boldsymbol{S}^0. \end{aligned}$$

使用矩阵分块求逆法则, 对 (2.6.6) 中的矩阵 $\boldsymbol{L}$, 有

$$(\boldsymbol{I} - z\boldsymbol{L})^{-1} = \begin{bmatrix} (\boldsymbol{I} - z\boldsymbol{T})^{-1} & z(\boldsymbol{I} - z\boldsymbol{T})^{-1}\boldsymbol{T}^0\boldsymbol{\beta}(\boldsymbol{I} - z\boldsymbol{S})^{-1} \\ \boldsymbol{0} & (\boldsymbol{I} - z\boldsymbol{S})^{-1} \end{bmatrix}.$$

现在, 直接计算给出

$$\begin{aligned}\boldsymbol{L}(z) &= \gamma_{m+n+1} + z\boldsymbol{\gamma}(\boldsymbol{I} - z\boldsymbol{L})^{-1}\boldsymbol{L}^0 \\ &= \left[\alpha_{m+1} + z\boldsymbol{\alpha}(\boldsymbol{I} - z\boldsymbol{T})^{-1}\boldsymbol{T}^0\right]\left[\beta_{n+1} + z\boldsymbol{\beta}(\boldsymbol{I} - z\boldsymbol{S})^{-1}\boldsymbol{S}^0\right] \\ &= F(z)G(z).\end{aligned}$$

因此, $(\gamma, \boldsymbol{L})$ 是 $F * G$ 的离散 PH 表示. □

定理 2.6.2 (剩余寿命封闭性) $\{p_k, k \geqslant 0\}$ 是 m 阶离散 PH 分布, PH 表示 $(\boldsymbol{\alpha}, \boldsymbol{T})$ 和均值 μ, 则剩余寿命分布

$$q_k = \frac{1}{\mu}\sum_{j=k+1}^{\infty} p_j, \quad k = 0, 1, \cdots$$

有离散 PH 表示 $(\boldsymbol{\delta}, \boldsymbol{T})$, 这里

$$\boldsymbol{\delta} = \frac{1}{\mu}\boldsymbol{\alpha}(\boldsymbol{I} - \boldsymbol{T})^{-1}\boldsymbol{T}, \quad \delta_{m+1} = \frac{1}{\mu}(1 - \alpha_{m+1}).$$

证明 $\{p_k, k \geqslant 0\}$ 有 PGF:

$$F(z) = \alpha_{m+1} + z\boldsymbol{\alpha}(\boldsymbol{I} - z\boldsymbol{T})^{-1}\boldsymbol{T}^0.$$

容易验证, 分布 $\{q_k, k \geqslant 0\}$ 有 PGF:

$$\widetilde{F}(z) = \frac{1}{\mu}\frac{1 - F(z)}{1 - z}.$$

将 $F(z)$ 代入 $\widetilde{F}(z)$ 的表达式, 注意到 $\boldsymbol{T}^0 = (\boldsymbol{I} - \boldsymbol{T})\boldsymbol{e}$, 有

$$\begin{aligned}\widetilde{F}(z) &= \frac{1}{\mu(1 - z)}\left[1 - \alpha_{m+1} - z\boldsymbol{\alpha}(\boldsymbol{I} - z\boldsymbol{T})^{-1}(\boldsymbol{I} - \boldsymbol{T})\boldsymbol{e}\right] \\ &= \frac{1}{\mu(1 - z)}\left[\boldsymbol{\alpha e}(1 - z) - z(1 - z)\boldsymbol{\alpha T}(\boldsymbol{I} - \boldsymbol{T})^{-1}\boldsymbol{e}\right] \\ &= \frac{1}{\mu}(1 - \alpha_{m+1}) + \frac{1}{\mu}z\boldsymbol{\alpha}(\boldsymbol{I} - \boldsymbol{T})^{-1}\boldsymbol{T}(\boldsymbol{I} - z\boldsymbol{T})^{-1}\boldsymbol{T}^0 \\ &= \delta_{m+1} + z\boldsymbol{\delta}(\boldsymbol{I} - z\boldsymbol{T})^{-1}\boldsymbol{T}^0.\end{aligned}$$

为证 $\widetilde{F}(z)$ 确是一个离散 PH 分布的 PGF, 只需验证 $\boldsymbol{\delta e} + \delta_{m+1} = 1$. 注意到 $\mu = \boldsymbol{\alpha}(\boldsymbol{I} - \boldsymbol{T})^{-1}\boldsymbol{e}$, 有

$$\begin{aligned}\delta_{m+1} + \boldsymbol{\delta e} &= \frac{1}{\mu}\left[1 - \alpha_{m+1} + \boldsymbol{\alpha}(\boldsymbol{I} - \boldsymbol{T})^{-1}\boldsymbol{Te}\right] \\ &= \frac{1}{\mu}\boldsymbol{\alpha}\left[\boldsymbol{I} + (\boldsymbol{I} - \boldsymbol{T})^{-1}\boldsymbol{T}\right]\boldsymbol{e} \\ &= \frac{1}{\mu}\boldsymbol{\alpha}(\boldsymbol{I} - \boldsymbol{T})^{-1}\boldsymbol{e} = 1.\end{aligned}$$

□

定理 2.6.3 (有限混合封闭性)　F_j 是离散 PH 分布, 有 m_j 阶 PH 表示 $(\boldsymbol{\alpha}(j), \boldsymbol{T}(j)), j=1,\cdots,k$. $(p_1,\cdots,p_k)$ 是任何概率分布, 则有限混合 $F=p_1F_1+\cdots+p_kF_k$ 也是离散 PH 分布, 有 $m_1+\cdots+m_k$ 阶 PH 表示 $(\boldsymbol{\delta},\boldsymbol{L})$, 这里

$$
\begin{aligned}
\boldsymbol{\delta} &= (p_1\boldsymbol{\alpha}(1),\cdots,p_k\boldsymbol{\alpha}(k)),\\
\boldsymbol{L} &= \mathrm{diag}(\boldsymbol{T}(1),\boldsymbol{T}(2),\cdots,\boldsymbol{T}(k)).
\end{aligned}
$$

证明是显然的.

PH 分布的无限混合不一定仍然是 PH 分布, 一个重要而常用的例外由下列定理给出. 介绍这个结果需要使用矩阵的 Kronecker 乘积. 设 $\boldsymbol{A},\boldsymbol{B}$ 分别是 $m_1\times m_2, n_1\times n_2$ 矩阵, $\boldsymbol{A}$ 与 $\boldsymbol{B}$ 的 Kronecker 乘积 $\boldsymbol{A}\otimes\boldsymbol{B}$ 定义为

$$
\boldsymbol{A}\otimes\boldsymbol{B}=(A_{ij}\boldsymbol{B})=\begin{bmatrix}
A_{11}\boldsymbol{B} & A_{12}\boldsymbol{B} & \cdots & A_{1m_2}\boldsymbol{B}\\
A_{21}\boldsymbol{B} & A_{22}\boldsymbol{B} & \cdots & A_{2m_2}\boldsymbol{B}\\
\vdots & \vdots & & \vdots\\
A_{m_11}\boldsymbol{B} & A_{m_12}\boldsymbol{B} & \cdots & A_{m_1m_2}\boldsymbol{B}
\end{bmatrix}.
$$

这是一个 $(m_1n_1)\times(m_2n_2)$ 矩阵, 如果 $\boldsymbol{A},\boldsymbol{B}$ 分别是 m,n 阶方阵, 还定义 Kronecker 和

$$
\boldsymbol{A}\oplus\boldsymbol{B}=\boldsymbol{A}\otimes\boldsymbol{I_n}+\boldsymbol{I_m}\otimes\boldsymbol{B}.
$$

关于 Kronecker 乘积的运算性质, 可在各种矩阵分析的书中找到, 如文献 (Bellman, 1960). 一个常用的重要运算性质是: 当下式中通常的矩阵乘法有意义时, 有

$$
(\boldsymbol{A}\otimes\boldsymbol{B})(\boldsymbol{C}\otimes\boldsymbol{D})=(\boldsymbol{AC}\otimes\boldsymbol{BD}). \tag{2.6.7}
$$

定理 2.6.4 (无限混合的一个封闭性)　若 $\{s_k\}$ 和 $\{p_k\}$ 分别是 n 阶和 m 阶离散 PH 分布, 有 PH 表示 $(\boldsymbol{\beta},\boldsymbol{S})$ 和 $(\boldsymbol{\alpha},\boldsymbol{T})$, 则卷积混合

$$
\sum_{v=0}^{\infty}s_v(p_k)^{(v)}
$$

是 mn 阶离散 PH 分布, 有 PH 表示 $(\boldsymbol{\gamma},\boldsymbol{L})$, 这里

$$
\begin{aligned}
\boldsymbol{\gamma} &= \boldsymbol{\alpha}\otimes\boldsymbol{\beta}(\boldsymbol{I}-\alpha_{m+1}\boldsymbol{S})^{-1},\\
\gamma_{mn+1} &= \beta_{n+1}+\alpha_{m+1}\boldsymbol{\beta}(\boldsymbol{I}-\alpha_{m+1}\boldsymbol{S})^{-1}\boldsymbol{S}^0,\\
\boldsymbol{L} &= \boldsymbol{T}\otimes\boldsymbol{I_n}+\boldsymbol{T}^0\boldsymbol{\alpha}\otimes(\boldsymbol{I}-\alpha_{m+1}\boldsymbol{S})^{-1}\boldsymbol{S},\\
\boldsymbol{L}^0 &= \boldsymbol{T}^0\otimes(\boldsymbol{I}-\alpha_{m+1}\boldsymbol{S})^{-1}\boldsymbol{S}^0.
\end{aligned}
$$

证明 先证 $\boldsymbol{L}$ 确是子随机阵. 注意到 $\boldsymbol{L}$ 和 $\boldsymbol{L}^0$ 非负, 并且 $(\boldsymbol{I}-\boldsymbol{T})\boldsymbol{e}=\boldsymbol{T}^0$, 有

$$\begin{aligned}
&\boldsymbol{L}(\boldsymbol{e}_m\otimes\boldsymbol{e}_n)+\boldsymbol{L}^0\\
&=(\boldsymbol{T}\otimes\boldsymbol{I})(\boldsymbol{e}_m\otimes\boldsymbol{e}_n)+\left[\boldsymbol{T}^0\boldsymbol{\alpha}\otimes(\boldsymbol{I}-\alpha_{m+1}\boldsymbol{S})^{-1}\boldsymbol{S}\right](\boldsymbol{e}_m\otimes\boldsymbol{e}_n)\\
&\quad+\boldsymbol{T}^0\otimes(\boldsymbol{I}-\alpha_{m+1}\boldsymbol{S})^{-1}\boldsymbol{S}^0\\
&=(\boldsymbol{e}_m\otimes\boldsymbol{e}_n)+\boldsymbol{T}^0\otimes\Big[-\boldsymbol{e}_n+(1-\alpha_{m+1})(\boldsymbol{I}-\alpha_{m+1}\boldsymbol{S})^{-1}\boldsymbol{S}\boldsymbol{e}_n\\
&\quad+(\boldsymbol{I}-\alpha_{m+1}\boldsymbol{S})^{-1}(\boldsymbol{I}-\boldsymbol{S})\boldsymbol{e}_n\Big]\\
&=(\boldsymbol{e}_m\otimes\boldsymbol{e}_n)+\boldsymbol{T}^0\otimes\boldsymbol{0}\\
&=\boldsymbol{e}_m\otimes\boldsymbol{e}_n=\boldsymbol{e}_{mn}.
\end{aligned}$$

这就证明了 $\boldsymbol{L}$ 是子随机阵.

现在, $\{s_k\}$ 和 $\{p_k\}$ 有 PGF:

$$\begin{aligned}
P(z)&=\beta_{n+1}+z\boldsymbol{\beta}(\boldsymbol{I}-z\boldsymbol{S})^{-1}\boldsymbol{S}^0,\\
Q(z)&=\alpha_{m+1}+z\boldsymbol{\alpha}(\boldsymbol{I}-z\boldsymbol{T})^{-1}\boldsymbol{T}^0.
\end{aligned}$$

容易验证, 卷积混合的母函数是

$$P[Q(z)]=\beta_{n+1}+Q(z)\boldsymbol{\beta}\Big(\boldsymbol{I}-Q(z)\boldsymbol{S}\Big)^{-1}\boldsymbol{S}^0.$$

使用矩阵求逆法则, 可以给出

$$\begin{aligned}
&(\boldsymbol{I}_{mn}-z\boldsymbol{L})^{-1}\\
&=\sum_{v=0}^{\infty}\left[z(\boldsymbol{I}_m-z\boldsymbol{T})^{-1}\boldsymbol{T}^0\boldsymbol{\alpha}\right]^v(\boldsymbol{I}_m-z\boldsymbol{T})^{-1}\otimes\left[(\boldsymbol{I}_n-\alpha_{m+1}\boldsymbol{S})^{-1}\boldsymbol{S}\right]^v.
\end{aligned}$$

将定理中给出的 $\boldsymbol{\gamma}$ 和 $\boldsymbol{L}^0$ 代入, 经过运算, 有

$$\begin{aligned}
&z\boldsymbol{\gamma}(\boldsymbol{I}_{mn}-z\boldsymbol{L})^{-1}\boldsymbol{L}^0\\
&=[Q(z)-\alpha_{m+1}]\boldsymbol{\beta}\Big[\boldsymbol{I}_n-Q(z)\boldsymbol{S}\Big]^{-1}(\boldsymbol{I}_n-\alpha_{m+1}\boldsymbol{S})^{-1}\boldsymbol{S}^0\\
&=P[Q(z)]-\gamma_{mn+1}.
\end{aligned}$$

这就证明了定理的结论. □

在离散时间排队中, 经常用到下列二项分布随机化的 PH 封闭性. 设 N 是非负整值随机变量, $P\{N=n\}=g_n, n=0,1,\cdots$. 在 $N=n$ 的条件下, X 的条件分布是参数 n 和 p 的二项分布, 则有

$$\begin{aligned}
P\{X=k\}&=\sum_{n=k}^{\infty}P\{N=n\}\binom{n}{k}p^k(1-p)^{n-k}\\
&=\sum_{n=k}^{\infty}g_n\binom{n}{k}p^k(1-p)^{n-k},\quad k=0,1,\cdots.
\end{aligned}\tag{2.6.8}$$

X 的分布 (2.6.8) 称为二项分布的随机化. 回顾 §1.1 提到的 Bernoulli 到达过程: 每个时隙末端以概率 p 发生一个到达, 以概率 $1-p$ 无到达. 包含随机个时隙 N 的一段长度内到达顾客数 X 的分布由 (2.6.8) 给出.

定理 2.6.5 (随机化的封闭性) 若 N 服从 m 阶离散 PH 分布, 有 PH 表示 $(\boldsymbol{\alpha}, \boldsymbol{T})$, 则 (2.6.8) 仍然是离散 PH 分布, 有 m 阶 PH 表示 $(\boldsymbol{\gamma}, \boldsymbol{L})$, 这里

$$\boldsymbol{\gamma} = \boldsymbol{\alpha} p(\boldsymbol{I} - \overline{p}\boldsymbol{T})^{-1}, \quad \gamma_{m+1} = \alpha_{m+1} + \boldsymbol{\alpha}\overline{p}(\boldsymbol{I} - \overline{p}\boldsymbol{T})^{-1}\boldsymbol{T}^0,$$
$$\boldsymbol{L} = p\boldsymbol{T}(\boldsymbol{I} - \overline{p}\boldsymbol{T})^{-1}, \quad \boldsymbol{L}^0 = (\boldsymbol{I} - \overline{p}\boldsymbol{T})^{-1}\boldsymbol{T}^0,$$

其中 $\overline{p} = 1 - p$.

证明 先证 $\boldsymbol{L}$ 是子随机阵. 因为 $\boldsymbol{T}, \boldsymbol{T}^0$ 非负, 则 $\boldsymbol{L}, \boldsymbol{L}^0$ 非负, 并有

$$\begin{aligned} \boldsymbol{L}\boldsymbol{e} + \boldsymbol{L}^0 &= p\boldsymbol{T}(\boldsymbol{I} - \overline{p}\boldsymbol{T})^{-1}\boldsymbol{e} + (\boldsymbol{I} - \overline{p}\boldsymbol{T})^{-1}(\boldsymbol{I} - \boldsymbol{T})\boldsymbol{e} \\ &= (p\boldsymbol{T} + \boldsymbol{I} - \boldsymbol{T})(\boldsymbol{I} - \overline{p}\boldsymbol{T})^{-1}\boldsymbol{e} \\ &= (\boldsymbol{I} - \overline{p}\boldsymbol{T})(\boldsymbol{I} - \overline{p}\boldsymbol{T})^{-1}\boldsymbol{e} = \boldsymbol{e}. \end{aligned}$$

这就证明了 $\boldsymbol{L}$ 是子随机阵.

现在, N 有 PGF:

$$N(z) = \sum_{k=0}^{\infty} g_k z_k = \alpha_{m+1} + z\boldsymbol{\alpha}(\boldsymbol{I} - z\boldsymbol{T})^{-1}\boldsymbol{T}^0.$$

分布 (2.6.8) 的 PGF 是

$$\begin{aligned} X(z) &= \sum_{j=0}^{\infty} z^j \sum_{k=j}^{\infty} g_k \binom{k}{j} p^j (1-p)^{k-j} \\ &= \sum_{k=0}^{\infty} g_k \sum_{j=0}^{k} \binom{k}{j} (zp)^j \overline{p}^{k-j} \\ &= \sum_{k=0}^{\infty} g_k \Big(1 - p(1-z)\Big)^k \\ &= N\Big(1 - p(1-z)\Big)^k. \end{aligned}$$

于是

$$\begin{aligned} X(z) &= \alpha_{m+1} + (1 - p(1-z))\boldsymbol{\alpha}[\boldsymbol{I} - (1 - p(1-z))\boldsymbol{T}]^{-1}\boldsymbol{T}^0 \\ &= \alpha_{m+1} + \boldsymbol{\alpha}\overline{p}(\boldsymbol{I} - \overline{p}\boldsymbol{T})^{-1}\boldsymbol{T}^0 - \boldsymbol{\alpha}\overline{p}(\boldsymbol{I} - \overline{p}\boldsymbol{T})^{-1}\boldsymbol{T}^0 \\ &\quad + (\overline{p} + pz)\boldsymbol{\alpha}(\boldsymbol{I} - \overline{p}\boldsymbol{T})^{-1}[\boldsymbol{I} - zp\boldsymbol{T}(\boldsymbol{I} - \overline{p}\boldsymbol{T})^{-1}]^{-1}\boldsymbol{T}^0 \\ &= \gamma_{m+1} + pz\boldsymbol{\alpha}(\boldsymbol{I} - \overline{p}\boldsymbol{T})^{-1}[\boldsymbol{I} + \overline{p}(\boldsymbol{I} - \overline{p}\boldsymbol{T})^{-1}] \\ &\quad \times [\boldsymbol{I} - zp\boldsymbol{T}(\boldsymbol{I} - \overline{p}\boldsymbol{T})^{-1}]^{-1}\boldsymbol{T}^0 \\ &= \gamma_{m+1} + pz\boldsymbol{\alpha}(\boldsymbol{I} - \overline{p}\boldsymbol{T})^{-1}[\boldsymbol{I} - zp\boldsymbol{T}(\boldsymbol{I} - \overline{p}\boldsymbol{T})^{-1}]^{-1} \\ &\quad \times (\boldsymbol{I} - \overline{p}\boldsymbol{T})^{-1}\boldsymbol{T}^0 \\ &= \gamma_{m+1} + z\boldsymbol{\gamma}(\boldsymbol{I} - z\boldsymbol{L})^{-1}\boldsymbol{L}^0. \end{aligned}$$

最后, 容易验证

$$
\begin{aligned}
&\boldsymbol{\gamma e}+\gamma_{m+1}\\
&=\alpha_{m+1}+\boldsymbol{\alpha}\overline{p}(\boldsymbol{I}-\overline{p}\boldsymbol{T})^{-1}\boldsymbol{T}^0+p\boldsymbol{\alpha}(\boldsymbol{I}-\overline{p}\boldsymbol{T})^{-1}\boldsymbol{e}\\
&=\alpha_{m+1}+\boldsymbol{\alpha}[p\boldsymbol{I}+\overline{p}(\boldsymbol{I}-\boldsymbol{T})](\boldsymbol{I}-\overline{p}\boldsymbol{T})^{-1}\boldsymbol{e}\\
&=\alpha_{m+1}+\boldsymbol{\alpha}(\boldsymbol{I}-\overline{p}\boldsymbol{T})(\boldsymbol{I}-\overline{p}\boldsymbol{T})^{-1}\boldsymbol{e}\\
&=\alpha_{m+1}+\boldsymbol{\alpha e}=1.
\end{aligned}
$$

□

§2.7 离散分支链

在离散时间排队模型的忙期分析中, 需要使用离散分支链的思想和方法, 本节对此给出一个简要的介绍.

设想某种个体 (例如电子、中子、细菌等), 当一个体消亡时能够产生同类的后代. 从单一个体开始, 它称为第 0 代; 该个体产生的直接后代组成第 1 代. 以此类推, 第 n 代所有个体产生的直接后代构成第 $n+1$ 代. 每一个个体产生直接后代的数量是随机变量 Y, 不同个体产生后代是独立同分布的. 以 X_n 表示第 n 代个体的总数, $X_0=1$, $\{X_n, n\geqslant 0\}$ 称为离散分支链. 以 $Y_j^{(n)}$ 表示第 n 代中第 j 个个体产生直接后代的数量, 它们相互独立且与 Y 同分布, 则

$$
X_{n+1}=\begin{cases}0, & X_n=0,\\ Y_1^{(n)}+\cdots+Y_{X_n}^{(n)}, & X_n\geqslant 1.\end{cases}
$$

这表明 $\{X_n, n\geqslant 0\}$ 是一个特殊的 MC, 有转移概率

$$
p_{ij}=P\{X_{n+1}=j|X_n=i\}=P\{Y_1+\cdots+Y_i=j\},\quad i\geqslant 1, j\geqslant 0.
$$

离散分支链的行为取决于个体直接后代数 Y 的分布, 设

$$
p_k=P\{Y=k\},\quad k\geqslant 0;\quad G(z)=\sum_{k=0}^{\infty}z^k p_k,\quad \mu=E(Y).
$$

如果 $p_0+p_1=1$, 任何个体至多产生一个后代, 分支链的状态空间是 $\Omega=\{0,1\}$; 如果 $p_0+p_1<1$, 每一个体可能有多个直接后代, 分支链有状态空间 $\Omega=\{0,1,\cdots\}$. 在每一种情况下, 状态 0 都是吸收的. 若对某个自然数 n, $X_n=0$, 称为在 n 代时已经灭绝. 离散分支链的一个重要问题是研究灭绝条件和灭绝概率.

注意到 X_n 的分布是 MC 的 n 步转移概率

$$
P\{X_n=j\}=P\{X_n=j|X_0=1\}=p_{1j}^{(n)},\quad j\geqslant 0, n>1.
$$

定义 X_n 的母函数

$$P_n(z)=\sum_{k=0}^{\infty}z^kP\{X_n=k\},\quad n\geqslant 0.$$

则 $P_0(z)=z$, $P_1(z)=G(z)$, 并且

$$\begin{aligned}P_2(z)&=\sum_{k=0}^{\infty}z^kP\{X_2=k\}\\&=\sum_{k=0}^{\infty}z^k\sum_{j=0}^{\infty}P\{X_1=j\}P\{X_2=k|X_1=j\}\\&=\sum_{j=0}^{\infty}P\{X_1=j\}\sum_{k=0}^{\infty}z^kP\{Y_1+\cdots+Y_j=k\}\\&=\sum_{j=0}^{\infty}P\{X_1=j\}G^j(z)\\&=P_1(G(z)).\end{aligned}$$

更一般地, 可递推地证明

$$P_{n+1}(z)=P_n(G(z)),\quad n\geqslant 0.$$

注意到 $P_1(z)=G(z)$, 有

$$P_n(z)=\underbrace{G(G(\cdots(G(z))\cdots))}_{n\text{次复合}},\quad n\geqslant 2.$$

并且, 由此容易给出第 n 代群体中个体平均数

$$E(X_n)=P_n'(1)=\mu^n,\quad n\geqslant 0.$$

设 π_0 是从单一个体开始的群体终将灭绝的概率, 称为灭绝概率. 以初始个体的直接后代数为条件, 有

$$\pi_0=P\{\text{终将灭绝}\}=\sum_{j=0}^{\infty}p_jP\{\text{终将灭绝}|X_1=j\}.$$

在给定 $X_1=j$ 的条件下, 整个群体可分解为 j 个“家族”, 每一个家族是由 1 个个体繁衍产生的, 其灭绝概率是 π_0. 由假定, 这 j 个家族的繁衍行为是相互独立的, 因此

$$P\{\text{终将灭绝}|X_1=j\}=\pi_0^j.$$

代入前式, 给出

$$\pi_0 = \sum_{j=0}^{\infty} p_j \pi_0^j = G(\pi_0).$$

灭绝概率是方程 $z = G(z)$ 的根. 对方程 $z = G(z)$ 的根, 我们引入

引理 2.7.1 非负整值上的概率分布 $\{p_k, k \geqslant 0\}$, 有均值 μ 和母函数 $G(z)$, $p_0 > 0$, 则

(1) $\mu \leqslant 1$, 方程 $z = G(z)$ 在 (0,1) 内无根;

(2) $\mu > 1$, 方程 $z = G(z)$ 在 (0,1) 内有唯一的根 $z = \pi_0$.

证明的基本思想是: $z = G(z)$ 的根是两条曲线 $y = z$ 和 $y = G(z)$ 交点的坐标, $\mu = G'(1)$ 是曲线 $y = G(z)$ 在 $z = 1$ 处的斜率. 注意到 $y = G(z)$ 在 (0,1) 内是严格增的凸函数. 图 2.7.1 给出了 $\mu < 1, \mu = 1, \mu > 1$ 的对应的典型情况. 按图示写出引理的证明是容易的 (Hunter, 1983)[172−175].

定理 2.7.2 个体后代分布 $\{p_k, k \geqslant 0\}$, 满足 $p_0 > 0, p_0 + p_1 < 1$. 若均值 $\mu \leqslant 1$, 灭绝概率 $\pi_0 = 1$; 若均值 $\mu > 1$, 灭绝概率 π_0 是 $z = G(z)$ 方程在 (0,1) 内唯一的根.

证明 在上述讨论中已指出, 灭绝概率必定是方程 $z = G(z)$ 的根. 下面将进一步证明, 灭绝概率是方程 $z = G(z)$ 的最小的正根. 设 π_0 是灭绝概率, 从而是 $z = G(z)$ 的一个根, 另有 $\pi > 0$ 也是方程 $z = G(z)$ 的根, 先证明对一切 n, 有 $\pi \geqslant P\{X_n = 0\}$. 事实上

$$\pi = \sum_{k=0}^{\infty} \pi^k p_k > \pi^0 p_0 = p_0 = P\{X_1 = 0\}.$$

若对某自然数 n, $\pi \geqslant P\{X_n = 0\}$, 则

$$\begin{aligned} P\{X_{n+1} = 0\} &= \sum_{j=0}^{\infty} P\{X_{n+1} = 0 | X_1 = j\} P\{X_1 = j\} \\ &= \sum_{j=0}^{\infty} p_j (P\{X_n = 0\})^j \quad (\text{由归纳假设}) \\ &\leqslant \sum_{j=0}^{\infty} \pi^j p_j = \pi. \end{aligned}$$

因此, 对一切 n, 都有

$$\pi \geqslant P\{X_n = 0\}.$$

令 $n \to \infty$, 有

$$\pi \geqslant \lim_{n \to \infty} P\{X_n = 0\} = P\{\text{终将灭绝}\} = \pi_0.$$

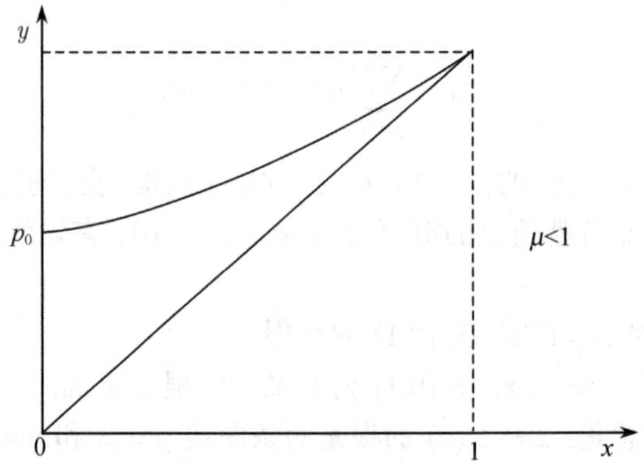

(a) 引理 2.7.1 中的情况(1)

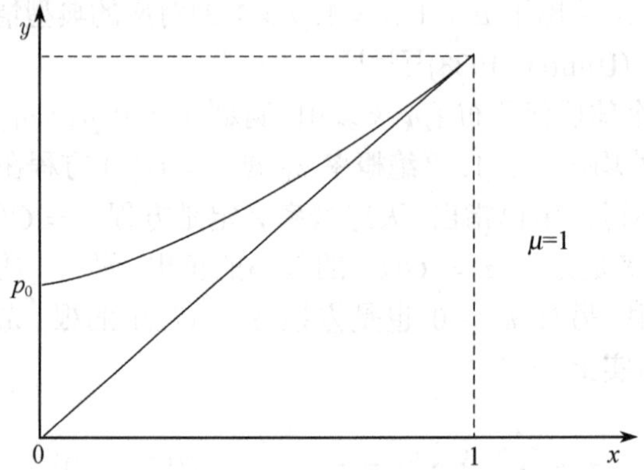

(b) 引理 2.7.1 中的情况(2)

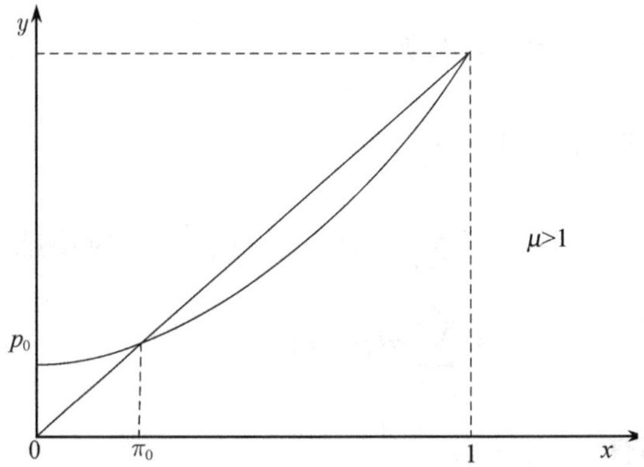

(c) 引理 2.7.1 中的情况(3)

图 2.7.1　引理 2.7.1 中三种情况

换言之, 灭绝概率 π_0 是 $z = G(z)$ 的最小正根. 由引理 2.7.1, 定理的结论是显然的. □

因为 $E(X_n)=\mu^n$, 当 $\mu<1$ 时, 自然有 $E(X_n)$ 趋向于 0, 因此可以指望群体必然要灭绝. 当 $\mu>1$ 时, 群体以概率 $\pi_0<1$ 灭绝, 而以概率 $1-\pi_0>0$ 不消失. 在后一种情况下, $E(X_n)=\mu^n$ 将趋向于 ∞. 当 $\mu=1$ 时, 一个平凡的情况是 $p_0=0, p_1=1$, 每一个体必然恰好有一个直接后代. 这时, $P\{X_n=1\}=1$ 和 $\mu^n=1$ 对一切 n 成立. 如果 $p_0>0$ 且 $\mu=1$, 一方面群体终将灭绝, 即 $P\{\lim\limits_{n\to\infty}X_n=0\}=1$; 另一方面却有 $E(X_n)=1$, 对一切 n 成立. 这一现象可用于解释, 如果 X_n 以概率收敛到 Y, $E(X_n)$ 却不一定收敛于 $E(Y)$.

§2.8 文献评述

在文献中, MC 通常分为离散时间和连续时间两类, 统称 Markov 过程. 本章的简要介绍只涉及离散时间 MC.

MC 的概念由俄国数学家 Markov 于 1906 年引入, 后经 Kolmogorov, Feller 等人的深入研究和发展, 于 1931 年左右形成了较完整的 Markov 过程理论. 国内外已经出版了大量涉及 Markov 过程理论和应用的著作. 众所周知, 概率论和随机过程的严格数学理论需建立在测度论基础之上. 对 Markov 过程理论给出严格数学处理的专著, 见文献 (Doob, 1953; Chung, 1967; 侯振挺等, 1978; 王梓坤, 1980; Freedman, 1983) 等. 阅读这些著作需要较多的数学基础知识和较高的抽象思维素质.

更多的著作以适度的理论水平处理 Markov 过程, 既保持较好的严谨性和系统性, 又回避使用高深的数学工具. 这些著作通常以推动 Markov 过程的应用为目的, 有些书中同时包含了大量应用内容. Kemey 与 Snell(1983) 对有限状态 MC 给出了系统的处理. Hunter(1983), Ross(1983), Narayan Bhat(1984) 等对 Markov 链理论给出了比较初等而严谨的论述. 费勒的《概率论及其应用》(1964, 1979) 是一部独具风格的应用概率论著作, 不拘泥于公认的理论框架, 生动而深刻地阐述了概率论与随机过程的基本理论和方法. 在该书中, MC 是与循环事件的理论和方法联系在一起处理的. 文献 (Bharucha-Reid, 1960) 前半部分对 Markov 过程给出了一个简明而较完整的论述, 后半部分以大量篇幅介绍该理论在生物、物理、化学、天体及运筹学等领域的应用. Narayan Bhat(1984) 除了将 Markov 过程应用于排队论、可靠性、库存论等传统随机模型领域以外, 还涉及该理论对战斗对抗、生物生态、社会行为、事物管理、交通运输、地质地貌等领域的广泛应用. 蒋庆琅 (1980) 在介绍 Markov 过程理论的基础上, 把这一理论用于生命科学中人口、增殖、迁移、疾病、死亡等现象的建模与分析. 对 Markov 过程在排队论、可靠性、库存论等随机运筹学分支中的应用可参阅文献 (赵玮等, 1993; 邓永录, 1996) 等.

第 3 章　Markov 型离散时间排队

最简单的离散时间排队模型是 Markov 型的. 以 L_n 表示时刻 n 系统中顾客数, 称 $\{L_n, n \geqslant 0\}$ 为队长过程. 如果 $\{L_n, n \geqslant 0\}$ 本身是一个 MC, 称这个排队系统是 Markov 型的. 由于几何分布的无后效性, 如果顾客的到达间隔和服务时间都服从几何分布, 这个排队系统应该是 Markov 型的. 本章讨论各种 Markov 型离散时间排队.

§3.1　Geom/Geom/1 型排队

3.1.1　离散时间生灭链

离散时间生灭链是连续时间生灭过程的一个自然类比, 简单的 Markov 型离散时间排队可以归结为一个离散时间生灭链模型.

考虑有限状态空间 $\Omega = \{0, 1, \cdots, m\}$ 上的 $\text{MC}\{X_n, n \geqslant 0\}$, 有转移概率矩阵

$$\widetilde{\boldsymbol{P}} = \begin{bmatrix} 1-b_0 & b_0 & & & & \\ d_1 & 1-b_1-d_1 & b_1 & & & \\ & d_2 & 1-b_2-d_2 & b_2 & & \\ & & \ddots & \ddots & \ddots & \\ & & & d_{m-1} & 1-b_{m-1}-d_{m-1} & b_{m-1} \\ & & & & d_m & 1-d_m \end{bmatrix}.$$

称 $\{X_n, n \geqslant 0\}$ 是一个有限状态离散时间生灭链. 转移概率矩阵 $\widetilde{\boldsymbol{P}}$ 的结构表明, $\text{MC}\{X_n, n \geqslant 0\}$ 通过一步转移只能达到相邻的状态

$$\begin{aligned} &P\{X_{n+1} = j+1 | X_n = j\} = b_j, \quad j = 0, \cdots, m-1; \\ &P\{X_{n+1} = j-1 | X_n = j\} = d_j, \quad j = 1, \cdots, m. \end{aligned}$$

如果所有的 b_j 和 d_j 在区间 $(0,1)$ 内, 并且 $b_j + d_j \in (0,1)$, 则 MC $\{X_n, n \geqslant 0\}$ 是不可约、非周期的. 由定理 2.3.2 容易证明, 它是正常返的, 以 $\boldsymbol{\Pi} = (\pi_0, \pi_1, \cdots, \pi_m)$ 表示其平稳分布, 平衡方程 $\boldsymbol{\Pi}\widetilde{\boldsymbol{P}} = \boldsymbol{\Pi}$ 给出

$$\begin{cases} \pi_0 = \pi_0(1-b_0) + \pi_1 d_1, \\ \pi_k = \pi_{k-1} b_{k-1} + \pi_k(1-b_k-d_k) + \pi_{k+1} d_{k+1}, \ 1 \leqslant k \leqslant m-1, \\ \pi_m = \pi_{m-1} b_{m-1} + \pi_m(1-d_m). \end{cases}$$

等价地

$$\begin{cases} \pi_1 d_1 - \pi_0 b_0 = 0, \\ \pi_{k+1} d_{k+1} - \pi_k b_k = \pi_k d_k - \pi_{k-1} b_{k-1}, \quad 1 \leqslant k \leqslant m-1, \\ \pi_m d_m - \pi_{m-1} b_{m-1} = 0. \end{cases}$$

由此得到

$$\pi_k d_k - \pi_{k-1} b_{k-1} = 0, \quad 1 \leqslant k \leqslant m.$$

取 π_0 为待定常数, 可以递推地给出

$$\pi_k = \frac{b_0 b_1 \cdots b_{k-1}}{d_1 d_2 \cdots d_k} \pi_0, \quad 1 \leqslant k \leqslant m.$$

最后, 由正规化条件 $\sum\limits_{k=0}^{\infty} \pi_k = 1$, 确定 π_0 为

$$\pi_0 = \left\{ 1 + \frac{b_0}{d_1} + \frac{b_0 b_1}{d_1 d_2} + \cdots + \frac{b_0 b_1 \cdots b_{m-1}}{d_1 d_2 \cdots d_m} \right\}^{-1}.$$

类似地, 可以讨论无限状态离散生灭链. 状态空间 $\Omega = \{0, 1, \cdots\}$ 上的 MC$\{X_n, n \geqslant 0\}$, 有转移概率矩阵

$$\widetilde{\boldsymbol{P}} = \begin{bmatrix} 1-b_0 & b_0 & & & & \\ d_1 & 1-b_1-d_1 & b_1 & & & \\ & d_2 & 1-b_2-d_2 & b_2 & & \\ & & d_3 & 1-b_3-d_3 & b_3 & \\ & & & \ddots & \ddots & \ddots \end{bmatrix}.$$

MC$\{X_n, n \geqslant 0\}$ 是一个可数状态的离散时间生灭链. 现在, 即使 $\{X_n, n \geqslant 0\}$ 是非周期、不可约的, 也不一定是正常返的. 我们通过讨论平衡方程的解确定它正常返的条件.

以 $\boldsymbol{\Pi} = (\pi_0, \pi_1, \cdots)$ 表示 MC$\{X_n, n \geqslant 0\}$ 的极限分布, 由平衡方程 $\boldsymbol{\Pi}\widetilde{\boldsymbol{P}} = \boldsymbol{\Pi}$, 有

$$\begin{cases} \pi_0 = \pi_0(1 - b_0) + \pi_1 d_1, \\ \pi_k = \pi_{k-1} b_{k-1} + \pi_k (1 - b_k - d_k) + \pi_{k+1} d_{k+1}, \quad k \geqslant 1. \end{cases}$$

由此得到

$$\pi_k d_k - \pi_{k-1} b_{k-1} = 0, \quad k \geqslant 1.$$

取 π_0 为待定常数, 递推地给出

$$\pi_k = \frac{b_0 b_1 \cdots b_{k-1}}{d_1 d_2 \cdots d_k} \pi_0, \quad k \geqslant 1.$$

现在, 引入级数

$$S=\sum_{k=1}^{\infty}\frac{b_0b_1\cdots b_{k-1}}{d_1d_2\cdots d_k}. \tag{3.1.1}$$

如果这个级数是收敛的, MC$\{X_n, n\geqslant 0\}$ 有唯一的平稳分布

$$\pi_k=\frac{b_0b_1\cdots b_{k-1}}{d_1d_2\cdots d_k}\pi_0,\quad k\geqslant 1,$$
$$\pi_0=\left\{1+\sum_{k=1}^{\infty}\frac{b_0b_1\cdots b_{k-1}}{d_1d_2\cdots d_k}\right\}^{-1}. \tag{3.1.2}$$

如果级数 (3.1.1) 发散, 平衡方程只有零解, 不存在平稳分布.

对无限状态离散时间生灭链 $\{X_n, n\geqslant 0\}$, 更细微的状态分类还需引入另一个级数

$$R=\sum_{k=1}^{\infty}\frac{d_1d_2\cdots d_k}{b_1b_2\cdots b_k}. \tag{3.1.3}$$

可以证明下列定理 (Hunter, 1983)[63−64,106−108].

定理 3.1.1　对不可约、非周期的无限状态离散时间生灭链 $\{X_n, n\geqslant 0\}$, 有

(1) 若 $R<\infty, S=\infty$, 生灭链是非常返的;

(2) 若 $R=\infty, S=\infty$, 生灭链是零常返的;

(3) 若 $R=\infty, S<\infty$, 生灭链是正常返的.

当生灭连正常返时, 其极限分布由 (3.1.2) 给出.

3.1.2　Geom/Geom/1 排队

顾客以 Bernoulli 过程到达单台服务场所：每一个时隙首端 (n, n^+) 上依概率 $p(0<p<1)$ 发生一个到达, 以概率 $\overline{p}=1-p$ 无到达, 不同时隙上的到达是相互独立的. 顾客的服务时间 S 服从参数 $\mu(0<\mu<1)$ 的几何分布

$$P\{S=k\}=\overline{\mu}^{k-1}\mu,\quad \overline{\mu}=1-\mu,\quad k=1,2,\cdots.$$

约定顾客完成服务离去只能发生于时隙末端 (n^-, n) 上. 换言之, 我们讨论的是早到 (EA) 系统. 到达间隔与服务时间相互独立, FIFO 排队规则.

以 L_n^- 表示时刻 n^- 系统中顾客数, 按 EA 系统的规律, 在 (n^-, n) 上离开系统的顾客仍计入 L_n^-. 有

$$P\{L_{n+1}^-=0|L_n^-=0\}=P\{(n,n^+)\text{上无到达}\}=\overline{p},$$
$$P\{L_{n+1}^-=1|L_n^-=0\}=P\{(n,n^+)\text{上有到达}\}=p.$$

对 $k \geqslant 1$, 有

$$\begin{aligned}
&P\{L_{n+1}^- = k+1 | L_n^- = k\} \\
&= P\{(n^-, n)\text{上无离去}\}P\{(n, n^+)\text{上有到达}\} = p\overline{\mu}; \\
&P\{L_{n+1}^- = k-1 | L_n^- = k\} \\
&= P\{(n^-, n)\text{上有离去}\}P\{(n, n^+)\text{上无到达}\} = \overline{p}\mu; \\
&P\{L_{n+1}^- = k | L_n^- = k\} \\
&= P\{(n^-, n)\text{上有离去}\}P\{(n, n^+)\text{上有到达}\} \\
&\quad + P\{(n^-, n)\text{上无离去}\}P\{(n, n^+)\text{上无到达}\} \\
&= \mu p + \overline{\mu}\,\overline{p} = 1 - p\overline{\mu} - \overline{p}\mu.
\end{aligned}$$

由于到达和服务完成都是单个发生的, 通过一步转移达到非相邻状态是不可能的. $\{L_n^-, n \geqslant 0\}$ 有转移概率矩阵

$$\widetilde{\boldsymbol{P}} = \begin{bmatrix} \overline{p} & p & & & \\ \overline{p}\mu & 1-p\overline{\mu}-\overline{p}\mu & p\overline{\mu} & & \\ & \overline{p}\mu & 1-p\overline{\mu}-\overline{p}\mu & p\overline{\mu} & \\ & & \overline{p}\mu & 1-p\overline{\mu}-\overline{p}\mu & p\overline{\mu} \\ & & \ddots & \ddots & \ddots \end{bmatrix}.$$

沿用 3.1.1 节的术语和记号, $\{L_n^-, n \geqslant 0\}$ 是一个离散时间生灭链, 并有

$$b_0 = p, \quad b_k = p\overline{\mu}, \quad d_k = \overline{p}\mu, \quad k \geqslant 1.$$

引入记号

$$\rho = \frac{p}{\mu}, \quad \alpha = \frac{p\overline{\mu}}{\overline{p}\mu}.$$

注意到定理 3.1.1 中的级数可表为

$$\sum_{k=1}^{\infty} \frac{b_0 b_1 \cdots b_{k-1}}{d_1 d_2 \cdots d_k} = \frac{p}{\overline{p}\mu} \sum_{k=1}^{\infty} \alpha^{k-1}, \tag{3.1.4}$$

这个级数收敛的充分必要条件是 $\alpha < 1$, 或等价的 $\rho < 1$.

定理 3.1.2 对早到的 Geom/Geom/1 排队,

(1) 若 $\rho > 1$, 过程 $\{L_n^-, n \geqslant 0\}$ 是非常返的;

(2) 若 $\rho = 1$, 过程 $\{L_n^-, n \geqslant 0\}$ 是零常返的;

(3) 若 $\rho<1$, 过程 $\{L_n^-, n\geqslant 0\}$ 是正常返的.
进而, 当过程正常返时, 时隙分点前夕的稳态队长 L^- 有分布

$$\pi_k^- = P\{L^-=k\} = \lim_{n\to\infty} P\{L_n^-=k\} = \begin{cases} 1-\rho, & k=0, \\ \rho(1-\alpha)\alpha^{k-1}, & k\geqslant 1. \end{cases} \tag{3.1.5}$$

证明　若 $0<p<1, 0<\mu<1$, 由转移概率矩阵 $\widetilde{\boldsymbol{P}}$ 的结构容易验证, $\{L_n^-, n\geqslant 0\}$ 是不可约的、非周期的. 若 $\rho>1$, 等价地有 $\alpha>1$, 级数 (3.1.4) 发散, 另一级数

$$\sum_{k=1}^{\infty}\frac{d_1\cdots d_k}{b_1\cdots b_k} = \sum_{k=1}^{\infty}\left(\frac{1}{\alpha}\right)^{k-1} < \infty.$$

由定理 3.1.1(1), $\rho>1$ 时过程 $\{L_n^-, n\geqslant 0\}$ 是非常返的. 类似地, 使用定理 3.1.1(2) 和 (3), 可证明 $\rho=1$ 和 $\rho<1$ 时的结论.

设 $\rho<1$, 即 $\alpha<1$, 由 (3.1.2) 和 (3.1.4), 有

$$\pi_0 = \left(1+\frac{p}{\overline{p}\mu}\frac{1}{1-\alpha}\right)^{-1} = \frac{\mu-p}{\mu} = 1-\rho,$$
$$\pi_k = \frac{p}{\overline{p}\mu}(1-\rho)\alpha^{k-1} = \rho(1-\alpha)\alpha^{k-1}, \quad k\geqslant 1. \qquad \square$$

如果关注时刻 n 系统中顾客数 L_n, 过程 $\{L_n, n\geqslant 0\}$ 与 $\{L_n^-, n\geqslant 0\}$ 有微小的区别. 现在, (n^-, n) 上离开系统的顾客不再记入 L_n, 因此

$$\begin{aligned} &P\{L_{n+1}=1|L_n=0\} \\ =\ &P\{(n,n^+)\text{上发生到达}\}P\{(n+1)^-\text{时服务未完成}\} = p\overline{\mu}, \\ &P\{L_{n+1}=0|L_n=0\} \\ =\ &P\{(n,n^+)\text{上无到达}\} + P\{(n,n^+)\text{上有到达}\}P\{(n+1)^-\text{时离去}\} \\ =\ &\overline{p}+p\mu = 1-p\overline{\mu}. \end{aligned}$$

对 $L_n\geqslant 1$, 过程 $\{L_n, n\geqslant 0\}$ 与 $\{L_n^-, n\geqslant 0\}$ 的转移概率完全相同. $\{L_n, n\geqslant 0\}$ 的转移概率矩阵是

$$\widetilde{\boldsymbol{P}} = \begin{bmatrix} 1-p\overline{\mu} & p\overline{\mu} & & & \\ \overline{p}\mu & 1-p\overline{\mu}-\overline{p}\mu & p\overline{\mu} & & \\ & \overline{p}\mu & 1-p\overline{\mu}-\overline{p}\mu & p\overline{\mu} & \\ & & \overline{p}\mu & 1-p\overline{\mu}-\overline{p}\mu & p\overline{\mu} \\ & & \ddots & \ddots & \ddots \end{bmatrix}.$$

$\{L_n, n\geqslant 0\}$ 是离散时间生灭链, 且 $b_k\equiv p\overline{\mu}$, $k\geqslant 0$; $d_k\equiv\overline{p}\mu$, $k\geqslant 1$. 现在, 当 $\alpha<1$ 时, 有

$$\sum_{k=1}^{\infty}\frac{b_0b_1\cdots b_{k-1}}{d_1d_2\cdots d_k} = \sum_{k=1}^{\infty}\alpha^k = \frac{\alpha}{1-\alpha}.$$

类似于定理 3.1.2, 可证明

定理 3.1.3 对早到的 Geom/Geom/1 排队,

(1) 若 $\rho > 1$, 过程 $\{L_n, n \geqslant 0\}$ 是非常返的;

(2) 若 $\rho = 1$, 过程 $\{L_n, n \geqslant 0\}$ 是零常返的;

(3) 若 $\rho < 1$, 过程 $\{L_n, n \geqslant 0\}$ 是正常返的.

进而, 当过程正常返时, 时隙分点处稳态队长 L 有分布

$$\pi_k = P\{L = k\} = \lim_{n\to\infty} P\{L_n = k\} = (1-\alpha)\alpha^k, \quad k \geqslant 0. \tag{3.1.6}$$

分布 (3.1.6) 也可通过考察 L_n^- 与 L_n 两者的关系给出. 事实上, 若 $L_n^- = 0$, 则 $L_n = 0$; 当 $L_n^- \geqslant 1$ 时, 有

$$L_n = \begin{cases} L_n^-, & 以概率\overline{\mu}, \\ L_n^- - 1, & 以概率\mu. \end{cases}$$

因此, 有

$$P\{L_n = 0\} = P\{L_n^- = 0\} + \mu P\{L_n^- = 1\}.$$

取极限给出

$$\pi_0 = \pi_0^- + \mu\pi_1^- = 1 - \alpha.$$

类似地, 对 $k \geqslant 1$, 成立

$$P\{L_n = k\} = \overline{\mu} P\{L_n^- = k\} + \mu P\{L_n^- = k+1\}.$$

当 $n \to \infty$ 时, 得到

$$\pi_k = \overline{\mu}\pi_k^- + \mu\pi_{k+1}^- = (1-\alpha)\alpha^k, \quad k \geqslant 1.$$

以 $W, W(z)$ 表示稳态下顾客的等待时间及其 PGF, 有

定理 3.1.4 $\rho < 1$ 时, 在早到 Geom/Geom/1 排队中, 稳态等待时间 W 有 PGF:

$$W(z) = \frac{(1-\lambda)(1-\overline{\mu}z)}{\mu(1-\lambda z)}, \quad |z| \leqslant 1, \tag{3.1.7}$$

其中 $\lambda = \overline{\mu}\,\overline{p}^{-1}$.

证明 由早到规则, 顾客到达遇到的在场顾客数是 L, 在 $L = k$ 的条件下, 条件等待时间W_k 是 k 个服务时间的独立和, 有 PGF:

$$W_k(z) = \left(\frac{\mu z}{1-\overline{\mu}z}\right)^k, \quad k \geqslant 0.$$

由全概率公式, 有

$$
\begin{aligned}
W(z) &= \sum_{k=0}^{\infty}(1-\alpha)\alpha^k W_k(z) \\
&= (1-\alpha)\sum_{k=0}^{\infty}\left(\frac{\alpha\mu z}{1-\overline{\mu}z}\right)^k \\
&= \frac{(1-\alpha)\overline{p}(1-\overline{\mu}z)}{\overline{p}(1-\overline{\mu}z)-p\overline{\mu}z} \\
&= \frac{(1-\lambda)(1-\overline{\mu}z)}{\mu(1-\lambda z)}.
\end{aligned}
$$

□

将 (3.1.7) 展开成 z 的幂级数, 给出等待时间分布

$$
P\{W=k\}=\begin{cases} 1-\lambda\rho=1-\alpha, & k=0, \\ \rho(1-\lambda)\lambda^k, & k\geqslant 1. \end{cases}
$$

以 D 表示稳态下顾客在系统中的逗留时间, D 是等待时间 W 与服务时间 S 的独立和. 由 (3.1.7), D 的 PGF 是

$$
\begin{aligned}
D(z) &= W(z)S(z) \\
&= \frac{(1-\lambda)(1-\overline{\mu}z)}{\mu(1-\lambda z)}\frac{\mu z}{1-\overline{\mu}z} \\
&= \frac{(1-\lambda)z}{1-\lambda z}, \quad |z|\leqslant 1.
\end{aligned} \tag{3.1.8}
$$

(3.1.8) 表明稳态下顾客的逗留时间服从几何分布

$$
P\{D=k\}=(1-\lambda)\lambda^{k-1}, \quad k\geqslant 1.
$$

由 (3.1.5)~(3.1.8), 容易得到下列均值公式

$$
E(L^-)=\frac{\rho}{1-\alpha}, \qquad E(L)=\frac{\alpha}{1-\alpha},
$$

$$
E(W)=\frac{\alpha}{1-\lambda}, \qquad E(D)=\frac{1}{1-\lambda}.
$$

下面讨论这个排队系统稳态下的输出过程. 取初始分布为平稳分布

$$
P\{L_0=k\}=(1-\alpha)\alpha^k, \quad k\geqslant 0.
$$

于是, 队长过程 $\{L_n, n\geqslant 0\}$ 是一个平稳 MC, 对任何时刻 n, 在场顾客数 L_n 都与 L_0 同分布. 对这个平稳的排队过程, 记

$$
U_n = \text{时刻}n\text{之前完成服务离去的顾客数}.
$$

定理 3.1.5 对早到的 Geom/Geom/1 排队, 若初始队长 L_0 服从平稳分布, 则 U_n 与 L_n 独立, U_n 服从参数 n, p 的二项分布.

证明 要证明的结论是

$$\begin{aligned} b_{kj}^{(n)} &= P\{U_n = k,\, L_n = j\} \\ &= \binom{n}{k} p^k \overline{p}^{n-k}(1-\alpha)\alpha^j, \quad n \geqslant 1,\ 0 \leqslant k \leqslant n,\ j \geqslant 0. \end{aligned} \tag{3.1.9}$$

使用数学归纳法, 首先, 当 $j \neq 0$ 时,

$$\begin{aligned} b_{0j}^{(1)} &= P\{U_1 = 0,\, L_1 = j\} \\ &= \sum_{k=0}^{\infty} P\{U_1 = 0,\, L_1 = j | L_0 = k\} P\{L_0 = k\} \\ &= P\{(0,0^+)\text{上无到达}, (1^-,1)\text{上无离去}| L_0 = j\}(1-\alpha)\alpha^j \\ &\quad + P\{(0,0^+)\text{上有到达}, (1^-,1)\text{上无离去}| L_0 = j-1\} \\ &\quad \times (1-\alpha)\alpha^{j-1} \\ &= \overline{p}\,\overline{\mu}(1-\alpha)\alpha^j + p\overline{\mu}(1-\alpha)\alpha^{j-1} \\ &= \overline{p}(1-\alpha)\alpha^j. \end{aligned}$$

$$b_{00}^{(1)} = P\{(0,0^+)\text{上无到达}|L_0 - 0\} - \overline{p}(1-\alpha).$$

类似的方法给出

$$b_{kj}^{(1)} = \begin{cases} \overline{p}(1-\alpha)\alpha^j, & k = 0, \\ p(1-\alpha)\alpha^j, & k = 1, \\ 0, & k \neq 0, 1. \end{cases}$$

即 (3.1.9) 对 $n = 1$ 成立.

考虑到时隙 $[n, n+1]$ 上发生到达和离去的各种可能, 可以导出 $\{b_{kj}^{(n)}\}$ 与 $\{b_{kj}^{(n+1)}\}$ 之间满足的一个差分方程. 当 $j \neq 0, k \neq 0$ 或 $n+1$ 时, 有

$$\begin{aligned} b_{kj}^{(n+1)} &= b_{k-1,j}^{(n)} P\{\text{到达 1 个, 离去 1 个}\} + b_{k,j-1}^{(n)} P\{\text{到达 1 个, 离去 0 个}\} \\ &\quad + b_{k-1,j+1}^{(n)} P\{\text{到达 0 个, 离去 1 个}\} + b_{kj}^{(n)} P\{\text{到达 0 个, 离去 0 个}\}, \end{aligned}$$

于是

$$b_{kj}^{(n+1)} = p\mu b_{k-1,j}^{(n)} + p\overline{\mu} b_{k,j-1}^{(n)} + \overline{p}\mu b_{k-1,j+1}^{(n)} + \overline{p}\,\overline{\mu} b_{kj}^{(n)}. \tag{3.1.10}$$

类似地, 可以得到

$$
\begin{aligned}
b_{k0}^{(n+1)} &= p\mu b_{k-1,0}^{(n)} + \overline{p}\mu b_{k-1,1}^{(n)} + \overline{p} b_{k0}^{(n)}, k \neq 0 \text{或} n+1, \\
b_{0j}^{(n+1)} &= p\overline{\mu} b_{0,j-1}^{(n)} + \overline{p}\,\overline{\mu} b_{0j}^{(n)}, \quad j > 0, \\
b_{n+1,j}^{(n+1)} &= p\mu b_{nj}^{(n)} + \overline{p}\mu b_{n,j+1}^{(n)}, \quad j \geqslant 0, \\
b_{00}^{(n+1)} &= \overline{p} b_{00}^{(n)}.
\end{aligned} \tag{3.1.11}
$$

现在, 设 (3.1.9) 对自然数 n 成立, 对 $j \neq 0, k \neq 0$, 由 (3.1.10), 有

$$
\begin{aligned}
b_{kj}^{(n+1)} &= p\mu b_{k-1,j}^{(n)} + p\overline{\mu} b_{k,j-1}^{(n)} + \overline{p}\mu b_{k-1,j+1}^{(n)} + \overline{p}\,\overline{\mu} b_{kj}^{(n)} \\
&= \binom{n}{k-1} p^k \overline{p}^{n-k+1} \mu (1-\alpha)\alpha^j \\
&\quad + \binom{n}{k} p^{k+1} \overline{p}^{n-k} \overline{\mu} (1-\alpha)\alpha^{j-1} \\
&\quad + \binom{n}{k-1} p^{k-1} \overline{p}^{n-k+2} \mu (1-\alpha)\alpha^{j+1} \\
&\quad + \binom{n}{k} p^{k} \overline{p}^{n-k+1} \overline{\mu} (1-\alpha)\alpha^{j} \\
&= \binom{n}{k-1} p^{k-1} \overline{p}^{n-k+1} \mu (1-\alpha)\alpha^j (p + \overline{p}\alpha) \\
&\quad + \binom{n}{k} p^{k} \overline{p}^{n-k} \overline{\mu} (1-\alpha)\alpha^{j-1} (p + \overline{p}\alpha).
\end{aligned}
$$

注意到 $p + \overline{p}\alpha = p\mu^{-1}, \overline{\mu}(p + \overline{p}\alpha)\overline{p}^{-1} = \alpha$, 上式给出

$$
\begin{aligned}
b_{kj}^{(n+1)} &= \left[\binom{n}{k-1} + \binom{n}{k}\right] p^k \overline{p}^{n-k+1} (1-\alpha)\alpha^j \\
&= \binom{n+1}{k} p^k \overline{p}^{n-k+1} (1-\alpha)\alpha^j,
\end{aligned}
$$

即 (3.1.9) 对 $n+1$ 成立. 类似地, 使用 (3.1.11), 当 $j = 0, k = 0$ 或 $n+1$ 时, 可证 (3.1.9) 对 $n+1$ 成立, 从而完成了归纳证明. □

在串联排队网络的分析中, 定理 3.1.5 有重要应用. 这时, 前一个排队系统的输出, 就是后一个排队系统的到达. 如果结点都是 Geom/Geom/1 型排队 (可以有不同的服务率 μ), 那么, 在稳态下每一个结点都有相同的 Bernoulli 到达过程. 又因为输出与队长的独立性, 串联网络可以看成若干个相互独立的 Geom/Geom/1 排队系统, 这就导致联合队长分布具有"乘积解"形式.

以上仅对早到入口协议模型给出了较详细的处理, 晚到协议时的分析完全是平行的. 另外, 也可以使用 §1.2 中不同入口协议和不同观察时刻系统中顾客数之间的简单关系, 由早到系统的结果直接给出晚到系统中的指标分析.

3.1.3 Geom/Geom/1/N 排队

这里讨论一个有限场所的 Geom/Geom/1 排队, 系统容量为 N, 最多只能容纳 N 个顾客. 顾客到达遇到已有 N 个顾客在场, 其服务受到拒绝, 不能进入系统. 我们仍然讨论早到模型, 并沿用前节的符号.

现在, 时刻 n^- 系统中顾客数过程 $\{L_n^-, n \geqslant 0\}$ 的状态空间是 $\Omega = \{0, 1, \cdots, N\}$, 有转移概率矩阵

$$\widetilde{\boldsymbol{P}} = \begin{bmatrix} 1-p & p & & & & \\ \overline{p}\mu & 1-p\overline{\mu}-\overline{p}\mu & p\overline{\mu} & & & \\ & \overline{p}\mu & 1-p\overline{\mu}-\overline{p}\mu & p\overline{\mu} & & \\ & & \ddots & \ddots & \ddots & \\ & & & \overline{p}\mu & 1-p\overline{\mu}-\overline{p}\mu & p\overline{\mu} \\ & & & & \overline{p}\mu & 1-\overline{p}\mu \end{bmatrix}.$$

$\{L_n^-, n \geqslant 0\}$ 是有限状态的离散时间生灭链, 并有

$$b_0 = p, \quad b_k = p\overline{\mu}, \quad k = 1, \cdots, N-1, \quad b_N = 0,$$

$$d_k = \overline{p}\mu, \quad k = 1, \cdots, N.$$

由 3.1.1 节关于有限状态离散时间生灭链的结果, 当 $0 < p < 1, 0 < \mu < 1$ 时, $\{L_n^-, n \geqslant 0\}$ 是不可约、非周期 MC. 无论是否满足 $\rho < 1$, 它都是正常返的. $\pi_0^-, \cdots, \pi_N^-$ 表示 $\{L_n^-, n \geqslant 0\}$ 的平稳分布, 有

$$\begin{aligned} \pi_0^- &= \left\{1 + \frac{b_0}{d_1} + \frac{b_0 b_1}{d_1 d_2} + \cdots + \frac{b_0 b_1 \cdots b_{N-1}}{d_1 d_2 \cdots d_N}\right\}^{-1} \\ &= \left\{1 + \frac{p}{\overline{p}\mu}(1 + \alpha + \cdots + \alpha^{N-1})\right\}^{-1} \\ &= \left\{1 + \frac{p}{\overline{p}\mu}\frac{1-\alpha^N}{1-\alpha}\right\}^{-1}, \end{aligned}$$

其中 $\alpha = p\overline{\mu}(\overline{p}\mu)^{-1}$. 对 $1 \leqslant k \leqslant N$, 有

$$\pi_k^- = \frac{b_0 \cdots b_{k-1}}{d_1 \cdots d_k}\pi_0 = \frac{p}{\overline{p}\mu}\alpha^{k-1}\pi_0^-, \quad 1 \leqslant k \leqslant N. \tag{3.1.12}$$

注意到稳态下 n^- 处的顾客数 L^-, 有 PGF:

$$L^-(z) = \sum_{k=0}^{N} z^k \pi_k^- = \pi_0 + \frac{p}{\overline{p}\mu}\pi_0 z \frac{1-(\alpha z)^N}{1-\alpha z}.$$

对 z 求导数, 并令 $z=1$, 给出平均值

$$E(L^-)=\frac{p}{\bar{p}\mu}\pi_0\frac{1-\alpha^N(N+1)+N\alpha^{N+1}}{(1-\alpha)^2},\quad \alpha\neq 1.$$

当 $\alpha<1$ 且 $N\to\infty$ 时, $\pi_0^-\to 1-\rho$, (3.1.12) 转化为无限容量 Geom/Geom/1 排队中 L^- 的分布 (3.1.5).

如果关注时刻 n 系统中顾客数 L_n,$\{L_n,n\geqslant 0\}$ 也是有限状态离散时间生灭链. 注意到 $L_n=N$ 时, 即使 (n,n^+) 上发生顾客到达也不能进入系统, 则

$$P\{L_{n+1}=N-1|L_n=N\}=P\{(n+1)^-\text{处有离去}\}=\mu.$$

因此, 对过程 $\{L_n,n\geqslant 0\}$, 有

$$\begin{aligned}&b_k=p\bar{\mu},\quad 0\leqslant k\leqslant N-1,\quad b_N=0,\\&d_k=\bar{p}\mu,\quad 1\leqslant k\leqslant N-1,\quad d_N=\mu.\end{aligned}$$

使用有限状态生灭链分析方法, 给出稳态下时刻 n 系统中顾客数 L 的分布

$$\begin{aligned}&\pi_0=\Big\{\frac{1-\alpha^N}{1-\alpha}+\frac{p\bar{\mu}}{\mu}\alpha^{N-1}\Big\}^{-1},\\&\pi_k=\pi_0\alpha^k,\quad k=1,\cdots,N-1,\\&\pi_N=\pi_0\frac{p\bar{\mu}}{\mu}\alpha^{N-1}.\end{aligned}$$

按早到规则, 一个到达遇到的系统中顾客数是 L, 并且 $L=N$ 时到达的顾客受到拒绝. 对有限容量排队, 顾客受到拒绝的概率称为消失概率, 记为 p_l. 有

$$p_l=\frac{\dfrac{p\bar{\mu}}{\mu}\alpha^{N-1}}{\dfrac{1-\alpha^N}{1-\alpha}+\dfrac{p\bar{\mu}}{\mu}\alpha^{N-1}}.$$

L 有 PGF:

$$L(z)=\pi_0\Big[\frac{1-(\alpha z)^N}{1-\alpha z}+\frac{p\bar{\mu}}{\mu}\alpha^{N-1}z^N\Big].$$

由此可给出 L 的数学期望

$$E(L)=L'(1)=\pi_0\Big(N\frac{p\bar{\mu}}{\mu}\alpha^{N-1}+\frac{1-N\alpha^{N-1}+\alpha^N(N-1)}{(1-\alpha)^2}\Big).$$

当 $N=1$ 时, 这是一个无顾客等待的纯消失系统. 到达的顾客或者立刻得到服务, 或者受到拒绝而离开. 在这种简单情况下, 有

$$\pi_0=\frac{\mu}{\mu+p\bar{\mu}},\quad \pi_1=p_l=\frac{p\bar{\mu}}{\mu+p\bar{\mu}}.$$

当 $N>1$ 时, 这是一个既有等待又有消失的混合制系统. 这时, 尚需讨论等待时间分布, 以 W 表示稳态下到达顾客的等待时间. 注意到只有未受到拒绝的顾客才有可能发生等待, 顾客进入系统并遇到已有 k 个顾客在场的概率是 $(1-p_l)^{-1}\pi_k$, $0\leqslant k\leqslant N-1$, 其条件等待时间是 k 个服务时间的独立和. 因此, 等待时间 W 有 PGF:

$$W(z)=\frac{\pi_0}{1-p_l}\sum_{k=0}^{N-1}\alpha^k\left(\frac{\mu z}{1-\overline{\mu}z}\right)^k$$

$$=\frac{\pi_0}{1-p_l}\frac{1-\overline{\mu}z-\mu\alpha z\left(\dfrac{\mu\alpha z}{1-\overline{\mu}z}\right)^{N-1}}{1-(\overline{\mu}+\mu\alpha)z}.$$

注意到 $\overline{\mu}+\mu\alpha=\overline{\mu}\,\overline{p}^{-1}=\lambda$, 上式可改写成

$$W(z)=\frac{\pi_0}{1-p_l}\frac{(1-z)+\mu z\left[1-\alpha\left(\dfrac{\mu\alpha z}{1-\overline{\mu}z}\right)^{N-1}\right]}{1-\lambda z}.$$

平均等待时间是

$$E(W)=W'(1)=\frac{\pi_0}{1-p_l}\frac{1}{\mu}\frac{1-N\alpha^{N-1}+\alpha^N(N-1)}{(1-\alpha)^2}.$$

3.1.4 依状态 Geom/Geom/1 排队

前两节的模型可推广到具有依赖系统状态的到达和服务概率, 仍然考察一个早到系统, L_n 表示时刻 n 系统中顾客数. 若 $L_n=k, 0\leqslant k$, 则在 (n,n^+) 上以概率 p_k 发生一个顾客到达, 以概率 $\overline{p}_k=1-p_k$ 无顾客到达. 在一个时隙上的到达行为只依赖于时隙首端系统所处状态, 不同时隙上的到达相互独立. 这一输入模式称为依状态 Bernoulli 到达过程 (Daduna, 2001)[10]. 类似地, 若时隙首端 $(n-1)^+$ 处的顾客数 (可能包含在 $((n-1),(n-1)^+)$ 上新到达的) 为 $L_{n-1}^+=k, k\geqslant 1$, 则正在进行的服务以概率 μ_k 在该时隙末端 (n^-,n) 上结束, 并以概率 $\overline{\mu}_k=1-\mu_k$ 延续到下一个时隙. 在任何时隙上, 到达与服务完成只依赖于系统当前的状态, 而与任何其他因素无关. 假定系统有无限容量, FIFO 排队规则. 称该模型为依状态 Geom/Geom/1 排队.

$\{L_n, n\geqslant 0\}$ 是一个时齐 MC, 有

$$\begin{aligned}&P\{L_{n+1}=1|L_n=0\}\\&=P\{(n,n^+)\text{上有到达}|L_n=0\}P\{(n+1)^-\text{处无离去}|L_n^+=1\}\\&=p_0\overline{\mu}_1.\end{aligned}$$

当 $k\geqslant 1$ 时, 有

$$
\begin{aligned}
&P\{L_{n+1}=k+1|L_n=k\}\\
&=P\{(n,n^+)\text{上有到达}|L_n=k\}P\{(n+1)^-\text{处无离去}|L_n^+=k+1\}\\
&=p_k\overline{\mu}_{k+1},\\
&P\{L_{n+1}=k-1|L_n=k\}\\
&=P\{(n,n^+)\text{上无到达}|L_n=k\}P\{(n+1)^-\text{处有离去}|L_n^+=k\}\\
&=p_k\overline{\mu}_k.
\end{aligned}
$$

$\{L_n,n\geqslant 0\}$ 有转移概率矩阵

$$
\widetilde{\boldsymbol{P}}=\begin{bmatrix}
1-p_0\overline{\mu}_1 & p_0\overline{\mu}_1 & & \\
\overline{p}_1\mu_1 & 1-\overline{p}_1\mu_1-p_1\overline{\mu}_2 & p_1\overline{\mu}_2 & \\
 & \overline{p}_2\mu_2 & 1-\overline{p}_2\mu_2-p_2\overline{\mu}_3 & p_2\overline{\mu}_3\\
 & \ddots & \ddots & \ddots
\end{bmatrix}.
$$

因此, $\{L_n,n\geqslant 0\}$ 是离散时间生灭链, 有

$$
b_k=p_k\overline{\mu}_{k+1},\quad k\geqslant 0;\quad d_k=\overline{p}_k\mu_k,\quad k\geqslant 1.
$$

引入级数

$$
S=\sum_{k=1}^{\infty}\frac{b_0\cdots b_{k-1}}{d_1\cdots d_k}=\sum_{k=1}^{\infty}\frac{\prod\limits_{j=0}^{k-1}(p_j\overline{\mu}_{j+1})}{\prod\limits_{j=1}^{k}(\overline{p}_j\mu_j)},
$$

$$
R=\sum_{k=1}^{\infty}\frac{d_1\cdots d_k}{b_1\cdots b_k}=\sum_{k=1}^{\infty}\frac{\prod\limits_{j=1}^{k}(\overline{p}_j\mu_j)}{\prod\limits_{j=1}^{k}(p_j\overline{\mu}_{j+1})}.
$$

若 $0<p_k<1,0<\mu_k<1$ 成立, $\widetilde{\boldsymbol{P}}$ 的结构保证 $\{L_n,n\geqslant 0\}$ 是不可约、非周期的. 应用定理 3.1.1, $\{L_n,n\geqslant 0\}$ 正常返当且仅当 $S<\infty$ 且 $R=\infty$, 当其正常返时, 有极限分布

$$
\pi_0=\left\{1+\sum_{k=1}^{\infty}\frac{\prod\limits_{j=0}^{k-1}(p_j\overline{\mu}_{j+1})}{\prod\limits_{j=1}^{k}(\overline{p}_j\mu_j)}\right\}^{-1},
$$

$$\pi_k = \frac{\prod_{j=0}^{k-1}(p_j\overline{\mu}_{j+1})}{\prod_{j=1}^{k}(\overline{p}_j\mu_j)}\pi_0, \quad k \geqslant 1. \tag{3.1.13}$$

在讨论等待时间时, 需要考察一个顾客到达时遇到的在场顾客数. 在稳态下, 令 $A^{(n)} = \{(n, n^+)$上发生一个到达$\}$, 应用 (3.1.13), 有

$$\begin{aligned} P\{A^{(n)}\} &= \sum_{k=0}^{\infty} P\{L_n = k\}P\{A^{(n)}|L_n = k\} = \sum_{k=0}^{\infty}\pi_k p_k \\ &= \pi_0 \sum_{k=0}^{\infty} \frac{\left(\prod_{j=0}^{k} p_j\right)\left(\prod_{j=1}^{k}\overline{\mu}_j\right)}{\prod_{j=1}^{k}(\overline{p}_j\mu_j)}. \end{aligned}$$

当 (n, n^+) 上确实发生一个到达的条件下, 在到达前夕已在场顾客数的条件分布是

$$\begin{aligned} \pi_k^{(a)} &= P\{L_n = k|A^{(n)}\} \\ &= P\{L_n = k, A^{(n)}\}(P(A^{(n)}))^{-1} \\ &= P\{A^{(n)}|L_n = k\}P\{L_n = k\}(P(A^{(n)}))^{-1} \\ &= \pi_k p_k (P(A^{(n)}))^{-1} \\ &= \frac{\left(\prod_{j=0}^{k} p_j\right)\left(\prod_{j=1}^{k}\overline{\mu}_j\right)}{\prod_{j=1}^{k}(\overline{p}_j\mu_j)} \left[\sum_{i=0}^{\infty} \frac{\left(\prod_{j=0}^{i} p_j\right)\left(\prod_{j=1}^{i}\overline{\mu}_j\right)}{\prod_{j=1}^{i}(\overline{p}_j\mu_j)}\right]^{-1}, \quad k \geqslant 0, \end{aligned} \tag{3.1.14}$$

式中规定空积为 1.

比较 (3.1.13) 与 (3.1.14), 稳态下任意时刻系统中顾客数与一个到达看到的系统中顾客数, 两者的分布是有区别的. 众所周知, 在连续时间排队中, 如果 Poisson 到达率不依赖于状态, 上述两个平稳分布是相同的. 这称为 PASTA 性质 (Poisson arrival see time averages). 值得注意的是, 对离散时间排队系统, 甚至当到达是参数独立于状态的 Bernoulli 过程时, 稳态系统中顾客数与到达看到的顾客数通常也不是同分布的 (Daduna, 2001)[16].

当服务率依赖于系统状态时, 等待时间分析是困难的. 这时, 一个顾客的等待时间, 不仅取决于该顾客之前在场的顾客数, 还依赖于他到达后系统输入过程的实

现. 在常用的情况下, $\mu_n \equiv \mu$, $n \geqslant 1$. 这时, 顾客服务时间有 PGF:

$$S(z) = \frac{\mu z}{1 - \overline{\mu} z}.$$

因此, 稳态下到达顾客的等待时间 W 有 PGF:

$$W(z) = \pi_0^{(a)} + \sum_{k=0}^{\infty} \pi_k^{(a)} \left(\frac{\mu z}{1 - \overline{\mu} z} \right)^k, \quad |z| \leqslant 1,$$

其中分布 $\{\pi_k^{(a)}, k \geqslant 0\}$ 由 (3.1.14) 给出.

对有限容量 Geom/Geom/1/N, 也可推广到依状态到达和服务的情况. 这时, $\{L_n, n \geqslant 0\}$ 是有限状态离散时间生灭链, 并有

$$\begin{aligned} b_k &= p_k \overline{\mu}_{k+1}, \quad 0 \leqslant k \leqslant N-1, \quad b_N = 0; \\ d_k &= \overline{p}_k \mu_k, \quad 1 \leqslant k \leqslant N-1, \quad d_N = \mu. \end{aligned}$$

当 $\{L_n, n \geqslant 0\}$ 不可约、非周期时, 有极限分布和消失概率

$$\pi_0 = \left\{ 1 + \sum_{k=1}^{N-1} \frac{\prod_{j=0}^{k-1} (p_j \overline{\mu}_{j+1})}{\prod_{j=1}^{k} (\overline{p}_j \mu_j)} + \frac{1}{\mu_N} \frac{\prod_{j=0}^{N-1} (p_j \overline{\mu}_{j+1})}{\prod_{j=1}^{N-1} (\overline{p}_j \mu_j)} \right\}^{-1},$$

$$\pi_k = \frac{\prod_{j=0}^{k-1} (p_j \overline{\mu}_{j+1})}{\prod_{j=1}^{k} (\overline{p}_j \mu_j)} \pi_0, \quad 1 \leqslant k \leqslant N-1,$$

$$\pi_N = p_l = \frac{1}{\mu_N} \frac{\prod_{j=0}^{N-1} (p_j \overline{\mu}_{j+1})}{\prod_{j=1}^{N-1} (\overline{p}_j \mu_j)} \pi_0.$$

§ 3.2 离散时间消失系统

众所周知, 连续时间 Erlang 消失系统 M/M/c/c 在电话通信工程中得到广泛应用. 这类系统的特点是没有顾客等待场所, 到达时遇到所有服务台全忙, 该顾客的服务要求受到拒绝而离开系统. 平行于连续时间排队, 本节讨论两类离散时间消失系统, 它们可应用于计算机和通信网络中接入系统的建模与分析.

3.2.1 离散时间 Erlang 消失系统

考虑 c 个服务台的离散时间排队, 约定晚到且有延迟入口的接入协议: 顾客到达只能发生在 $(n^-, n), n \geqslant 0$ 上; 服务的开始和结束发生在 (n, n^+) 上. 在 (n^-, n) 上到达的顾客不能在 (n, n^+) 处离去, 任何顾客的服务时间至少要跨越一个时隙长度. 到达间隔 T 服从几何分布

$$P\{T = k\} = \overline{p}^{k-1}p, \quad 0 < p < 1, \quad k \geqslant 1.$$

服务时间 S 也服从几何分布

$$P\{S = k\} = \overline{\mu}^{k-1}\mu, \quad 0 < \mu < 1, \quad k \geqslant 1.$$

如果顾客到达时所有 c 个服务台都被占用, 并且在该瞬时没有顾客离去, 到达顾客的服务需求遭到拒绝而直接离开系统. 换言之, 我们讨论一个纯消失排队, 假定到达间隔与服务时间相互独立. 系统简记为 Geom/Geom/c/c, 并称为离散时间 Erlang 消失系统, 它是连续时间 Erlang 消失系统 M/M/c/c 的翻版.

L_n 表示时刻 n 系统中顾客数. 对晚到有延迟入口的系统, (n^-, n) 上到达的顾客计入 L_n, 而且 (n, n^+) 上将要离去的顾客也计入 L_n. $\{L_n, n \geqslant 0\}$ 是有限状态 MC, 有状态空间 $\Omega = \{0, 1, \cdots, c\}$ 和转移概率矩阵

$$\widetilde{\boldsymbol{P}} = \begin{bmatrix} p_{00} & p_{01} & & & & \\ p_{10} & p_{11} & p_{12} & & & \\ \vdots & \vdots & \vdots & \ddots & & \\ p_{c-1,0} & p_{c-1,1} & p_{c-1,2} & \cdots & p_{c-1,c-1} & p_{c-1,c} \\ p_{c0} & p_{c1} & p_{c2} & \cdots & p_{c,c-1} & p_{cc} \end{bmatrix},$$

其中

$$p_{ij} = P\{L_{n+1} = j | L_n = i\}, \quad 0 \leqslant i \leqslant c, \quad 0 \leqslant j \leqslant \min(i+1, c).$$

对这些转移概率, 有

$$\begin{aligned} p_{i0} &= P\{L_{n+1} = 0 | L_n = i\} \\ &= P\{(n, n^+)\text{上}i\text{个离去}\}P\{(n+1)^-\text{处无到达}\} \\ &= \overline{p}\mu^i, \quad 0 \leqslant i \leqslant c. \end{aligned}$$

当 $1 \leqslant j \leqslant i$ 时, 有

$$\begin{aligned} p_{ij} &= P\{L_{n+1} = j | L_n = i\} \\ &= P\{(n, n^+)\text{处}i-j\text{个离去}\}P\{(n+1)^-\text{处无到达}\} \end{aligned}$$

$$
\begin{aligned}
&+P\{(n,n^+)\text{处}i-j+1\text{个离去}\}P\{(n+1)^-\text{处有到达}\}\\
&=\overline{p}\binom{i}{i-j}\mu^{i-j}\overline{\mu}^{j}+p\binom{i}{i-j+1}\mu^{i-j+1}\overline{\mu}^{j-1}.
\end{aligned}
$$

类似地, 可以给出

$$
\begin{aligned}
&p_{i,i+1}=p\overline{\mu}^{i},\quad 0\leqslant i\leqslant c-1,\quad j=i+1,\\
&p_{cc}=\overline{\mu}^{c}+p\binom{c}{l}\mu\overline{\mu}^{c-1}.
\end{aligned}
$$

综上有

$$
p_{ij}=\begin{cases}
\overline{p}\mu^{i}, & 0\leqslant i\leqslant c, j=0,\\
\overline{p}\binom{i}{i-j}\mu^{i-j}\overline{\mu}^{j}+p\binom{i}{i-j+1}\mu^{i-j+1}\overline{\mu}^{j-1}, & \\
\qquad\qquad 0\leqslant i\leqslant c, 1\leqslant j\leqslant i, & \\
p\overline{\mu}^{i}, & 0\leqslant i\leqslant c, j=i+1,\\
\overline{\mu}^{c}+p\binom{c}{l}\mu\overline{\mu}^{c-1}, & i=c, j=c.
\end{cases}
$$

如果对 $k<0$ 或 $k>n$ 时规定 $\binom{n}{k}=0$, 上述转移概率 (除 p_{cc} 外) 可统一地写成

$$
p_{ij}=\overline{p}\binom{i}{i-j}\mu^{i-j}\overline{\mu}^{j}+p\binom{i}{i-j+1}\mu^{i-j+1}\overline{\mu}^{j-1},\quad i,j\in\Omega. \tag{3.2.1}
$$

当 $0<p<1, 0<\mu<1$ 时, 由转移概率阵的 $\widetilde{\boldsymbol{P}}$ 结构可知 $\{L_n, n\geqslant 0\}$ 是有限状态、不可约、非周期的, 从而是正常返的. 以 $\boldsymbol{\Pi}=\{\pi_0,\pi_1,\cdots,\pi_c\}$ 表示 $\{L_n, n\geqslant 0\}$ 的极限分布. 在连续时间 Erlang 消失系统 M/M/c 中, 状态概率 π_c 就是消失概率. 然而, 在上述离散时间 Erlang 消失系统中, (n^-,n) 上到达的顾客遇 c 个顾客在场, 并且 (n,n^+) 上无顾客离去, 该顾客才遭到拒绝. 因此, 消失概率是

$$
p_l=\pi_c\overline{\mu}^{c}. \tag{3.2.2}
$$

现在, 给出确定平稳分布的方法. 引入 PGF:

$$
L(z)=\sum_{k=0}^{c}z^k\pi_k,\quad |z|\leqslant 1.
$$

定理 3.2.1 对 Geom/Geom/c/c 消失系统, $L(z)$ 满足函数方程

$$
L(z)=(\overline{p}+zp)L(\mu+z\overline{\mu})+p\pi_c(1-z)(z\overline{\mu})^c. \tag{3.2.3}
$$

证明 平衡方程 $\boldsymbol{\Pi}\widetilde{\boldsymbol{P}}=\boldsymbol{\Pi}$ 给出

$$
\begin{aligned}
\pi_0 &= \overline{p}\sum_{j=0}^{c}\pi_j\mu^j,\\
\pi_k &= \overline{p}\sum_{j=k-1}^{c}\pi_j\binom{j}{j-k}\mu^{j-k}\overline{\mu}^k\\
&\quad +p\sum_{j=k-1}^{c}\pi_j\binom{j}{j-k+1}\mu^{j-k+1}\overline{\mu}^{k-1},\quad k=1,\cdots,c-1,\\
\pi_c &= p\pi_{c-1}\overline{\mu}^{c-1}+\pi_c\left[\mu^c+p\binom{c}{1}\mu\overline{\mu}^{c-1}\right].
\end{aligned}
\tag{3.2.4}
$$

上述第 k 个方程两端乘以 $z^k, k=0,1,\cdots,c$, 然后对 k 求和, 有

$$
\begin{aligned}
L(z)=&\sum_{k=0}^{c}z^k\pi_k\\
=&\sum_{k=0}^{c-1}z^k\sum_{j=k-1}^{c}\pi_j\Big[\overline{p}\binom{j}{j-k}\mu^{j-k}\overline{\mu}^k\\
&+p\binom{j}{j-k+1}\mu^{j-k+1}\overline{\mu}^{k-1}\Big]\\
&+\left\{p\overline{\mu}^{c-1}\pi_{c-1}+\left[\overline{\mu}^c+p\binom{c}{1}\mu\overline{\mu}^{c-1}\right]\pi_c\right\}z^c\\
-&\overline{p}\sum_{k=0}^{c}z^k\sum_{j=k}^{c}\pi_j\binom{j}{j-k}\mu^{j-k}\overline{\mu}^k\\
&+p\sum_{k=0}^{c}z^k\sum_{j=k-1}^{c}\pi_j\binom{j}{j-k+1}\mu^{j-k+1}\overline{\mu}^{k-1}+\pi_c p\overline{\mu}^c z^c.
\end{aligned}
$$

交换求和顺序并经过初等的运算, 给出

$$
\begin{aligned}
L(z)=&\overline{p}\sum_{j=0}^{c}\pi_j\sum_{k=0}^{j}\binom{j}{j-k}\mu^{j-k}(z\overline{\mu})^k\\
&+pz\sum_{j=0}^{c}\pi_j\sum_{k=0}^{j}\binom{j}{k}\mu^{j-k}(z\overline{\mu})^k\\
&-\pi_c p\overline{\mu}^c z^{c+1}+\pi_c p\overline{\mu}^c z^c\\
=&\overline{p}\sum_{j=0}^{c}\pi_j(\mu+z\overline{\mu})^j+zp\sum_{j=0}^{c}\pi_j(\mu+z\overline{\mu})^j\\
&+\pi_c p(1-z)(\overline{\mu}z)^c\\
=&(\overline{p}+zp)L(\mu+z\overline{\mu})+\pi_c p(1-z)(\overline{\mu}z)^c.
\end{aligned}
$$

□

由 (3.2.3), 可计算稳态下系统中平均顾客数, 得到

$$E(L) = L'(1) = \frac{p}{\mu}(1 - \pi_c\overline{\mu}^c) = \frac{p}{\mu}(1 - p_l).$$

$E(L)$ 与消失概率 p_l 之间的这一关系式, 在连续时间 Erlang 消失系统中也成立 (徐光辉, 1988)[25].

下面给出计算稳态概率 $\pi_0, \pi_1, \cdots, \pi_c$ 的递推方法. 引入记号

$$\Psi_j^{(k)} = 1 - \sum_{i=0}^{j}\binom{k}{i}\mu^i\overline{\mu}^{k-j} = \sum_{i=j+1}^{k}\binom{k}{i}\mu^i\overline{\mu}^{k-j}, \quad k = 1, \cdots, c; \quad j = 0, \cdots, k.$$

并记 $\Psi_k^{(k)} = 0$. 有

定理 3.2.2 稳态队长概率 $\pi_0, \pi_1, \cdots, \pi_c$ 满足递推关系

$$\begin{aligned} p\overline{\mu}^k\pi_k &= \sum_{j=k+1}^{c}\pi_j\left(\overline{p}\Psi_{j-k-1}^{(j)} + p\Psi_{j-k}^{(j)}\right), \quad k = 0, 1, \cdots, c-2, \\ p\overline{\mu}^{c-1}\pi_{c-1} &= \pi_c\left(\overline{p}\Psi_0^{(c)} + p\Psi_1^{(c)}\right). \end{aligned} \tag{3.2.5}$$

证明 由 (3.2.4) 最后一个方程, 给出

$$\begin{aligned} p\overline{\mu}^{c-1}\pi_{c-1} &= \left[\overline{p}(1 - \overline{\mu}^c) + p\left(1 - \overline{\mu}^c - \binom{c}{1}\mu\overline{\mu}^{c-1}\right)\right]\pi_c \\ &= \pi_c\left(\overline{p}\Psi_0^{(c)} + p\Psi_1^{(c)}\right). \end{aligned}$$

在方程 (3.2.4) 中取 $k = c - 1$, 有

$$\begin{aligned} \pi_{c-1} = \overline{p}&\left[\pi_{c-1}\overline{\mu}^{c-1} + \pi_c\binom{c}{1}\mu\overline{\mu}^{c-1}\right] \\ &+p\left[\pi_{c-2}\overline{\mu}^{c-2} + \pi_{c-1}\binom{c-1}{1}\mu\overline{\mu}^{c-2} + \pi_c\binom{c}{2}\mu^2\overline{\mu}^{c-2}\right]. \end{aligned}$$

因此

$$\begin{aligned} p\overline{\mu}^{c-2}\pi_{c-2} = \pi_{c-1}&\left[1 - \overline{p}\,\overline{\mu}^{c-1} + p\binom{c-1}{1}\mu\overline{\mu}^{c-2}\right] \\ &-\overline{p}\pi_c\binom{c}{1}\mu\overline{\mu}^{c-1} - p\pi_c\binom{c}{2}\mu^2\overline{\mu}^{c-2}. \end{aligned}$$

将 π_c 与 π_{c-1} 关系的结果代入到上式, 得到

$$\begin{aligned} p\overline{\mu}^{c-2}\pi_{c-2} &= \left[\overline{p}(1 - \overline{\mu}^c) + p(1 - \overline{\mu}^{c-1} - \binom{c-1}{1}\mu\overline{\mu}^{c-2})\right]\pi_{c-1} \\ &\quad + \left[\overline{p}\Psi_0^{(c)} + p\Psi_1^{(c)} - \overline{p}\binom{c}{1}\mu\overline{\mu}^{c-1} - p\binom{c}{2}\mu^2\overline{\mu}^{c-2}\right]\pi_c \\ &= \left[\overline{p}\Psi_0^{(c-1)} + p\Psi_1^{(c-1)}\right]\pi_{c-1} + \left[\overline{p}\Psi_1^{(c)} + p\Psi_2^{(c)}\right]\pi_c. \end{aligned}$$

在方程 (3.2.4) 中依次取 $k=c-2,\cdots,1$，使用已经得到的结果，递推地证明 (3.2.5).

□

使用上述递推方程, 每一个 $\pi_k(k=0,1,\cdots,c-1)$ 均可用含有因子 π_c 的式子表出, 最后, 可使用正规化条件确定 π_c.

例 3.2.1 Geom/Geom/c/c 的数值例子.

基于 MATLAB 编制的仿真程序, 我们得到了许多关于系统的性能指标数据. 对离散时间排队 Geom/Geom/c/c, 输入参数有如下设定：

(1) 每个时隙顾客到达概率为 0.1~0.9;

(2) 每个时隙服务完成概率为 0~0.25;

(3) 服务台个数为 1~32.

通过以上设定的参数和式 (3.2.1), 我们可以得到状态转移矩阵 $\widetilde{\boldsymbol{P}}$, 并且可以通过递推公式 (3.2.5) 得到稳态分布, 通过式 (3.2.2) 求出损失概率 p_l.

从计算结果我们得到: 顾客损失率随到达率增加而增大; 随服务台个数和服务率的增加而减小.

图 3.2.1 所显示的是当服务率设为 0.03, 服务台个数分别设为 4,8,16 和 32, 顾客损失率随到达率的变化曲线.

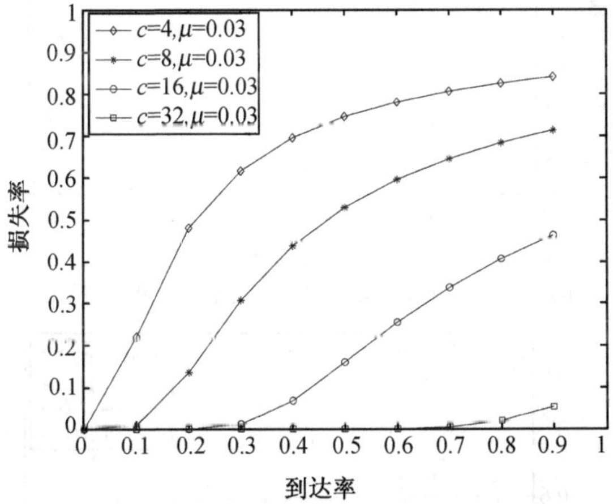

图 3.2.1 当 $\mu=0.03$ 时, 损失率随到达率变化

图 3.2.2 所显示的是当服务台个数设为 32, 服务率分别设为 0.02, 0.015, 0.01 和 0.005, 顾客损失率随到达率的的变化曲线.

图 3.2.3 所显示的是用户到达率设为 0.9, 服务台个数分别设为 4,8,16 和 32, 顾客损失率随服务率的变化曲线.

图 3.2.4 所显示的是服务台个数设为 4, 顾客到达率分别设为 0.2, 0.4, 0.6 和 0.8, 顾客损失率随服务率的变化曲线.

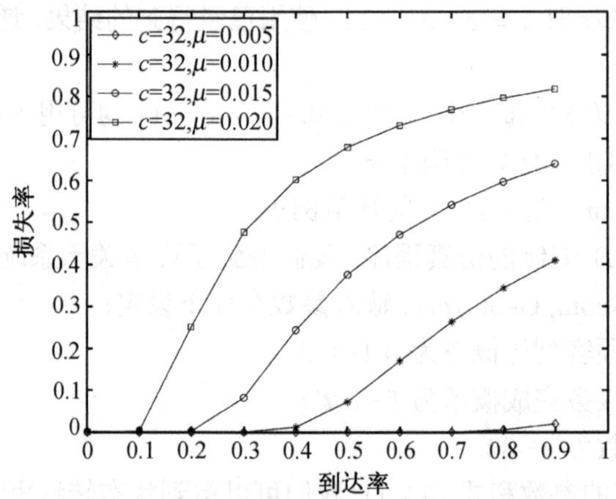

图 3.2.2　当 $c = 32$ 时, 损失率随到达率变化

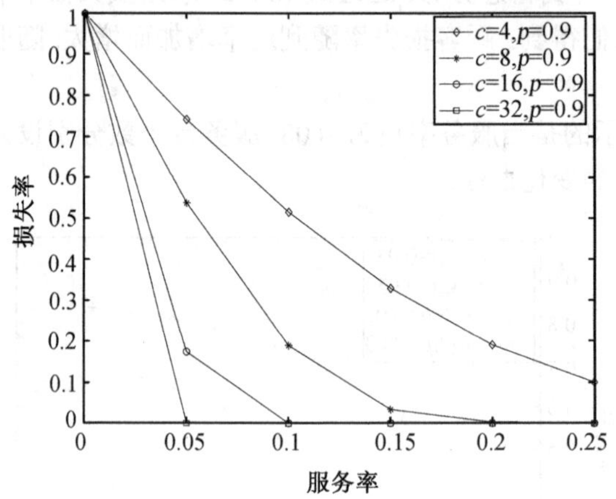

图 3.2.3　当 $p = 0.9$ 时, 损失率随服务率变化

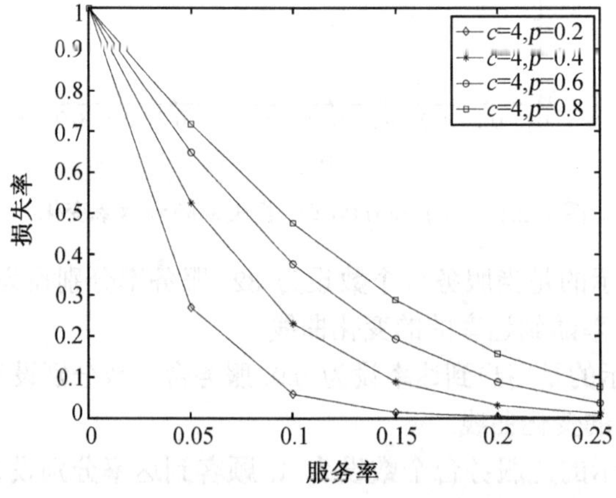

图 3.2.4　当 $c = 4$ 时, 损失率随服务率变化

图 3.2.5 所显示的是顾客到达率设为 0.3, 顾客服务率分别设为 0.01, 0.02, 0.03 和 0.04, 顾客损失率随服务台个数变化曲线.

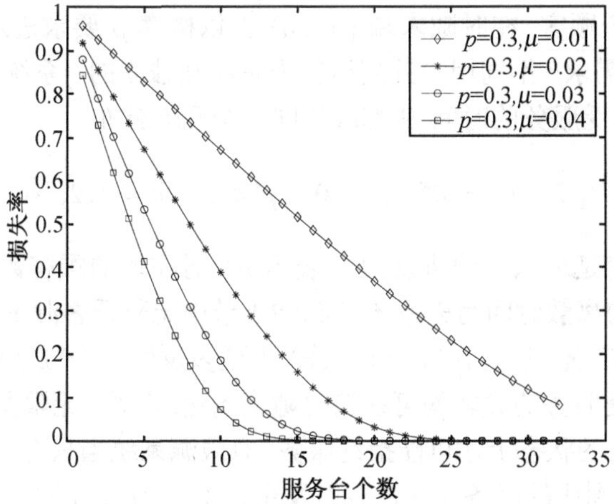

图 3.2.5 当 $p = 0.3$ 时, 损失率随服务台个数变化

图 3.2.6 所显示的是顾客服务率设为 0.03, 到达率分别设为 0.2, 0.4, 0.6 和 0.8, 顾客损失率随服务台个数变化曲线.

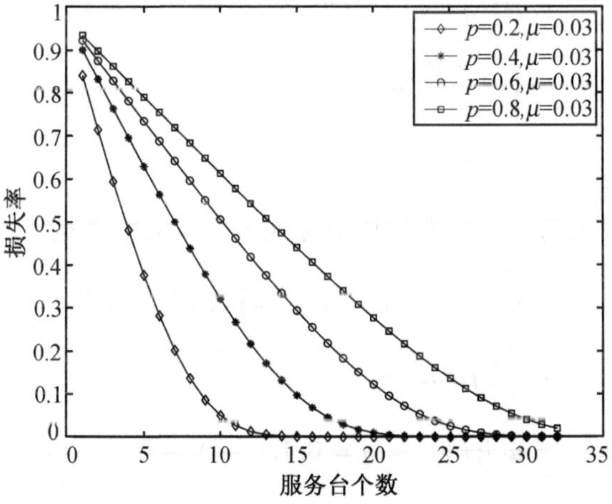

图 3.2.6 当 $\mu = 0.03$ 时, 损失率随服务台个数变化

通过模型分析和公式推导, 给出了离散时间排队 Geom/Geom/c/c Erlang 消失系统的性能指标分析. 并且通过数值例子说明了该模型中顾客损失率和顾客到达率、服务率, 以及服务台个数的关系. 正如连续时间 M/M/c/c 消失系统在电话通信网中广泛应用一样, 离散时间 Erlang 消失系统对设计优化数字通信网络有着重要的意义.

3.2.2 有限顾客源离散时间消失系统

考虑有 c 个服务台的排队系统, 顾客总数为 N(N 远大于 c). 当前不在系统内接受服务的每一个顾客, 在时隙末端 (n^-, n) 上以概率 p 要求进入系统, 而以概率 $\overline{p} = 1 - p$ 无服务需求. 不同用户的到达行为是相互独立的. 系统容量为 c, 无等待场所. 任何顾客接受服务的时间 S 都服从同一个几何分布

$$P\{S = k\} = \overline{\mu}^{k-1}\mu, \quad 0 < \mu < 1, \quad k = 1, 2, \cdots,$$

这里使用晚到且有延迟入口的协议, L_n^+ 表示 n^+ 时在场的顾客数.

有限顾客源的离散时间消失系统, 与 3.2.1 节中无限顾客源 Erlang 消失系统有一些本质的差异. 首先, 后者在每个 (n^-, n) 上至多发生一个顾客到达, 而前者中任何未在系统中接受服务的顾客均可在该时隙上到达. 其次, 无限源消失系统只有在所有服务台被占用的状态上才可能拒绝服务, 有限源系统当只有部分服务台被占用时, 也可能因同时到达的服务需求过多而发生拒绝. 最后, 无限源 Erlang 系统中拒绝服务时, 只有一个顾客消失, 而有限源系统中可能有多个顾客同时遭到拒绝.

如果 $L_{n-1}^+ = k$, 这时 k 个服务台被占用, $N-k$ 个顾客未在系统中, 则在 (n^-, n) 上到达 j 个顾客的概率是

$$\begin{aligned} &P\{(n^-, n)\text{上发生}j\text{个到达}|L_{n-1}^+ = k\} \\ &= \binom{N-k}{j} p^j \overline{p}^{N-k-j} \\ &= p(j; N-k), \qquad j = 0, 1, \cdots, N-k. \end{aligned}$$

类似地, 在 (n, n^+) 上有 j 个顾客完成服务离开系统的概率是

$$\begin{aligned} &P\{(n, n^+)\text{上发生}j\text{个离去}|L_{n-1}^+ = k\} \\ &= \binom{k}{j} \mu^j \overline{\mu}^{k-j} \\ &= \mu(j; k), \qquad j = 0, 1, \cdots, N-k. \end{aligned}$$

现在, $\{L_n^+, n \geqslant 0\}$ 的转移概率可表为

$$\begin{aligned} p_{kj} &= \{L_n^+ = j|L_{n-1}^+ = k\} \\ &= \sum_{r=\max(0,k-j)}^{k} P\{(n, n^+)\text{上离去}r\text{个}|L_{n-1}^+ = k\} \\ &\quad \times P\{(n^-, n)\text{上到达}j+r-k\text{个}|L_{n-1}^+ = k\} \end{aligned}$$

$$= \sum_{r=\max(0,k-j)}^{k} \mu(r;k)p(j+r-k;N-k),$$
$$j=0,1,\cdots,c-1; \quad 0\leqslant k\leqslant c.$$

对 $j=c$, 有

$$\begin{aligned} p_{kc} &= \{L_n^+ = c | L_{n-1}^+ = k\} \\ &= \sum_{r=0}^{k} P\{(n,n^+)\text{上}r\text{个离去}|L_{n-1}^+ = k\} \\ &\quad \times P\{(n^-,n)\text{上到达}c-k+r\text{个以上}|L_{n-1}^+ = k\} \\ &= \sum_{r=0}^{k} \mu(r;k) \sum_{r=c-k+r}^{N-k} p(i;N-k), \quad 0\leqslant k\leqslant c. \end{aligned}$$

由转移概率矩阵 $\widetilde{\boldsymbol{P}} = (p_{kj})_{(c+1)\times(c+1)}$ 的结构可知, 当 $0<p<1, 0<\mu<1$ 时, $\{L_n^+, n\geqslant 0\}$ 是有限状态、不可约、非周期的 MC, 从而必定是正常返的. 以 $\boldsymbol{\Pi} = \{\pi_0, \pi_1, \cdots, \pi_c\}$ 表示 $\{L_n^+, n\geqslant 0\}$ 的极限分布

$$\pi_k = P\{L^+ = k\} = \lim_{n\to\infty} P\{L_n^+ = k\}, \quad 0\leqslant k\leqslant j.$$

该极限分布满足平衡方程和正规化条件

$$\boldsymbol{\Pi}\widetilde{\boldsymbol{P}} = \boldsymbol{\Pi}, \quad \boldsymbol{\Pi e} = 1.$$

正如已经指出的, 对有限用户离散时间消失系统, 在每个状态 $L_n^+ = k$ 上都可能因为同时发生多个顾客到达, 使得部分到达的顾客受到拒绝. 以 p_l 表示稳态下在任何时隙以至少有一个到达遭到拒绝的概率, 简称消失概率. R 表示稳态下任意时隙内可能遭到拒绝的顾客数, 下面建立 p_l 的计算公式和 R 的母函数 $R(z)$.

以 D_n 表示 (n,n^+) 上离去的顾客数, 在 $L_{n-1}^+ = k, D_n = r$ 条件下, n^+ 处有 j 个到达用户被拒绝的条件概率是

$$\begin{aligned} & P\{R = j | L_{n-1}^+ = k, D_n = r\} \\ &= P\{(n^-,n)\text{处发生}c-k+r+j\text{个到达}|L_{n-1}^+ = k\} \\ &= \binom{N-k}{c-k+r+j} p^{c-k+r+j}\overline{p}^{N-c-r-j} \\ &= p(c-k+r+j;N-k), \quad 0\leqslant r\leqslant k, 1\leqslant j\leqslant N-c-r. \end{aligned}$$

使用全概率公式, 有

$$\begin{aligned}&P\{R>0\}\\&=\sum_{k=0}^{c}P\{L_{n-1}^{+}=k\}\sum_{r=0}^{k}\mu(r;k)\sum_{j=1}^{N-c-r}p(c-k+r+j;N-k).\end{aligned}\tag{3.2.6}$$

在 (3.2.6) 中, 当 $n\to\infty$ 时, $P\{L_{n-1}^{+}=k\}\to\pi_k, k=0,1,\cdots,c$. 由此给出稳态下任意时隙上的消失概率

$$\begin{aligned}p_l&=P\{R>0\}\\&=\sum_{k=0}^{c}\pi_k\sum_{r=0}^{k}\mu(r;k)\sum_{j=1}^{N-c-r}p(c-k+r+j;N-k)\\&=\sum_{k=0}^{c}\pi_k\sum_{r=0}^{k}\mu(r;k)\sum_{i=c-k+r+1}^{N-k}p(i;N-k).\end{aligned}\tag{3.2.7}$$

类似地, 可以给出稳态下任何时隙上消失顾客数 R 母函数. 注意到

$$P\{R=0\}=1-p_l.$$

有

$$\begin{aligned}R(z)&=\sum_{j=0}^{N-c}z^jP\{R=j\}\\&=1-p_l+\sum_{k=0}^{c}\pi_k\sum_{r=0}^{k}\mu(r;k)\sum_{j=1}^{N-c-r}z^jp(c-k+r+j;N-k)\\&=1-p_l+\sum_{k=0}^{c}\pi_k\sum_{r=0}^{k}\mu(r;k)\sum_{i=c-k+r+1}^{N-k}z^{i-c+k-r}p(i;N-k).\end{aligned}\tag{3.2.8}$$

由 (3.2.8), 每个时隙上消失顾客的平均数是

$$E(R)=\sum_{k=0}^{c}\pi_k\sum_{r=0}^{k}\mu(r;k)\sum_{i=c-k+r+1}^{N-k}(i-c+k-r)p(i;N-k).$$

为了得到稳态下平均忙的服务台数 $E(L^+)$, 我们建立 $R(z)$ 与状态母函数 $L^+(z)$ 之间的一个关系式, 这里

$$L^+(z)=\sum_{k=0}^{c}z^k\pi_k,\quad |z|\leqslant 1.$$

定理 3.2.3 在稳态下, 有关系式

$$L^+(z)=(pz+\overline{p})^NL^+\left[\frac{\mu+\overline{\mu}z}{pz+\overline{p}}\right]+z^c(1-R(z)).\tag{3.2.9}$$

证明 将平衡方程 $\mathbf{\Pi}\widetilde{\boldsymbol{P}}=\mathbf{\Pi}$ 改写成

$$\pi_j=\sum_{k=0}^{c}\pi_k p_{kj},\quad j=0,1,\cdots,c.$$

两端乘 z^j, 代入 p_{kj} 的表达式并对 j 求和, 有

$$\begin{aligned}L^+(z)=&\sum_{j=0}^{c}z^j\sum_{k=0}^{c}\pi_k p_{kj}\\=&\sum_{k=0}^{c}\pi_k\Big[\sum_{j=0}^{k}z^j\sum_{r=0}^{k}\mu(r;k)p(j+r-k;N-k)\\&+\sum_{j=k+1}^{c}z^j\sum_{r=0}^{k}\mu(r;k)p(j+r-k;N-k)\Big]\\&+z^c\sum_{k=0}^{c}\pi_k\sum_{r=0}^{k}\mu(r;k)\sum_{i=c-k+r+1}^{N-k}p(i;N-k).\end{aligned}$$

在方括号中记 $i=j+r-k$, 交换求和顺序并应用 p_l 的表达式 (3.2.7), 给出

$$\begin{aligned}L^+(z)=&\sum_{k=0}^{c}\pi_k\Big[\sum_{r=0}^{k}\mu(r;k)\sum_{i=0}^{r}z^{i+k-r}p(i;N-k)\\&+\sum_{r=0}^{k}\mu(r;k)\sum_{i=r+1}^{c-k+r}z^{i+k-r}p(i;N-k)\Big]+z^c p_l\\=&\sum_{k=0}^{c}\pi_k\sum_{r=0}^{k}\mu(r;k)z^{k-r}\sum_{i=0}^{N-k}z^i p(i;N-k)+z^c p_l\\&-\sum_{k=0}^{c}\pi_k\sum_{r=0}^{k}\mu(r;k)\sum_{i=c-k+r+1}^{N-k}z^{i+k-r}p(i;N-k).\end{aligned}\tag{3.2.10}$$

注意到

$$\sum_{r=0}^{k}\mu(r;k)z^{k-r}=(\mu+\overline{\mu}z)^k,$$

$$\sum_{i=0}^{N-k}z^i p(i;N-k)=(zp+\overline{p})^{N-k}.$$

并将 $R(z)$ 的表达式代入 (3.2.10), 可改写成

$$
\begin{aligned}
L^+(z) &= \sum_{k=0}^{c} \pi_k(\mu + \overline{\mu}z)^k (pz + \overline{p})^{N-k} + z^c(1 - R(z)) \\
&= (pz + \overline{p})^N \sum_{k=0}^{c} \pi_k \Big(\frac{\mu + \overline{\mu}z}{pz + \overline{p}}\Big)^k + z^c(1 - R(z)) \\
&= (pz + \overline{p})^N L^+\Big[\frac{\mu + \overline{\mu}z}{pz + \overline{p}}\Big] + z^c(1 - R(z)).
\end{aligned}
$$

这就证明了 (3.2.9) 式. □

(3.2.9) 两端对 z 求导数, 并置 $z = 1$, 给出

$$
E(L^+) = \Big(\frac{p}{\mu + p}\Big)N - \frac{1}{\mu + p}E(R). \tag{3.2.11}
$$

(3.2.11) 给出了占用服务台的平均数与消失顾客数之间的关系. 对有限顾客源的连续时间排队系统 M/M/c/c, 也成立着结构类似的公式.

最后, 我们讨论一个有趣的特殊情况. 若 $N = c$, 顾客数恰好等于服务台数. 这是一个既没有消失也没有排队的极端情况, 并且 $\{L_n^+, n \geqslant 0\}$ 有转移概率

$$
p_{kj} = \sum_{r=\max(0,k-j)}^{\min(k,c-j)} \mu(r;k)p(j + r - k; c - k), \quad 0 \leqslant j, k \leqslant c.
$$

消失顾客数的母函数退化为 $R(z) \equiv 1$, 并且由 (3.2.9), $L^+(z)$ 满足函数方程

$$
L^+(z) = (pz + \overline{p})^c L^+\Big(\frac{\mu + \overline{\mu}z}{pz + \overline{p}}\Big). \tag{3.2.12}
$$

容易验证, 二项分布

$$
\pi_k = \binom{c}{k}\Big(\frac{p}{p + \mu}\Big)^k \Big(\frac{\mu}{p + \mu}\Big)^{c-k}, \quad k = 0, 1, \cdots, c
$$

满足函数方程 (3.2.12). 事实上, 二项分布有 PGF:

$$
L^+(z) = \sum_{k=0}^{c} z^k \pi_k = \Big(\frac{pz}{p + \mu} + \frac{\mu}{p + \mu}\Big)^c.
$$

将该分布代入 (3.2.12) 的右端, 有

$$
\begin{aligned}
&(pz + \overline{p})^c \Big[\frac{p}{p + \mu}\frac{\mu + \overline{\mu}z}{pz + \overline{p}} + \frac{\mu}{p + \mu}\Big]^c \\
=& \Big[\frac{p}{p + \mu}(\mu + \overline{\mu}z) + \frac{\mu}{p + \mu}(pz + \overline{p})\Big]^c \\
=& \Big(\frac{pz}{p + \mu} + \frac{\mu}{p + \mu}\Big)^c.
\end{aligned}
$$

由平稳分布的唯一性, $\{L_n^+, n \geqslant 0\}$ 的极限分布是上述二项分布, 并有

$$E(L^+) = \frac{p}{p+\mu}c.$$

对有限顾客源的连续时间消失系统, 当顾客数等于服务台数时, 其极限分布也是类似的二项分布.

例 3.2.2 有限顾客源 Geom/Geom/c/c/N.

本节通过 Matlab 数值仿真, 分析一个无线通信基站的性能指标, 如平均阻塞率、平均损失个数与信道数和用户到达率、服务率之间的关系. 假设每个基站设计容纳的用户数分别为 $N=40,60,80$, 用户到达率 p 设为 0.1, 服务率 μ 为 0.2. 系统的阻塞概率 P_L 和每个时隙上系统阻塞的顾客的平均数 $E(R)$ 可由前面给出的公式计算.

如果每个用户传输时只占用一个信道, 且它在一个时隙传输的信息量为 λ, 则系统的平均吞吐率为

$$\begin{aligned} e &= \text{一个时隙系统平均传输的信息量} \\ &= \text{系统平均效率} \\ &= \lambda E(X). \end{aligned}$$

如果令 $\lambda=1$, 则 $e=E(X)$.

如设计 QoS(服务质量) 要求阻塞率小于等于 5% 时, 或设计要求每个时隙平均损失数小于等于 2 个时, 表 3.2.1 表示出在用户数 N、到达率和服务率给定时, 符合这样要求的最小信道数.

表 3.2.1 符合 QoS 要求的最小信道数

N	p	μ	P_L(系统阻塞率 ≤5%) 时, 符合条件的最小信道数 c	$E(R)$(系统平均损失数)≤ 2 时, 符合条件的最小信道数 c
40	0.1	0.2	18	7
60	0.1	0.2	25	14
80	0.1	0.2	33	21

图 3.2.7 和图 3.2.8 分别给出了用户数 N、到达率和服务率给定时系统的阻塞概率和平均损失数随信道数的变化的曲线. 从图中可以看出, 系统损失概率和平均损失数随信道的增加而减小. 根据的用户数和不同的 QoS 要求, 可以从图中得到相应的满足要求的信道数.

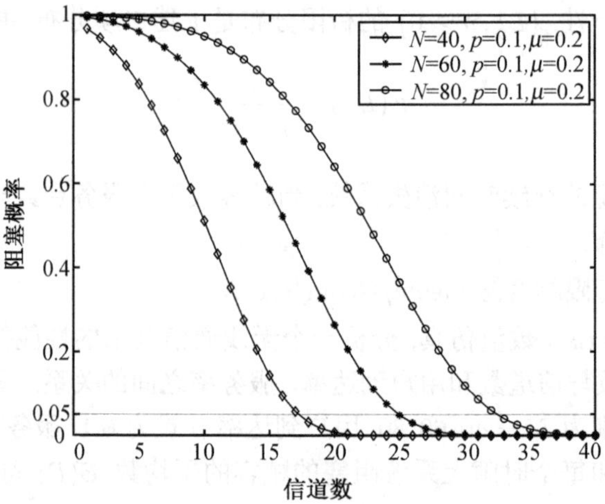

图 3.2.7　系统阻塞概率随信道数变化曲线

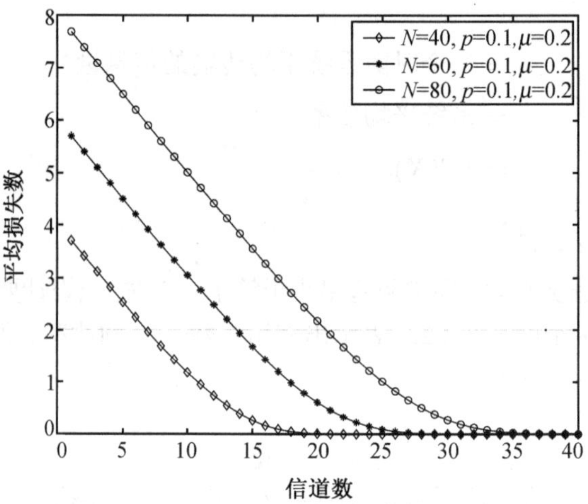

图 3.2.8　系统平均损失数随信道数变化曲线

图 3.2.9 给出的是不同的用户数 N 在信道发生变化时的系统平均吞吐率的曲线图. 用图 3.2.9 和图 3.2.7 比较可以看出, 当系统的损失率很小时系统的平均吞吐率接近最大值. 这也从事实上验证了理论建模的正确性. 不同的业务 (语音、数据、图像等) 的服务时间也不相同, 为了将此模型应用于不同的业务模型, 图 3.2.10 给出了系统的损失率随服务率表化的曲线. 只要把不同的业务相应的服务时间代入, 即可得到满足不同 QoS 要求的信道数. 同时图中清晰地显示出系统损失概率随服务时间的减少呈下降趋势.

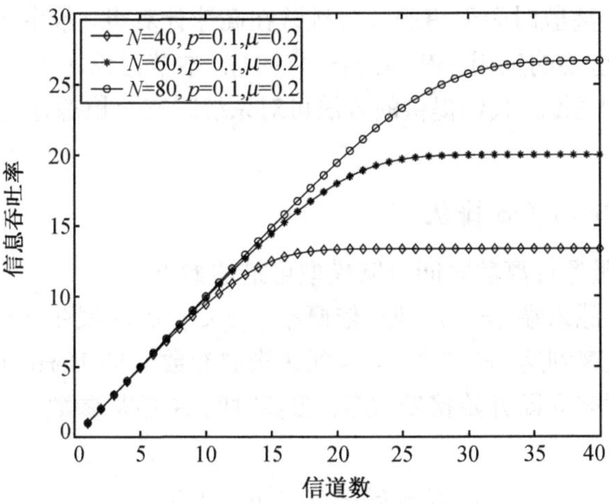

图 3.2.9 系统平均吞吐率随信道数变化曲线

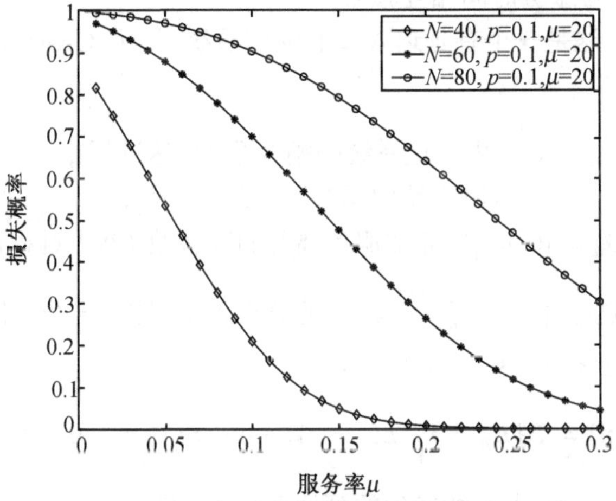

图 3.2.10 系统损失率随系统服务率变化曲线

该例子将有限用户离散时间消失系统对多信道无线基站进行建模, 给出了系统平均损失率、信道平均利用率、系统吞吐率等重要的系统性能指标的解析表达式. 这对设计和优化多信道无线基站提供了重要的理论依据. 并通过数值仿真得到了多信道无线基站在不同的 QoS 要求和不同业务条件下的重要性能参数.

§3.3 离散时间无穷服务台排队

有无穷多服务台的排队系统, 既不发生顾客等待也不发生拒绝服务, 因此具有比较简单的结构. 离散时间无穷服务台排队在高速计算机、数字通信、光纤网络的建模和分析中有重要的应用 (Woodward, 1994). 本节讨论时齐和非时齐的离散时间无穷服务台排队系统, 我们提供的方法可对系统瞬态及稳态行为给出详尽的解析结果.

3.3.1 Geom/Geom/∞ 排队

简单的无穷服务台离散时间排队模型可描述如下:

(1) 在每一时隙末端 (n^-, n) 处, 依概率 $p(0<p<1)$ 发生一个顾客到达, 以概率 $\overline{p}=1-p$ 无顾客到达. 换言之, 顾客到达构成参数 p 的 Bernoulli 过程.

(2) 到达的顾客立即开始接受服务, 服务时间 S 服从参数 μ $(0<\mu<1)$ 的几何分布

$$P\{S=k\}=\overline{\mu}^{k-1}\mu, \quad k\geqslant 1.$$

服务的开始和结束都发生在时隙首端 (n, n^+) 处.

(3) 到达间隔与服务时间相互独立.

按上述假设, 这是一个有延迟入口的晚到系统, 记为 Geom/Geom/∞, 我们引入下列记号:

$$\begin{aligned}
&B_n=(0,n]\text{内到达系统的顾客数 (到达过程)},\\
&L_n^+=n^+\text{瞬时系统中顾客数 (队长过程)},\\
&D_n=(0,n^+]\text{内完成服务离开的顾客数 (离去过程)}.
\end{aligned}$$

我们以二元随机过程 $\{(B_n, L_n^+), n\geqslant 0\}$ 的分析入手, 这是一个二维 MC, 有状态空间 $\Omega=\{(m,k): m\geqslant 0, 0\leqslant k\leqslant m\}$. 记

$$p_{mk}(n)=P\{B_n=m, L_n^+=k\}, \quad 0\leqslant m\leqslant n, \quad 0\leqslant k\leqslant m.$$

考虑 (n^-, n) 与 (n, n^+) 上可能发生的到达和离去, 有

$$\begin{aligned}
p_{00}(n)&=\overline{p}^n, \quad n\geqslant 1,\\
p_{m0}(n)&=\overline{p}\sum_{j=0}^{m}p_{mj}(n-1)\mu^j, \quad n\geqslant 1, 1\leqslant m<n, k=0,\\
p_{mk}(n)&=\overline{p}\sum_{j=k}^{m}p_{mj}(n-1)\binom{j}{k}\mu^{j-k}\overline{\mu}^k\\
&\quad+p\sum_{j=k-1}^{m-1}p_{m-1,j}(n-1)\binom{j}{k-1}\mu^{j-k+1}\overline{\mu}^{k-1}, \quad 1\leqslant k<m,\\
p_{mm}(n)&=pp_{m-1,m-1}(n-1)\overline{\mu}^{m-1}, \quad k=m.
\end{aligned} \tag{3.3.1}$$

引入时刻 n 的瞬态母函数

$$G_m^{(n)}(s)=\sum_{k=0}^{m}p_{mk}(n)s^k,$$
$$G^{(n)}(s,z)=\sum_{m=0}^{n}G_m^{(n)}(s)z^m=\sum_{m=0}^{n}\sum_{k=0}^{m}p_{mk}(n)s^kz^m,\quad n\geqslant 1.$$

为记法简便, 假定初始时刻系统是空的, 即 $L_0^+=0$, 则 $G^{(0)}(s,z)=G_0^{(0)}(s)=1$. 对 $1\leqslant m<n$, 将 (3.3.1) 中对应的表达式两端乘以 s^k, 从 $k=0$ 到 $k=m$ 求和, 给出

$$\begin{aligned}
G_m^{(n)}(s)=&\sum_{k=0}^{m}p_{mk}(n)s^k\\
=&\overline{p}\sum_{k=0}^{m}s^k\sum_{j=k}^{m}p_{mj}(n-1)\binom{j}{k}\mu^{j-k}\overline{\mu}^k\\
&+p\sum_{k=1}^{m}s^k\sum_{j=k-1}^{m-1}p_{m-1,j}(n-1)\binom{j}{k-1}\mu^{j-k+1}\overline{\mu}^{k-1}\\
=&\overline{p}\sum_{j=0}^{m}p_{mj}(n-1)\sum_{k=0}^{j}\binom{j}{k}\mu^{j-k}(s\overline{\mu})^k\\
&+sp\sum_{j=0}^{m-1}p_{m-1,j}(n-1)\sum_{i=0}^{j}\binom{j}{i}\mu^{j-i}(s\overline{\mu})^i\\
=&\overline{p}\sum_{j=0}^{m}p_{mj}(n-1)(\mu+s\overline{\mu})^j\\
&+sp\sum_{j=0}^{m-1}p_{m-1,j}(n-1)(\mu+s\overline{\mu})^j\\
=&\overline{p}G_m^{(n-1)}(\mu+s\overline{\mu})+spG_{m-1}^{(n-1)}(\mu+s\overline{\mu}),\quad 1\leqslant m\leqslant n.
\end{aligned}$$

当 $m=0$ 和 $m=n$ 时, 类似地得到

$$\begin{aligned}
&G_0^{(n)}(s)=\overline{p}^n=\overline{p}\,\overline{p}^{n-1}=\overline{p}G_0^{(n-1)}(\mu+s\overline{\mu}),\\
&G_n^{(n)}(s)=spG_{n-1}^{(n-1)}(\mu+s\overline{\mu}).
\end{aligned}$$

于是给出递推关系

$$\begin{cases}
G_0^{(n)}(s)=\overline{p}G_0^{(n-1)}(\mu+s\overline{\mu}), & m=0,\\
G_m^{(n)}(s)=\overline{p}G_m^{(n-1)}(\mu+s\overline{\mu})+spG_{m-1}^{(n-1)}(\mu+s\overline{\mu}), & 1\leqslant m\leqslant n,\\
G_n^{(n)}(s)=spG_{n-1}^{(n-1)}(\mu+s\overline{\mu}), & m=n.
\end{cases}\tag{3.3.2}$$

定理 3.3.1　过程 (B_n, L_n^+) 有二重母函数

$$G^{(n)}(s,z) = (\overline{p} + szp)\prod_{j=1}^{n-1}[\overline{p} + zp(1 - \overline{\mu}^j(1-s))]. \tag{3.3.3}$$

证明　(3.3.2) 中各式两端乘 z^m, 并对 m 求和, 给出

$$\begin{aligned}
G^{(n)}(s,z) &= \sum_{m=0}^{n} z^m G_m^{(n)}(s) \\
&= \overline{p}\sum_{m=0}^{n-1} z^m G_m^{(n-1)}(\mu + s\overline{\mu}) + sp\sum_{m=1}^{n} z^m G_{m-1}^{(n-1)}(\mu + s\overline{\mu}) \\
&= \overline{p}G^{(n-1)}(\mu + s\overline{\mu}, z) + szpG^{(n-1)}(\mu + s\overline{\mu}, z) \\
&= (\overline{p} + szp)G^{(n-1)}(\mu + s\overline{\mu}, z).
\end{aligned} \tag{3.3.4}$$

现在, 使用数学归纳法证明 (3.3.3). 当 $n = 1$ 时, (3.3.3) 中空积为 1, 给出

$$G^{(1)}(s,z) = (\overline{p} + szp).$$

因 $L_0^+ = 0$, 这一结果是显然的, $n = 1$ 时 (3.3.3) 成立. 若对某 $n \geqslant 1$, (3.3.3) 成立, 应用关系式 (3.3.4) 和归纳假设, 有

$$\begin{aligned}
G^{(n+1)}(s,z) &= (\overline{p} + szp)G^{(n)}(\mu + s\overline{\mu}, z) \\
&= (\overline{p} + szp)[\overline{p} + pz(1 - \overline{\mu}(1-s))]\prod_{j=1}^{n-1}[\overline{p} + pz(1 - \overline{\mu}^j(1 - \mu - s\overline{\mu}))] \\
&= (\overline{p} + szp)[\overline{p} + pz(1 - \overline{\mu}(1-s))]\prod_{j=2}^{n}[\overline{p} + pz(1 - \overline{\mu}^j(1-s))] \\
&= (\overline{p} + szp)\prod_{j=1}^{n}[\overline{p} + pz(1 - \overline{\mu}^j(1-s))].
\end{aligned}$$

这就证明了 $n+1$ 时 (3.3.3) 也成立. □

在 (3.3.3) 中取边缘母函数, 有

$$B_n(z) = E(z^{B_n}) = G^{(n)}(1,z) = (\overline{p} + zp)^n, \quad n \geqslant 1.$$

对 Bernoulli 到达过程, 这是显然的. 对时刻 n^+ 系统中顾客数, 有

$$\begin{aligned}
L_n^+(s) = E(s^{L_n^+}) &= G^{(n)}(s,1) \\
&= (\overline{p} + sp)\prod_{j=1}^{n-1}[\overline{p} + p(1 - \overline{\mu}^j(1-s))], \quad n \geqslant 1.
\end{aligned} \tag{3.3.5}$$

由 (3.3.5) 及 (3.3.3), 得到

$$
\begin{aligned}
E(L_n^+) &= \frac{\partial G^{(n)}(s,1)}{\partial s}\Big|_{s=1} \\
&= p\Big[1+\frac{\overline{\mu}}{\mu}(1-\overline{\mu}^{n-1})\Big], \\
\mathrm{Cov}(B_n, L_n^+) &= \Big(\frac{\partial^2 G^{(n)}(s,z)}{\partial s \partial z} - E(B_n)E(L_n^+)\Big)\Big|_{s=z=1} \\
&= p\overline{p}\Big[1+\frac{\overline{\mu}}{\mu}(1-\overline{\mu}^{n-1})\Big].
\end{aligned}
$$

类似地, 可讨论二重过程 (B_n, D_n), 引入母函数

$$
H^{(n)}(s,z) = \sum_{m=0}^{n}\sum_{k=0}^{m} P\{B_n = m, D_n = k\} s^k z^m.
$$

注意到 $L_n^+ + D_n = B_n$, 有

$$
\begin{aligned}
H^{(n)}(s,z) &= \sum_{m=0}^{n}\sum_{k=0}^{m} P\{B_n = m, D_n = k\} s^k z^m \\
&= \sum_{m=0}^{n}\sum_{k=0}^{m} P\{B_n = m, L_n^+ = m-k\} \Big(\frac{1}{s}\Big)^{m-k} (sz)^m \\
&= G^{(n)}\Big(\frac{1}{s}, sz\Big).
\end{aligned}
$$

使用这一关系式及 (3.3.3), 得到

$$
H^{(n)}(s,z) = (\overline{p}+zp)\prod_{j=1}^{n-1}[\overline{p}+zp(s-\overline{\mu}^j(1-s))], \quad n \geqslant 1.
$$

取 $z=1$, 给出 $(0, n^+]$ 上输出顾客数 D_n 的母函数

$$
\begin{aligned}
D^{(n)}(s) &= H^{(n)}(s,1) \\
&= \prod_{j=1}^{n-1}[\overline{p}+p(s-\overline{\mu}^j(1-s))] \\
&= \prod_{j=1}^{n-1}[1-p(1-\overline{\mu}^j)(1-s)], \quad n \geqslant 1. \qquad (3.3.6)
\end{aligned}
$$

在 (3.3.6) 中, 当 $n=1$ 时, $D_1(s) \equiv 1$(空积). 因为 $L_0^+ = 0$ 及晚到有延迟入口协议, 显然有 $D_1 = 0$. (3.3.6) 对 $n=1$ 也成立. 由 (3.3.6) 及 $H^{(n)}(s,z)$ 的表达式, 容易得

到

$$E(D_n) = \frac{\partial H^{(n)}(s,1)}{\partial s}\Big|_{s=1} = p(n-1) - p\frac{\overline{\mu}}{\mu}(1-\overline{\mu}^{n-1}),$$

$$\begin{aligned}\mathrm{Cov}(B_n, D_n) &= \Big(\frac{\partial^2 H^{(n)}(s,z)}{\partial s \partial z} - E(B_n)E(D_n)\Big)\Big|_{s=z=1} \\ &= p\overline{p}\Big[(n-1) - \frac{\overline{\mu}}{\mu}(1-\overline{\mu}^{n-1})\Big].\end{aligned}$$

现在讨论二重随机过程 (L_n^+, D_n), 定义母函数

$$\begin{aligned}R^{(n)}(s,z) &= \sum\sum\nolimits_{0\leqslant k+h\leqslant n} P\{L_n^+ = k, D_n = h\} s^k z^h \\ &= \sum_{k=0}^{n}\sum_{h=0}^{n-k} P\{L_n^+ = k, D_n = h\} s^k z^h.\end{aligned}$$

注意到 $B_n = L_n^+ + D_n$, 代入上式给出

$$\begin{aligned}R^{(n)}(s,z) &= \sum_{k=0}^{n}\sum_{h=0}^{n-k} P\{B_n = k+h, L_n^+ = k\} s^k z^h \\ &= \sum_{m=0}^{n}\sum_{k=0}^{m} P\{B_n = m, L_n^+ = k\}\Big(\frac{s}{z}\Big)^k z^m \\ &= G^{(n)}\Big(\frac{s}{z}, z\Big), \quad n \geqslant 1.\end{aligned}$$

将 (3.3.3) 代入上式, 得到 (L_n^+, D_n) 的二重母函数

$$\begin{aligned}R^{(n)}(s,z) &= G^{(n)}\Big(\frac{s}{z}, z\Big) \\ &= (\overline{p} + sp)\prod_{j=1}^{n-1}[\overline{p} + p(z - \overline{\mu}^j(z-s))], \quad n \geqslant 1.\end{aligned} \tag{3.3.7}$$

在 (3.3.7) 中取边缘 PGF, 分别给出 (3.3.5) 和 (3.3.6). 时刻 n^+ 的队长 L_n^+ 与 $(0, n^+]$ 上输出顾客数 D_n 之间有协方差

$$\begin{aligned}\mathrm{Cov}(L_n^+, D_n) &= \Big(\frac{\partial^2 R^{(n)}(s,z)}{\partial s \partial z} - E(L_n^+)E(D_n)\Big)\Big|_{s=z=1} \\ &= -p^2\sum_{j=1}^{n-1}(1-\overline{\mu}^j)\overline{\mu}^j.\end{aligned}$$

最后, 讨论系统的稳态行为. 因为有无穷多个服务台, 对任何 $0 < p < 1$ 和 $0 < \mu < 1$, 都存在稳态分布

$$\pi_k = P\{L^+ = k\} = \lim_{n\to\infty} P\{L_n^+ = k\}, \quad k \geqslant 0,$$

$$L^+(z) = \sum_{k=0}^{\infty}\pi_k z^k.$$

在 (3.3.5) 中令 $n\to\infty$ 取极限, 给出稳态下时刻 n^+ 的队长 PGF 和均值

$$L^+(z)=(\overline{p}+zp)\prod_{j=1}^{\infty}[\overline{p}+p(1-\overline{\mu}^j(1-z))],$$
$$E(L^+)=\left.\frac{dL^+(z)}{dz}\right|_{z=1}=\frac{p}{\mu}. \tag{3.3.8}$$

关于平均队长的这一结果, 与连续时间 M/M/∞ 排队系统完全相同 (徐光辉, 1988, p.27).

3.3.2 Geom^X/Geom/∞ 排队

上节的模型容易推广到成批到达. 每个时隙末端 (n^-,n) 上到达的顾客数 X 是一个非负整值随机变量, 有分布和 PGF:

$$P\{X=k\}=a_k,\quad k\geqslant 0;\quad X(z)=\sum_{k=0}^{\infty}a_kz^k.$$

不同时隙内到达的顾客数是独立同分布的. 任何顾客到达时就立刻得到服务, 其服务时间 S 服从参数 $\mu(0<\mu<1)$ 的几何分布

$$P\{S=k\}=\overline{\mu}_{k-1}\mu,\quad k\geqslant 1.$$

到达过程与服务时间相互独立, 仍然考虑晚到有延迟入口的模型. 平行于 3.3.1 节, 可对 Geom^X/Geom/∞ 排队给出瞬态行为和稳态指标的详尽分析. 为了节省篇幅, 只讨论稳态下系统中顾客数的分布.

L_n^+ 表示时刻 n^+ 系统中顾客数, Y_n 表示 (n,n^+) 上完成服务离去的顾客数, 显然有

$$L_{n+1}^+=L_n^++X-Y_{n+1}.$$

两端取 PGF, 注意到批量 X 与 L_n^+ 和 Y_{n+1} 相互独立, 有

$$L_{n+1}^+(z)=E(z^{L_n^+})=E(z^X)E(z^{L_n^+-Y_{n+1}}). \tag{3.3.9}$$

定理 3.3.2 稳态队长 L^+ 的 PGF 满足函数方程

$$L^+(z)=X(z)L^+(\mu+z\overline{\mu})=X(z)L^+(1-\overline{\mu}(1-z)). \tag{3.3.10}$$

证明 由 (3.3.9), 对 $n\geqslant 1$, 有

$$L_{n+1}^+(z)=X(z)E(z^{L_n^+-Y_{n+1}}).$$

注意到 Y_{n+1} 与 L_n^+ 是相关的, 并有

$$
\begin{aligned}
&P\{L_n^+ - Y_{n+1} = k | L_n^+ = m\} \\
=& P\{Y_{n+1} = m-k | L_n^+ = m\} \\
=& \binom{m}{k}\mu^{m-k}\overline{\mu}^k, \quad m \geqslant 0, 0 \leqslant k \leqslant m.
\end{aligned}
$$

因此, 有

$$
\begin{aligned}
E(z^{L_n^+ - Y_{n+1}}) =& \sum_{k=0}^{\infty}\sum_{i=0}^{k} P\{L_n^+ = k, Y_{n+1} = k-i\}z^i \\
=& \sum_{k=0}^{\infty}\sum_{i=0}^{k} P\{L_n^+ = k\}P\{Y_{n+1} = k-i | L_n^+ = k\}z^i \\
=& \sum_{k=0}^{\infty} P\{L_n^+ = k\}\sum_{i=0}^{k}\binom{k}{i}\mu^{k-i}(z\overline{\mu})^i \\
=& \sum_{k=0}^{\infty} P\{L_n^+ = k\}(\mu + z\overline{\mu})^k \\
=& L_n^+(\mu + z\overline{\mu}).
\end{aligned}
$$

代入前式, 给出

$$
L_{n+1}^+(z) = X(z)L_n^+(\mu + z\overline{\mu}) = X(z)L_n^+(1 - \overline{\mu}(1-z)).
$$

令 $n \to \infty$ 取极限, 得到函数方程 (3.3.10). □

函数方程 (3.3.10) 可通过迭代程序求解, 重复使用 (3.3.10), 有

$$
\begin{aligned}
L^+(z) =& X(z)L^+(1 - \overline{\mu}(1-z)) \\
=& X(z)X(1 - \overline{\mu}(1-z))L^+(1 - \overline{\mu}^2(1-z)) \\
=& X(z)X(1 - \overline{\mu}(1-z))X(1 - \overline{\mu}^2(1-z))L^+(1 - \overline{\mu}^3(1-z)) \\
& \cdots\cdots\cdots\cdots \\
=& X(z)\prod_{j=1}^{n} X(1 - \overline{\mu}^j(1-z))L^+(1 - \overline{\mu}^{n+1}(1-z)). \qquad (3.3.11)
\end{aligned}
$$

作为收敛的幂级数, $L_n^+(z)$ 在 [0,1] 上连续, 因此

$$
\lim_{n\to\infty} L^+(1 - \overline{\mu}^{n+1}(1-z)) = L^+(1) = 1.
$$

对 (3.3.11) 右端取极限, 得到

$$L^+(z) = X(z)\prod_{j=1}^{\infty} X(1-\overline{\mu}^j(1-z)). \tag{3.3.12}$$

(3.3.12) 是 (3.3.8) 从单个到达到成批到达的一种推广, 由此可以给出稳态下 n^+ 时刻的平均顾客数

$$E(L^+) = E(X)\sum_{j=0}^{\infty}\overline{\mu}^j = \frac{1}{\mu}E(X),$$

其中 $E(X)$ 是平均到达批量. 如果退化到 Bernoulli 到达过程 (单个到达), 则

$$E(X) = p, \quad E(L^+) = \frac{p}{\mu},$$

与前节的结果是一致的.

例 3.3.1 Poisson 批量.

每一个时隙上到达批量 X 服从参数 λ 的 Poisson 分布

$$\begin{aligned}
&a_k = P\{X = k\} = \frac{\lambda^k}{k!}\mathrm{e}^{-\lambda}, \quad k = 0, 1, \cdots,\\
&X(z) = \mathrm{e}^{-\lambda(1-z)},\\
&X(1-\overline{\mu}^j(1-z)) = \mathrm{e}^{-\lambda\overline{\mu}^j(1-z)}, \quad j \geqslant 1.
\end{aligned}$$

由 (3.3.12), 稳态下时刻 n^+ 队长 L^+ 有 PGF:

$$\begin{aligned}
L^+(z) &= \mathrm{e}^{-\lambda(1-z)}\prod_{j=1}^{\infty}\mathrm{e}^{-\lambda\overline{\mu}^j(1-z)}\\
&= \mathrm{e}^{-\lambda(1-z)\sum_{j=0}^{\infty}\overline{\mu}^j}\\
&= \mathrm{e}^{-\frac{\lambda}{\mu}(1-z)}.
\end{aligned}$$

n^+ 时刻的稳态队长 L^+ 服从参数 $\lambda\mu^{-1}$ 的 Poisson 分布, 并有平均值

$$E(L^+) = \frac{\lambda}{\mu}.$$

例 3.3.2 Bernoulli 到达过程.

到达批量 X 服从 0-1 分布

$$P\{X = 1\} = p, \quad P\{X = 0\} = \overline{p}, \quad 0 < p < 1.$$

顾客到达构成参数 p 的 Bernoulli 过程, 这时

$$X(z) = \overline{p} + zp,$$
$$X(1 - \overline{\mu}^j(1-z)) = \overline{p} + p(1 - \overline{\mu}^j(1-z)), \quad j \geqslant 1.$$

由 (3.3.12), 稳态队长 PGF:

$$L^+(z) = (\overline{p} + zp)\prod_{j=1}^{\infty}[\overline{p} + p(1 - \overline{\mu}^j(1-z))].$$

这与 (3.3.8) 一致.

例 3.3.3　二项分布批量.

每个时隙上到达批量 X 服从二项分布

$$a_k = P\{X = k\} = \binom{N}{k} p^k \overline{p}^{N-k}, \quad 0 \leqslant k \leqslant N,$$
$$X(z) = (\overline{p} + zp)^N,$$
$$X(1 - \overline{\mu}^j(1-z)) = [\overline{p} + p(1 - \overline{\mu}^j(1-z))]^N, \quad j \geqslant 1.$$

由 (3.3.12) 给出稳态队长的 PGF 和均值

$$L^+(z) = (\overline{p} + zp)^N \prod_{j=1}^{\infty}[\overline{p} + p(1 - \overline{\mu}^j(1-z))]^N,$$
$$E(L^+) = N\frac{p}{\mu}.$$

3.3.3　非时齐到达和服务

本节将 3.3.1 中的 Geom/Geom/∞ 排队推广到有非时齐到达和非时齐服务的情况.

(1) 时隙末端 (n^-, n) 处, 以概率 λ_n 到达一个顾客, $0 < \lambda_n < 1$, 并以概率 $\overline{\lambda}_n = 1 - \lambda_n$ 无到达. 现在, 到达概率依赖于时刻 n, 不同时隙上到达行为相互独立, 称为非时齐 Bernoulli 到达过程.

(2) 在时隙首端 $(n-1)^+$ 时正在接受服务的任何顾客, 于 n^+ 前夕完成服务离去的概率为 $\mu_n, 0 < \mu_n < 1$, 并依概率 $\overline{\mu}_n = 1 - \mu_n$ 该服务将持续到下一个时隙. 在时隙 $(n, n+1]$ 上的服务率依赖于时刻 n, 不同时隙上完成服务的行为相互独立.

这个无穷服务台排队系统的其他约定同 3.3.1 节, 并沿用那里的记号. 首先讨论二重过程 (B_n, L_n^+), 仍取初始条件为 $L_0^+ = 0$. 类似于 3.3.1 节, 有

$$p_{00}(n)=\prod_{j=1}^{n}\overline{\lambda}_j,\quad n\geqslant 1,$$

$$p_{m0}(n)=\overline{\lambda}_n\sum_{j=0}^{m}p_{mj}(n-1)\mu_n^j,\quad 1\leqslant m<n,k=0,$$

$$p_{mk}(n)=\overline{\lambda}_n\sum_{j=k}^{m}p_{mj}(n-1)\binom{j}{k}\mu_n^{j-k}\overline{\mu}_n^k$$
$$+\lambda_n\sum_{j=k-1}^{m-1}p_{m-1,j}(n-1)\binom{j}{k-1}\mu_n^{j-k+1}\overline{\mu}_n^{k-1},$$
$$1\leqslant m<n,1\leqslant k<m,$$

$$p_{mm}(n)=\lambda_n p_{m-1,m-1}(n-1)\overline{\mu}_n^{m-1},\quad k=m.$$

由这些关系出发, 对 $1\leqslant m<n$, 可给出递推公式

$$G_m^{(n)}(s)=\overline{\lambda}_n G_m^{(n-1)}(\mu_n+s\overline{\mu}_n)+s\lambda_n G_{m-1}^{(n-1)}(\mu_n+s\overline{\mu}_n),\quad 1\leqslant m<n.$$

对 $m=0$ 和 $m=n$, 类似地有

$$G_0^{(n)}(s)=\overline{\lambda}_n\prod_{j=1}^{n-1}\overline{\lambda}_j=\overline{\lambda}_n G_0^{(n-1)}(\mu_n+s\overline{\mu}_n),$$
$$G_n^{(n)}(s)=s\lambda_n G_{n-1}^{(n-1)}(\mu_n+s\overline{\mu}_n).$$

定理 3.3.3 对非时齐到达和服务的无穷台系统, (B_n,L_n^+) 有二重 PGF:

$$G^{(n)}(s,z)=(\overline{\lambda}_n+sz\lambda_n)\prod_{j=1}^{n-1}[\overline{\lambda}_j+z\lambda_j(1-\overline{M}_{n-1,j}(1-s))],\quad n\geqslant 1.\qquad(3.3.13)$$

其中

$$\overline{M}_{00}=1,\quad \overline{M}_{n,j}=\prod_{k=j}^{n}\overline{\mu}_k,\quad j=1,2,\cdots,n.$$

证明 上述递推关系中含 $G_m^{(n)}(s)$ 的式子两端乘以 $z^m,m=0,1,\cdots,n$, 对 m 求和给出

$$G^{(n)}(s,z)=\sum_{m=0}^{n}z^m G_m^{(n)}(s)$$
$$=(\overline{\lambda}_n+sz\lambda_n)G^{(n-1)}(1-\overline{\mu}_n(1-s),z),\quad n\geqslant 1.\qquad(3.3.14)$$

在初始条件 $L_0^+=0$ 和晚到有延迟入口规则下, 容易给出

$$G^{(1)}(s,z)=\overline{\lambda}_1+sz\lambda_1,$$

(3.3.13) 对 $n=1$ 成立. 使用数学归纳法, 若 (3.3.13) 对某个 $n\geqslant 1$ 成立, 由 (3.3.14), 有

$$\begin{aligned}G^{(n+1)}(s,z)&=(\overline{\lambda}_{n+1}+sz\lambda_{n+1})G^{(n)}(1-\overline{\mu}_n(1-s),z)\\&=(\overline{\lambda}_{n+1}+sz\lambda_{n+1})[\overline{\lambda}_n+z\lambda_n(1-\overline{\mu}_n(1-s))]\\&\quad\times\prod_{j=1}^{n-1}[\overline{\lambda}_j+z\lambda_j(1-\overline{\mu}_n\overline{M}_{n-1,j}(1-s))]\\&=(\overline{\lambda}_{n+1}+sz\lambda_{n+1})[\overline{\lambda}_n+z\lambda_n(1-\overline{M}_{n,n}(1-s))]\\&\quad\times\prod_{j=1}^{n-1}[\overline{\lambda}_j+z\lambda_j(1-\overline{M}_{n,j}(1-s))]\\&=(\overline{\lambda}_{n+1}+sz\lambda_{n+1})\prod_{j=1}^{n}[\overline{\lambda}_j+z\lambda_j(1-\overline{M}_{n,j}(1-s))].\end{aligned}$$

这表明 (3.3.13) 对 $n+1$ 也成立, 从而完成了归纳证明. □

在 (3.3.13) 中取边缘母函数, 给出

$$L^+(s)=G^{(n)}(s,1)=(\overline{\lambda}_n+s\lambda_n)\prod_{j=1}^{n-1}[\overline{\lambda}_j+\lambda_j(1-\overline{M}_{n-1,j}(1-s))],\quad n\geqslant 1,$$

$$B_n(z)=G^{(n)}(1,z)=\prod_{j=1}^{n}(\overline{\lambda}_j+z\lambda_j),\quad n\geqslant 1.\tag{3.3.15}$$

由此, 容易给出均值和协方差

$$E(B_n)=\sum_{j-1}^{n}\lambda_j,\quad n\geqslant 1,$$

$$E(L_n^+)=\lambda_n+\sum_{j=1}^{n-1}\lambda_j\overline{M}_{n-1,j},\quad n\geqslant 1,$$

$$\mathrm{Cov}(B_n,L_n^+)=\lambda_n\overline{\lambda}_n+\sum_{j=1}^{n-1}\lambda_j\overline{\lambda}_j\overline{M}_{n-1,j},\quad n\geqslant 1.$$

对二重过程 (B_n,L_n^+) 的 PGF, 3.3.1 节中证明关系式

$$H^{(n)}(s,z)=G^{(n)}\left(\frac{1}{s},sz\right)$$

仍然成立. 应用 (3.3.13), 得到

$$
\begin{aligned}
H^{(n)}(s,z) &= (\overline{\lambda}_n + z\lambda_n)\prod_{j=1}^{n-1}\left[\overline{\lambda}_j + sz\lambda_j\left(1-\overline{M}_{n-1,j}\left(1-\frac{1}{s}\right)\right)\right] \\
&= (\overline{\lambda}_n + z\lambda_n)\prod_{j=1}^{n-1}[\overline{\lambda}_j + z\lambda_j(s+\overline{M}_{n-1,j}(1-s))].
\end{aligned}
$$

$(0,n^+]$ 上输出顾客数 D_n 有 PGF：

$$
\begin{aligned}
D_n(s) &= E(s^{D_n}) = H^{(n)}(s,1) \\
&= \prod_{j=1}^{n-1}[1-\lambda_j(1-\overline{M}_{n-1,j})(1-s)]. \qquad (3.3.16)
\end{aligned}
$$

并有均值和协方差

$$
E(D_n) = \sum_{j=1}^{n-1}\lambda_j(1-\overline{M}_{n-1,j}),
$$

$$
\mathrm{Cov}(B_n,D_n) = \sum_{j=1}^{n-1}\lambda_j\overline{\lambda}_j(1-\overline{M}_{n-1,j}).
$$

完全类似地, 对二重过程 (L_n^+,D_n) 的 PGF, 应用关系式

$$
R^{(n)}(s,z) = \sum_{m=0}^{n}\sum_{k=0}^{m}P\{B_n=m,L_n^+=k\}s^k z^{m-k} = G^{(n)}\left(\frac{s}{z},z\right),
$$

有

$$
R^{(n)}(s,z) = (\overline{\lambda}_n + s\lambda_n)\prod_{j=1}^{n-1}[\overline{\lambda}_j + \lambda_j(z-\overline{M}_{n-1,j}(z-s))], \quad n \geqslant 1.
$$

由此容易给出 L_n^+ 与 D_n 的协方差

$$
\mathrm{Cov}(L_n^+,D_n) = -\sum_{j=1}^{n-1}\lambda_j^2(1-\overline{M}_{n-1,j})\overline{M}_{n-1,j}.
$$

如果 $\lambda_n \equiv \lambda$, $\mu_n \equiv \mu$, 回到 3.3.1 节时齐到达和服务的情况. 进一步, 若 $\lim\limits_{n\to\infty}\lambda_n = \lambda$, $\lim\limits_{n\to\infty}\mu_n = \mu, 0<\mu,\lambda<1$, 在 (3.3.15) 中两端取极限可以证明稳态分布

$$
\pi_k = \lim_{n\to\infty}P\{L_n^+=k\} = P\{L^+=k\}, \quad k \geqslant 0
$$

存在, 并有 PGF：

$$L^{+}(z)=(\overline{\lambda}+z\lambda)\prod_{j=1}^{\infty}[\overline{\lambda}+\lambda(1-\overline{\mu}^{j}(1-z))]. \tag{3.3.17}$$

这与 (3.3.5) 是一致的.

§ 3.4 Geom/Geom/c 排队

本节讨论多服务台离散时间 Geom/Geom/$c(c\geqslant 1)$ 排队, 这个排队系统的分析方法和结果, 平行于连续时间 M/M/c 模型.

3.4.1 模型的描述与正常返性

这里讨论的离散时间多服务台排队模型可描述如下:

(1) 在每个时隙首端 (n,n^{+}) 处, 以概率 $p(0<p<1)$ 到达一个顾客, 以概率 $\overline{p}=1-p$ 无到达. 顾客到达构成参数 p 的 Bernoulli 过程.

(2) 顾客服务的开始和结束都发生于时隙末端 (n^{-},n) 处, $n=1,2,\cdots$. 顾客的服务时间独立同分布, 并且

$$P\{S=k\}=\overline{\mu}^{k-1}\mu,\quad k=1,2,\cdots.$$

(3) 系统中有 c 个平行的服务台, FIFO 排队规则.

(4) 到达间隔与服务时间相互独立.

按上述规定, 这是一个早到系统, 简记为 Geom/Geom/c. 以 L_n^{+} 表示 $t=n^{+}$ 瞬时系统中顾客数, $\{L_n^{+},n\geqslant 0\}$ 是一个时齐 MC, 有可数状态空间 $\Omega=\{0,1,\cdots\}$. 转移概率记为

$$p_{ij}=P\{L_n^{+}=j|L_{n-1}^{+}=i\},\quad n\geqslant 1,i,j\in\Omega.$$

当系统中顾客数 $i\leqslant c-1$ 时, 状态转移 $i\to j(1\leqslant j\leqslant i\leqslant c-1)$ 可按两种不相容的方式实现: (1) (n,n^{+}) 处有一个到达, 并且 (n^{-},n) 处有 $i+1-j$ 个离去; (2) (n,n^{+}) 处无到达, 并且 (n^{-},n) 处有 $i-j$ 个离去. 因此

$$p_{ij}=\overline{p}\binom{i}{j}\mu^{i-j}\overline{\mu}^{j}+p\binom{i}{j-1}\mu^{i-j+1}\overline{\mu}^{j-1},\quad 1\leqslant j\leqslant i\leqslant c-1.$$

类似的分析给出

$$\begin{aligned}p_{i0}&=\overline{p}\mu^{i},&&0\leqslant i\leqslant c-1,\\ p_{i,i+1}&=p\overline{\mu}^{i},&&0\leqslant i\leqslant c-1.\end{aligned}$$

当 $i \geqslant c$ 时,$L_{n-1}^{+}=i$ 蕴含着在时隙 (n^{-},n) 上所有服务台全忙, 这时的转移概率不依赖于 i, 有

$$\begin{aligned} &p_{i,i-c}=\overline{p}\mu^{c}, \quad i\geqslant c, \\ &p_{i,j}=\overline{p}\binom{c}{j}\mu^{c-j}\overline{\mu}^{j}+p\binom{c}{j-1}\mu^{c-j+1}\overline{\mu}^{j-1}, \quad i\geqslant c, i-c<j\leqslant i, \\ &p_{i,i+1}=p\overline{\mu}^{c}, \quad i\geqslant c. \end{aligned} \tag{3.4.1}$$

如果约定

$$\binom{c}{-1}=\binom{c}{c+1}=0,$$

(3.4.1) 中的转移概率可统一表示为

$$p_{ij}=\overline{p}\binom{c}{j}\mu^{c-j}\overline{\mu}^{j}+p\binom{c}{j-1}\mu^{c-j+1}\overline{\mu}^{j-1}, \quad i\geqslant c, i-c\leqslant j\leqslant i+1.$$

简记

$$\alpha_k=\overline{p}\binom{c}{k-1}\mu^{k-1}\overline{\mu}^{c-k+1}+p\binom{c}{k}\mu^{k}\overline{\mu}^{c-k}, \quad k=0,1,\cdots,c+1. \tag{3.4.2}$$

显然, α_k 是 c 个服务台全忙时, 在一个时隙上发生 $L_{n-1}^{+}-L_{n}^{+}=k-1$ 的概率 (当 $k=0$ 时, L_{n}^{+} 较 L_{n-1}^{+} 增加一个顾客, $L_{n-1}^{+}-L_{n}^{+}=-1$). 现在, Markov 链 $\{L_{n}^{+},n\geqslant 0\}$的转移概率阵可写成

$$\widetilde{\boldsymbol{P}}=\begin{bmatrix} p_{00} & p_{01} & & & & & & \\ p_{10} & p_{11} & p_{12} & & & & & \\ \vdots & \vdots & \vdots & \ddots & & & & \\ p_{c-1,0} & p_{c-1,1} & p_{c-1,2} & \cdots & p_{c-1,c} & & & \\ \alpha_{c+1} & \alpha_c & \alpha_{c-1} & \cdots & \alpha_1 & \alpha_0 & & \\ & \alpha_{c+1} & \alpha_c & \cdots & \alpha_2 & \alpha_1 & \alpha_0 & \\ & & \alpha_{c+1} & \cdots & \alpha_3 & \alpha_2 & \alpha_1 & \alpha_0 \\ & & \vdots & & \vdots & \vdots & \vdots & \ddots \end{bmatrix}.$$

转移概率阵 $\widetilde{\boldsymbol{P}}$ 的结构表明, 若 $0<p<1, 0<\mu<1$, MC$\{L_{n}^{+},n\geqslant 0\}$是不可约、非周期的.

为了给出正常返条件, 注意到

$$\begin{aligned} \sum_{k=0}^{c+1}\alpha_k &= \overline{p}\sum_{k=1}^{c+1}\binom{c}{k-1}\mu^{k-1}\overline{\mu}^{c-k+1}+p\sum_{k=0}^{c}\binom{c}{k}\mu^{k}\overline{\mu}^{c-k} \\ &= \overline{p}+p=1. \end{aligned}$$

因此, $(\alpha_0, \alpha_1, \cdots, \alpha_{c+1})$ 是一个概率分布, 并有 PGF:

$$
\begin{aligned}
\alpha(z) &= \sum_{k=0}^{c+1} \alpha_k z^k \\
&= \overline{p}\sum_{k=1}^{c+1} z^k \binom{c}{k-1} \mu^{k-1}\overline{\mu}^{c-k+1} + p\sum_{k=0}^{c} z^k \binom{c}{k} \mu^k \overline{\mu}^{c-k} \\
&= (z\overline{p}+p)(\mu z+\overline{\mu})^c.
\end{aligned} \tag{3.4.3}
$$

定理 3.4.1　在 Geom/Geom/c 离散时间排队中, MC$\{L_n^+, n \geqslant 0\}$正常返, 当且仅当 $c\mu > p$.

证明　由引理 2.7.1, 函数方程

$$z = (z\overline{p}+p)(\mu z+\overline{\mu})^c$$

在 (0,1) 内有唯一的根 $z=\sigma$, 当且仅当 $\alpha'(1) > 1$, 即

$$\overline{p} + c\mu > 1 \Leftrightarrow c\mu > p.$$

现在, 使用 Netus(1981) 中定理 1.5.1, MC$\{L_n^+, n \geqslant 0\}$正常返当且仅当方程 $z=\alpha(z)$ 在 (0,1) 内有唯一的根, 并且线性齐次方程组

$$\mathbf{\Pi}_c B[\sigma] = \mathbf{\Pi}_c \tag{3.4.4}$$

有正解, 其中 $\mathbf{\Pi}_c = (x_0, x_1, \cdots, x_c)$, $B[\sigma]$ 是 $c+1$ 阶方阵

$$
B[\sigma] = \begin{bmatrix}
p_{00} & p_{01} & & & \\
p_{10} & p_{11} & p_{12} & & \\
\vdots & \vdots & \vdots & \ddots & \\
p_{c-1,0} & p_{c-1,1} & p_{c-1,2} & \cdots & p_{c-1,c} \\
B_0(\sigma) & B_1(\sigma) & B_2(\sigma) & \cdots & B_c(\sigma)
\end{bmatrix},
$$

这里

$$B_k(\sigma) = \sum_{j=c+1-k}^{c+1} \alpha_j \sigma^{j-c-1+k}, \quad 0 \leqslant k \leqslant c.$$

为证 (3.4.4) 有正解, 注意到当 $0<\sigma<1$ 时, 有

$$\begin{aligned}\sum_{k=0}^{c} B_k(\sigma) &= \sum_{k=0}^{c}\sum_{j=c+1-k}^{c+1}\alpha_j\sigma^{j-c-1+k}\\ &= \sum_{j=1}^{c+1}\alpha_j\sum_{i=0}^{j-1}\sigma^i\\ &= \frac{1}{1-\sigma}\sum_{j=0}^{c+1}\alpha_j(1-\sigma^j) = \frac{1-\sigma}{1-\sigma} = 1.\end{aligned}$$

因此, $0<\sigma<1$ 时, $B[\sigma]$ 是有限维不可约非周期的随机阵, 从而 (3.4.4) 必有正解 (例如, $B[\sigma]$ 的平稳概率向量乘以任何正数). 综上, MC$\{L_n^+, n\geqslant 0\}$正常返当且仅当 $c\mu>p$. □

3.4.2 稳态队长和等待时间

设 $c\mu>p$, L^+ 表示 L_n^+ 的稳态极限, 称为稳态队长. $\mathbf{\Pi}=(\pi_0,\pi_1,\cdots)$ 表示稳态队长分布

$$\pi_k = P\{L^+=k\} = \lim_{n\to\infty} P\{L_n^+=k\},\quad k\geqslant 0.$$

MC$\{L_n^+, n\geqslant 0\}$的平衡方程 $\mathbf{\Pi}\widetilde{\boldsymbol{P}}=\mathbf{\Pi}$ 给出

$$\begin{aligned}\pi_0 &= \sum_{j=0}^{c-1}\pi_j p_{j0} + \pi_c\alpha_{c+1},\quad k=0,\\ \pi_k &= \sum_{j=k-1}^{c-1}\pi_j p_{jk} + \sum_{j=c+1-k}^{c+1}\pi_{j+k-1}\alpha_j,\quad 1\leqslant k\leqslant c,\\ \pi_k &= \sum_{j=0}^{c+1}\pi_{j+k-1}\alpha_j,\quad k>c.\end{aligned}\tag{3.4.5}$$

取 $\sigma=\alpha(\sigma)$ 是 $z=\alpha(z)$ 在 (0,1) 内的根. 首先验证 $\pi_k=K\sigma^{k-c}$, $k\geqslant c$, 满足 (3.4.5) 中后式, 其中 $K>0$ 是待定常数因子. 当 $k\geqslant c$ 时, 直接代入, 有

$$\begin{aligned}\sum_{j=0}^{c+1}\pi_{j+k-1}\alpha_j &= K\sum_{j=0}^{c+1}\sigma^{j+k-1-c}\alpha_j\\ &= K\sigma^{k-c-1}\sum_{j=0}^{c+1}\sigma^j\alpha_j\\ &= K\sigma^{k-c} = \pi_k,\quad k\geqslant c.\end{aligned}$$

现在, 只需再确定 $\pi_0,\pi_1,\cdots,\pi_{c-1}$ 和 $\pi_c=K$. 为此, 取 $\mathbf{\Pi}_c=(x_0,x_1,\cdots,x_c)$ 是 $B[\sigma]$ 的平稳概率向量, 满足 $\mathbf{\Pi}_c\boldsymbol{e}=1$ 和 $\mathbf{\Pi}_c B[\sigma]=\mathbf{\Pi}_c$, 注意到 $\pi_c=K$, 给出

$$(\pi_0,\cdots,\pi_c) = Kx_c^{-1}(x_0,x_1,\cdots,x_c).$$

最后, 使用正规化条件, 可确定

$$K=\left(\frac{1}{x_c}\sum_{j=0}^{c-1}x_j+\frac{1}{1-\sigma}\right)^{-1}=\left(\frac{1-x_c}{x_c}+\frac{1}{1-\sigma}\right)^{-1}.$$

设 L_q^+ 表示稳态下任意时刻 n^+ 排队等待顾客数, 则

$$P\{L_q^+=0\}=\sum_{j=0}^{c}\pi_j=1-\sum_{j=c+1}^{\infty}\pi_j=1-\frac{K\sigma}{1-\sigma},$$

$$P\{L_q^+=k\}=P\{L^+=c+k\}=K\sigma^k,\quad k\geqslant 1.$$

并且平均排队顾客数是

$$E(L_q^+)=\frac{K\sigma}{(1-\sigma)^2}.$$

以 W 表示稳态下顾客的等待时间, 不需等待的概率是

$$P\{W=0\}=\sum_{j=0}^{c-1}\pi_j=1-\frac{K}{1-\sigma}.$$

如果稳态下顾客到达遇 $j\geqslant c$ 个顾客在场, 则前面有 $j-c$ 个顾客已经在排队等待. 该顾客等待期间内, 所有 c 个服务台都是忙的. $\{W>k\},k\geqslant 1$, 表明 c 个服务台都工作, 在连续 k 个时隙上完成服务离去的顾客数尚未超过 $j-c$. 另一方面, 对几何服务时间, 在任何时隙上, 正在服务的顾客将以概率 μ 完成服务, 并以概率 $\overline{\mu}=1-\mu$ 将服务延续到下一个时隙, 不同时隙上的服务行为可以看成是相互独立的. 因此, $\{W>k\}$ 相当于 kc 次 Bernoulli 试验中, 成功 (完成服务) 次数不超过 $j-c$. 有

$$\begin{aligned}P\{W>k\}&=\sum_{j=c}^{\infty}\pi_jP\{W>k|L^+=j\}\\&=\sum_{j=c}^{\infty}\pi_j\sum_{r=0}^{j-c}\binom{ck}{r}\mu^r\overline{\mu}^{ck-r}\\&=\sum_{r=0}^{\infty}\binom{ck}{r}\mu^r\overline{\mu}^{ck-r}\sum_{j=c+r}^{\infty}K\sigma^{j-c}\\&=\frac{K}{1-\sigma}\sum_{r=0}^{ck}\binom{ck}{r}(\mu\sigma)^r\overline{\mu}^{ck-r}\\&=\frac{K}{1-\sigma}(\mu\sigma+\overline{\mu})^{ck},\quad k\geqslant 0.\end{aligned}\tag{3.4.6}$$

由此立刻给出稳态下的平均等待时间

$$E(W)=\sum_{k=0}^{\infty}P\{W>k\}=\frac{K}{(1-\sigma)[1-(\mu\sigma+\overline{\mu})^c]}.$$

利用上述结果, 还可以给出稳态等待时间 W 的 PGF $W(z)$. 注意到关系式

$$\sum_{k=0}^{\infty}z^kP\{W>k\}=\frac{1-W(z)}{1-z}.$$

由 (3.4.6), 有

$$\sum_{k=0}^{\infty}z^kP\{W>k\}=\frac{K}{(1-\sigma)[1-(\mu\sigma+\overline{\mu})^c z]}=\frac{1-W(z)}{1-z}.$$

由此解得

$$W(z)=1-\frac{K}{1-\sigma}\frac{1-z}{1-(\mu\sigma+\overline{\mu})^c z}.$$

§3.5 文献评述

连续时间排队研究的早期工作, 主要是使用生灭过程方法, 分析和处理各种到达间隔和服务时间都服从指数分布的模型. 直到 Kendell(1951) 创立了嵌入 Markov 链方法, 带有一般到达间隔或服务时间排队系统才得到深入研究.

然而, 当离散时间排队出现时, 嵌入 Markov 链方法已经广泛流行. 因此, 一开始就直接研究有一般服务时间的 Geom/G/1 模型 (Meisling, 1958). §3.2Geom/Geom/1 排队的结果, 首先是作为 Geom/G/1 模型的特例给出的. 使用生灭链方法对 Geom/Geom/1 排队进行详尽处理见文献 (Hunter, 1983, 卷 2 第 9.2 节), 我们部分地引用了那里的分析方法和结果. Chaudhry 和 Zhao(1984) 研究了一类非时齐到达和服务的 Geom(n)/Geom(n)/1/N 排队, 给出各种首达时间和忙期分布的解析表达式. 类似地, Chan 与 Maa(1978) 研究了有一般到达时间间隔的多服务台离散时间 GI/Geom/N 排队, §3.4 中 Geom/Geom/c 模型是上述工作的特例.

§3.3 中离散时间 Erlang 消失系统的分析及其在通信网络接入控制中的应用, 见文献 (Tian et al., 2006; 田乃硕等, 2006). 无穷服务台的离散时间排队, 在文献 (Kobayashi et al., 1977) 中已有介绍, 讨论了每个时隙上到达批量服从 Poisson 分布的无穷服务台系统, 指出稳态下系统中顾客数也服从一个 Poisson 分布. 在 Woodward(1994) 的书中, 使用可逆 Markov 链方法给出了同样的结果. 最近, Nassar 提出一个函数方程方法, 研究了每个时隙上到达批量服从任意分布的无穷服务台离散排队, 将稳态队长母函数表示成无穷乘积形式. 事实上, 早在 1988 年田乃硕就曾

经引入一个二重随机过程方法, 用于研究非时齐的无穷服务台离散时间排队, 给出各种二重随机过程的联合分布母函数及其相关性结构. 作为特例, 在时齐的情况下, 得到稳态队长母函数的无穷乘积表达式. §3.3 的主要内容就是在这些工作的基础上写成的. 新近, 这些工作已经推广到非时齐成批到达的情况. 关于离散时间 Markov 排队的其他内容, 见文献 (Böhm et al., 1994; Böhm, 1993) 等.

第 4 章　Geom/G/1 型离散时间排队

本章首先引入经典 Geom/G/1 排队, Meisling(1958) 正是通过对这个系统的分析开创了离散时间排队的研究, 然后介绍各种空竭服务和非空竭服务的 Geom/G/1 休假排队模型. 最后, 作为应用例子, 使用离散时间休假排队给出 ATM 网络中虚通道的性能分析.

§ 4.1　经典 Geom/G/1 排队

4.1.1　嵌入 Markov 链及状态分类

考虑一个有延迟入口的晚到系统, 顾客到达遵循参数 $p(0<p<1)$ 的 Bernoulli 过程, 系统只有一个服务员. 顾客的服务时间独立同分布, 其分布、均值和 PGF 分别为

$$b_k = P\{S=k\}, \quad k \geqslant 1, \quad b = E(S), \quad G(z) = E(z^S) = \sum_{k=1}^{\infty} z^k b_k.$$

到达间隔与服务时间独立, 先到先服务 (FIFO) 排队规则.

按晚到延迟入口规定, 顾客到达发生于时隙末端, 服务的开始和结束都发生于时隙首端. (n^-, n) 处发生的到达即使遇空闲服务台, 也不能在 (n, n^+) 处离开, 任何顾客的服务至少跨越一个完整的时隙. 以 Q_n^+ 表示时刻 n^+ 在场的顾客数, (n, n^+) 处离去的顾客不再计入 Q_n^+. $\{Q_n^+, n \geqslant 0\}$ 通常不是一个 MC, 除非服务时间服从几何分布. 这是因为, 若时刻 n 落在某顾客的服务期间内, Q_n^+ 在未来的演化不仅取决于时刻 n^+ 系统中顾客数, 还取决于正在进行的服务已经用过的服务时间 (一段历史). 按照 Kendall(1951) 提出的嵌入 MC 方法, 我们只关注发生顾客离去的时刻. 以 τ_n 表示第 n 个顾客离开系统的时刻, $n \geqslant 1$. 在这些时刻要么系统是空的, 要么一个服务刚好开始. $\{\tau_n, n \geqslant 1\}$ 是队长过程的无后效时间点列, 称为队长过程的嵌入点 (也称再生点). 设

$$L_n^+ = Q(\tau_n^+) = \text{第 } n \text{ 个顾客离去后系统中顾客数}.$$

$\{L_n^+, n \geqslant 1\}$ 是一个 MC, 称为队长过程 $\{Q_n^+, n \geqslant 0\}$ 的嵌入 MC. 显然有

$$L_{n+1}^+ = \begin{cases} L_n^+ - 1 + A, & L_n^+ \geqslant 1, \\ A, & L_n^+ = 0, \end{cases} \tag{4.1.1}$$

其中 A 是一个顾客服务期间内到达的顾客数, 有分布

$$\begin{aligned}k_j &= P\{A=j\}\\ &= \sum_{r=j}^{\infty} P\{S=r\}P\{r\text{个时隙上发生 } j \text{ 个到达}\}\\ &= \sum_{r=j}^{\infty} b_r \binom{r}{j} p^j \overline{p}^{r-j}, \quad j \geqslant 0.\end{aligned}$$

A 的 PGF 是

$$\begin{aligned}A(z) &= \sum_{j=0}^{\infty} z^j k_j\\ &= \sum_{j=0}^{\infty} z^j \sum_{r=j}^{\infty} b_r \binom{r}{j} p^j \overline{p}^{r-j}\\ &= \sum_{r=1}^{\infty} b_r \sum_{j=0}^{r} \binom{r}{j} (zp)^j \overline{p}^{r-j}\\ &= \sum_{r=1}^{\infty} b_r (\overline{p}+pz)^r = G[\lambda(z)],\end{aligned}$$

其中 $\lambda(z)=\overline{p}+pz$ 是一个时隙上到达顾客数的 PGF. 在一个服务期间内平均到达顾客数是

$$\rho = E(A) = A'(1) = pb.$$

ρ 是平均服务时间与平均到达间隔之比, 称为系统的流通强度或负载.

利用关系式 (4.1.1) , 容易写出 $\mathrm{MC}\{L_n^+, n\geqslant 1\}$ 的转移概率阵

$$\widetilde{\boldsymbol{P}} = \begin{bmatrix} k_0 & k_1 & k_2 & k_3 & \cdots \\ k_0 & k_1 & k_2 & k_3 & \cdots \\ & k_0 & k_1 & k_2 & \cdots \\ & & k_0 & k_1 & \cdots \\ & & & & \ddots \end{bmatrix}. \tag{4.1.2}$$

基于转移概率阵 $\widetilde{\boldsymbol{P}}$ 的结构, 可以给出 $\mathrm{MC}\{L_n^+, n\geqslant 1\}$ 的状态分类.

定理 4.1.1　$\mathrm{MC}\{L_n^+, n\geqslant 1\}$ 不可约, 当且仅当 $0<k_0\leqslant k_0+k_1<1$, 当它不可约时, 必为非周期的.

证明　若 $k_0=0$, 由 $\widetilde{\boldsymbol{P}}$ 的结构, 对任何 $j<i$, 一步转移概率 $p_{ij}=0$, 从状态 i 不能达到状态 j. 若 $k_0+k_1=1$, 当 $j\geqslant 2$ 时有 $k_j=0$. 对一切 $i>1$, 有

$p_{0i}=p_{1i}=0$, 从状态 0, 1 出发不能达到任何其他状态. 在这两种情况下, MC 是可约的.

现在设 $k_0>0$ 且 $k_0+k_1<1$, 至少存在一个 $r>1$, 使 $k_r>0$. 对任何 $j<i$, 有 $p_{ij}^{(i-j)}=k_0^{(i-j)}>0$, 由 i 可达 j. 若 $j>i>1$, 可找到正整数 s 和 l, 使 $j=i+(s+1)(r-1)-l, 0<l\leqslant r-1$. 因此 $p_{ij}^{(s+1+l)}\geqslant k_r^{(s+1)}k_0^l>0$, 状态 i 达到 j. 当 $i=0$ 时, 存在 s 和 l, 使 $j=r+s(r-1)-l, 0<l\leqslant r-1$, 对此有 $p_{0j}^{(s+1+l)}\geqslant k_r^{(s+1)}k_0^l>0$, 从状态 0 可达状态 j.

最后, 为证 $i\leftrightarrow i$, 注意到, $i=0$ 时, 有 $p_{00}=k_0>0$; $i\geqslant 1$ 时, 有 $p_{ii}^{(r)}\geqslant k_0k_0^{r-1}>0$. 综上, 当 $0<k_0\leqslant k_0+k_1<1$ 时, 所有状态互通, 从而 MC 是不可约的. 因 $p_{00}=k_0>0$, 状态 0 是非周期的. 但周期性是类性质, 所以状态都是非周期的. □

以下设 MC$\{L_n^+, n\geqslant 1\}$ 是不可约、非周期的.

定理 4.1.2 若 $\rho=pb>1$, MC$\{L_n^+, n\geqslant 1\}$ 是非常返的; 若 $\rho\leqslant 1$, 它是常返的.

证明 前一结论可由 Foster 引理 2.4.2 证明如下: 设 $\rho>1$, 我们指出

$$\sum_{j=0}^{\infty}p_{ij}y_j=y_i,\quad i\geqslant 1 \tag{4.1.3}$$

存在有界的非常数解. 为此, 取 $y_j=s^j(j\geqslant 1)$, s 待定. (4.1.3) 可写成

$$\sum_{j=0}^{\infty}p_{ij}s^j=\sum_{j=i-1}^{\infty}k_{j-i+1}s^j=s^i,\quad i\geqslant 1,$$

等价地

$$\sum_{j=i-1}^{\infty}k_{j-i+1}s^{j-i+1}=A(s)=s.$$

注意到 $A(0)=k_0>0, \rho=A'(1)>1$, 由引理 2.7.1, 存在 (0,1) 中的数 s_0 满足 $A(s_0)=s_0$, 因此, $y_j=s_0^j$ 是 (4.1.3) 的有界非常数解, 有引理 2.4.2, $\rho>1$ 时, MC 是非常返的.

再设 $\rho\leqslant 1$, 验证不等式组

$$\sum_{j=0}^{\infty}p_{ij}y_j\leqslant y_i,\quad i\geqslant 1$$

存在满足 $y_j\to\infty(j\to\infty)$ 的解. 为此, 取 $y_j=j, j\geqslant 0$, 有

$$\sum_{j=0}^{\infty}p_{ij}y_j=\sum_{j=i-1}^{\infty}jk_{j-i+1}$$

$$
\begin{aligned}
&= \sum_{j=i-1}^{\infty} [(j-i+1)+i-1]k_{j-i+1} \\
&= \rho + i - 1 \leqslant i = y_i, \quad i \geqslant 1.
\end{aligned}
$$

由 Foster 引理 2.4.3, $\rho \leqslant 1$ 时, $\mathrm{MC}\{L_n^+, n \geqslant 1\}$ 是正常返的. □

定理 4.1.3 不可约、非周期 $\mathrm{MC}\{L_n^+, n \geqslant 1\}$ 正常返当且仅当 $\rho < 1$.

证明 设 $\rho < 1$, 为证正常返, 由 Foster 引理 2.4.4, 只需证

$$
\sum_{j=0}^{\infty} p_{ij} y_j \leqslant y_i - 1, \quad i \geqslant 1
$$

有非负解 $\{y_j, j \geqslant 0\}$, 且满足

$$
\sum_{j=0}^{\infty} p_{0j} y_j < \infty.
$$

为此, 取 $y_j = (1-\rho)^{-1} j, j \geqslant 0$. 有

$$
\begin{aligned}
\sum_{j=0}^{\infty} p_{ij} y_j &= \frac{1}{1-\rho} \sum_{j=i-1}^{\infty} j k_{j-i+1} \\
&= \frac{1}{1-\rho}(\rho + i - 1) \\
&= y_i - 1, \quad i \geqslant 1,
\end{aligned}
$$

并有

$$
\sum_{j=0}^{\infty} p_{0j} y_j = \frac{1}{1-\rho} \sum_{j=0}^{\infty} j k_j = \frac{\rho}{1-\rho}.
$$

由引理 2.4.4，MC 正常返。

现在, 设 $\mathrm{MC}\{L_n^+, n \geqslant 1\}$ 正常返. $f_{ij}^{(n)}$ 是由状态 i 出发经 n 步转移首达状态 j 的概率, μ_{ij} 是由 i 首达 j 的平均转移次数

$$
\mu_{ij} = \sum_{n=1}^{\infty} n f_{ij}^{(n)}.
$$

由转移概率阵 (4.1.2) 的特殊结构, 对 $i \geqslant 1$, 有 $f_{i,i-1}^{(n)} = f_{10}^{(n)}, \mu_{i,i-1} = \mu_{10}$, 因此, $\mu_{j0} = j\mu_{10}, j \geqslant 1$. 由引理 2.4.5, 当 MC 正常返时, 对平均首达步数成立着

$$
\sum_{j=1}^{\infty} p_{1j} \mu_{j0} = \mu_{10} - 1,
$$

即

$$
\mu_{10} \sum_{j=1}^{\infty} j k_j = \mu_{10} \rho = \mu_{10} - 1,
$$

注意到 $1 < \mu_{10} < \infty$, 得到

$$\rho = 1 - \frac{1}{\mu_{10}} < 1. \qquad \square$$

4.1.2 稳态分布和忙期

设 $\rho < 1$, L^+ 表示 L_n^+ 当 $n \to \infty$ 时的极限, 称为离去时刻的稳态队长. 记

$$\pi_j = P\{L^+ = j\} = \lim_{n\to\infty} P\{L_n^+ = j\}, \quad j \geqslant 0.$$

无穷维行向量 $\mathbf{\Pi} = (\pi_0, \pi_1, \cdots)$ 称为离去时刻稳态队长分布.

定理 4.1.4 若 $\rho < 1$, 稳态队长 L^+ 有 PGF:

$$L^+(z) = \frac{(1-\rho)(1-z)G[\lambda(z)]}{G[\lambda(z)] - z}, \quad |z| \leqslant 1, \tag{4.1.4}$$

其中 $\lambda(z) = \overline{p} + pz = 1 - p(1-z)$.

证明 $\rho < 1$ 时稳态队长分布存在, 将 (4.1.2) 代入平衡方程 $\mathbf{\Pi}\widetilde{\boldsymbol{P}} = \mathbf{\Pi}$, 给出

$$\pi_j = \pi_0 k_j + \sum_{r=1}^{j+1} \pi_r k_{j+1-r}, \quad j \geqslant 0.$$

该式两端乘 z^j 并对 j 求和, 有

$$\begin{aligned}
L^+(z) &= \sum_{j=0}^{\infty} z^j \pi_j \\
&= \pi_0 \sum_{j=0}^{\infty} z^j k_j + \sum_{j=0}^{\infty} z^j \sum_{r=1}^{j+1} \pi_r k_{j+1-r} \\
&= \pi_0 A(z) + \sum_{r=1}^{\infty} z^{r-1}\pi_r \sum_{j=r-1}^{\infty} z^{j-r+1} k_{j-r+1} \\
&= \pi_0 A(z) + \frac{1}{z}[L^+(z) - \pi_0]A(z).
\end{aligned}$$

注意到 $A(z) = G[\lambda(z)]$, 求解上述函数方程, 给出

$$L^+(z) = \frac{\pi_0(1-z)G[\lambda(z)]}{G[\lambda(z)] - z}. \tag{4.1.5}$$

为确定 π_0, 使用正规化条件 $L^+(1) = 1$. 在 (4.1.5) 中令 $z \to 1$, 使用 L'Hospital 法则, 得到 $\pi_0 = 1 - \rho$, 代入 (4.1.5) 给出 (4.1.4). $\square$

稳态下离去时刻系统中平均顾客数是 $E(L^+) = L^{+\prime}(1)$, 对 (4.1.4) 求导数, 当 $z \to 1$ 时两次使用 L'Hospital 法则, 给出

$$E(L^+) = \rho + \frac{\rho^2}{2(1-\rho)} E(S(S-1)), \tag{4.1.6}$$

其中 S 是顾客的服务时间.

以 W 表示稳态下顾客的等待时间, 独立和 $D=W+S$ 称为顾客的逗留时间.

定理 4.1.5　若 $\rho<1$ 时, 稳态等待时间 W 有 PGF:

$$W(s)=\frac{(1-\rho)(1-s)}{(1-s)-\rho[1-G(s)]},\quad |s|\leqslant 1. \tag{4.1.7}$$

证明　在 FIFO 排队规则下, 离去时刻系统中顾客数等于该顾客逗留时间 D 内到达的顾客数, 因此

$$P\{L^+=k\}=\sum_{j=k}^{\infty}P\{W+S=j\}\binom{j}{k}p^k\overline{p}^{j-k},\quad k\geqslant 0.$$

取 PGF, 有

$$\begin{aligned}L^+(z)&=\sum_{k=0}^{\infty}z^k\sum_{j=k}^{\infty}P\{W+S=j\}\binom{j}{k}p^k\overline{p}^{j-k}\\&=\sum_{j=0}^{\infty}P\{W+S=j\}\sum_{k=0}^{j}z^k\binom{j}{k}(zp)^k\overline{p}^{j-k}\\&=\sum_{j=0}^{\infty}P\{W+S=j\}(\overline{p}+pz)^j\\&=W[\lambda(z)]G[\lambda(z)].\end{aligned}$$

将 (4.1.4) 中 $L^+(z)$ 的表达式代入上式左端, 给出

$$W[\lambda(z)]=\frac{(1-\rho)(1-z)}{G[\lambda(z)]-z}.$$

取变换 $s=\lambda(z)=1-p(1-z)$, 由上式给出 (4.1.7).　□

稳态下顾客的平均等待时间是

$$E(W)=W'(1)=\frac{\rho}{2(1-\rho)}E(S(S-1)). \tag{4.1.8}$$

以 B 表示 Geom/G/1 离散时间排队系统忙期的长度, 即从一顾客到达空闲服务台的时刻算起, 直到服务员再次变成空闲所经历的时隙个数. 给出忙期 B 的分布是困难的, 使用 §2.7 的分支过程方法, 我们将导出 B 的 PGF $B(z)$ 满足的一个函数方程, 并由此得到平均忙期 $E(B)$.

定理 4.1.6　Geom/G/1 排队系统忙期的 PGF $B(z)$, 满足函数方程

$$B(z)=G[z\lambda(B(z))]. \tag{4.1.9}$$

证明 忙期长度取决于忙期内服务的顾客数, 而与服务顺序无关. 为了方便, 假定使用后到先服务 (LIFS) 规则. 忙期中第 1 个顾客称为始祖, 它的服务期内到达 A 个顾客, 称为第 1 代子孙, 记为 $C_1^{(1)}, C_2^{(1)}, \cdots, C_A^{(1)}$. 按 LIFS 规则, 始祖离去后将接待第 1 代子孙中最后到达者, 然后接待该顾客的各代子孙, 直到系统中没有该顾客的后代, 才接待第 1 代子孙中的另一个顾客. 这就给出一个关系式

$$B = S + B^{(1)} + B^{(2)} + \cdots + B^{(A)},$$

其中, $B^{(k)}$ 是从一个顾客开始服务算起, 直到他的各代子孙全部都完成服务为止的时段, 因此与 B 同分布.

在已知 S 和 A 的条件下, 有

$$E(z^B|S=j, A=k) = E\left(Z^{j+B^{(1)}+\cdots+B^{(k)}}\right) = z^j[B(z)]^k, \quad k \geqslant 0, \quad j \geqslant k.$$

使用全概率公式, 给出

$$\begin{aligned}
B(z) &= \sum_{k=0}^{\infty}\sum_{j=k}^{\infty} E(z^B|S=j, A=k)P\{S=j, A=k\} \\
&= \sum_{k=0}^{\infty}\sum_{j=k}^{\infty} z^j[B(z)]^k b_j \binom{j}{k} p^k \overline{p}^{j-k} \\
&= \sum_{j=1}^{\infty} b_j z^j \sum_{k=0}^{j} \binom{j}{k} [pB(z)]^k \overline{p}^{j-k} \\
&= \sum_{j=1}^{\infty} b_j [z\lambda(B(z))]^j \\
&= G[z\lambda(B(z))],
\end{aligned}$$

这里 $\lambda(B(z)) = 1 - p(1 - B(z))$. □

(4.1.4) 式两端求导数, 取 $z = 1$, 给出平均忙期

$$E(B) = \frac{b}{1-\rho}.$$

4.1.3 任意时刻队长

对连续时间 M/G/1 排队, 离去时刻与任意时刻有相同的稳态队长分布. 在离散时间 Geom/G/1 中, 可以证明同样的结论. 为此, 引入半 Markov 过程 $\{\widetilde{L}_n, n \geqslant 0\}$, $\widetilde{L}_n$ 等于时刻 n^+ 之前最后一个离去时刻系统中顾客数. 在相邻两次离去之间的每一个时隙分点处, 半 Markov 过程的状态不发生改变. $\{\widetilde{L}_n, n \geqslant 0\}$ 称为任意时刻队长

过程 $\{Q_n^+, n\geqslant 0\}$ 的嵌入半 Markov 过程, 离去后队长 $\{L_n^+, n\geqslant 0\}$ 称为 $\{\widetilde{L}_n, n\geqslant 0\}$ 的基础 MC. 当基础 MC 不可约、非周期、正常返时, 对应的过程 $\{\widetilde{L}_n, n\geqslant 0\}$ 和 $\{Q_n^+, n\geqslant 0\}$ 都有唯一的极限分布. 记

$$v_i = \lim_{n\to\infty} P\{\widetilde{L}_n = i\}, \quad p_i = \lim_{n\to\infty} P\{Q_n^+ = i\}, \quad i\geqslant 0.$$

$\{v_i, i\geqslant 0\}$ 和 $\{p_i, i\geqslant 0\}$ 分别是半 Markov 过程和任意时间队长过程的极限分布. 本节的目的是证明 $\pi_i = p_i, i\geqslant 0$.

以 τ_i 表示半 Markov 过程在状态 i 上的逗留时间, $m_i = E(\tau_i)$, 则有 $m_0 = p^{-1}+b, m_i = b, i\geqslant 1$. 依半 Markov 过程理论, $\{v_i, i\geqslant 0\}$ 与基础 MC 的平稳分布 $\{\pi_i, i\geqslant 0\}$ 之间, 有关系式

$$v_i = \frac{m_i\pi_i}{\sum\limits_{j=0}^{\infty} m_j\pi_j}, \quad i\geqslant 0. \tag{4.1.10}$$

注意到

$$\sum_{j=0}^{\infty} m_j\pi_j = \pi_0(p^{-1}+b) + (1-\pi_0)b = p^{-1},$$

因此有

$$v_i = \begin{cases} (1-\rho)\pi_0, & i=0, \\ \rho\pi_i, & i\geqslant 1. \end{cases} \tag{4.1.11}$$

现在, 可以给出下列结论.

定理 4.1.7 $\rho<1$ 时, Geom/G/1 排队中有 $\pi_k = p_k, k\geqslant 0$, 即任意时刻与离去时刻有相同的稳态队长分布.

证明 稳态下对任意时刻 n^+, $\{Q_n^+ = j\}$ 意味着 n^+ 之前最后一次离去系统中可能有 k 个顾客, $0\leqslant k\leqslant j$; 而从离去时刻到观察点 n^+ 之间的 η_k 个时隙上, 又到达 $j-k$ 个顾客. η_k 是半 Markov 过程 $\{\tau_n, n\geqslant 0\}$ 在状态 k 上逗留时间的剩余寿命. 由离散间隔更新过程方法, 有

$$P\{\eta_k = l\} = \frac{1}{m_k}P\{\tau_k > l\} = \begin{cases} \dfrac{1}{m_0}P\{\tau_0 > l\}, & k=0, \\ \dfrac{1}{b}P\{S>l\}, & k\geqslant 1. \end{cases}$$

因此

$$\begin{aligned} p_j &= \sum_{k=0}^{j} v_k \sum_{l=j-k}^{\infty} P\{l\text{个时隙上到达 } j-k \text{ 个}\}P\{\eta_k = l\} \\ &= \sum_{k=0}^{j} \frac{v_k}{m_k} \sum_{l=j-k}^{\infty} \binom{l}{j-k} p^{j-k}\overline{p}^{l-j+k} P\{\eta_k > l\}, \quad j\geqslant 0. \end{aligned} \tag{4.1.12}$$

对 $j=0$, (4.1.12) 给出

$$p_0=\frac{v_0}{m_0}\sum_{j=0}^{\infty}P\{\text{到达间隔}>j\}=\frac{v_0}{m_0}\sum_{j=0}^{\infty}\overline{p}^j$$
$$=\frac{v_0}{pm_0}=\pi_0=1-\rho.$$

对 $j\geqslant 1$, (4.1.12) 给出

$$\begin{aligned}p_j=&\frac{v_0}{m_0}\sum_{l=j-1}^{\infty}\binom{l}{j-1}p^{j-1}\overline{p}^{l-j+1}P\{S>l\}\\&+\sum_{k=1}^{j}\frac{v_k}{m_k}\sum_{l=j-k}^{\infty}\binom{l}{j-k}p^{j-k}\overline{p}^{l-j+k}P\{S>l\}\\=&p\pi_0\sum_{l=j-1}^{\infty}\binom{l}{j-1}p^{j-1}\overline{p}^{l-j+1}P\{S>l\}\\&+\sum_{k=1}^{j}p\pi_k\sum_{l=j-k}^{\infty}\binom{l}{j-k}p^{j-k}\overline{p}^{l-j+k}P\{S>l\},\quad j\geqslant 1.\end{aligned}$$

该式两端乘 z^j 并求和, 得到

$$\begin{aligned}\sum_{j=1}^{\infty}z^jp_j=&p\pi_0\sum_{j=1}^{\infty}z^j\sum_{l=j-1}^{\infty}\binom{l}{j-1}p^{j-1}\overline{p}^{l-j+1}P\{S>l\}\\&+\sum_{j=1}^{\infty}z^j\sum_{k=1}^{j}p\pi_k\sum_{l=j-k}^{\infty}\binom{l}{j-k}p^{j-k}\overline{p}^{l-j+k}P\{S>l\}\\=&p\pi_0\sum_{l=0}^{\infty}P\{S>l\}\sum_{j=1}^{l+1}\binom{l}{j-1}p^{j-1}z^j\overline{p}^{l-j+1}\\&+p\sum_{k=1}^{\infty}\pi_kz^k\sum_{l=0}^{\infty}P\{S>l\}\sum_{j=k}^{l+k}\binom{l}{j-k}p^{j-k}z^{j-k}\overline{p}^{l-j+k}\\=&zp\pi_0\sum_{l=0}^{\infty}P\{S>l\}[\lambda(z)]^l\\&+p\sum_{k=1}^{\infty}\pi_kz^k\sum_{l=0}^{\infty}P\{S>l\}[\lambda(z)]^l.\end{aligned}\tag{4.1.13}$$

注意到

$$\sum_{l=0}^{\infty}P\{S>l\}z^l=\frac{1-G(z)}{1-z},$$

代入 (4.1.13), 给出

$$\sum_{j=1}^{\infty} z^j p_j = \Big[L^+(z) - \pi_0(1-z)\Big]\frac{1-G[\lambda(z)]}{1-z},$$

其中 $L^+(z)$ 是基础 MC$\{L_n^+, n \geqslant 0\}$ 的平稳分布的 PGF, 由 (4.1.4) 决定. 另外, $p_0 = 1-\rho$, 任意时间稳态队长分布 $\{p_j, j \geqslant 0\}$ 有 PGF:

$$\begin{aligned} Q(z) &= p_0 + \sum_{j=1}^{\infty} z^j p_j \\ &= (1-\rho) + \frac{1-G[\lambda(z)]}{1-z}\Big(L^+(z) + (1-\rho)(1-z)\Big) \\ &= \frac{(1-\rho)(1-z)G[\lambda(z)]}{G[\lambda(z)]-z}. \end{aligned}$$

因此, $\{\pi_k, k \geqslant 0\}$ 与 $\{p_k, k \geqslant 0\}$ 是同一分布. □

4.1.4 成批到达

经典 Geom/G/1 系统容易推广到成批到达. 假设每个时隙上到达的顾客数 Λ 是独立同分布的, 有

$$\lambda_j = P\{\Lambda = j\}, \quad j \geqslant 0, \quad \Lambda(z) = \sum_{j=0}^{\infty} z^j \lambda_j.$$

这样的到达过程称为成批 Bernoulli 过程. 如果 $\lambda_1 = 1-\lambda_0; \lambda_j = 0$, 当 $j \geqslant 2$ 时, 就退化到单个 Bernoulli 到达过程, $\Lambda(z)$ 退化为 $\lambda(z)$, 其中 $\overline{p} = \lambda_0, p = 1-\lambda_0$. 关于模型的其他假设与 4.1.1 节的经典 Geom/G/1 相同.

仍然讨论嵌入在离去后瞬时的队长过程 $\{L_n^+, n \geqslant 1\}$, 现在, 关系式 (4.1.1) 变成

$$L_{n+1}^+ = \begin{cases} L_n^+ - 1 + A, & L_n^+ \geqslant 1, \\ \widetilde{\Lambda} - 1 + A, & L_n^+ = 0, \end{cases} \tag{4.1.14}$$

其中 $\widetilde{\Lambda}$ 是已知一个时隙内确有到达条件下, 该时隙内到达的顾客数, 有 PGF:

$$\widetilde{\Lambda}(z) = \frac{\Lambda(z) - \lambda_0}{1-\lambda_0}.$$

A 是一个服务期间内到达的顾客数, 有 PGF 和均值

$$A(z) = G[\Lambda(z)], \quad E(A) = \lambda b,$$

这里 $\lambda = E(\Lambda)$ 是平均批量. 在成批到达系统中, MC$\{L_n^+, n \geqslant 1\}$ 的转移概率矩阵可表为

$$\widetilde{\boldsymbol{P}} = \begin{bmatrix} h_0 & h_1 & h_2 & h_3 & \cdots \\ k_0 & k_1 & k_2 & k_3 & \cdots \\ & k_0 & k_1 & k_2 & \cdots \\ & & k_0 & k_1 & \cdots \\ & & & & \ddots \end{bmatrix},$$

其中

$$k_j = P\{A = j\} = \sum_{k=0}^{j} b_k P\{\Lambda_1 + \cdots + \Lambda_k = j\}, \quad j \geqslant 0,$$

$$h_j = P\{\widetilde{\Lambda} - 1 + A = j\}, \quad j \geqslant 0.$$

类似于 4.1.1 节可证明, 当 MC$\{L_n^+, n \geqslant 1\}$ 不可约、非周期时, 它正常返的充分必要条件是 $\rho = \lambda b < 1$. 仍以 $(\pi_0, \pi_1, \cdots)$ 和 $L^+(z)$ 表示离去时刻的稳态队长分布及其 PGF.

定理 4.1.8 当 $\rho < 1$ 时, 对成批到达 Geom/G/1 排队, 有

$$L^+(z) = \frac{(1-\rho)(1-z)G[\Lambda(z)]}{\lambda\{G[\Lambda(z)] - z\}}. \tag{4.1.15}$$

证明 由关系式 (4.1.14) 及独立性, 有

$$\begin{aligned} E(z^{L_{n+1}^+}) = & \frac{1}{z} P\{L_n^+ = 0\} E(z^{\widetilde{\Lambda}}) E(z^A) \\ & + \frac{1}{z} P\{L_n^+ \geqslant 1\} E(z^{L_n^+} | L_n^+ \geqslant 1) E(z^A). \end{aligned} \tag{4.1.16}$$

当 $n \to \infty$ 时, $L_n^+ \to L^+, P\{L_n^+ = 0\} \to \pi_0, E(z^{L_n^+}) \to L^+(z)$, 并有

$$P\{L^+ \geqslant 1\} E(z^{L^+} | L_n^+ \geqslant 1) = L^+(z) - \pi_0.$$

这些表达式代入 (4.1.16), 得到 $L^+(z)$ 满足的函数方程

$$zL^+(z) = \pi_0 \frac{\Lambda(z) - \lambda_0}{1 - \lambda_0} A(z) + \left[L^+(z) - \pi_0\right] A(z),$$

其中 $A(z) = G[\Lambda(z)]$. 由此解得

$$L^+(z) = \frac{\pi_0}{1-\lambda_0} \frac{(1 - \Lambda(z))G[\Lambda(z)]}{G[\Lambda(z)] - z},$$

使用正规化条件 $L^+(1) = 1$, 给出

$$\pi_0 = \frac{(1-\lambda_0)(1-\rho)}{\lambda}.$$

将 π_0 代入 $L^+(z)$ 的上述表达式, 给出 (4.1.15). □

对定理 4.1.8, 也可使用与定理 4.1.4 相同的方法证明. 这里使用关系式 (4.1.4) 给出的证明更加简洁和直观. 由 (4.1.15), 容易得到稳态下离去时刻系统中的平均顾客数

$$E(L^+) = \rho + \frac{\lambda^2 E(S(S-1)) + b\lambda^{(2)}}{2(1-\rho)} + \frac{\lambda^{(2)}}{2\lambda}, \tag{4.1.17}$$

其中 $\lambda^{(2)} = \Lambda''(1)$. 在单个到达情况下, $\lambda = \rho, \lambda^{(2)} = 0$, (4.1.17) 退化为 (4.1.6).

以 W 和 $W(z)$ 表示稳态等待时间及其 PGF, W 由两个相互独立的部分组成. 一部分是该顾客到达之前的各批顾客的服务时间, 记为 W_s; 另一部分是在该顾客之前接受服务的同批顾客的服务时间之和, 记为 W_b. 为得到 $W = W_s + W_b$ 的分布, 称同一批到达的顾客群为一个 "超顾客", 其服务时间有 PGF:

$$B_s(z) = \frac{\Lambda[G(z)] - \lambda_0}{1-\lambda_0}.$$

我们考察一个 "单个" 到达系统, $p = 1 - \lambda_0$, 服务时间 PGF: $B_s(z)$. 直接应用 (4.1.7), 对 "超顾客" 的等待时间 W_s, 有

$$W_s(z) = \frac{(1-\rho)(1-z)}{(1-z) - (1-\lambda_0)[1 - B_s(z)]} = \frac{(1-\rho)(1-z)}{\Lambda[G(z)] - z},$$

$$E(W_s) = \frac{\lambda^{(2)} b^2 + \lambda E(S(S-1))}{2(1-\rho)}.$$

对同一批到达的顾客按任意顺序服务, 在该顾客之前服务的同批顾客数量, 等于一个离散时间更新间隔的向前递推“时间”. 使用与连续时间成批到达 M/G/1 排队类似的方法 (Takagi, 1991, 1.4 节) 给出

$$W_b(z) = \frac{1 - \Lambda[G(z)]}{\lambda[1 - G(z)]},$$

$$E(W_b) = \frac{\lambda^{(2)} b}{2\lambda}.$$

注意到 $W(z) = W_b(z) W_s(z)$, 综合上述分析, 我们得到

定理 4.1.9 当 $\rho = \lambda b < 1$ 时, 成批到达 Geom/G/1 排队中稳态等待时间 W 有 PGF 和均值

$$W(z) = \frac{(1-\rho)(1-z)[1 - \Lambda(G(z))]}{\lambda[1 - G(z)][\Lambda(G(z)) - z]},$$

$$E(W) = \frac{\lambda E(S(S-1)) + \lambda^{(2)} b^2}{2(1-\rho)} + \frac{\lambda^{(2)} b}{2\lambda}.$$

现在, 给出成批到达 Geom/G/1 系统忙期的若干结果. 闲期 I 服从几何分布, 有 PGF 和均值

$$I(z) = \frac{(1-\lambda_0)z}{1-\lambda_0 z}, \quad E(I) = \frac{1}{1-\lambda_0}.$$

以单个顾客开始服务时算起的忙期长度记为 B_g, 当该顾客服务时间 $S = k(k \geqslant 1)$ 时, 这 k 个时隙上到达顾客数的母函数是 $[\Lambda(z)]^k$, 而每一个到达顾客又产生同样的忙期 B_g. 因此, 有

$$B_g(z) = \sum_{k=1}^{\infty} b_k z^k \Big[\Lambda(B_g(z))\Big]^k = G[z\Lambda(B_g(z))],$$

$$E(B_g) = \frac{b}{1-\rho}.$$

然而, 成批到达系统的忙期 B 是以一批顾客开始的. 若在闲期上到达一批 k 个顾客, 将引起 k 个 B_g 型的忙期. 于是

$$B(z) = \sum_{k=1}^{\infty} \frac{\lambda_k}{1-\lambda_0}\Big[B_g(z)\Big]^k = \frac{\Lambda[B_g(z)]-\lambda}{1-\lambda_0},$$

$$E(B) = \frac{\lambda b}{(1-\lambda_0)(1-\rho)}.$$

一个忙循环的平均长度是

$$E(C) = E(I) + E(B) = \frac{1}{(1-\lambda_0)(1-\rho)}.$$

稳态下服务员工作状态和空闲状态的概率是

$$p_b = \frac{E(B)}{E(C)} = \rho, \quad p_i = \frac{E(I)}{E(C)} = 1-\rho.$$

类似于定理 4.1.7, 通过引入半 Markov 过程, 可以给出任意时刻的稳态队长分布. 然而, 对成批到达系统, 离去时刻与任意时刻的队长不再服从相同的分布, 详见文献 (Takagi, 1993, 6.1~6.2 节).

例 4.1.1 信元传输模型.

在数字通信中, 消息被分割成有固定长度的包或信元, 把每个信元看成一个顾客, 取信元传输时间为时隙长度. 假设每个时隙上到达的消息包含 Λ 个信元, 系统是成批 Bernoulli 到达和单位服务时间的离散时间排队. 因为每个时隙上最多传输一个信元, 不能及时传输的信元按到达顺序在缓冲区中排队等待.

设 $E(\Lambda) = \lambda$, 则 $\rho = \lambda$, 系统正常返的条件是 $\lambda < 1$. $G(z) = z$, 注意到 $G''(1) = E(S(S-1)) = 0$, 由 (4.1.17), 稳态系统内平均信元数是

$$E(L^+) = \lambda + \frac{\lambda^{(2)}}{2\lambda(1-\lambda)}.$$

特别地, 若 Λ 服从参数 λ 的 Poisson 分布 ($\Lambda = 0$ 意味着一个时隙上无消息到达), 则 $\lambda^{(2)} = \lambda^2$. 这时, 有

$$E(L^+) = \lambda\Big(1 + \frac{1}{1-\lambda}\Big).$$

§4.2 休假 Geom/G/1 排队 —— 空竭服务

4.2.1 边界状态变体

本节讨论简单的 Geom/G/1 休假排队模型. 在休假排队中, 允许服务员采取在某些时候不接待顾客的策略, 这些中断顾客服务的时间统称为服务员休假 (vacation). 引入休假行为的理由是多种多样的: 对服务设施进行维修保养、停机补充能量、临时处理其他工作等. 休假排队研究始于 Levy 和 Yechiali(1975). 一方面, 休假排队反映了服务可能发生中断这一客观事实; 另一方面, 各种休假策略为系统的优化设计和控制提供了更灵活的选择. 因此, 休假排队受到广泛关注并得到深入研究, 其成果在通信网络、柔性制造、生产管理、电子商务等领域得到重要应用. 详见文献 (Doshi, 1986; Teghem, 1986; 田乃硕, 1990; Takagi, 1991, 1993; 田乃硕, 2001; Tian et al., 2006).

为了对多种休假策略的系统给出统一的处理, 首先引入一个经典 Geom/G/1 排队的边界变体模型. 考虑 4.1.1 节的 Geom/G/1 排队并沿用那里的记号, 区别仅在于忙期以 Q_b 个顾客开始, Q_b 是正整值随机变量, 有分布和 PGF:

$$h_j = P\{Q_b = j\}, \quad j \geqslant 1; \quad Q_b(z) = \sum_{j=1}^{\infty} z^j h_j.$$

现在, 嵌入在离去时刻的队长过程 $\{L_n^+, n \geqslant 1\}$ 有转移概率矩阵

$$\widetilde{\boldsymbol{P}} = \begin{bmatrix} l_0 & l_1 & l_2 & l_3 & \cdots \\ k_0 & k_1 & k_2 & k_3 & \cdots \\ & k_0 & k_1 & k_2 & \cdots \\ & & k_0 & k_1 & \cdots \\ & & & & \ddots \end{bmatrix}, \tag{4.2.1}$$

其中 $\{k_j, j \geqslant 0\}$ 由 4.1.1 节给出, $\{l_j, j \geqslant 0\}$ 是一个概率分布

$$l_j = P\{Q_b - 1 + A = j\} = \sum_{r=0}^{j} h_{r+1} k_{j-r}, \quad j \geqslant 0.$$

l_j 是忙期内第 1 个顾客离去时系统中恰有 j 个顾客的概率, 有 PGF:

$$\begin{aligned}H(z) &= \sum_{j=0}^{\infty} z^j l_j = \sum_{j=0}^{\infty} z^j \sum_{r=0}^{j} h_{r+1} k_{j-r} \\ &= \sum_{r=0}^{\infty} h_{r+1} z^r \sum_{j=r}^{\infty} z^{j-r} k_{j-r} \\ &= \frac{1}{z} Q_b(z) A(z),\end{aligned} \tag{4.2.2}$$

其中 $A(z) = G[\lambda(z)]$. 与定理 4.1.1~4.1.3 相同地讨论可知, $\{l_n^+, n \geqslant 1\}$ 正常返当且仅当 $\rho = pb < 1$. 由于转移概率阵 (4.1.1) 与 (4.2.1) 仅在第一行是不同的, 这一模型称为经典 Geom/G/1 的边界状态变体.

以 L^+ 表示 L_n^+ 的稳态极限, 称为离去时刻的稳态队长, $\mathbf{\Pi} = (\pi_0, \pi_1, \cdots)$ 表示 L^+ 的分布. 我们有

定理 4.2.1 $\rho < 1$ 时, L^+ 可分解为独立和 $L^+ = L_0^+ + L_d$, L_0^+ 是经典 Geom/G/1 排队中离去时刻的稳态队长, 其 PGF 由 (4.1.4) 给出; L_d 称为附加队长, 有 PGF:

$$L_d(z) = \frac{1 - Q_b(z)}{E(Q_b)(1 - z)}. \tag{4.2.3}$$

证明 转移概率矩阵 (4.2.1) 和平衡方程 $\mathbf{\Pi} = \mathbf{\Pi}\widetilde{\boldsymbol{P}}$ 给出

$$\pi_j = \pi_0 l_j + \sum_{r=1}^{j+1} \pi_r k_{j+1-r}, \quad j \geqslant 0.$$

取 PGF, 应用 $\{l_j, j \geqslant 0\}$ 的 PGF 表达式 (4.2.2), 得到

$$L^+(z) = \frac{\pi_0}{z} Q_b(z) A(z) + \frac{1}{z}[L^+(z) - \pi_0] A(z).$$

由此解得

$$L^+(z) = \frac{\pi_0 (1 - Q_b(z)) A(z)}{A(z) - z}.$$

使用正规化条件 $L^+(1) = 1$ 和 L'Hospital 法则, 给出 $\pi_0 = [E(Q_b)]^{-1}(1 - \rho)$. 注意到 $A(z) = G[\lambda(z)]$, 有

$$L^+(z) = \frac{(1-\rho)(1-z)G[\lambda(z)]}{G[\lambda(z)] - z} \frac{1 - Q_b(z)}{E(Q_b)(1-z)} = L_0^+(z) L_d(z).$$

容易验证, (4.2.3) 中 $L_d(z)$ 的是 Q_B 的剩余寿命的 PGF, 这就验证了定理 4.2.1. □

W 表示变体模型中顾客的稳态等待时间, $W(z)$ 是它的 PGF.

定理 4.2.2 $\rho < 1$ 时, W 可分解成独立和 $W = W_0 + W_d$, W_0 是经典 Geom/G/1 排队中的稳态等待时间, 其 PGF 如 (4.1.7) 所示; W_d 称为附加延迟, 有 PGF:

$$W_d(s) = \frac{p[1 - Q_b(1 - p^{-1}(1 - s))]}{E(Q_b)(1 - s)}. \tag{4.2.4}$$

证明 在离去时刻顾客数 L^+ 与逗留时间 $D = W + S$ 之间, 有关系式

$$L^+(z) = W[\lambda(z)]G[\lambda(z)].$$

将定理 4.2.1 中 $L^+(z)$ 的表达式, 代入上式左端, 给出

$$W[\lambda(z)] = \frac{(1-\rho)(1-z)}{G[\lambda(z)] - z} \frac{1 - Q_b(z)}{E(Q_b)(1 - z)},$$

式中取 $\lambda(z) = 1 - p(1 - z) = s, 1 - z = p^{-1}(1 - s)$, 得到

$$\begin{aligned} W(s) &= \frac{(1-\rho)(1-s)}{(1-s) - p[1 - G(s)]} \frac{p[1 - Q_b(1 - p^{-1}(1 - s))]}{E(Q_b)(1 - s)} \\ &= W_0(s)W_d(s). \end{aligned}$$

□

在上述定理中, 稳态队长和等待时间被分解成独立和, 其中一个加项是经典 Geom/G/1 排队中的同名稳态指标. 对各类休假排队系统普遍存在这类随机分解结构. 以 B_0 表示经典 Geom/G/1 排队的忙期, 它的 PGF 满足方程 (4.1.9), 有均值 $E(B_0) = b(1 - \rho)^{-1}$. $\widetilde{B}$ 和 $\widetilde{B}(z)$ 表示边界状态变体的忙期及 PGF, 显然有

$$\widetilde{B}(z) = Q_b[B_0(z)], \quad E(\widetilde{B}) = E(Q_b)\frac{b}{1-\rho}. \tag{4.2.5}$$

系统闲期有均值 $E(I) = p^{-1}$, 忙循环 C 的均值是

$$E(C) = E(I) + E(\widetilde{B}) = \frac{1 + (E(Q_b) - 1)\rho}{p(1 - \rho)}.$$

稳态下服务员所处状态概率分别是

$$\begin{aligned} p_b &= \frac{E(\widetilde{B})}{E(C)} = \frac{E(Q_b)\rho}{1 + [E(Q_b) - 1]\rho}, \\ p_i &= \frac{E(I)}{E(C)} = \frac{1 - \rho}{1 + [E(Q_b) - 1]\rho}. \end{aligned}$$

4.2.2 多重休假 Geom/G/1 排队

在 4.1.1 节的经典 Geom/G/1 排队中, 引入下列空竭服务, 多重休假策略. 空竭服务指服务完所有在场的顾客, 一旦系统出现空闲时服务员就开始休假. 一次休假

长度 V 是正整值随机变量, 有分布和 PGF:

$$v_j = P\{V = j\}, \quad j \geqslant 1; \quad V(z) = \sum_{j=1}^{\infty} z^j v_j.$$

当一次休假结束时, 如果系统中仍无顾客等待, 就接续一个独立同分布的休假; 直到某次休假结束时系统中已有顾客等待, 服务员将终止休假并开始一个新的忙期. 这种休假终止规则称为多重休假. 空竭服务、多重休假模型简记为 Geom/G/1(ES,MV). 这一休假策略的应用背景是最大限度地利用系统的闲期, 服务员一旦空闲, 就从事一项辅助工作 (休假). 在休假期间到达的顾客, 需等到休假终止后才能陆续得到服务. 为确定起见, 约定休假开始和结束都发生于时隙分点 $t = n$ 处.

$\{L_n^+, n \geqslant 1\}$ 是嵌入在离去时刻的队长过程, 当 MC$\{L_n^+, n \geqslant 1\}$ 不可约、非周期时, 它是正常返的充分必要条件是 $\rho = pb < 1$, L^+ 表示 MC 的稳态极限. Q_b 表示忙期开始时在场的顾客数, a_j 表示一个休假时间 V 内恰好到达 j 个顾客的概率

$$a_j = \sum_{r=j}^{\infty} v_r \binom{r}{j} p^j \overline{p}^{r-j}, \quad j \geqslant 0.$$

注意到休假 V 内无到达的概率是

$$a_0 = \sum_{r=1}^{\infty} v_r \overline{p}^r = V(\overline{p}),$$

这里 $V(z)$ 是休假时间 V 的 PGF. 按多重休假策略, $Q_b = j, j \geqslant 1$ 意味着已知休假时间 V 内确有到达条件下, 该次休假内恰好到达 j 个顾客

$$P\{Q_b = j\} = \frac{a_j}{1 - V(\overline{p})}, \quad j \geqslant 1.$$

Q_b 的 PGF 和均值是

$$Q_b(z) = \frac{V[\lambda(z)] - V(\overline{p})}{1 - V(\overline{p})}, \quad E(Q_b) = \frac{pE(V)}{1 - V(\overline{p})}, \tag{4.2.6}$$

其中 $\lambda(z) = 1 - p(1 - z)$. 应用定理 4.2.1 和定理 4.2.2, 直接得到

定理 4.2.3 $\rho < 1$ 时, Geom/G/1(ES,MV) 系统中离去时刻稳态队长 L^+ 可分解成独立和 $L^+ = L_0^+ + L_d$. L_0^+ 是经典无休假系统的离去时刻稳态队长, 有 PGF(4.1.4); 附加队长 L_d 有 PGF:

$$L_d(z) = \frac{1 - V[\lambda(z)]}{pE(V)(1 - z)}.$$

稳态等待时间 W 也可分解成独立和 $W=W_0+W_d$, W_0 是对应经典无休假系统的等待时间, 有 PGF(4.1.7); 附加延迟 W_d 有 PGF:

$$W_d(s)=\frac{1-V(s)}{E(V)(1-s)}.$$

上述定理中, $W_d(s)$ 表明 (ES, MV) 策略下附加延迟 W_d 是稳态剩余休假时间. 容易验证, $L_d(z)$ 正是一个剩余休假内到达顾客数的 PGF, 由随机分解结构, 容易得到下列均值公式

$$E(L_d)=\frac{pE(V(V-1))}{2E(V)},$$
$$E(W_d)=\frac{E(V(V-1))}{2E(V)},$$
$$E(L^+)=\rho+\frac{p^2E(S(S-1))}{2(1-\rho)}+\frac{pE(V(V-1))}{2E(V)},$$
$$E(W)=\frac{pE(S(S-1))}{2(1-\rho)}+\frac{E(V(V-1))}{2E(V)}.$$

以 V_g 表示两个忙期之间的休假长度, 称为服务员离岗期. V_g 由若干个休假时间 V 连接组成. J 表示 V_g 包含的连续休假次数, 则

$$P\{J=j\}=(1-V(\overline{p}))V^{j-1}(\overline{p}),\quad j\geqslant 1.$$

$V_g=V_1+\cdots+V_J$ 是独立同分布随机变量之和, 因此有

$$E(V_g)=E(J)E(V)=\frac{E(V)}{1-V(\overline{p})}.$$

系统忙期 B_v 有 PGF:

$$B_v(z)=Q_b[B(z)],$$

其中 $B(z)$ 是无休假经典系统中忙期的 PGF. 由定理 4.1.6, 有

$$E(B_v)=E(Q_b)E(B)=\frac{\rho E(V)}{(1-V(\overline{p}))(1-\rho)}.$$

一个离岗期与相邻忙期之和, 成为一个忙循环, 记为 C_v. 于是

$$E(C_v)=E(V_g)+E(B_v)=\frac{E(V)}{(1-V(\overline{p}))(1-\rho)}.$$

在 (ES,MV) 策略下, 服务员处在服务和休假两种状态之一, 并且

$$p_b=P\{\text{服务员忙}\}=\frac{E(B_v)}{E(C_v)}=\rho,$$
$$p_v=P\{\text{服务员休假}\}=\frac{E(V_g)}{E(C_v)}=1-\rho.$$

4.2.3 单重休假和启动时间系统

一旦忙期结束, 服务员恰好进行一次长度 V 的休假. 该次休假内若有顾客到达, 休假后开始另一忙期; 否则, 休假后进入通常的闲期. 这一休假机制称为空竭服务, 单重休假 (ES,SV) 策略. 在 (ES,SV) 策略下, 服务员可处在忙期、假期、闲期三种状态之一. 虽然假期和闲期都不接待顾客, 但两者是不同的. 闲期到达的顾客立即开始服务; 假期到达的顾客, 则需等到休假结束后才开始得到服务. 单重休假策略通常应用于维修保养期的设计与分析, 当系统空闲时就进行一次例行保养, 以保持服务设施的工作能力.

首先确定忙期开始时系统中顾客数 Q_b 的分布. 依 (ES,SV) 策略, 若休假期内无到达或者到达一个顾客, 忙期都以一个顾客开始. 因此

$$P\{Q_b=1\}=a_0+a_1,\quad P\{Q_b=j\}=a_j,\quad j\geqslant 2,$$

其中 a_j 是一个休假 V 内恰好到达 j 个顾客的概率, $j\geqslant 0$. Q_b 的 PGF 和均值是

$$Q_b(z)=V[\lambda(z)]-V(\overline{p})(1-z),$$
$$E(Q_b)=V(\overline{p})+pE(V).$$

将这些结论代入 (4.2.3) 和 (4.2.4), 直接得到

定理 4.2.4 $\rho<1$ 时, Geom/G/1(ES,SV) 排队中有随机分解

$$L^+=L_0^++L_d,\quad W=W_0+W_d,$$

其中 L_0^+ 与 W_0 是经典无休假排队的同名指标, 附加队长 L_d 与附加延迟 W_d 有 PGF:

$$\begin{aligned}L_d(z)&=\frac{1-V[\lambda(z)]+V(\overline{p})(1-z)}{[V(\overline{p})+pE(V)](1-z)},\\ W_d(s)&=\frac{p[1-V(s)]+V(\overline{p})(1-s)}{[V(\overline{p})+pE(V)](1-s)}.\end{aligned}\tag{4.2.7}$$

注意到 (4.2.7) 可改写成

$$\begin{aligned}L_d(z)&=\frac{V(\overline{p})}{V(\overline{p})+pE(V)}+\frac{pE(V)}{V(\overline{p})+pE(V)}\frac{1-V[\lambda(z)]}{pE(V)(1-z)},\\ W_d(s)&=\frac{V(\overline{p})}{V(\overline{p})+pE(V)}+\frac{pE(V)}{V(\overline{p})+pE(V)}\frac{1-V(s)}{E(V)(1-s)}.\end{aligned}$$

这表明附加队长 L_d 以概率 $p^*=V(\overline{p})[V(\overline{p})+pE(V)]^{-1}$ 等于 0, 而以概率 $1-p^*$ 等于一个剩余休假内到达的顾客数. 附加延迟 W_d 以概率 p^* 等于 0, 并以概率 $1-p^*$

等于一个剩余休假时间. 由定理 4.2.4, 容易得到下列均值公式

$$\begin{aligned}
E(L_d) &= \frac{p^2E(V(V-1))}{2[V(\overline{p})+pE(V)]},\\
E(W_d) &= \frac{pE(V(V-1))}{2[V(\overline{p})+pE(V)]},\\
E(L^+) &= \rho+\frac{p^2E(S(S-1))}{2(1-\rho)}+\frac{p^2E(V(V-1))}{2[V(\overline{p})+pE(V)]},\\
E(W) &= \frac{pE(S(S-1))}{2(1-\rho)}+\frac{pE(V(V-1))}{2[V(\overline{p})+pE(V)]}.
\end{aligned}$$

在 (ES,SV) 策略下, 休假与经典系统的忙期之间仍有关系式 $B_v(z)=Q_b[B(z)]$. 应用 $E(B)=b(1-\rho)^{-1}$, 给出

$$E(B_v)=E(Q_b)E(B)=[V(\overline{p})+pE(V)]\frac{b}{1-\rho}.$$

闲期 I 以概率 $1-V(\overline{p})$ 等于 0, 以概率 $V(\overline{p})$ 等于一个到达间隔. 因此有 $E(I)=V(\overline{p})p^{-1}$. 一个忙循环的平均长度是

$$\begin{aligned}
E(C_v) &= E(V)+\frac{V(\overline{p})}{p}+[V(\overline{p})+pE(V)]\frac{b}{1-\rho}\\
&= \frac{V(\overline{p})+pE(V)}{p(1-\rho)}.
\end{aligned}$$

在稳态下, 服务员所处状态概率是

$$\begin{aligned}
p_b &= \frac{E(B_v)}{E(C_v)}=\rho,\\
p_v &= \frac{E(V)}{E(C_v)}=\frac{pE(V)(1-\rho)}{V(\overline{p})+pE(V)},\\
p_i &= \frac{E(I)}{E(C_v)}=\frac{V(\overline{p})(1-\rho)}{V(\overline{p})+pE(V)}.
\end{aligned}$$

另一个简单模型称为启动时间排队. 一旦系统中无顾客, 为节约运行成本而关闭服务设施, 再有顾客到达时重新启动, 但需经历一段启动 (预热) 时间 V 之后, 才开始为顾客服务. 简记 Geom/G/1(ES,SU). 启动时间可以看成是由闲期到达顾客触发的一段休假. 现在, 当忙期开始时, 除了触发启动的顾客外, 还有启动期 V 内到达的顾客. 因此,

$$Q_b(z)=zV[\lambda(z)],\quad E(Q_b)=1+pE(V).$$

由定理 4.2.1 和定理 4.2.2, 我们得到

定理 4.2.5 $\rho < 1$ 时, Geom/G/1(ES,SU) 中有随机分解

$$L^+ = L_0^+ + L_d, \quad W = W_0 + W_d,$$

其中 L_0^+ 和 W_0 是对应经典无休假系统的同名稳态指标, L_d 和 W_d 有 PGF:

$$\begin{aligned} L_d(z) &= \frac{1 - zV[\lambda(z)]}{[1+pE(V)](1-z)}, \\ W_d(s) &= \frac{p - (p-(1-s))V(s)}{[1+pE(V)](1-s)}. \end{aligned} \tag{4.2.8}$$

(4.2.8) 可改写成

$$\begin{aligned} L_d(z) &= \frac{1}{1+pE(V)} + \frac{zpE(V)}{1+pE(V)} \frac{1 - V[\lambda(z)]}{pE(V)(1-z)}, \\ W_d(s) &= \frac{1}{1+pE(V)} V(s) + \frac{pE(V)}{1+pE(V)} \frac{1-V(s)}{E(V)(1-s)}. \end{aligned}$$

这表明 W_d 以概率 $p^* = (1+pE(V))^{-1}$ 是一个完整的启动时间; 以概率 $1-p^*$ 等于启动时间的剩余寿命. L_d 以概率 p^* 等于 0, 并以概率 $1-p^*$ 等于一个剩余启动时间内到达的顾客数加 1. 由上述随机分解容易得到均值公式

$$\begin{aligned} E(L_d) &= \frac{2pE(V) + p^2E(V(V-1))}{2[1+pE(V)]}, \\ E(W_d) &= \frac{2E(V) + pE(V(V-1))}{2[1+pE(V)]}, \\ E(L^+) &= \rho + \frac{p^2E(S(S-1))}{2(1-\rho)} + \frac{2pE(V) + p^2E(V(V-1))}{2[1+pE(V)]}, \\ E(W) &= \frac{pE(S(S-1))}{2(1-\rho)} + \frac{2E(V) + pE(V(V-1))}{2[1+pE(V)]}. \end{aligned}$$

在启动时间模型, 对忙期 B_v 有 $B_v(z) = Q_b[B(z)] = B(z)\ V[\lambda(B(z))]$, 其中 $B(z)$ 是经典无休假系统忙期的 PGF. 由此得到

$$E(B_v) = [1+pE(V)]\frac{1}{1-\rho}.$$

一个忙循环 C_v 由关闭期 I、启动期 V 和忙期 B_v 组成, 有

$$E(B_v) = \frac{1}{p} + E(V) + [1+pE(V)]\frac{1}{1-\rho} = \frac{1+pE(V)}{p(1-\rho)}.$$

稳态下服务员所处状态概率分别是

$$p_b = \frac{E(B_v)}{E(C_v)} = \rho,$$
$$p_i = \frac{E(I)}{E(C_v)} = \frac{1-\rho}{1+pE(V)},$$
$$p_v = \frac{E(V)}{E(C_v)} = \frac{1-\rho}{1+pE(V)} pE(V).$$

4.2.4　多级适应性休假系统

在 4.1.1 节的经典 Geom/G/1 排队中, 引入空竭服务、多级适应性休假策略: 一旦忙期结束, 服务员根据需处理的辅助工作量, 要求连续进行 H 次长度 V 的休假. H 是正整值随机变量, 称为休假级数, 有分布和 PGF:

$$h_j = P\{H=j\}, \quad j \geqslant 1; \quad H(z) = \sum_{j=1}^{\infty} z^j h_j.$$

若在这 H 次休假内仍无顾客到达, 休假后进入通常的闲期, 直到再有顾客到达时开始新的忙期; 若对某个 $1 \leqslant k \leqslant H$, 在第 k 次休假内发生顾客到达, 则在该次休假结束时就转入忙期. 这样一来, 真实的休假次数 J, 既依赖于 H, 又要适应到达过程的实现, 体现了在顾客服务与辅助工作之间权衡得失决定休假次数的思想. 特别地, 当 $H \equiv \infty$ 和 $H \equiv 1$ 时, 对应于多重和单重休假策略. 系统简记为 Geom/G/1(ES,AV).

$V^{(k)}$ 表休假时间 V 的 k 重独立和, $V^{(0)}=0$, T 表示到达间隔, 则

$$J = \min\{k, H : V^{(k-1)} < T \leqslant V^{(k)}, 1 \leqslant k \leqslant H\}.$$

A_i 和 A_v 表示忙期第 1 个顾客于闲期和假期到达的概率, 有

$$\begin{aligned}
P\{A_i\} &= \sum_{r=1}^{\infty} h_r P\{T \geqslant V^{(r)}\} \\
&= \sum_{r=1}^{\infty} h_r \sum_{k=r}^{\infty} P\{V^{(r)} = k\} \overline{p}^k \\
&= \sum_{r=1}^{\infty} h_r [V(\overline{p})]^r = H[V(\overline{p})], \\
P\{A_v\} &= 1 - H[V(\overline{p})].
\end{aligned}$$

忙期开始时在场顾客数 Q_b 有分布, PGF 和均值

$$
\begin{aligned}
&P\{Q_b=1\}=P\{A_i\}+P\{A_v\}\frac{a_1}{1-V(\overline{p})},\\
&P\{Q_b=j\}=P\{A_v\}\frac{a_j}{1-V(\overline{p})},\quad j\geqslant 2,\\
&Q_b(z)=H[V(\overline{p})]z+\frac{1-H[V(\overline{p})]}{1-V(\overline{p})}\{V[\lambda(z)]-V(\overline{p})\},\\
&E(Q_b)=H[V(\overline{p})]+\frac{1-H[V(\overline{p})]}{1-V(\overline{p})}pE(V).
\end{aligned}\tag{4.2.9}
$$

Geom/G/1(ES,AV) 系统又一次归结为 4.2.1 节中的边界状态变体, 由定理 4.2.1 和定理 4.2.2 可直接得到

定理 4.2.6 $\rho<1$ 时, Geom/G/1(ES,AV) 排队中有随机分解

$$L^+=L_0^++L_d,\quad W=W_0+W_d,$$

其中 L_0^+ 和 W_0 是对应经典无休假系统的同名稳态指标; 附加队长 L_d 与附加延迟 W_d 有 PGF:

$$
\begin{aligned}
L_d(z)&=\frac{1-H[V(\overline{p})]z-\dfrac{1-H[V(\overline{p})]}{1-V(\overline{p})}\{V[\lambda(z)]-V(\overline{p})\}}{E(Q_b)(1-z)},\\
W_d(s)&=\frac{p-(p-(1-s))H[V(\overline{p})]-\dfrac{1-H[V(\overline{p})]}{1-V(\overline{p})}p\{V(s)-V(\overline{p})\}}{E(Q_b)(1-s)}.
\end{aligned}\tag{4.2.10}
$$

注意到 (4.2.10) 可改写成

$$
\begin{aligned}
L_d(z)&=\frac{H[V(\overline{p})]}{E(Q_b)}+\frac{1}{E(Q_b)}\frac{1-H[V(\overline{p})]}{1-V(\overline{p})}pE(V)\frac{1-V[\lambda(z)]}{pE(V)(1-z)},\\
W_d(s)&=\frac{H[V(\overline{p})]}{E(Q_b)}+\frac{1}{E(Q_b)}\frac{1-H[V(\overline{p})]}{1-V(\overline{p})}pE(V)\frac{1-V(s)}{E(V)(1-s)}.
\end{aligned}
$$

于是, L_d 以概率 $p^*=H[V(\overline{p})](E(Q_b))^{-1}$ 等于 0, 以概率 $1-p^*$ 等于一个剩余休假内到达顾客数. 类似地, W_d 以概率 p^* 等于 0, 并以概率 $1-p^*$ 是一个剩余休假时间. 由随机分解结构得到均值公式

$$
\begin{aligned}
E(L_d)&=\frac{1-H[V(\overline{p})]}{1-V(\overline{p})}\frac{p^2E(V(V-1))}{2E(Q_b)},\\
E(W_d)&=\frac{1-H[V(\overline{p})]}{1-V(\overline{p})}\frac{pE(V(V-1))}{2E(Q_b)},\\
E(L^+)&=\rho+\frac{p^2E(S(S-1))}{2(1-\rho)}+\frac{1-H[V(\overline{p})]}{1-V(\overline{p})}\frac{p^2E(V(V-1))}{2E(Q_b)},\\
E(W)&=\frac{pE(S(S-1))}{2(1-\rho)}+\frac{1-H[V(\overline{p})]}{1-V(\overline{p})}\frac{pE(V(V-1))}{2E(Q_b)},
\end{aligned}
$$

式中 $E(Q_b)$ 由 (4.2.9) 给出.

对 Geom/G/1(ES,AV) 的忙期 B_v, 有 PGF:

$$B_v(z) = Q_b[B(z)],$$

其中 $B(z)$ 是经典无休假系统中的忙期 PGF, 由此得到

$$E(B_v) = E(Q_b)E(B) = \frac{b}{1-\rho}E(Q_b).$$

对实际休假次数 $J = \min\{k, H : V^{(k-1)} < T \leqslant V^{(k)}\}$, 有

$$P\{J \geqslant j\} = [V(\overline{p})]^{j-1}\sum_{k=j}^{\infty} h_k, \quad j \geqslant 1.$$

使用母函数关系式

$$\sum_{j=1}^{\infty} z^j P\{J \geqslant j\} = \frac{z(1-J(z))}{1-z},$$

给出 J 的 PGF 及均值

$$J(z) = 1 - \frac{1-z}{1-zV(\overline{p})}\{1 - H[V(\overline{p})]\},$$

$$E(J) = \frac{1-H[V(\overline{p})]}{1-V(\overline{p})}.$$

$V_g = V_1 + \cdots + V_J$ 是实际休假长度, 则

$$E(V_g) = E(J)E(V) = \frac{1-H[V(\overline{p})]}{1-V(\overline{p})}E(V).$$

当事件 A_v 发生时, 一个忙循环中 C_v 不含闲期, 因此 C_v 中所含闲期有平均长度 $E(I) = p^{-1}H[V(\overline{p})]$, 并有

$$E(C_v) = E(B_v) + E(V_g) + E(I) = \frac{E(Q_b)}{p(1-\rho)}.$$

稳态下服务员所处状态概率是

$$p_b = \frac{E(B_v)}{E(C_v)} = \rho,$$

$$p_i = \frac{E(I)}{E(C_v)} = \frac{1}{E(Q_b)}H[V(\overline{p})](1-\rho),$$

$$p_v = \frac{E(V_g)}{E(C_v)} = \frac{1}{E(Q_b)}\frac{1-H[V(\overline{p})]}{1-V(\overline{p})}pE(V)(1-\rho).$$

§4.3 休假 Geom/G/1 排队 —— 非空竭服务

4.3.1 再生循环方法

在系统中有顾客时也可开始休假, 称为非空竭服务 (nonexhaustive service, NS). 本节研究若干 NS 型离散时间排队. 对这类模型, 嵌入在离去时刻的队长过程仍是一个 MC, 但转移概率矩阵不再具有 (4.2.1) 那样的简单结构, 不能归结为边界状态变体. 下面引入的再生循环方法是处理各种 NS 休假排队的有力工具.

在 NS 规则下, 从结束休假 (或闲期) 开始接待顾客直到再进入休假的一段时间, 称为一个服务期, 记为 S_p. 服务期与忙期的区别是前者可在系统中有顾客时结束, 后者只能在系统中无顾客时结束. 一个服务期与随后的休假 (有时还含闲期) 之和, 称为一个忙循环, 记为 C_v.

以 Φ 表示一个服务期内接待的顾客数, L_n^+ 表示一个服务循环内第 n 个服务完成后系统中顾客数. 服务循环是队长过程的再生循环, 使用离散间隔再生循环方法, 离去时刻稳态队长 L^+ 的 PGF 可表为

$$L^+(z) = \frac{1}{E(\Phi)} E\left\{\sum_{n=1}^{\Phi} z^{L_n^+}\right\}. \tag{4.3.1}$$

公式 (4.3.1) 可使用连续时间排队中同样的方法证明 (Takagi, 1991, 1.2.5 节; 田乃硕, 2001, 2.9.1 节).

与 ES 休假排队类似, 在 NS 休假系统中也普遍具有随机分解结构, 稳态队长 L^+ 与等待时间 W 可分解为独立和

$$\begin{aligned} &L^+ = L_0^+ + L_d, \quad L^+(z) = L_0(z)L_d(z); \\ &W = W_0 + W_d, \quad W(s) = W_0(s)W_d(s). \end{aligned} \tag{4.3.2}$$

(4.3.2) 中 L_0^+ 和 W_0 是对应经典无休假 Geom/G/1 排队中离去时刻稳态队长和等待时间, L_d 和 W_d 分别称为 (由休假引起的) 附加队长和附加延迟.

4.3.2 闸门服务系统

在 4.1.1 节的经典 Geom/G/1 排队中, 引入下列闸门服务 (gated service, GS), 多重休假规则: 当长为 V 的休假结束时, 如果系统中无顾客, 就重复一个独立同分布的休假; 如果系统中有顾客, 就进入一个服务期, 直到此时在场的顾客都完成服务, 就开始另一次休假. 在该服务期内到达的顾客, 需等到休假结束后的下一个服务期才接受服务. 形象地说, 当服务期开始时就关闭一个闸门, 把已经在场的顾客与服务期间陆续到达的顾客分开, 系统简记为 Geom/G/1(GS,MV).

为简单起见, 在两次连续的休假 V 之间, 假定有一个零长度的服务期. 这样一来, 服务期 S_p 与休假 V 总是交替发生. 一个服务循环 C_v 总是一个 S_p 与其后的单次休假 V 之和, 但是可能有 $S_p = 0$. 一个服务期开始时在场顾客数记为 Q_b, 并且就是前一个服务循环内到达的顾客数, 因此

$$Q_b(z) = S_p[\lambda(z)]V[\lambda(z)], \quad \lambda(z) = 1 - p(1-z).$$

在 GS 服务规则下, 该服务期内接待的顾客数 $\Phi = Q_b$, 服务期长度有 PGF $S_p(z) = Q_b[G(z)]$, 代入前式给出

$$\begin{aligned} Q_b(z) &= Q_b[G(\lambda(z))]V[\lambda(z)], \\ E(Q_b) &= \frac{pE(V)}{1-\rho}. \end{aligned} \tag{4.3.3}$$

由此可给出服务期和忙循环的平均长度

$$\begin{aligned} E(S_p) &= E(Q_b)E(S) = \frac{\rho}{1-\rho}E(V), \\ E(C_v) &= E(S_p) + E(V) = \frac{1}{1-\rho}E(V), \end{aligned}$$

L_n^+ 表示一个服务期内第 n 个服务完成时刻系统中顾客数, 有

$$L_n^+ = Q_b - n + A_1 + \cdots + A_n, \quad n = 1, 2, \cdots, Q_b,$$

其中 $A_k = A$ 是独立同分布的, 有 PGF $A(z) = G[\lambda(z)]$. 于是

$$\begin{aligned} E\left\{\sum_{n=1}^{\Phi} z^{L_n^+}\right\} &= E\left\{\sum_{n=1}^{Q_b} z^{Q_b - n} G^n[\lambda(z)]\right\} \\ &= \frac{Q_b[G(\lambda(z))] - Q_b(z)}{G[\lambda(z)] - z} G[\lambda(z)] \\ &= \frac{Q_b[G(\lambda(z))](1 - V[\lambda(z)])}{G[\lambda(z)] - z} G[\lambda(z)], \end{aligned}$$

最后的计算使用了 $Q_b(z)$ 满足的函数方程 (4.3.3). 现在, 由 (4.3.1), 注意到 $E(\Phi) = E(Q_b)$, 给出离去时刻稳态队长 L^+ 的 PGF:

$$\begin{aligned} L^+(z) &= \frac{1}{E(\Phi)} E\left\{\sum_{n=1}^{\Phi} z^{L_n^+}\right\} \\ &= \frac{(1-\rho)Q_b[G(\lambda(z))](1 - V[\lambda(z)])G[\lambda(z)]}{pE(V)\{G[\lambda(z)] - z\}} \\ &= \frac{(1-\rho)(1-z)G(\lambda(z))}{G[\lambda(z)] - z} \frac{1 - V[\lambda(z)]}{pE(V)(1-z)} Q_b[G(\lambda(z))] \\ &= L_0^+(z)L_d(z)L_r(z). \end{aligned} \tag{4.3.4}$$

现在, $L^+ = L_0^+ + L_d + L_r$ 分解成三个独立随机变量之和, 其中

$$L_d(z) = \frac{1 - V[\lambda(z)]}{pE(V)(1-z)},$$
$$L_r(z) = Q_b[G(\lambda(z))].$$

L_d 是一次剩余休假内到达的顾客数, L_r 是一个服务期内到达的顾客数. 由上述随机分解结构, 容易给出均值公式

$$E(L_d) = \frac{pE(V(V-1))}{2E(V)}, \quad E(L_r) = \frac{p\rho}{1-\rho}E(V),$$
$$E(L^+) = \rho + \frac{p^2E(S(S-1))}{2(1-\rho)} + \frac{pE(V(V-1))}{2E(V)} + \frac{p\rho}{1-\rho}E(V).$$

在 FIFO 排队规则下, Geom/G/1(GS,MV) 系统中队长 L^+ 与等待时间 W 之间, 仍然成立着经典的关系式

$$L^+(z) = W[\lambda(z)]G[\lambda(z)]. \tag{4.3.5}$$

将 (4.3.4) 代入 (4.3.5), 令 $s = 1 - p(1-z)$, 可得到等待时间 W 的随机分解结构. W 分解为三个独立随机变量之和 $W = W_0 + W_d + W_r$, 其中

$$W_d(s) = \frac{1 - V(s)}{E(V)(1-s)}, \quad W_r(s) = Q_b[G(s)].$$

W_d 是一个剩余休假时间, $W_r = S_p$ 是一个服务期. 等待时间的随机分解可导致下列均值公式

$$E(W_d) = \frac{E(V(V-1))}{2E(V)}, \quad E(W_r) = \frac{\rho}{1-\rho}E(V),$$
$$E(W) = \frac{pE(S(S-1))}{2(1-\rho)} + \frac{E(V(V-1))}{2E(V)} + \frac{\rho}{1-\rho}E(V).$$

4.3.3 限量服务系统

另一类 NS 策略是限定每一个服务期接待顾客的数量, 称为限量服务 (LS). M 是给定的正整数, 每一个服务期内最多接待 M 个顾客, 即 $\Phi = \min\{Q_b, M\}$. 如果一次长度 V 的休假结束时系统中无顾客, 就接续另一次休假, 两次休假 V 之间有一个长度为零的服务期. $M = 1$ 时, 称为纯限量服务; $M \geqslant 2$ 称为一般限量服务. 这一模型称为限量服务, 多重休假系统, 简记 Geom/G/1(LS,MV).

$\{q_k, k \geqslant 0\}$ 表示服务期开始时在场顾客数 Q_b 的分布

$$q_k = P\{Q_b = k\}, \quad k \geqslant 0; \quad Q_b(z) = \sum_{k=0}^{\infty} z^k q_k,$$

并引入部分母函数

$$Q_M(z)=\sum_{k=0}^{M-1}z^kq_k,$$

考虑相继两个休假结束时刻之间发生的事件, 有

$$\begin{aligned}q_k=&\sum_{j=0}^{M-1}q_jP\{S^{(j)}+V\text{内到达 }k\text{ 个顾客}\}\\&+\sum_{j=M}^{M+k}q_jP\{S^{(M)}+V\text{内到达 }k+M-j\text{ 个顾客}\},\quad k\geqslant 0,\end{aligned}$$

其中 $S^{(j)}$ 是服务时间 S 的 j 重独立和. 取 PGF, 得到

$$\begin{aligned}Q_b(z)=&\sum_{k=0}^{\infty}z^k\sum_{j=0}^{M-1}q_jP\{S^{(j)}+V\text{内到达 }k\text{ 个顾客}\}\\&+\sum_{k=0}^{\infty}z^k\sum_{j=M}^{M+k}q_jP\{S^{(M)}+V\text{内到达 }k+M-j\text{ 个顾客}\}\\&=V[\lambda(z)]\Big\{Q_M[\lambda(z)]+\frac{G^M[\lambda(z)]}{z^M}(Q_b(z)-Q_M(z))\Big\}.\end{aligned}$$

由此解出

$$Q_b(z)=\frac{\{G^M[\lambda(z)]Q_M(z)-z^MQ_M[\lambda(z)]\}V[\lambda(z)]}{G^M[\lambda(z)]V[\lambda(z)]-z^M},\tag{4.3.6}$$

式中 $\lambda(z)=1-p(1-z)$ 是单个到达 Bernoulli 过程中, 一个时隙上到达顾客数的 PGF. 由正规化条件 $Q_b(1)=1$, 给出

$$Q'_M(1)=\frac{pE(V)}{1-\rho}-M(1-Q_M(1)).$$

由此得到

$$\begin{aligned}E(\Phi)&=E\{\min(Q_b,M)\}\\&=\sum_{k=1}^{M-1}kq_k+M\sum_{k=M}^{\infty}q_k\\&=Q'_M(1)+M(1-Q_M(1))\\&=\frac{pE(V)}{1-\rho}.\end{aligned}$$

服务期 S_p 的平均长度是 $E(S_p)=E(\Phi)E(S)=\rho E(V)(1-\rho)^{-1}$, 并且一个服务期 S_p 内到达顾客的平均数是 $pE(S_p)$. 直观上, 系统平衡的条件是一个服务期和一个

休假 V 内到达顾客平均数小于 M, 即

$$\frac{\rho}{1-\rho}pE(V)+pE(V)=\frac{pE(V)}{1-\rho}<M,$$

或等价地 $pE(V)<M(1-\rho)$.

为了通过 (4.3.6) 确定 $Q_b(z)$, 必须计算 $Q_M(z)$ 的系数 $q_0,\cdots,q_{M-1}$, 应用 Rouche 定理可知, (4.3.6) 的分母在单位圆内有 M 个零点, 它们同时也是分子的零点. 除了零点 $z=1$ 外, 其他 $M-1$ 个零点记为 $z_m, m=1,\cdots,M-1$, 这就给出 $M-1$ 个方程

$$G^M[\lambda(z_m)]Q_M(z_m)-z_m^M Q_M[\lambda(z_m)]=0,\quad m=1,\cdots,M-1.$$

另一个方程可由 $Q'_M(1)$ 满足的等式给出

$$\sum_{k=0}^{M-1}(M-k)q_k=M-\frac{pE(V)}{1-\rho}.$$

由上述 M 个方程可确定 $q_0,\cdots,q_{M-1}$.

现在, 对一个服务期内第 n 个顾客离去后的队长 L_n^+, 有

$$L_n^+=Q_b-n+A_1+\cdots+A_n,\quad n=1,2,\cdots,\Phi.$$

式中 A_k 是第 k 个顾客服务期间到达的顾客数, 有 PGF: $G[\lambda(z)]$. 因此

$$\begin{aligned}
E\Big\{\sum_{n=1}^{\Phi}z^{L_n^+}\Big\}&=E\Big\{\sum_{n=1}^{Q_b}z^{Q_b-n}G^n[\lambda(z)]\Big\}\\
&=\sum_{k=0}^{M-1}q_k\sum_{n=1}^{k}z^{k-n}G^n[\lambda(z)]+\sum_{k=M}^{\infty}q_k\sum_{n=1}^{M}z^{k-n}G^n[\lambda(z)]\\
&=\frac{G[\lambda(z)]}{G[\lambda(z)]-z}\Big\{\sum_{k=0}^{M-1}q_k(G^k[\lambda(z)]-z^k)\\
&\quad+(G^M[\lambda(z)]-z^M)\sum_{k=M}^{\infty}q_k z^{k-M}\Big\}\\
&=\frac{G[\lambda(z)]}{G[\lambda(z)]-z}\Big\{Q_M[G(\lambda(z))]-Q_b(z)\\
&\quad+\frac{G^M[\lambda(z)]}{z^M}(Q_b(z)-Q_M(z))\Big\}\\
&=\frac{\{1-V[\lambda(z)]\}Q_b(z)G[\lambda(z)]}{V[\lambda(z)](G[\lambda(z)]-z)}.
\end{aligned}\tag{4.3.7}$$

将 $E(\Phi)$ 和 (4.3.7) 代入 (4.3.1), 给出 Geom/G/1(LS,MV) 排队中离去时刻稳态队长 L^+ 的 PGF:

$$\begin{aligned} L^+(z) &= \frac{(1-\rho)(1-z)G(\lambda(z))}{G[\lambda(z)]-z} \frac{1-V[\lambda(z)]}{pE(V)(1-z)} \frac{Q_b(z)}{V(\lambda(z))} \\ &= L_0^+(z)L_d(z)L_r(z). \end{aligned} \tag{4.3.8}$$

现在, L^+ 分解成三个独立随机变量之和 $L^+ = L_0^+ + L_d + L_r$. L_0^+ 是对应经典无休假系统离去时刻的稳态队长, L_d 是一个剩余休假内到达的顾客数. 为了说明 L_r 的意义, 设 $R(z)$ 是一个服务期 S_p 结束时 (休假开始) 系统顾客数的 PGF. 下一个服务期开始时系统中顾客数 Q_b 正是忙期结束时顾客数与下次休假内到达顾客数之和, 因此有

$$R(z)V[\lambda(z)] = Q_b(z), \quad R(z) = \frac{Q_b(z)}{V[\lambda(z)]} = L_r(z).$$

这表明 L_r 是稳态下一个服务期结束时系统中顾客数. 由上述随机分解, 容易得到平均队长

$$E(L^+) = \rho + \frac{p^2E(S(S-1))}{2(1-\rho)} + \frac{pE(V(V-1))}{2E(V)} + E(Q_b) - pE(V),$$

其中 $E(Q_b)$ 可通过 (4.3.6) 计算.

在平衡条件 $M(1-\rho) > pE(V)$ 下, 以 W 表示稳态下顾客的等待时间. 使用 (4.3.8) 及 L^+ 与 W 之间的经典关系

$$L^+(z) = W[\lambda(z)]G[\lambda(z)],$$

可将等待时间分解成三个独立随机变量之和, $W = W_0 + W_d + W_r$. 这里 W_d 和 W_r 有 PGF:

$$W_d(s) = \frac{1-V(s)}{E(V)(1-s)}, \quad W_r(s) = \frac{Q_b[1-p^{-1}(1-s)]}{V(s)}.$$

W_d 是剩余休假时间, W_r 内到达顾客数有 PGF: $L_r(z)$. 等待时间的随机分解, 导致下列均值

$$E(W) = \frac{pE(S(S-1))}{2(1-\rho)} + \frac{E(V(V-1))}{2E(V)} + \frac{1}{p}E(Q) - E(V).$$

4.3.4 减量服务系统

减量服务 (DS) 指的是一个服务期内连续接待顾客, 直到系统中顾客数比该服务期开始在场顾客数减少 M 个, 或者系统变成空的, 然后就开始一次休假. $M = 1$ 时称为纯减量服务, $M \geqslant 2$ 时称为一般减量服务, $M = \infty$ 时对应于空竭服务. 按上

述 DS 规则, 当一个休假结束时系统内无顾客, 就接续另一次休假, 并认为两次休假之间有一个零长度服务期. 这一模型简记为 Geom/G/1(DS, MV).

在稳态下, q_k 表示服务期开始 (一次休假结束) 时在场顾客数为 k 个的概率, $q_k = P\{Q_b = k\}, k \geqslant 0$. 并记

$$Q_b(z) = \sum_{k=0}^{\infty} z^k q_k, \quad Q_M(z) = \sum_{k=0}^{M-1} z^k q_k.$$

a_k 表示一个休假 V 内恰好到达 k 个顾客的概率

$$a_k = \sum_{r=k}^{\infty} v_k \binom{r}{k} p^k \overline{p}^{r-k}, \quad k \geqslant 0.$$

考虑两个相继休假结束时刻之间发生的事件, 有

$$q_k = a_k \sum_{j=0}^{M-1} q_j + \sum_{j=M}^{M+k} q_j a_{k+M-j}, \quad k \geqslant 0.$$

取 PGF, 给出

$$\begin{aligned} Q_b(z) &= \sum_{k=0}^{\infty} z^k q_k \\ &= \sum_{k=0}^{\infty} z^k a_k Q_M(1) + \frac{1}{z^M} \sum_{j=M}^{\infty} q_j z^j \sum_{k=j-M}^{\infty} z^{k-j+M} a_{k-j+M} \\ &= V[\lambda(z)] \Big\{ Q_M(1) + \frac{1}{z^M} (Q_b(z) - Q_M(z)) \Big\}. \end{aligned}$$

由此解得

$$Q_b(z) = \frac{\{Q_M(z) - z^M Q_M(1)\} V[\lambda(z)]}{V[\lambda(z)] - z^M}, \tag{4.3.9}$$

使用正规化条件 $Q_b(1) = 1$ 和 $Q_b'(1) = E(Q_b)$, 容易得到

$$\begin{aligned} Q_M'(1) &= pE(V) - M(1 - Q_M(1)), \\ E(Q_b) &= pE(V) \\ &\quad + \frac{p^2 E(V(V-1)) - Q_M''(1) - M(M-1)(1 - Q_M(1))}{2(M - pE(V))}. \end{aligned} \tag{4.3.10}$$

在 (4.3.9) 中, 为确定 $Q_M(z)$, 可使用 Rouche 定理考虑分母在单位圆内的 $M-1$ 个零点, 使用 4.3.3 节同样的方法确定 $\{q_k, 0 \leqslant k \leqslant M-1\}$. 因此, $Q_M(z)$ 看成已知的. 直观上容易看到, 为使系统达到平衡, 一个休假内到达顾客平均数必须小于 M, 即 $\lambda E(V) < M$.

现在设 $\lambda E(V) < M$, Φ 是一个服务期内接待的顾客数. 若 $Q_b = k, 0 \leqslant k \leqslant M-1$, 以 k 个顾客开始的服务期是经典 Geom/G/1 排队忙期的 k 倍; 若 $Q_b = k \geqslant M$, 服务期是经典忙期的 M 倍. 注意到一个经典忙期内接待顾客平均数是 $(1-\rho)^{-1}$, 应用 (4.3.10), 有

$$\begin{aligned}E(\Phi) &= \frac{1}{1-\rho}\sum_{k=1}^{M-1} kq_k + \frac{M}{1-\rho}\sum_{k=M}^{\infty} q_k \\ &= \frac{1}{1-\rho}[Q'_M(1) + M(1 - Q_M(1))] \\ &= \frac{pE(V)}{1-\rho}.\end{aligned}$$

现在考察

$$E\Big\{\sum_{n=1}^{\Phi} z^{L_n^+}\Big\}, \tag{4.3.11}$$

其中 L_n^+ 是服务期内第 n 个顾客离去时系统中顾客数. 设有 $j \geqslant 1$ 个顾客在场, 可按 LIFS 规则, 其中一个顾客开始服务直到他的历代子孙完成服务时, 恰好经历一个经典 Geom/G/1 系统忙期. 在这样的忙期内每个顾客离去时系统中顾客数有 PGF(4.1.4), 并且平均发生 $(1-\rho)^{-1}$ 个离去. 因此, j 个顾客在场开始的一个标准忙期 (不是服务期) 对 (4.3.11) 的贡献是

$$z^{j-1}\frac{(1-z)G[\lambda(z)]}{G[\lambda(z)]-z}, \quad j \geqslant 1. \tag{4.3.12}$$

以 k 个顾客开始的服务期, 当 $k < M$ 时, 可分解成一系列标准忙期的和, 它们分别以 $k, k-1, \cdots, 1$ 个顾客开始, 并对 (4.3.11) 总的贡献是

$$q_k\left(\sum_{j=1}^{k} z^{j-1}\right)\frac{(1-z)G[\lambda(z)]}{G[\lambda(z)]-z} = \frac{q_k(1-z^k)G[\lambda(z)]}{G[\lambda(z)]-z}, \quad k \leqslant M.$$

当 $k \geqslant M$ 时, k 个顾客开始的服务期可分解成 M 个经典忙期, 分别以 $k, k-1, \cdots, k-M+1$ 个顾客开始, 对 (4.3.11) 的贡献是

$$q_k\left(\sum_{j=k-M+1}^{k} z^{j-1}\right)\frac{(1-z)G[\lambda(z)]}{G[\lambda(z)]-z} = \frac{q_k(z^{k-M} - z^k)G[\lambda(z)]}{G[\lambda(z)]-z}.$$

综合上述两种情况, 并应用 (4.3.9) 式, 给出

$$E\left\{\sum_{n=1}^{\Phi} z^{L_n^+}\right\} = \frac{G[\lambda(z)]}{G[\lambda(z)]-z}\left\{\sum_{k=0}^{M-1} q_k(1-z^k) + \sum_{k=M}^{\infty} q_k(z^{k-M}-z^M)\right\}$$
$$= \frac{G[\lambda(z)]}{G[\lambda(z)]-z}\left\{Q_M[1] - Q_b(z) + z^{-M}[Q_b(z) - Q_M(z)]\right\}$$
$$= \frac{G[\lambda(z)]}{G[\lambda(z)]-z}(1-V[\lambda(z)])\frac{Q_b(z)}{V[\lambda(z)]}. \quad (4.3.13)$$

现在, 将 $E(\Phi)$ 的表达式与 (4.3.13) 代入 (4.3.1), 给出 Geom/G/1 (DS,MV) 排队中离去时刻稳态队长 L^+ 的随机分解结构

$$L^+(z) = \frac{(1-\rho)(1-z)G(\lambda(z))}{G[\lambda(z)]-z}\frac{1-V[\lambda(z)]}{pE(V)(1-z)}\frac{Q_b(z)}{V(\lambda(z))}$$
$$= L_0^+(z)L_d(z)L_r(z). \quad (4.3.14)$$

稳态队长分解成三个独立随机变量之和 $L^+ = L_0^+ + L_d + L_r$, (4.3.14) 与 (LS,MV) 策略下的模型有完全相同的结构形式. L_r 仍可解释为服务期结束 (休假开始) 时刻系统中顾客数, 区别是在 (LS,MV) 和 (DS,MV) 两种策略下, $Q_b(z)$ 是不同的. 容易给出均值公式

$$E(L_d) = \frac{pE(V(V-1))}{2E(V)},$$

$$E(L_r) = \frac{p^2E(V(V-1)) - Q_M''(1) - M(M-1)(1-Q_M(1))}{2[M-pE(V)]},$$

$$E(L^+) = \rho + \frac{p^2E(S(S-1))}{2(1-\rho)} + E(L_d) + E(L_r).$$

类似于 4.3.3 节, 可以得到等待时间 W 的随机分解 $W = W_0 + W_d + W_r$, 并有均值公式

$$E(W_d) = \frac{1}{2E(V)}E(V(V-1)),$$

$$E(W_r) = \frac{p^2E(V(V-1)) - Q_M''(1) - M(M-1)(1-Q_M(1))}{2p[M-pE(V)]},$$

$$E(W) = \frac{pE(S(S-1))}{2(1-\rho)} + E(W_d) + E(W_r).$$

§4.4 ATM 网络虚通道分析

4.4.1 异步转换模式和虚通道

本节将离散时间休假排队用于通信网络的分析和设计. 在异步转换模式 (ATM) 中, 为实现端对端的数据传输, 首先建立面向连接. 通信传输结束后, 通常要拆除

(释放) 这一连接, 以保证网络资源随时用于其他通信业务. 一个端对端的面向连接称虚通道 (VC). ATM 网络采用 53 个字节的固定长度信元, 作为数据传输的基本单位. 任何业务都经过数字化处理并分割成一组信元, 称为一个分组. 因此, 离散时间排队可作为这类系统分析的理想工具.

建立一个 VC 的过程, 通过传输特定的信令来实现, 传输这些信令的时间 U 称为启动期. 同样的, 传输拆除 VC 的信令所用的时间 C 称为关闭期. 统计表明, 实际通信网络中大量发生的是短数据发送, 如果在建立和拆除 VC 之间发生过于频繁的转换, 势必增加管理成本, 甚至造成网络拥塞. 为了适当减少转换频度, 我们设置一个延迟期 D. 当 VC 上的数据传输结束时, 不是立即发出关闭信令, 而是保持 VC, 进入延迟期. 在延迟期 D 内若有该 VC 上的通信需求发生, 可直接进行数据传送而不需重建面向连接; 如果延迟期 D 内该 VC 上无通信需求发生, 延迟期结束时发出关闭信令, 进入关闭期. 若关闭期内有数据传送需求, 关闭期结束后立即重新启动; 若 C 内无需求, 关闭期 C 结束后, VC 占用的网络资源处在闲置状态. 这样一来, 系统将在传输期、启动期、延迟期、关闭期及闲置期各状态之间转换, 转换逻辑如图 4.4.1 所示.

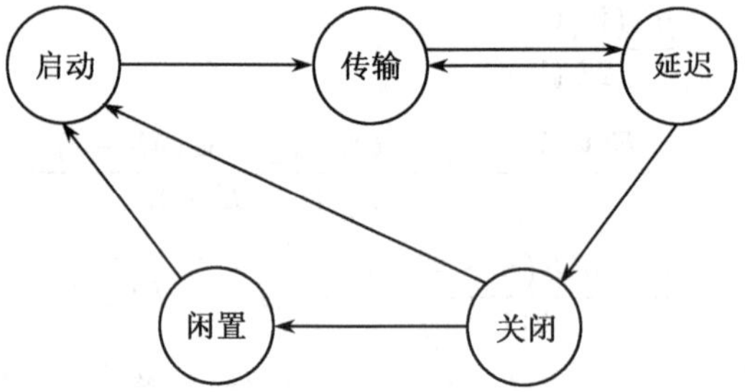

图 4.4.1 VC 系统的状态转移

在实际运行中, 延迟期通常用设置一个超时定时器的方法实现, 系统设计的关键问题是定量刻画延迟期 D 对系统通信服务质量的影响. 过大的 D 将导致 VC 上长时间无数据传输, 浪费网络资源; D 太小时, VC 将更频繁地在建立和拆除之间转换, 从而影响系统的通信服务质量, 失去了设置延迟期的作用.

4.4.2 VC 的离散时间排队模型

为建立 VC 的离散时间排队模型, 考虑 4.1.1 节的经典 Geom/G/1 排队, 在其中引入下列启动 – 延迟 – 关闭机制: 一旦 VC 上分组的传输结束, 系统进入延迟期 D. 若延迟期内有分组到达, 新的忙期开始, 分组可在 VC 上立刻得到传送; 若延迟期内无分组到达, 延迟期结束后进入关闭期 C. 若在关停期内有分组到达, 关闭期结束立刻重新建立面向连接, 系统进入启动期; 若在关闭期内无分组到达, 关闭期结束后进入空闲期. 在空闲期到达的分组触发一个启动期 U, 待启动期结束后, 分组才得以传输. 暂未传输的信元, 以分组的到达顺序在缓冲区内排队等待, 并设缓冲区有无限容量.

以 T 和 S 表示分组的到达间隔和传输 (服务) 时间, 假设 T, S, D, C, U 是独立的整值随机变量. T 服从参数 $\overline{p}$ 的几何分布, S, D, C, U 都服从一般分布, 其分布和 PGF 记为

$$P\{S=k\}=b_k,\quad k\geqslant 1;\quad G(z)=\sum_{k=1}^{\infty}z^k b_k,$$
$$P\{D=k\}=d_k,\quad k\geqslant 1;\quad D(z)=\sum_{k=1}^{\infty}z^k d_k,$$
$$P\{C=k\}=c_k,\quad k\geqslant 1;\quad C(z)=\sum_{k=1}^{\infty}z^k c_k,$$
$$P\{U=k\}=u_k,\quad k\geqslant 1;\quad U(z)=\sum_{k=1}^{\infty}z^k u_k.$$

$\{L_n^+, n\geqslant 1\}$ 是嵌入在分组的传输完成时刻系统内的队长过程, 即一个分组完成传输后系统中的分组数. $\{L_n^+, n\geqslant 1\}$ 是一个 MC, 仿照 4.1.1 节可以证明, MC 正常返的充分必要条件是 $\rho=pE(V)<1$.

为计算 VC 的运行指标, 先导出上述系统中稳态分组数 L^+ 的分布. Q_b 表示忙期开始时系统中在场的分组数, 为了给出 Q_b 的分布, 考虑下列三种情况: (1) 若延迟期内有分组到达, 则 $Q_b=1$, 发生这一事件的概率是 $1-D(\overline{p})$. (2) 若延迟期 D 和关闭期 C 内无分组到达, 新的传输期将在一个启动期 U 结束后开始. Q_b 等于 U 内到达顾客数加 1, 这一事件的概率是 $D(\overline{p})C(\overline{p})$. (3) 在 D 内无分组到达, 但 C 内有分组到达. 这时 Q_b 等于已知 C 内有到达条件下到达的分组数与一个启动期内到达的分组数之和, 这一事件发生的概率是 $D(\overline{p})[1-C(\overline{p})]$. 综合上述三种情况, Q_b 的 PGF 和均值是

$$\begin{aligned}
&Q_b(z)=(1-D(\overline{p}))z+D(\overline{p})U[\lambda(z)]\{C[\lambda(z)]-C(p)(1-z)\},\\
&E(Q_b)=1-D(\overline{p})[1-C(\overline{p})]+pD(\overline{p})[E(C)+E(U)].
\end{aligned}\tag{4.4.1}$$

上述 VC 模型归结为 4.2.1 节的边界状态变体, 应用定理 4.2.1 和定理 4.2.2, 可以给出稳态下系统中分组数 L^+ 和消息 (分组) 等待时间 W 的随机分解结构

$$\begin{aligned}
L^+&=L_0^++L_d,\quad L^+(z)=L_0(z)L_d(z);\\
W&=W_0+W_d,\quad W(s)=W_0(s)W_d(s),
\end{aligned}$$

式中 L_0^+ 与 W_0 的 PGF 由 (4.1.5) 和 (4.1.7) 确定, 附加队长 L_d 与附加延迟 W_d 有

PGF:

$$L_d(z)=\frac{1-z+D(\overline{p})\{z-U[\lambda(z)][C[\lambda(z)]-C(\overline{p})(1-z)]\}}{E(Q_b)(1-z)},$$

$$W_d(s)=\frac{1-s+D(\overline{p})\{p-(1-s)-U(s)[pC(s)-C(\overline{p})(1-s)]\}}{E(Q_b)(1-s)}. \quad (4.4.2)$$

L_d 与 W_d 的均值是

$$\begin{aligned}E(L_d)=&\frac{p^2D(\overline{p})[E(U(U-1))+2E(U)E(C)+E(C(C-1))]}{2E(Q_b)}\\&+\frac{pD(\overline{p})C(\overline{p})E(U)}{E(Q_b)},\\E(W_d)=&\frac{pD(\overline{p})[E(U(U-1))+2E(U)E(C)+E(C(C-1))]}{2E(Q_b)}\\&+\frac{D(\overline{p})C(\overline{p})E(U)}{E(Q_b)}.\end{aligned} \quad (4.4.3)$$

由上述随机分解结构, 容易得到系统中平均分组数和消息的平均等待时间

$$E(L^+)=\rho+\frac{p^2E(S(S-1))}{2(1-\rho)}+E(L_d),$$

$$E(W)=\frac{pE(S(S-1))}{2(1-\rho)}+E(W_d).$$

以下简要给出 VC 系统的忙期分析. 当 $Q_b=k(k\geqslant 1)$ 时, VC 的传输期 (忙期)B_v 是对应的经典 Geom/G/1 中标准忙期 B 的 k 重独立和, 由定理 4.1.6, 有

$$E(B_v)=E(Q_b)E(B)=\frac{E(Q_b)E(S)}{1-\rho}.$$

以 D_v 表示 VC 运行中的实际延迟期, 若 D 内无到达, $D_v=D$; D 内有到达时, D_v 是已知 $T<D$ 条件下的到达间隔长度. 因此

$$\begin{aligned}P\{D_v=k\}&=P\{D=k\}P\{T\geqslant k\}+P\{T=k\}P\{D\geqslant k\}\\&=\alpha_k\overline{p}^k+\overline{p}^{k-1}p\sum_{j=k}^{\infty}d_j,\quad k\geqslant 1.\end{aligned}$$

取 PGF, 得到

$$D_v(z)=\frac{pz+(1-z)D(\overline{p}z)}{1-\overline{p}z},$$

实际延迟期 D_v 有平均长度

$$E(D_v)=D_v'(1)=(1-D(\overline{p}))p^{-1}.$$

在一个忙循环 R 中, 只有延迟期 D 和关闭期 C 内均无分组到达时, 才有一段闲期 $I_v = T$; 否则 $I_v = 0$, 因此, 实际平均闲期是

$$E(I_v) = D(\overline{p})C(\overline{p})p^{-1}.$$

类似地, VC 运行过程中实际关闭期 C_v 和实际启动期 U_v 有均值 $E(C_v) = D(\overline{p})E(C)$, $E(U_v) = D(\overline{p})E(U)$. 综上, 平均忙循环是

$$E(R) = E(B_v) + E(U_v) + E(C_v) + E(I_v) + E(D_v) = \frac{E(Q_b)}{p(1-\rho)}. \tag{4.4.4}$$

以 p_b, p_d, p_c, p_i 和 p_u 分别表示稳态下 VC 处于传输期、延迟期、关闭期、闲期和启动期的概率, 有

$$p_b = \frac{E(B_v)}{E(R)} = \rho,$$

$$p_d = \frac{E(D_v)}{E(R)} = \frac{[1 - D(\overline{p})](1-\rho)}{E(Q_b)},$$

$$p_c = \frac{E(C_v)}{E(R)} = \frac{pD(\overline{p})E(C)(1-\rho)}{E(Q_b)},$$

$$p_i = \frac{E(I_v)}{E(R)} = \frac{D(\overline{p})C(\overline{p})(1-\rho)}{E(Q_b)},$$

$$p_u = \frac{E(U_v)}{E(R)} = \frac{pD(\overline{p})E(U)(1-\rho)}{E(Q_b)}.$$

4.4.3 VC 的性能指标和数值例子

在 VC 的运行中, 我们主要关心下列性能指标:

(1) 启动率 γ, 指单位时间 (一个时隙) 内平均建立 (拆除)VC 的次数. 只有在延迟期 D 内无分组到达时, 这个忙循环才实施一次启动 (拆除), 即在一个忙循环内以概率 $D(\overline{p})$ 启动 (拆除) 一次. 因此

$$\gamma = \frac{D(\overline{p})}{E(R)} = \frac{p(1-\rho)D(\overline{p})}{E(Q_b)}. \tag{4.4.5}$$

(2) VC 闲置率 θ, 指 VC 空闲时间与其存在时间之比. VC 占用网络资源的时间包括传输期、延迟期和关闭期, 在闲置期和启动期不占用网络资源. 传输期和关闭期 VC 用于发送数据或指令, 只有运行中的实际延迟期 D_v 内 VC 是闲置的. 有

$$\theta = \frac{E(D_v)}{E(B_v)+E(U_v)+E(C_v)}$$

$$= \frac{p_d}{p_b+p_d+p_c}$$

$$= \frac{(1-\rho)[1-D(\overline{p})]}{\rho E(Q_b)+(1-\rho)[1-D(\overline{p})+pD(\overline{p})E(C)]}. \tag{4.4.6}$$

(3) VC 利用率 φ, 指用于传输信元的时间与 VC 存在时间之比, 即

$$\varphi = \frac{E(B_v)}{E(D_v)+E(U_v)+E(C_v)}$$

$$= \frac{\rho E(Q_b)}{\rho E(Q_b)+(1-\rho)[1-D(\overline{p})+pD(\overline{p})E(C)]}. \tag{4.4.7}$$

在实际应用中, 建立和释放 VC 是通过传输特定信令实现的, 因此, $U=u, C=c$ 是常数, 并且 $U(z)=z^u, C(z)=z^c$. 延迟期由延迟定时器控制, 如果采用静态方式, $D=d$ 也是常数. 通常取一个信元的传输时间为一个时隙长度. 现在,

$$H = 1-\overline{p}^d+\overline{p}^d\overline{p}^c+p(u+c)\overline{p}^d = 1-\overline{p}^d(1-\overline{p}^c-p(u+c)),$$

并由 (4.4.5)~(4.4.7) 给出

$$\gamma = \frac{p(1-\rho)\overline{p}^d}{1-\overline{p}^d(1-\overline{p}^c-p(u+c))},$$

$$\theta = \frac{(1-\rho)(1-\overline{p}^d)}{1-\overline{p}^d(1-\rho\overline{p}^c-p(c+\rho u))},$$

$$\varphi = \frac{\rho[1-\overline{p}^d(1-\overline{p}^c-p(u+c))]}{1-\overline{p}^d(1-\rho\overline{p}^c-p(c+\rho u))}.$$

例 4.4.1　ATM LAN 上的 Telnet 连接.

在 ATM LAN 之上的 Telnet 连接, 应用层的包要封装到传输层的报文中, 传输层的报文还要继续封装到 IP 层的分组中. 也就是说, 1 个比特的包要产生 2 个 ATM 信元. 假设应用层 Telnet 数据包的大小是 1 比特, 应用层包的产生速率为 4 bit/s, 即每秒 0.5 个. 传输速率为 4 bit/s, VC 上每秒传递 4.72 个包. 当 $\mu=50$ms, $c=30$ms 时, VC 的性能指标如表 4.4.1 和图 4.4.2 所示.

通过表 4.4.1 及图 4.4.2 可以较直观地看出, 当 ρ 取 0.25, 0.50 和 0.75 等不同值时, 响应时间、连接建立比率、运行效率、闲置比率等性能指标与延迟定时器取值的关系, 利用这一关系配置定时器的值可以满足不同的需求.

表 4.4.1 虚通道性能指标分析表

系统输入负载	超时定时器/ms	平均等待时间/ms	虚通道建立比率/次 $\cdot s^{-1}$	虚通道闲置率	虚通道运行效率
$\rho = 0.25$	1000	282.4764	0.0156	0.7478	0.2697
	2000	282.0042	1.3832e-004	0.7500	0.2500
	3000	282.0000	1.2231e-006	0.7500	0.2500
	4000	282.0000	1.0816e-008	0.7500	0.2500
$\rho = 0.50$	1000	422.0044	1.8033e-004	0.5000	0.5000
	2000	422.0000	1.3788e-008	0.5000	0.5000
	3000	422.0000	1.2056e-010	0.5000	0.5000
	4000	422.0000	8.0606e-017	0.5000	0.5000
$\rho = 0.75$	1000	842.0000	1.1432e-006	0.2500	0.7500
	2000	842.0000	7.3883e-013	0.2500	0.7500
	3000	842.0000	407750e-019	0.2500	0.7500
	4000	842.0000	3.0860e-025	0.2500	0.7500

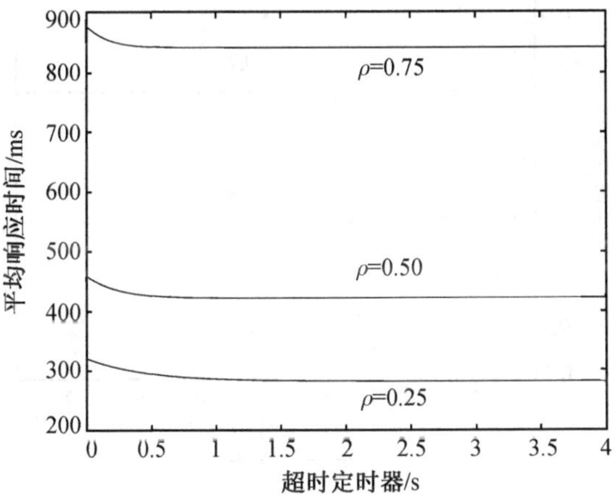

(a) W/T关系

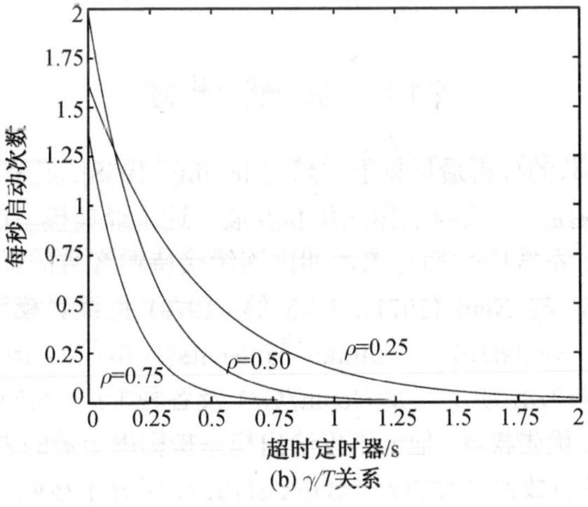

(b) γ/T关系

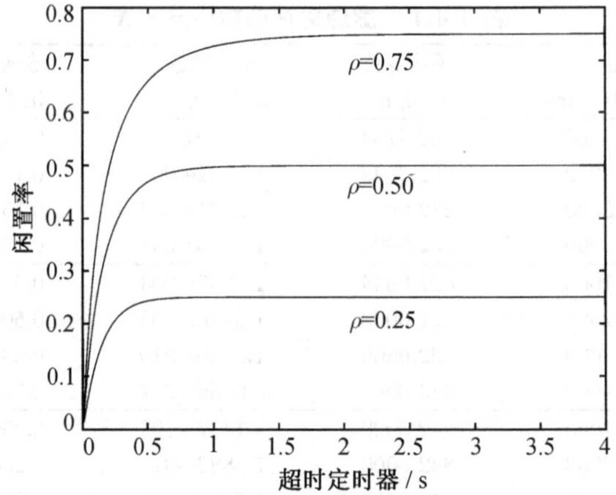

(c) θ / T关系

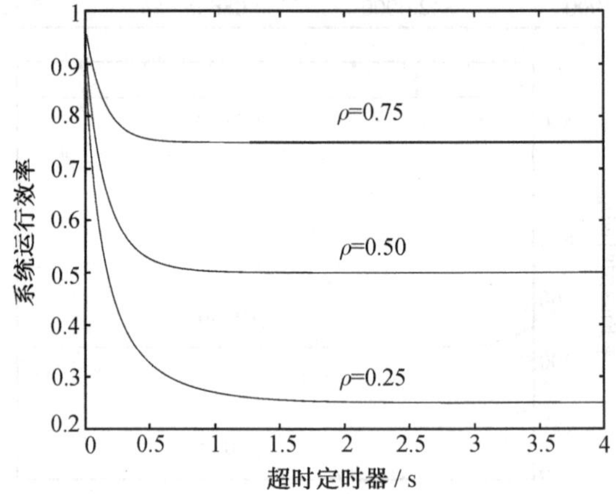

(d) ϕ / T关系

图 4.4.2　虚通道性能指标与延迟定时器的关系

§4.5　文 献 评 述

Geom/G/1 排队的分析最早见于文献 (Meisling, 1958), 正是这篇论文引发了离散时间排队研究. 随后, 一系列工作深化和发展了这个经典模型的分析. Bhat(1968) 导出了 Geom/G/1 系统中忙期与该忙期内连续接待顾客数的联合分布. Schmookler(1970), Dafermos 与 Neuts(1971), Kim 等 (1979) 把经典模型扩展到成批到达和有限等待场所. Neuts(1973), Klimko 与 Neuts(1973), Neuts 与 Klimko(1973), Heimann 与 Neuts(1973) 涉及经典 Geom/G/1 及各种推广, 例如成批到达、各种服务顺序、有限场所、优先权等. 他们不仅给出稳态指标母函数的表达式, 还系统地发展了稳态分布概率的数值计算方法. Balmer(1972) 研究了按随机顺序服务的模型;

Kim(1988), Takahashi 与 Hashida(1991) 给出各种优先权 Geom/G/1 排队的分析. Gravey 与 Louvion(1990) 深化了 Geom/D/1 和 Geom/D/1/N 系统的分析和应用. Minh(1978) 讨论了一类到达和服务都依赖于系统中顾客数的非时齐的 Geom/G/1 型排队. Boxma 与 Groenendijk(1988) 使用 Geom/G/1 型排队, 研究了离散时间轮循系统, 并将结果用于计算机系统性能评估. 适应当代宽带综合业务数字网络中需求到达过程表现出的相依性和突发性, 简单的 Bernoulli 到达过程已经推广到成批离散时间Markov 到达过程 (B-DMAP), Geom/G/1 排队也发展到 B-DMAP/G/1 模型. 这类系统的分析将在本书第 7 章给出.

涉及 Geom/G/1 系统的著作, 如文献 (Hunter, 1983, 第 9 章; Bruneel et al., 1993) 等. 特别值得指出, 文献 (Takagi, 1993, 卷 3, 离散时间模型) 是一部专门处理 Geom/G/1 排队的专著. 在该书中, 对经典模型、成批模型、优先权、各种服务顺序、各种休假策略的 Geom/G/1 排队, 均给出了系统和透彻的分析.

休假排队的研究源于 Levy 与 Yechiali(1975), 他们从利用 M/G/1 排队系统闲期的观点出发, 引入了"休假"和"休假策略"等术语, 给出 M/G/1(ES,MV) 系统的分析. 休假排队领域的早期工作, 集中在连续时间 M/G/1 和 (ES,MV),(ES,SV),(ES,SU) 等简单休假策略, 见文献 (Heyman, 1977; Fuhrmann, 1984; Doshi, 1985; Levy et al., 1986; Keilson et al., 1987; Harris et al., 1988) 等. 在这些工作中, 使用不同方法揭示了休假 M/G/1 排队稳态指标的随机分解规律. Fuhrmann 与 Cooper(1985), Shanthikumar(1988) 在非常一般的休假策略下给出 M/C/1 排队的随机分解结构. 连续时间休假排队的综述论文见文献 (Doshi, 1986; Teghem, 1986; 田乃硕, 1990). Takagi(1991, 卷 1, 休假与优先权模型) 对各种休假策略的 M/G/1 排队给出了系统处理, 是涉及休假排队的第一本专著. 田乃硕 (2001) 出版了《休假随机服务系统》一书, 不仅对 M/G/1 型休假系统, 而且对各种 GI/M/1 和多服务台休假排队系统, 均给出了详细论述. 新近出版的专著 (Tian et al., 2006), 以随机分解为核心, 构建了休假排队理论框架; 对国内外休假排队研究 30 年的主要成果, 给出了系统地论述, 其中包括离散时间休假排队, 也包括休假策略的优化和休假排队模型的应用.

连续时间休假排队的许多成果, 都随时被移植到离散时间系统. 田乃硕 (1993) 研究了 Geom/G/1(ES, MV). Takagi(1993, 卷 3, 离散时间模型) 系统地处理各种 Geom/G/1 型休假排队, 包括空竭和非空竭服务的大量休假模型. 4.2.4 节的多级适应性休假策略由田乃硕 (1992) 对 M/G/1 系统引入, 离散时间多级适应性休假系统的研究见文献 (Zhang et al., 2001). 马占友与田乃硕 (2002), 韦才敏与田乃硕 (2002) 讨论了既有启动期又有休假机制的 Geom/G/1. Fiems 与 Bruneel(2002), Chang 与 Choi(2005) 研究了成批到达和有限等待场所的 Geom/G/1 休假模型. 2.2.1 节的边界状态变体见文献 (田乃硕, 2001; 马占友, 2004).

对非空竭服务 Geom/G/1 系统, Takagi 与 Leung(1994) 研究了一类限量服务休假系统, Ishizaki(1995) 讨论了优先权和闸门服务的休假模型, Fiems, Vuyst 与 Bruneel(2002) 研究了一个空竭–闸门组合策略的休假排队. §4.3 只介绍了若干简单的非空竭服务休假系统, 更多的变化和更详细的处理可在文献 (Takagi, 1993, 卷 3) 中找到. 最近, Ma 与 Tian(2005(a), (b), 2007) 把多级适应性休假策略引入到非空竭服务系统分析, 研究了一系列 NS 型多级适应性休假 Geom/G/1 模型. Alfa(1998,2003) 使用矩阵分析方法, 处理了一系列 DMAP/G/1 离散时间休假系统, 其中休假时间可以服从一个离散 PH 分布.

离散时间 Geom/G/1 型排队广泛应用于计算机系统和数字通信网络性能分析. 早期工作见文献 (Chu et al., 1972; Kobayashi et al., 1977; Bharah-Kumar, 1980; Rubin et al., 1983) 等. Konheim 与 Melster(1974), Swarz(1980) 使用 Geom/G/1 建立了包传输模型. Takagi 与 Leung(1994) 将非空竭服务休假系统用于多媒体通信系统的接入分析. 用连续时间休假排队进行虚通道分析的工作见文献 (Hassan et al., 1997; Niu et al., 1998,1999; Niu et al, 2003). §4.4 中使用离散时间休假排队的虚通道分析方法更加简单和方便, 这一工作属于金顺福与田乃硕 (2004). 最近出版的《交换虚通道 VC 性能分析》(金顺福, 2007) 使用离散时间休假排队发展了 VC 性能分析的系统的理论框架.

第 5 章　GI/Geom/c 型离散时间排队

本章讨论到达间隔服从一般分布的离散时间排队. 首先给出 GI/Geom/1 模型的分析, 它是 Geom/G/1 排队的"对偶"模型. 然后引入 GI/M/1 型结构矩阵及矩阵几何解方法, 这是由 Neuts(1981) 等发展起来的随机模型矩阵解析方法的重要组成部分, 作为 GI/Geom/1 型休假排队系统分析的工具. §5.3 给出多重休假 GI/Geom/1 排队的详尽处理. 最后, 研究多服务台的 GI/Geom/c 系统.

§ 5.1　GI/Geom/1 排队系统

5.1.1　嵌入 MC 和状态分类

在 GI/Geom/1 系统中, 顾客到达间隔是相互独立同分布的正整值随机变量, 记为 T, 有概率分布和 PGF:

$$a_k = P\{T = k\}, \quad k \geqslant 1; \quad H(z) = \sum_{k=1}^{\infty} z^k a_k.$$

顾客服务时间 S 相互独立并服从几何分布

$$b_k = P\{S = k\} = \mu\bar{\mu}^{k-1}, \quad k \geqslant 1; \quad \bar{\mu} = 1 - \mu.$$

假设到达间隔与服务时间相互独立、单服务台、FIFO 排队规则.

为了方便, 本节讨论早到系统. 潜在的到达发生于时隙首端 (n, n^+) 处, 服务结束只能发生于时隙末端 (n^-, n) 处. 正如 Hunter(1983) 和 Chaudhry 等 (1996) 指出的, 对 GI/Geom/1 型排队, 早到系统与有直接入口的晚到系统具有完全相同的稳态指标. 以 $\{Q_n, n \geqslant 0\}$ 表示时隙分点 n 处观察到的队长 (在场顾客数) 过程, 因为到达间隔服从一般分布, $\{Q_n, n \geqslant 0\}$ 通常不是一个 MC. 当时刻 n 落在某到达间隔之内时, Q_n 的值不足以确定队长过程未来的演化, 还要取决于时刻 n 处剩余到达间隔的长度. 剩余到达间隔分布依赖于已经经历过的一段间隔 (历史). 因此, 不满足"现在"决定"将来"的 Markov 性质. 为了得到一个 MC, 以 τ_n 表示第 n 个到达时刻, 并约定 $\tau_0 = 0$, 计时原点 $n = 0$ 是一个到达间隔的始点. $\{\tau_n, n \geqslant 0\}$ 是队长过程的再生点集, 设 $L_n^- = Q(\tau_n^-)$ 表示第 n 个到达时刻前夕系统中顾客数, $\{L_n^-, n \geqslant 0\}$ 是一个 MC, 称为嵌入在到达时刻的队长过程.

按早到系统的约定, 如果 (n,n^+) 处发生第 k 顾客到达, 即 $\tau_k^- = n$, 则 L_k^- 指时刻 n 观察到的系统中顾客数. (n^-,n) 处离去的顾客 (如果有) 与 (n,n^+) 处到达的顾客两者均不计入 L_k^-.

为表出 MC$\{L_n^-, n \geqslant 0\}$ 的转移概率, 记

$$k_j = \sum_{r=j}^{\infty} a_r \binom{r}{j} \mu^j \bar{\mu}^{r-j}, \quad j \geqslant 0.$$

k_j 是一个到达间隔 T 内恰好完成 j 个顾客服务的概率, $\{k_j, j \geqslant 0\}$ 是一个概率分布, 有 PGF:

$$\begin{aligned}
B(z) &= \sum_{j=0}^{\infty} z^j k_j \\
&= \sum_{j=0}^{\infty} \sum_{r=j}^{\infty} a_r \binom{r}{j} \mu^j \bar{\mu}^{r-j} \\
&= \sum_{r=1}^{\infty} a_r \sum_{j=0}^{r} \binom{r}{j} (z\mu)^j \bar{\mu}^{r-j} \\
&= \sum_{r=1}^{\infty} a_r (\bar{\mu} + \mu z)^r \\
&= H[1-\mu(1-z)].
\end{aligned}$$

一个到达间隔内完成顾客服务的平均数是

$$B'(1) = \sum_{j=1}^{\infty} j k_j = \mu E(T) = \frac{E(T)}{E(S)} = \rho^{-1},$$

其中 $\rho = E(S)/E(T)$ 称为系统负载或流通强度. 又记

$$h_j = 1 - \sum_{r=0}^{j} k_r, \quad j \geqslant 0,$$

h_j 是一个到达间隔大于 j 个服务时间之和的概率. 现在, MC $\{L_n^-, n \geqslant 0\}$ 的转移概率矩阵可表为

$$\widetilde{\boldsymbol{P}} = \begin{bmatrix}
h_0 & k_0 & & & & \\
h_1 & k_1 & k_0 & & & \\
h_2 & k_2 & k_1 & k_0 & & \\
h_3 & k_3 & k_2 & k_1 & k_0 & \\
\vdots & \vdots & \vdots & \vdots & \vdots & \ddots
\end{bmatrix}. \tag{5.1.1}$$

依据转移概率阵 (5.1.1), 可给出 MC 的状态分类.

定理 5.1.1 MC$\{L_n^-, n \geqslant 0\}$ 是不可约的, 当且仅当 $0 < k_0 \leqslant k_0 + k_1 < 1$, 当 MC 不可约时, 它是非周期的.

证明 若 $k_0 = 0$, 则 $h_0 = 1$, 状态 0 是吸收的, MC 可约. 若 $k_0 + k_1 = 1$, 对一切 $i \geqslant 2, k_i = 0$ 且 $h_i = 0$. 由转移概率阵 (5.1.1) 的结构, 对 $i \geqslant 2, j \geqslant i$, 由状态 i 不能到达状态 j. 因此, MC 不是不可约的.

若 $k_0 > 0$ 且 $k_0 + k_1 < 1$, 必存在 $r \geqslant 2$, 使 $k_r > 0$, 这蕴含着所有的状态是互通的. 事实上, 因 $k_0 > 0$ 及 $\widetilde{\boldsymbol{P}}$ 的结构, 对 $i < j$, 路径 $i \to i+1 \to \cdots \to j$, 有概率 $k_0^{j-i} > 0$, 从状态 i 可达状态 j. 对 $i > j$ 和 $i = j$, 可通过状态 $r(k_r > 0)$ 构造适当的路径, 使之有正概率.

当 MC 不可约时, $p_{00} = 1 - k_0 > 0$, 状态 0 是非周期的. 又因为所有状态互通, 非周期性是类性质, MC 是非周期的. □

今后, 设 MC$\{L_n^-, n \geqslant 0\}$ 是不可约、非周期的.

定理 5.1.2 不可约、非周期的 MC$\{L_n^-, n \geqslant 0\}$ 是正常返的, 当且仅当 $\rho < 1$.

证明 充分性的证明使用 Foster 引理 2.4.1. 考虑方程组

$$\sum_{i=0}^{\infty} x_i p_{ij} = x_j, \quad j \geqslant 0. \tag{5.1.2}$$

取 $x_i = s^i, i \geqslant 0, s$ 待定. 对 $j \geqslant 1$, (5.1.2) 导致

$$\sum_{i=j-1}^{\infty} s^i k_{i-j+1} = s^j, \quad j \geqslant 1.$$

等价地

$$\sum_{i=j-1}^{\infty} s^{i-j+1} k_{i-j+1} = B(s) = s,$$

其中 $B(s) = H[1 - \mu(1-s)]$ 是分布 $\{k_j, j \geqslant 0\}$ 的 PGF. 注意到 $k_0 < 1, B'(1) = \rho^{-1} > 1$, 由引理 2.7.1, 方程 $B(s) = s$ 在 $(0,1)$ 内有唯一的根 $s = \alpha$. 为证 $x_i = \alpha^i$ 是 (5.1.2) 的一组解, 还需对 $j = 0$ 验证 (5.1.2). 对 $j = 0$, 有

$$\begin{aligned}
\sum_{i=0}^{\infty} \alpha^i p_{i0} &= \sum_{i=0}^{\infty} \alpha^i \sum_{j=i+1}^{\infty} k_j = \sum_{j=1}^{\infty} k_j \sum_{i=0}^{j-1} \alpha^i \\
&= \frac{1}{1-\alpha} \sum_{j=1}^{\infty} k_j (1 - \alpha^j) = \frac{1}{1-\alpha} \left[1 - k_0 - B(\alpha) + k_0\right] \\
&= \frac{1 - B(\alpha)}{1-\alpha} = \frac{1-\alpha}{1-\alpha} = 1 = \alpha^0.
\end{aligned}$$

综上, 当 $\rho<1$ 时, $x_i=\alpha^i, i\geqslant 0$ 是 (5.1.2) 的满足 $\sum_{i=0}^{\infty}\alpha^i=(1-\alpha)^{-1}$ 的解, 由引理 2.4.1, MC 是正常返的.

必要性可证明如下. 设 $\rho\geqslant 1$, 考察不等式

$$\sum_{i=0}^{\infty}x_i p_{ij}\leqslant x_j,\quad j\geqslant 0. \tag{5.1.3}$$

取 $x_i\equiv 1$, 代入上式有

$$\sum_{i=0}^{\infty}x_i p_{ij}=\sum_{i=j-1}^{\infty}k_{i-j+1}=1\leqslant x_j=1,\quad j\geqslant 1,$$

$$\sum_{i=0}^{\infty}x_i p_{i0}=\sum_{j=1}^{\infty}\sum_{i=0}^{j-1}k_j=\sum_{j=1}^{\infty}jk_j=\rho^{-1}\leqslant x_0=1,\quad j=0.$$

因此, $x_i\equiv 1, i\geqslant 0$ 是不等式组 (5.1.3) 的解, 但 $\sum_{i=0}^{\infty}|x_i|=\infty$. 由引理 2.4.1 的后半部分, $\rho\geqslant 1$ 时 MC 绝不是正常返的. □

还可以给出更精细的状态分类结果: MC 是非常返的当且仅当 $\rho>1$; MC 是零常返的当且仅当 $\rho=1$. 详见文献 (Hunter, 1983, 卷 2)[240−246].

5.1.2 稳态指标分析

设 $\rho<1$, L^- 表示 L_n^- 的稳态极限, 称为到达前夕的稳态队长. 记

$$\pi_j^-=P\{L^-=j\}=\lim_{n\to\infty}P\{L_n^-=j\},\quad j\geqslant 0.$$

$\{\pi_j^-, j\geqslant 0\}$ 称为到达前夕的稳态队长分布.

定理 5.1.3 $\rho<1$ 时, GI/Geom/1 系统到达前夕稳态队长分布是

$$\pi_j^-=(1-\alpha)\alpha^j,\quad j\geqslant 0, \tag{5.1.4}$$

其中 α 是方程 $z=B(z)=H[1-\mu(1-z)]$ 在 $(0,1)$ 内唯一的根.

证明 由定理 5.1.2, $\rho<1$ 时 MC$\{L_n^-, n\geqslant 0\}$ 正常返, 存在唯一的平稳分布 $(\pi_j^-, j\geqslant 0)$. 平衡方程和转移概率阵 (5.1.1) 给出

$$\pi_0^-=\sum_{i=0}^{\infty}\pi_i^- h_i,\quad \pi_j^-=\sum_{i=j-1}^{\infty}\pi_i^- k_{i-j+1},\quad j\geqslant 1. \tag{5.1.5}$$

另一方面, $\rho<1$ 时, 方程 $z=B(z)$ 在 $(0,1)$ 内有唯一的根 $z=\alpha$. 我们将验证 $\pi_j^-=K\alpha^j, j\geqslant 0$, 满足平衡方程 (5.1.5), 其中 $K>0$ 是待定常数. 首先, 对 $j\geqslant 1$,

有

$$\begin{aligned}\sum_{i=j-1}^{\infty}\pi_i^- k_{i-j+1} &= K\sum_{i=j-1}^{\infty}\alpha^i k_{i-j+1}\\ &= K\alpha^{j-1}\sum_{i=j-1}^{\infty}\alpha^{i-j+1}k_{i-j+1} = K\alpha^{j-1}B(\alpha)\\ &= K\alpha^j = \pi_j^-,\quad j\geqslant 1.\end{aligned}$$

当 $j=0$ 时, 对 (5.1.5) 的前式, 有

$$\begin{aligned}\sum_{i=0}^{\infty}\pi_i^- h_i &= K\sum_{i=0}^{\infty}\alpha^i\sum_{j=i+1}^{\infty}k_j\\ &= K\sum_{j=1}^{\infty}k_j\sum_{i=0}^{j-1}\alpha^i\\ &= K\frac{1}{1-\alpha}\sum_{j=0}^{\infty}k_j(1-\alpha^j)\\ &= \frac{1-B(\alpha)}{1-\alpha}K = K = \pi_0^-.\end{aligned}$$

由正规化条件 $\sum_{j=0}^{\infty}\pi_j^- = 1$, 可确定 $K=\pi_0^- = 1-\alpha$. 最后, 由稳态分布的唯一性, 我们证明了 (5.1.4) 是到达前夕稳态队长 L^- 的分布. □

稳态下到达前夕系统中平均顾客数是

$$E(L^-) = \frac{\alpha}{1-\alpha}.$$

以 W 和 $W(s)$ 表示 GI/Geom/1 排队系统中稳态下顾客的等待时间及其 PGF, 并记

$$\lambda = \bar{\mu} + \alpha\mu = 1-\mu(1-\alpha).$$

定理 5.1.4 $\rho < 1$ 时, GI/Geom/1 排队中稳态等待时间 W 服从修正的几何分布

$$\begin{aligned}&P\{W=0\} = 1-\alpha,\\ &P\{W=k\} = \alpha(1-\lambda)\lambda^{k-1},\quad k\geqslant 1.\end{aligned}\tag{5.1.6}$$

证明 稳态下顾客不需要等待的概率是

$$P\{W=0\} = \pi_0^- = 1-\alpha.$$

顾客到达遇 $L^- = k, k \geqslant 1$, 其条件等待时间 W_k 是前面 k 个顾客服务时间的独立和, 有 PGF:

$$W_k(s) = \left(\frac{\mu s}{1-\bar{\mu}s}\right)^k, \quad k \geqslant 1.$$

使用 (5.1.4) 及全概率公式, 有

$$\begin{aligned} W(s) &= \sum_{k=0}^{\infty} s^k P\{W = k\} \\ &= 1 - \alpha + \sum_{k=1}^{\infty} \pi_k^- W_k(s) \\ &= (1-\alpha)\left[1 + \sum_{k=1}^{\infty} \alpha^k \left(\frac{\mu s}{1-\bar{\mu}s}\right)^k\right] \\ &= \frac{(1-\alpha)(1-\bar{\mu}s)}{1-[1-\mu(1-\alpha)]s} \\ &= \frac{(1-\alpha)(1-\bar{\mu}s)}{1-\lambda s}. \end{aligned}$$

将 $W(s)$ 展开成 s 的幂级数, 给出等待时间 W 的分布 (5.1.6). □

以 $D, D(s)$ 表示稳态下顾客在系统中的逗留时间及其 PGF, 逗留时间是等待时间与服务时间的独立和 $D = W + S$, 因此

$$\begin{aligned} D(s) &= W(s)S(s) \\ &= \frac{(1-\alpha)(1-\bar{\mu}s)}{1-\lambda s}\frac{\mu s}{1-\bar{\mu}s} \\ &= \frac{\mu(1-\alpha)s}{1-\lambda s} \\ &= \frac{(1-\lambda)s}{1-\lambda s}. \end{aligned}$$

将 $D(s)$ 展开成 s 的幂级数可知, 逗留时间 D 服从参数 λ 的几何分布

$$P\{D = k\} = (1-\lambda)\lambda^{k-1}, \quad k \geqslant 1. \tag{5.1.7}$$

由 (5.1.6) 和 (5.1.7), 容易给出下列均值公式

$$E(W) = \frac{\alpha}{\mu(1-\alpha)}, \quad E(D) = \frac{1}{\mu(1-\alpha)}.$$

GI/Geom/1 排队的忙期分析是相当繁杂的. 对晚到有延迟入口的 GI/Geom/1 排队, Bhat(1968) 导出了忙期长度与该忙期内服务顾客数的联合分布. $g_k(n)$ 表示

由顾客到达空闲服务台引起的忙期长度为 n, 该忙期内服务顾客数为 k 的联合概率, Bhat(1968) 证明了

$$g_1(n) = \mu\bar{\mu}^{n-1}\sum_{r=n+1}^{\infty} a_r,$$

$$g_k(n) = \mu^k\bar{\mu}^{n-k}\frac{1}{k-1}\binom{n-2}{k-2}\sum_{m=0}^{n-1}\sum_{r=n-m}^{\infty}(n-m-1)a_m^{(k-1)}a_r, \quad n \geqslant k \geqslant 2,$$

式中 $\{a_n^{(k)}\}$ 是到达间隔分布的 k 重卷积.

5.1.3 不同时刻的稳态分布

5.1.2 节的结果也可使用补充变量法给出, 这一方法的优点是能同时导出不同时刻的稳态分布及相互关系. 首先讨论早到系统, 在文献 (Gravey et al., 1992) 中, 也称为到达在先 (arrival first, AF). 除了到达前夕的稳态队长分布, 我们还考察任意时隙分点与外部观察时刻的稳态队长分布. 这些不同观察时刻如图 5.1.1 所示.

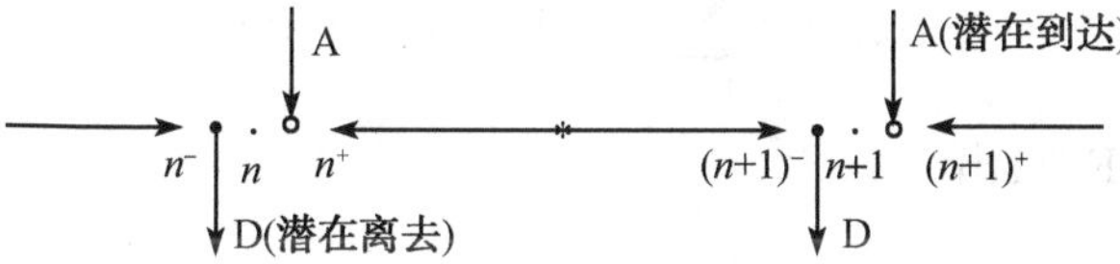

图 5.1.1 早到系统不同观察时刻

○: 潜在到达时刻; ●: 潜在离去时刻; ∗: 外部观察时刻; n: 时隙分点

以 Q_n 表示时隙分点 n 处系统中顾客数. 正如 5.1.1 节指出的, $\{Q_n, n \geqslant 0\}$ 通常不是一个 MC. 可以通过引入另一个随机变量, 构造一个二维 MC. 设 U_n 表示时刻 n 处的剩余到达间隔, $\{(Q_n, U_n), n \geqslant 0\}$ 是二维 Markov 链. 通过添加新的随机变量构造 MC 的方法, 称为补充变量法. 记

$$\pi_k(n,u) = P\{Q_n = k, U_n = u\}, \quad k \geqslant 0, \quad u \geqslant 0.$$

考察相邻两个时隙分点处可能发生的变化, 对 $u \geqslant 1$, 有

$$\begin{cases} \pi_0(n+1,u-1) = \pi_0(n,u) + \mu\pi_1(n,u) + \mu a_u\pi_0(n,0), \\ \pi_k(n+1,u-1) = \bar{\mu}\pi_k(n,u) + \bar{\mu}a_u\pi_{k-1}(n,0) \\ \qquad\qquad +\mu\pi_{k+1}(n,u) + \mu a_u\pi_k(n,0), \quad k \geqslant 1. \end{cases}$$

设

$$\pi_k(u) = \lim_{n\to\infty}\pi_k(n,u), \quad k \geqslant 0, \quad u \geqslant 0,$$

$\pi_k(u)$ 是稳态下一个时隙分点处恰有 k 个顾客在场, 并且剩余到达间隔为 u 的联合概率. 稳态下任一时隙分点处恰有 k 个顾客在场的概率是

$$\pi_k = \sum_{u=0}^{\infty} \pi_k(u), \quad k \geqslant 0.$$

$\{\pi_k, k \geqslant 0\}$ 称为时隙分点处的稳态队长分布. 上述差分方程中令 $n \to \infty$, 得到

$$\begin{cases} \pi_0(u-1) = \pi_0(u) + \mu\pi_1(u) + \mu a_u \pi_0(0), \\ \pi_k(u-1) = \bar{\mu}\pi_k(u) + \bar{\mu} a_u \pi_{k-1}(0) \\ \qquad\qquad + \mu\pi_{k+1}(u) + \mu a_u \pi_k(0), \quad k \geqslant 1. \end{cases} \tag{5.1.8}$$

引入 PGF

$$\pi_k(z) = \sum_{u=0}^{\infty} \pi_k(u) z^u, \quad H(z) = \sum_{u=0}^{\infty} a_u z^u.$$

显然有

$$\pi_k(1) = \sum_{u=0}^{\infty} \pi_k(u) = \pi_k, \quad k \geqslant 0.$$

对 (5.1.8) 取 PGF, 给出

$$\begin{cases} (z-1)\pi_0(z) = \mu\pi_1(z) - \mu\pi_1(0) + \pi_0(0)[\mu H(z) - 1], \\ (z-\bar{\mu})\pi_k(z) = \mu\pi_{k-1}(z) + \pi_k(0)[\mu H(z) - \bar{\mu}] \\ \qquad\qquad + \bar{\mu} H(z)\pi_{k-1}(0) - \mu\pi_{k+1}(0), \quad k \geqslant 1. \end{cases} \tag{5.1.9}$$

将 (5.1.9) 对 k 求和, 得到

$$\sum_{k=0}^{\infty} \pi_k(0) = \frac{z-1}{H(z)-1} \sum_{k=0}^{\infty} \pi_k(z).$$

该式中令 $z \to 1$, 有

$$\sum_{k=0}^{\infty} \pi_k(0) = \frac{1}{E(T)}, \tag{5.1.10}$$

式中 $E(T) = H'(1)$ 是平均到达间隔, (5.1.10) 左端是稳态下一个时隙分点处即将发生一个到达的概率 (到达率). $\{\pi_k(0), k \geqslant 0\}$ 可用于表出到达前夕的稳态队长分布, 它们之间的关系是

$$\pi_k^- = \frac{\pi_k(0)}{\sum\limits_{n=0}^{\infty} \pi_n(0)} = E(T)\pi_k(0), \quad k \geqslant 0. \tag{5.1.11}$$

定理 5.1.5 $\rho<1$ 时, GI/Geom/1 排队中时隙分点处稳态队长是

$$\begin{cases}\pi_0=1-\rho[1-\mu(1-\alpha)],\\ \pi_k=\rho[1-\mu(1-\alpha)](1-\alpha)\alpha^{k-1}, \quad k\geqslant 1.\end{cases}\tag{5.1.12}$$

证明 (5.1.9) 中取 $z=1$, 适当移项给出

$$\begin{cases}\mu\pi_1-\mu\pi_1(0)-\bar{\mu}\pi_0(0)=0,\\ \mu\pi_k-\mu\pi_k(0)-\bar{\mu}\pi_{k-1}(0)=\mu\pi_{k+1}-\mu\pi_{k+1}(0)-\bar{\mu}\pi_k(0), \quad k\geqslant 1.\end{cases}$$

因此, 对一切 $k\geqslant 1$, 有

$$\mu\pi_k=\mu\pi_k(0)+\bar{\mu}\pi_{k-1}(0), \quad k\geqslant 1.\tag{5.1.13}$$

(5.1.13) 对 k 求和, 应用 (5.1.10) 和 (5.1.11), 并注意到 $\pi_0^-=1-\alpha$, 给出

$$\pi_0=1-\rho[1-\mu(1-\alpha)].$$

对 $k\geqslant 1$, 在 (5.1.13) 中应用关系式 (5.1.11), 得到

$$\pi_k=\rho\mu\pi_k^-+\rho\bar{\mu}\pi_{k-1}^-, \quad k\geqslant 1.$$

将 $\pi_k^-=(1-\alpha)\alpha^{k-1}$ 代入上式, 给出 (5.1.12). □

现在考察外部观察时刻的稳态队长分布, 记为 $\{\pi_k^*, k\geqslant 0\}$. 在一个时隙上的外部观察时刻, 落在潜在到达时刻之后和潜在离去时刻之前. 将外部观察时刻与相邻时隙分点的状态联系起来, 容易建立关系式

$$\pi_k=\begin{cases}\pi_0^*+\mu\pi_1^*, & k=0,\\ \bar{\mu}\pi_k^*+\mu\pi_{k+1}^*, & k\geqslant 1.\end{cases}\tag{5.1.14}$$

注意到, 在任意有限时段上, 上穿和下穿水平 n 的次数至多相差 1, 因此 $a^{-1}\pi_{n-1}^-=\mu\pi_n^*$, 或者 $\pi_n^*=\rho\pi_{n-1}^-, n\geqslant 1$. 当 $k\geqslant 1$ 时, 这就给出

$$\pi_k^*=\rho\pi_{k-1}^-=\rho(1-\alpha)\alpha^{k-1}, \quad k\geqslant 1.$$

对 $k=0$, 应用 (5.1.4) 前式及 $\pi_1^*=\rho\pi_0^-$, 得到

$$\pi_0^*=\pi_0-\rho\mu\pi_0^-=1-\rho.$$

综上, 外部观察时刻的稳态队长分布是

$$\begin{cases}\pi_0^*=1-\rho,\\ \pi_k^*=\rho(1-\alpha)\alpha^{k-1}, \quad k\geqslant 1.\end{cases}\tag{5.1.15}$$

5.1.4　晚到系统

现在, 使用补充变量方法分析有延迟入口的晚到 GI/Geom/1 排队系统. 此时, 潜在到达发生于时隙末端 (n^-, n) 处, 潜在离去发生在时隙首端 (n, n^+) 处. 在文献 (Gravey et al., 1992) 中, 称为离去在先 (departure first, DF). 延迟入口指顾客到达遇空闲服务台, 他的服务将在下一个时隙首端开始. 我们将讨论顾客到达前夕, 任意时隙分点前夕和外部观察时刻的队长分布. 对晚到有延迟入口系统, 这些不同时刻如图 5.1.2 所示.

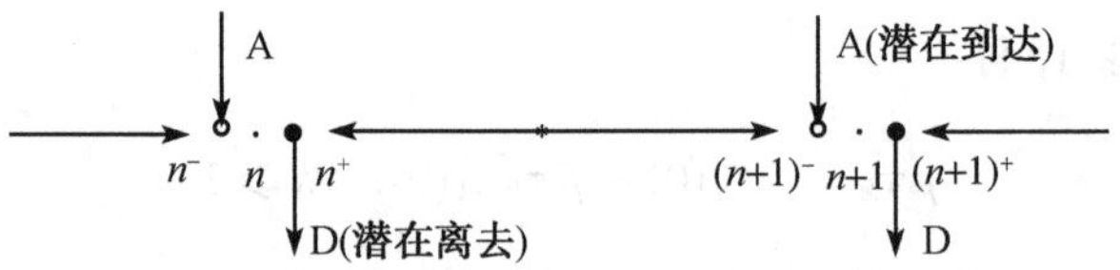

图 5.1.2　延迟入口晚到系统中不同时刻

○: 潜在到达时刻; ●: 潜在离去时刻; ∗: 外部观察时刻; n: 时隙分点

Q_n^- 表示时隙分点 (潜在到达) 前夕 n^- 处系统中顾客数, U_n^- 是时刻 n^- 的剩余到达间隔 (补充变量), $\{(Q_n^-, U_n^-), n \geqslant 0\}$ 是二维 MC. 记

$$p_k(n,u) = P\{Q_n^- = k, U_n^- = u\}, \quad k \geqslant 0, \quad u \geqslant 0.$$

考虑 n^- 与 $(n+1)^-$ 之间可能发生的变化, 注意到服务时间是严格正的 (延迟入口), 有

$$\begin{cases} p_0(n+1,u-1) = p_0(n,u) + \mu p_1(n,u), \\ p_1(n+1,u-1) = \bar{\mu} p_1(n,u) + a_u p_0(n,0) \\ \qquad\qquad + \mu p_2(n,u) + \mu a_u p_1(n,0), \\ p_k(n+1,u-1) = \bar{\mu} p_k(n,u) + \bar{\mu} a_u p_{k-1}(n,0) \\ \qquad\qquad + \mu p_{k+1}(n,u) + \mu a_u p_k(n,0), \quad k \geqslant 2. \end{cases} \tag{5.1.16}$$

记

$$p_k(u) = \lim_{n\to\infty} p_k(n,u), \quad k \geqslant 0, \quad u \geqslant 0.$$

$p_k(u)$ 是稳态下任意时隙分点前夕有 k 个顾客在场, 并且剩余到达间隔等于 u 的联合概率. 求边缘分布

$$p_k = \sum_{u=0}^{\infty} p_k(u), \quad k \geqslant 0,$$

$\{p_k, k \geqslant 0\}$ 是稳态下时隙分点前夕的队长分布. 引入 PGF:

$$\widetilde{p}_k(z) = \sum_{u=0}^{\infty} p_k(u) z^u, \quad k \geqslant 0.$$

类似于 5.1.3 节, 由 (5.1.16) 给出

$$\begin{cases} (z-1)\widetilde{p}_0(z) = \mu\widetilde{p}_1(z) - \mu p_1(0) - p_0(0), \\ (z-\bar{\mu})\widetilde{p}_1(z) = \mu\widetilde{p}_2(z) + H(z)p_0(0) \\ \qquad\qquad +[\mu H(z) - \bar{\mu}]p_1(0) - \mu p_2(0), \\ (z-\bar{\mu})\widetilde{p}_k(z) = \mu\widetilde{p}_{k+1}(z) + [\mu H(z) - \bar{\mu}]p_k(0) \\ \qquad\qquad +\bar{\mu}H(z)p_{k-1}(0) - \mu p_{k+1}(0), \quad k \geqslant 2. \end{cases} \tag{5.1.17}$$

类似于 (5.1.10) 和 (5.1.11), 可以验证

$$\sum_{k=0}^{\infty} p_k(0) = \frac{1}{E(T)},$$

$$p_k^- = \frac{p_k(0)}{\sum\limits_{n=0}^{\infty} p_n(0)} = E(T)p_k(0), \quad k \geqslant 0, \tag{5.1.18}$$

式中 p_k^- 是稳态下一个真实到达前夕有 k 个顾客在场的概率, $\{p_k^-, k \geqslant 0\}$ 称为晚到有延迟入口 GI/Geom/1 系统中到达前夕的稳态队长分布. 对早到系统, 在 5.1.2 节使用嵌入 MC 给出其到达前夕队长分布 $\{\pi_k^-, k \geqslant 0\}$, 见定理 5.1.3. 现在, 基于 (5.1.17) 和 (5.1.18), 我们导出晚到系统中到达前夕的稳态队长分布 $\{p_k^-, k \geqslant 0\}$.

定理 5.1.6 $\rho < 1$ 时, 晚到有延迟入口的 GI/Geom/1 排队中到达前夕的稳态队长分布是

$$\begin{cases} p_0^- = 1 - \lambda, \\ p_k^- = \lambda(1-\alpha)\alpha^{k-1}, \quad k \geqslant 1, \end{cases} \tag{5.1.19}$$

其中 α 是 $z = H(\bar{\mu} + \mu z)$ 在 $(0,1)$ 内的根, $\lambda = \alpha[1 - \mu(1-\alpha)]^{-1}$.

证明 引入二元母函数

$$P(z,s) = \sum_{k=0}^{\infty}\sum_{u=0}^{\infty} p_k(u) z^u s^k = \sum_{k=0}^{\infty} \widetilde{p}_k(z) s^k, \quad |z| \leqslant 1, \quad |s| \leqslant 1.$$

对 (5.1.17) 取 PGF, 给出

$$\begin{aligned} &P(z,s)\left[z - (\bar{\mu} + \frac{\mu}{s})\right] \\ &= \mu\widetilde{p}_0(z)\left(1 - \frac{1}{s}\right) + \left[H(z)(\mu + \bar{\mu}s) - \left(\bar{\mu} + \frac{\mu}{s}\right)\right]\sum_{k=0}^{\infty} p_k(0)s^k \\ &\quad + p_0(0)\left[\mu H(z)(s-1) - \mu + \frac{\mu}{s}\right]. \end{aligned}$$

该式中取 $z = \bar{\mu} + \mu s^{-1}$, 给出

$$\sum_{k=0}^{\infty} p_k(0)s^k = \frac{\mu\widetilde{p}_0(\bar{\mu} + \frac{\mu}{s})\left(\frac{1}{s} - 1\right) + p_0(0)\left[\mu + \mu H(\bar{\mu} + \frac{\mu}{s})(1-s) - \frac{\mu}{s}\right]}{H\left(\bar{\mu} + \frac{\mu}{s}\right)(\mu + \bar{\mu}s) - \left(\frac{\mu}{s} + \bar{\mu}\right)}.$$

两端乘 $E(T)$, 应用关系式 (5.1.18), 上式可改写成

$$\sum_{k=0}^{\infty} p_k^- s^k = \frac{\mu E(T)\widetilde{p}_0(\bar{\mu}+\frac{\mu}{s})\left(\frac{1}{s}-1\right)+\mu p_0^-\left[1-\frac{1}{s}+H(\bar{\mu}+\frac{\mu}{s})(1-s)\right]}{H\left(\bar{\mu}+\frac{\mu}{s}\right)(\mu+\bar{\mu}s)-\left(\frac{\mu}{s}+\bar{\mu}\right)}. \quad (5.1.20)$$

考察 (5.1.20) 分母的零点, 注意到

$$H\left(\bar{\mu}+\frac{\mu}{s}\right)(\mu+\bar{\mu}s)=\frac{1}{s}(\mu+\bar{\mu}s)$$

等价于 $H(\bar{\mu}+\mu y)=y, y=s^{-1}$. 我们知道, 当 $\rho<1$ 时, 这方程在 $(0,1)$ 内有唯一当根 $y=\alpha$. 因此, 使用解析函数方法可以证明 (Chaudhry et al., 1983)[118−120]

$$\sum_{k=1}^{\infty} p_k^- s^k = \frac{Ks}{1-\alpha s},$$

K 是待定常数. 式中取 $s=1$, 给出 $K=(1-\alpha)(1-p_0^-)$, 并有

$$p_k^- = (1-p_0^-)(1-\alpha)\alpha^{k-1}, \quad k \geqslant 1. \quad (5.1.21)$$

现在确定 p_0^-, 对早到系统, 在 (n^-, n) 处或者发生一个离去, 或者无顾客离去. 由此可给出早到与晚到系统中到达前夕稳态队长分布 $\{\pi_k^-, k\geqslant 0\}$ 与 $\{p_k^-, k\geqslant 0\}$ 之间的关系

$$\begin{cases} \pi_0^- = p_0^- + \mu p_1^-, \\ \pi_k^- = \bar{\mu} p_k^- + \mu p_{k+1}^-, \quad k\geqslant 1. \end{cases} \quad (5.1.22)$$

将 (5.1.21) 中 $k=1$ 的结果代入 (5.1.22) 前式, 注意到 $\pi_0^-=1-\alpha$, 有

$$1-\alpha = p_0^- + \mu(1-p_0^-)(1-\alpha),$$

由此给出

$$p_0^- = \frac{\bar{\mu}(1-\alpha)}{1-\mu(1-\alpha)} = 1-\lambda.$$

最后, 将 p_0^- 代入 (5.1.21), 得到

$$p_k^- = \frac{\alpha(1-\alpha)}{1-\mu(1-\alpha)}\alpha^{k-1} = \lambda(1-\alpha)\alpha^{k-1}, \quad k\geqslant 1. \qquad \square$$

定理 5.1.6 的结果, 也可使用嵌入 MC 方法得出 (Hunter, 1983, (9.4.18))[251]. 现在, 确定任意时隙分点前夕的稳态队长分布 $\{p_k, k\geqslant 0\}$. 在 (5.1.17) 中取 $z=1$, 给出关系式

$$\mu p_k = \begin{cases} \mu p_1(0) + p_0(0), & k=1, \\ \mu p_k(0) + \bar{\mu} p_{k-1}(0), & k\geqslant 2. \end{cases} \quad (5.1.23)$$

在 (5.1.20) 中令 $s \to 1$, 使用 L'Hospital 法则, 得到 $p_0 = \widetilde{p}_0(1) = 1-\rho$. (5.1.23) 两端乘 $E(T)$, 注意到 (5.1.18), 可得到晚到有延迟入口系统中真实到达前夕与潜在到达 (任意时隙分点) 前夕两个分布之间的关系

$$p_k = \begin{cases} 1-\rho, & k=0, \\ \rho\mu p_1^- + \rho p_0^-, & k=1, \\ \rho\mu p_k^- + \rho\bar{\mu} p_{k-1}^-, & k \geqslant 2. \end{cases}$$

将 (5.1.19) 代入这一关系式, 得到时隙分点前夕的稳态队长分布

$$\begin{cases} p_0 = 1-\rho, \\ p_k = \rho(1-\alpha)\alpha^{k-1}, \quad k \geqslant 1. \end{cases} \tag{5.1.24}$$

对晚到有延迟入口的 GI/Geom/1 系统, 外部观察时刻落在一个时隙中的潜在离去之后和一个潜在到达之前. 因此, 外部观察到的队长分布 $\{p_k^*, k \geqslant 0\}$ 就是潜在到达之前的队长分布 $\{p_k, k \geqslant 0\}$, 即 $p_k^* = p_k, k \geqslant 0$.

§5.2 GI/M/1 型结构矩阵

5.2.1 标准形式和矩阵几何解

由 Neuts 等发展的结构矩阵分析方法是各种复杂随机系统建模和分析的重要工具. 为了处理 GI/Geom/1 型休假排队系统, 我们简要地介绍 GI/M/1 型结构矩阵和矩阵几何解方法. 限于篇幅, 这里只叙述基本结论, 详细的证明和推导见文献 (Neuts, 1981; Latouche et al., 1999).

考虑一个二维 MC$\{(X_n, J_n), n \geqslant 0\}$, 有状态空间

$$\Omega = \{(k,j) : k \geqslant 0,\ j = 1, \cdots, m\}.$$

称 J_n 是位相随机变量, $J_n = j$ 表示时刻 n 过程在位相 j 上, $j = 1, \cdots, m$; 称状态集 $(k,1), (k,2), \cdots, (k,m)$ 为水平 k. 如果将状态按字典序排列, 其转移概率阵可写成下列分块形式

$$\widetilde{\boldsymbol{P}} = \begin{bmatrix} \boldsymbol{B}_0 & \boldsymbol{A}_0 & & & & \\ \boldsymbol{B}_1 & \boldsymbol{A}_1 & \boldsymbol{A}_0 & & & \\ \boldsymbol{B}_2 & \boldsymbol{A}_2 & \boldsymbol{A}_1 & \boldsymbol{A}_0 & & \\ \boldsymbol{B}_3 & \boldsymbol{A}_3 & \boldsymbol{A}_2 & \boldsymbol{A}_1 & \boldsymbol{A}_0 & \\ \vdots & \vdots & \vdots & \vdots & \vdots & \ddots \end{bmatrix}, \tag{5.2.1}$$

其中所有的 $\boldsymbol{A}_k, \boldsymbol{B}_k (k \geqslant 0)$ 都是 m 阶方阵, 满足

$$B_k e + \sum_{r=0}^{k} A_r e = e, \quad k \geqslant 0,$$

式中 e 是有适当维数的元素全为 1 的列向量. 这些子块的元素是转移概率

$$(B_k)_{ij} = P\{X_{n+1} = 0, J_{n+1} = j | X_n = k, J_n = i\}, \quad k \geqslant 0;$$
$$(A_k)_{ij} = P\{X_{n+1} = h+1-k, J_{n+1} = j | X_n = h, J_n = i\},$$
$$h \geqslant 0, 0 \leqslant k \leqslant h.$$

转移概率阵 (5.2.1) 是经典 GI/M/1(或 GI/Geom/1) 排队系统中嵌入 MC 转移阵 (5.1.1) 从数值元素到子块的一种推广, 因此, 称为 GI/M/1 型结构矩阵. 大量有用的随机模型都归结为 (5.2.1) 形式, 对 (5.2.1) 型 MC 进行理论分析的工作见文献 (Neuts, 1978), Neuts 发展了一套矩阵几何解方法, 用于表出 MC 的平稳分布. 文献 (Neuts, 1981) 是专门处理 GI/M/1 型结构随机系统的专著. 下面引入矩阵几何解方法的要点.

引理 5.2.1　转移概率阵形如 (5.2.1) 的不可约、非周期 MC $\{(X_n, J_n), n \geqslant 0\}$ 正常返, 则方阵方程

$$R = \sum_{k=0}^{\infty} R^k A_k \tag{5.2.2}$$

有唯一的最小非负解 R, 并且谱半径 $\mathrm{SP}(R) < 1$.

矩阵方程 (5.2.2) 是 GI/Geom/1 排队中数值方程 $s = B(s)$ 的推广, 其最小非负解 R 相当于方程 $s = B(s)$ 在 $(0,1)$ 内唯一的根. R 称为率阵 (rate matrix). Neuts(1980) 对率阵的元素给出了概率解释, $(R)_{ij}$ 是已知 MC 从状态 (r,i) 出发, 首先返回水平 r 之前, 通过状态 $(r+1,j)$ 的平均次数. 由 (5.2.1) 中 $\widetilde{P}$ 的特殊结构, 这个平均通过次数显然与 r 无关.

当 MC$\{(X_n, J_n), n \geqslant 0\}$ 正常返时, 以 (X,J) 表示 (X_n, J_n) 的稳态极限. 适应转移概率矩阵的分块结构, 将 (X,J) 的分布写成下列分段形式

$$\Pi = (\pi_0, \pi_1, \cdots, \pi_n, \cdots),$$
$$\pi_k = (\pi_{k1}, \pi_{k2}, \cdots, \pi_{km}), \quad k \geqslant 0,$$
$$\pi_{kj} = P\{X = k, J = j\} = \lim_{n\to\infty} P\{X_n = k, J_n = j\}, \quad (k,j) \in \Omega.$$

MC 的平衡方程 $\Pi\widetilde{P} = \Pi$ 和正规化条件 $\Pi e = 1$, 可通过矩阵和向量表示如下

$$\begin{cases} \pi_0 = \displaystyle\sum_{k=0}^{\infty} \pi_k B_k, \\ \pi_k = \displaystyle\sum_{j=k-1}^{\infty} \pi_j A_{j-k+1}, \quad k \geqslant 1, \\ 1 = \displaystyle\sum_{k=0}^{\infty} \pi_k e. \end{cases} \tag{5.2.3}$$

定理 5.2.2 MC$\{(X_n, J_n), n \geqslant 0\}$ 正常返当且仅当矩阵方程 (5.2.2) 的最小非负解 $\boldsymbol{R}$ 的谱半径 $\mathrm{SP}(\boldsymbol{R}) < 1$, 并且 m 阶随机矩阵

$$B(\boldsymbol{R}) = \sum_{k=0}^{\infty} \boldsymbol{R}^k \boldsymbol{B}_k$$

有正左不变向量. 当 MC 正常返时, (X, J) 的平稳分布可表为

$$\begin{cases} \boldsymbol{\pi}_k = \boldsymbol{\pi}_0 \boldsymbol{R}^k, \quad k \geqslant 0, \\ \boldsymbol{\pi}_0 = \boldsymbol{\pi}_0 B[\boldsymbol{R}], \\ \boldsymbol{\pi}_0 (\boldsymbol{I} - \boldsymbol{R})^{-1} \boldsymbol{e} = 1. \end{cases} \tag{5.2.4}$$

定理 5.2.2 给出判定 GI/M/1 结构 MC 正常返的准则, 也给出了求平稳分布的方法. 这里不给出定理的严格证明, 只作一些直观解释. 首先, 容易证实 $B[\boldsymbol{R}]$ 确是一个 m 阶随机阵. 注意到

$$\boldsymbol{B}_k \boldsymbol{e} = \boldsymbol{e} - \sum_{r=0}^{k} \boldsymbol{A}_r \boldsymbol{e}, \quad k \geqslant 0.$$

有

$$\begin{aligned} B[\boldsymbol{R}]\boldsymbol{e} &= \sum_{k=0}^{\infty} \boldsymbol{R}^k \boldsymbol{B}_k \boldsymbol{e} = \sum_{k=0}^{\infty} \boldsymbol{R}^k \Big(\boldsymbol{I} - \sum_{r=0}^{k} \boldsymbol{A}_r\Big)\boldsymbol{e} \\ &= (\boldsymbol{I} - \boldsymbol{R})^{-1}\boldsymbol{e} - \sum_{r=0}^{\infty} \left(\sum_{k=r}^{\infty} \boldsymbol{R}^k\right) \boldsymbol{A}_r \boldsymbol{e} \\ &= (\boldsymbol{I} - \boldsymbol{R})^{-1}\boldsymbol{e} - (\boldsymbol{I} - \boldsymbol{R})^{-1} \sum_{r=0}^{\infty} \boldsymbol{R}^r \boldsymbol{A}_r \boldsymbol{e} \\ &= (\boldsymbol{I} - \boldsymbol{R})^{-1}\boldsymbol{e} - (\boldsymbol{I} - \boldsymbol{R})^{-1} \boldsymbol{R}\boldsymbol{e} \\ &- (\boldsymbol{I} - \boldsymbol{R})^{-1} (\boldsymbol{I} - \boldsymbol{R})\boldsymbol{e} = \boldsymbol{e}. \end{aligned}$$

这就证明了 $B[\boldsymbol{R}]$ 是随机阵. 其次, 容易验证 $\boldsymbol{\pi}_k = \boldsymbol{\pi}_0 \boldsymbol{R}^k, k \geqslant 0$ 满足平衡方程. 事实上, 直接代入给出

$$\boldsymbol{\pi}_0 = \boldsymbol{\pi}_0 B[\boldsymbol{R}] = \sum_{k=0}^{\infty} \boldsymbol{\pi}_0 \boldsymbol{R}^k \boldsymbol{B}_k = \sum_{k=0}^{\infty} \boldsymbol{\pi}_k \boldsymbol{B}_k.$$

这就验证了 (5.2.3) 前式. 另外, 有

$$\begin{aligned} \sum_{j=k-1}^{\infty} \boldsymbol{\pi}_j \boldsymbol{A}_{j-k+1} &= \boldsymbol{\pi}_0 \sum_{j=k-1}^{\infty} \boldsymbol{R}^j \boldsymbol{A}_{j-k+1} \\ &= \boldsymbol{\pi}_0 \boldsymbol{R}^{k-1} \sum_{j=k-1}^{\infty} \boldsymbol{R}^{j-k+1} \boldsymbol{A}_{j-k+1} = \boldsymbol{\pi}_0 \boldsymbol{R}^{k-1} \sum_{r=0}^{\infty} \boldsymbol{R}^r \boldsymbol{A}_r \\ &= \boldsymbol{\pi}_0 \boldsymbol{R}^{k-1} \boldsymbol{R} = \boldsymbol{\pi}_k, \quad k \geqslant 1. \end{aligned}$$

因此, 满足 (5.2.3) 中第二式, 第三式是正规化条件. 由平稳分布的唯一性, $\boldsymbol{\pi}_k = \boldsymbol{\pi}_0\boldsymbol{R}^k(k \geqslant 0)$ 是 MC 的平稳分布.

形如 (5.2.4) 的概率分布称为矩阵几何分布, 它是通常的几何分布从数值参数到矩阵参数到一种推广. 使用矩阵几何分布表出 MC 稳态特性的过程称为矩阵几何解方法. 求解矩阵方程 (5.2.2) 并非易事, Neuts(1981) 给出了计算率阵 $\boldsymbol{R}$ 的迭代程序和误差估计方法. 在多数情况下不能给出 $\boldsymbol{R}$ 的解析表达式, 这并不是致命的缺欠. 回顾简单的 GI/Geom/1 系统分析, 对数值方程 $z = B(z)$ 在 $(0,1)$ 内的根, 在多数情况下也只能由数值方法确定. 然而, 庆幸地是, 当使用矩阵几何解处理 GI/Geom/1 型休假排队时, 我们能够得到率阵 $\boldsymbol{R}$ 的解析表达式.

当率阵 $\boldsymbol{R}$ 不能显式表出时, 如何判定 $\mathrm{SP}(\boldsymbol{R}) < 1$, 我们提供下列不需计算谱半径的直接方法. 记

$$\boldsymbol{A} = \sum_{k=0}^{\infty} \boldsymbol{A}_k,$$

在具体模型中, 通常可验证 $\boldsymbol{Ae} = \boldsymbol{e}$, $\boldsymbol{A}$ 是 m 阶随机阵. 以 $\boldsymbol{\pi}^*$ 表示 $\boldsymbol{A}$ 的平稳概率向量, 满足 $\boldsymbol{\pi}^* = \boldsymbol{\pi}^*\boldsymbol{A}, \boldsymbol{\pi}^*\boldsymbol{e} = 1$. 又定义列向量

$$\boldsymbol{\beta} = \sum_{k=1}^{\infty} k\boldsymbol{A}_k\boldsymbol{e}.$$

引理 5.2.3 若 $\boldsymbol{A}$ 不可约, 方程 (5.2.2) 的最小非负解 $\boldsymbol{R}$ 满足 $\mathrm{SP}(\boldsymbol{R}) < 1$, 当且仅当内积 $\boldsymbol{\pi}^*\boldsymbol{\beta} > 1$. 若 $\boldsymbol{A}$ 是可约的三角阵, $\mathrm{SP}(\boldsymbol{R}) < 1$ 当且仅当

$$\frac{\mathrm{d}}{\mathrm{d}z}\left[\sum_{k=0}^{\infty}(\boldsymbol{A}_k)_{jj}z^k\right]_{z=1} > 1$$

对 $\boldsymbol{A}$ 的对角元素 $(\boldsymbol{A})_{jj} = 1$ 及 $(\boldsymbol{A}_0)_{jj} > 0$ 的 j 成立.

对 §5.1 中的 GI/Geom/1 排队, 相当于 $m = 1$ 的退化模型. 这时, $\boldsymbol{\pi}^* = 1, \boldsymbol{\beta} = \rho^{-1}$, 引理 5.2.3 中 $\boldsymbol{A}$ 不可约时的正常返判定条件正是 $\rho^{-1} > 1$.

5.2.2 一般形式和拟生灭链

(5.2.1) 给出的所有子块都是 m 阶方阵的转移阵, 称为标准的 GI/M/1 型结构矩阵. 在大量实际应用中, 经常出现标准形式的下列变体. MC$\{(X_n, J_n), n \geqslant 0\}$ 有状态空间

$$\Omega = \{(0,j) : 1 \leqslant j \leqslant m_1\} \cup \{(k,j) : k \geqslant 1, 1 \leqslant j \leqslant m\}.$$

过程在水平 0 上有不同的位相数, 对应的转移概率阵形如

$$\widetilde{\boldsymbol{P}}=\begin{bmatrix}\boldsymbol{B}_{00} & \boldsymbol{A}_{01} & & & & \\ \boldsymbol{B}_1 & \boldsymbol{A}_1 & \boldsymbol{A}_0 & & & \\ \boldsymbol{B}_2 & \boldsymbol{A}_2 & \boldsymbol{A}_1 & \boldsymbol{A}_0 & & \\ \boldsymbol{B}_3 & \boldsymbol{A}_3 & \boldsymbol{A}_2 & \boldsymbol{A}_1 & \boldsymbol{A}_0 & \\ \vdots & \vdots & \vdots & \vdots & \vdots & \ddots\end{bmatrix}, \tag{5.2.5}$$

其中 $\boldsymbol{B}_{00}$ 是 m_1 阶方阵, $\boldsymbol{A}_{01}$ 是 $m_1\times m$ 矩阵, $\boldsymbol{B}_k(k\geqslant 1)$ 都是 $m\times m_1$ 矩阵, $\boldsymbol{A}_k(k\geqslant 0)$ 都是 m 阶方阵. 当 $m_1\neq m$ 时, 称 (5.2.5) 为一般形式的 GI/M/1 型结构矩阵. 当 MC 正常返时, 平稳分布仍写成向量 $\boldsymbol{\pi}_0,\boldsymbol{\pi}_1,\cdots$, 但 $\boldsymbol{\pi}_0$ 是 m_1 维行向量, $\boldsymbol{\pi}_k(k\geqslant 1)$ 都是 m 维列向量. 类似于定理 5.2.2, 有

定理 5.2.4 转移概率阵形如 (5.2.5) 的 MC$\{(X_n,J_n),n\geqslant 0\}$ 是正常返的, 当且仅当矩阵方程

$$\boldsymbol{R}=\sum_{k=0}^{\infty}\boldsymbol{R}^k\boldsymbol{A}_k$$

的最小非负解 $\boldsymbol{R}$ 满足 $\mathrm{SP}(\boldsymbol{R})<1$, 并且 m_1+m 阶随机阵

$$B[\boldsymbol{R}]=\begin{bmatrix}\boldsymbol{B}_{00} & \boldsymbol{A}_{01}\\ \displaystyle\sum_{k=1}^{\infty}\boldsymbol{R}^{k-1}\boldsymbol{B}_k & \displaystyle\sum_{k=1}^{\infty}\boldsymbol{R}^{k-1}\boldsymbol{A}_k\end{bmatrix} \tag{5.2.6}$$

有正左不变向量. 当 MC 正常返时, 平稳分布是

$$\begin{cases}\boldsymbol{\pi}_k=\boldsymbol{\pi}_1\boldsymbol{R}^{k-1}, \quad k\geqslant 1,\\ (\boldsymbol{\pi}_0,\boldsymbol{\pi}_1)=(\boldsymbol{\pi}_0,\boldsymbol{\pi}_1)B[\boldsymbol{R}],\\ \boldsymbol{\pi}_0\boldsymbol{e}+\boldsymbol{\pi}_1(\boldsymbol{I}-\boldsymbol{R})^{-1}\boldsymbol{e}=1.\end{cases} \tag{5.2.7}$$

形如 (5.2.7) 的分布称为一个修正的矩阵几何分布. (5.2.7) 中第二式给出了确定 $\boldsymbol{\pi}_0,\boldsymbol{\pi}_1$ 的方法, 它是一个线性齐次方程组, 因此, $\boldsymbol{\pi}_0,\boldsymbol{\pi}_1$ 只能确定到相差一个常数因子. (5.2.7) 中后式是正规条件, 可用于确定分布中的常数因子.

另一个常用的变体是 (5.2.5) 的一个退化形式. 若 $\boldsymbol{B}_k=0,k\geqslant 2$, 并且 $\boldsymbol{A}_k=0,k\geqslant 3$, 转移概率矩阵 (5.2.5) 变成

$$\widetilde{\boldsymbol{P}}=\begin{bmatrix}\boldsymbol{B}_{00} & \boldsymbol{A}_{01} & & & \\ \boldsymbol{B}_1 & \boldsymbol{A}_1 & \boldsymbol{A}_0 & & \\ & \boldsymbol{A}_2 & \boldsymbol{A}_1 & \boldsymbol{A}_0 & \\ & & \boldsymbol{A}_2 & \boldsymbol{A}_1 & \boldsymbol{A}_0\\ & & & \ddots & \ddots & \ddots\end{bmatrix}. \tag{5.2.8}$$

作为转移概率矩阵, 这些子块满足

$$\begin{aligned}&\boldsymbol{B}_{00}\boldsymbol{e}+\boldsymbol{A}_{01}\boldsymbol{e}=\boldsymbol{e},\\&\boldsymbol{B}_1\boldsymbol{e}+\boldsymbol{A}_1\boldsymbol{e}+\boldsymbol{A}_0\boldsymbol{e}=\boldsymbol{e},\\&(\boldsymbol{A}_2+\boldsymbol{A}_1+\boldsymbol{A}_0)\boldsymbol{e}=\boldsymbol{A}\boldsymbol{e}=\boldsymbol{e}.\end{aligned}$$

由于 (5.2.8) 的分块三对角形式, 对应的 MC$\{(X_n,J_n),n\geqslant 0\}$ 称为一个拟生灭链. 现在, 定理 5.2.4 可写成

定理 5.2.5 转移概率阵形如 (5.2.8) 的拟生灭链 $\{(X_n,J_n),n\geqslant 0\}$ 正常返的充分必要条件是: 矩阵二次方程

$$\boldsymbol{R}^2\boldsymbol{A}_2+\boldsymbol{R}\boldsymbol{A}_1+\boldsymbol{A}_0=\boldsymbol{R}$$

的最小非负解 $\boldsymbol{R}$ 的谱半径 SP$(\boldsymbol{R})<1$, 并且 m_1+m 阶随机阵

$$B[\boldsymbol{R}]=\begin{bmatrix}\boldsymbol{B}_{00} & \boldsymbol{A}_{01}\\ \boldsymbol{B}_1 & \boldsymbol{A}_1+\boldsymbol{R}\boldsymbol{A}_2\end{bmatrix}$$

有正左不变向量. 当 MC 正常返时, 其平稳分布满足

$$\begin{aligned}&\boldsymbol{\pi}_k=\boldsymbol{\pi}_1\boldsymbol{R}^{k-1},\quad k\geqslant 1,\\&(\boldsymbol{\pi}_0,\boldsymbol{\pi}_1)=(\boldsymbol{\pi}_0,\boldsymbol{\pi}_1)B[\boldsymbol{R}],\\&\boldsymbol{\pi}_0\boldsymbol{e}+\boldsymbol{\pi}_1(\boldsymbol{I}-\boldsymbol{R})^{-1}\boldsymbol{e}=1.\end{aligned}$$

在形如 (5.2.7) 的矩阵几何解中, 考虑稳态随机变量 X 的边缘分布. 有

$$\begin{cases}P\{X=0\}=\boldsymbol{\pi}_0\boldsymbol{e},\\P\{X=k\}=\boldsymbol{\pi}_1\boldsymbol{R}^{k-1}\boldsymbol{e},\quad k\geqslant 1.\end{cases}\tag{5.2.9}$$

取 PGF, 有

$$\begin{aligned}X(z)&=\boldsymbol{\pi}_0\boldsymbol{e}+z\boldsymbol{\pi}_1(\boldsymbol{I}-z\boldsymbol{R})^{-1}\boldsymbol{e}\\&=\boldsymbol{\pi}_0\boldsymbol{e}+z\boldsymbol{\pi}_1(\boldsymbol{I}-\boldsymbol{R})^{-1}(\boldsymbol{I}-z\boldsymbol{R})^{-1}(\boldsymbol{I}-\boldsymbol{R})\boldsymbol{e}.\end{aligned}\tag{5.2.10}$$

比较 (5.2.10) 与 (2.6.4), 似乎 X 服从一个 m 阶离散 PH 分布, 有 PH 表示 $(\boldsymbol{\alpha},\boldsymbol{T})$, 其中

$$\begin{aligned}&\boldsymbol{\alpha}=\boldsymbol{\pi}_1(\boldsymbol{I}-\boldsymbol{R})^{-1},\quad &&\alpha_{m+1}=\boldsymbol{\pi}_0\boldsymbol{e},\\&\boldsymbol{T}=\boldsymbol{R}, &&\boldsymbol{T}^0=(\boldsymbol{I}-\boldsymbol{R})\boldsymbol{e}.\end{aligned}$$

然而, $\boldsymbol{R}$ 可能不是一个子随机阵, 因此, 上述 $(\boldsymbol{\alpha},\boldsymbol{T})$ 不一定可作为 PH 表示. Neuts (1981) 称这样的 $(\boldsymbol{\alpha},\boldsymbol{T})$ 为广义 PH 表示, 并称 X 服从广义 PH 分布. 有趣的是,

Sengupta(1991) 证明了矩阵几何解的边缘分布 (5.2.9) 确实是 m 阶离散 PH 随机变量, 并构造了其真正的 PH 表示 $(\boldsymbol{\zeta}, \boldsymbol{G})$. 为此, 定义

$$\boldsymbol{\zeta} = \boldsymbol{\pi}_1(\boldsymbol{I}-\boldsymbol{R})^{-1} = (\zeta_1, \cdots, \zeta_m),$$
$$\boldsymbol{\Delta} = \mathrm{diag}(\zeta_1, \cdots, \zeta_m).$$

因为 $\boldsymbol{\zeta}$ 是严格正的, 对角阵 $\boldsymbol{\Delta}$ 是可逆的. 引入

$$\boldsymbol{G} = \boldsymbol{\Delta}^{-1}\boldsymbol{R}^{\mathrm{T}}\boldsymbol{\Delta}, \quad \boldsymbol{G}^0 = (\boldsymbol{I}-\boldsymbol{G})\boldsymbol{e},$$

其中"T"表示矩阵转置. 现在, 可以证明下列结果.

引理 5.2.6 矩阵几何解中 X 的边缘分布 (5.2.9) 确是一个 m 阶离散 PH 分布, 有不可约 PH 表示 $(\boldsymbol{\zeta}, \boldsymbol{G})$.

证明 由定义 $\boldsymbol{G}$ 是非负阵, 并且 $\boldsymbol{G}\boldsymbol{e}+\boldsymbol{G}^0=\boldsymbol{e}$. 如果证明 $\boldsymbol{G}^0$ 是非负列向量, 则 $\boldsymbol{G}$ 是子随机阵. 有

$$\begin{aligned}
\boldsymbol{G}^0 &= \boldsymbol{e}-\boldsymbol{G}\boldsymbol{e} = \boldsymbol{\Delta}^{-1}\boldsymbol{\Delta}(\boldsymbol{e}-\boldsymbol{G}\boldsymbol{e}) \\
&= \boldsymbol{\Delta}^{-1}(\boldsymbol{\zeta}^{\mathrm{T}}-\boldsymbol{R}^{\mathrm{T}}\boldsymbol{\Delta}\boldsymbol{e}) \\
&= \boldsymbol{\Delta}^{-1}(\boldsymbol{\zeta}^{\mathrm{T}}-\boldsymbol{R}^{\mathrm{T}}\boldsymbol{\zeta}^{\mathrm{T}}) \\
&= \boldsymbol{\Delta}^{-1}(\boldsymbol{I}-\boldsymbol{R})^{\mathrm{T}}\boldsymbol{\zeta}^{\mathrm{T}} \\
&= \boldsymbol{\Delta}^{-1}(\boldsymbol{I}-\boldsymbol{R})^{\mathrm{T}}(\boldsymbol{\pi}_1(\boldsymbol{I}-\boldsymbol{R})^{-1})^{\mathrm{T}} \\
&= \boldsymbol{\Delta}^{-1}\{(\boldsymbol{I}-\boldsymbol{R})^{-1}(\boldsymbol{I}-\boldsymbol{R})\}^{\mathrm{T}}\boldsymbol{\pi}_1^{\mathrm{T}} = \boldsymbol{\Delta}^{-1}\boldsymbol{\pi}_1^{\mathrm{T}}.
\end{aligned}$$

因此 $\boldsymbol{G}^0$ 是非负向量. 现在, X 的边缘分布 (5.2.9) 可写成

$$\begin{aligned}
P\{X=j\} &= \boldsymbol{\pi}\boldsymbol{R}^{j-1}\boldsymbol{e} = \boldsymbol{\pi}_1\boldsymbol{\Delta}^{-1}(\boldsymbol{\Delta}\boldsymbol{R}^{j-1}\boldsymbol{\Delta}^{-1})\boldsymbol{\Delta}\boldsymbol{e} \\
&= (\boldsymbol{G}^0)^{\mathrm{T}}(\boldsymbol{G}^{j-1})^{\mathrm{T}}(\boldsymbol{\zeta})^{\mathrm{T}} \\
&= (\boldsymbol{\zeta}\boldsymbol{G}^{j-1}\boldsymbol{G}^0)^{\mathrm{T}} \qquad (\text{实数转置}) \\
&= \boldsymbol{\zeta}\boldsymbol{G}^{j-1}\boldsymbol{G}^0, \quad j \geqslant 1.
\end{aligned}$$

进一步注意到 $\zeta_{m+1} = \boldsymbol{\pi}_0\boldsymbol{e}$, 并有

$$\boldsymbol{\zeta}\boldsymbol{e}+\zeta_{m+1} = \boldsymbol{\pi}_0\boldsymbol{e}+\boldsymbol{\pi}_1(\boldsymbol{I}-\boldsymbol{R})^{-1}\boldsymbol{e} = 1.$$

这就证明了 X 有真正的 PH 表示 $(\boldsymbol{\zeta}, \boldsymbol{G})$. □

§5.3 多重休假 GI/Geom/1 排队

5.3.1 模型的描述和率阵

在 5.1.1 节的早到 GI/Geom/1 排队中, 引入空竭服务、多重休假 (ES, MV) 策略. 为使休假期间内发生的顾客到达时刻具有 Markov 性质, 假设休假时间 V 服从

几何分布

$$P\{V=j\}=\theta\bar{\theta}^{j-1},\quad j\geqslant 1,\quad 0<\theta<1,\quad \bar{\theta}=1-\theta.$$

为确定起见, 约定休假的开始和结束都发生在时隙末端. 假设到达间隔、服务时间、休假时间相互独立, 并使用 FIFO 排队规则. 系统简记 GI/Geom/1(ES,MV).

在 Geom/G/1 型休假排队中选取离去时刻作为嵌入点, 所有的嵌入时刻都包含在忙期. 对 GI/Geom/1 型休假系统, 选择到达时刻作为嵌入点. 因此, 嵌入时刻不仅可落在忙期, 也可能落入休假期. 这一区别使两类休假系统的分析方法有实质性差别. 仍以 L_n^- 表示第 n 个顾客到达前夕系统中顾客数, 并定义

$$J_n=\begin{cases}0, & \text{第 } n \text{ 个到达发生在假期},\\ 1, & \text{第 } n \text{ 个到达发生在忙期}.\end{cases}$$

$\{(L_n^-,J_n),n\geqslant 0\}$ 是二维 MC, 有状态空间

$$\Omega=\{(0,0)\}\cup\{(k,j):k\geqslant 1,j=0,1\}.$$

为表出 MC 的转移概率矩阵, 引入下列记号

$$k_j=\sum_{r=j}^{\infty}a_r\binom{r}{j}\mu^j\bar{\mu}^{r-j},\quad j\geqslant 0;$$

$$v_j=\sum_{r=j+1}^{\infty}a_r\sum_{i=0}^{r-j-1}\theta\bar{\theta}^i\binom{r-i-1}{j}\mu^j\bar{\mu}^{r-i-1-j},\quad j\geqslant 0.$$

如 5.1.1 节指出的, k_j 是一个到达间隔内恰好完成 j 个服务的概率, $\{k_j,j\geqslant 0\}$ 是一个概率分布, 有 PGF: $B(z)=H[1-\mu(1-z)]$. v_j 是到达间隔大于休假时间 V, 并且在休假结束后的剩余到达间隔内恰好完成 j 个服务的概率. 注意到

$$\begin{aligned}\sum_{j=0}^{\infty}v_j&=\sum_{j=0}^{\infty}\sum_{r=j+1}^{\infty}a_r\sum_{i=0}^{r-j-1}\theta\bar{\theta}^i\binom{r-j-1}{j}\mu^j\bar{\mu}^{r-i-1-j}\\&=\sum_{r=1}^{\infty}a_r\sum_{j=0}^{r-1}\sum_{i=0}^{r-j-1}\theta\bar{\theta}^i\binom{r-j-1}{j}\mu^j\bar{\mu}^{r-i-1-j}\\&=\sum_{r=1}^{\infty}a_r\sum_{i=0}^{r-1}\theta\bar{\theta}^i\sum_{j=0}^{r-j-1}\binom{r-j-1}{j}\mu^j\bar{\mu}^{r-i-1-j}\\&=\sum_{r=1}^{\infty}a_r(1-\bar{\theta}^r)\\&=1-H(\bar{\theta}),\end{aligned}$$

式中 $H(s)$ 是达到间隔的 PGF, $H(\bar{\theta})$ 是达到间隔小于休假时间 V 的概率. MC 的转移概率记为

$$p_{(h,i)(k,j)} = P\{L_{n+1}^- = k, J_{n+1} = j | L_n^- = h, J_n = i\}.$$

正如经典无休假 GI/Geom/1 系统一样, 有

$$p_{(h,1)(r,1)} = \begin{cases} k_{h+1-r}, & r = 1, \cdots, h+1, \\ 0, & r > h+1; \end{cases}$$

$$p_{(h,1)(0,0)} = 1 - \sum_{r=0}^{h} k_r, \quad h \geqslant 1.$$

从状态 $(h, 0)$ 转移到状态 $(k, 0)$, 只对 $k = h + 1$ 时才有可能, 这一转移当且仅当到达间隔小于一个 (剩余) 休假时间. 因此

$$p_{(h,0)(h+1,0)} = H(\bar{\theta}), \quad h \geqslant 0.$$

从状态 $(h, 0)$ 转移到 $(0, 0)$, 表明到达间隔大于剩余休假与 $h+1$ 个顾客服务时间之和, 经计算可得

$$p_{(h,0)(0,0)} = 1 - H(\bar{\theta}) - \sum_{r=0}^{h} v_r, \quad h \geqslant 0.$$

最后, 状态转移 $(h, 0)$ 到 $(k, 1)$, 意味休假结束后的剩余到达间隔内恰好完成 $h+1-k$ 个服务, 于是

$$p_{(h,0)(k,1)} = v_{h+1-k}, \quad k = 1, 2, \cdots, h+1.$$

综合上述各种情况, MC$\{(L_n^-, J_n), n \geqslant 0\}$ 的转移概率阵可写成 (5.2.8) 的分块形式, 从而是一般形式的 GI/M/1 型结构矩阵. 现在, (5.2.8) 中对应的子块是

$$B_{00} = 1 - v_0 - H(\bar{\theta}), \quad \boldsymbol{A}_{01} = (v_0, H(\bar{\theta})),$$

$$\boldsymbol{A}_0 = \begin{bmatrix} k_0 & 0 \\ v_0 & H(\bar{\theta}) \end{bmatrix}, \quad \boldsymbol{A}_j = \begin{bmatrix} k_j & 0 \\ v_j & 0 \end{bmatrix}, \quad j \geqslant 1,$$

$$\boldsymbol{B}_j = \begin{pmatrix} 1 - \sum\limits_{r=0}^{j} k_r \\ 1 - H(\bar{\theta}) - \sum\limits_{r=0}^{j} v_r \end{pmatrix}, \quad j \geqslant 1.$$

在 5.1.1 节已经指出, $\rho^{-1} = \mu E(T) > 1$ 时, 方程 $z = B(z) = H[1 - \mu(1-z)]$ 在 $(0, 1)$ 内有唯一的根 $z = \alpha$. 引入常数

$$\delta = \frac{\theta}{\mu(1 - H(\bar{\theta})) - \theta}(H(\bar{\theta}) - \alpha). \tag{5.3.1}$$

δ 在率阵和系统稳态指标的表示中起重要作用.

引理 5.3.1　若 $\rho < 1, \theta \neq \mu(1-\alpha)$, 则 $\delta > 0$.

证明　由引理 2.7.1, $\rho < 1$ 时, $z = B(z)$ 在 $(0,1)$ 内有唯一的根 $z = \alpha$, 并且

(1) $0 < z < \alpha$ 时, $B(z) > z$;

(2) $\alpha < z < 1$ 时, $B(z) < z$.

先设 $0 < \theta < \mu(1-\alpha)$, 取 PGF 有 $H(\bar{\theta}) > H[1-\mu(1-\alpha)] = \alpha$, 即 $H(\bar{\theta}) > \alpha$. 我们将证明此时必有 $\mu(1-H(\bar{\theta})) > \theta$. 否则, $\mu(1-H(\bar{\theta})) < \theta$, 取 PGF 给出 $H(\bar{\theta}) < H[1-\mu(1-H(\bar{\theta}))] = B[H(\bar{\theta})]$. 这与 $H(\bar{\theta}) > \alpha$ 及上述 (2) 矛盾. 因此, $0 < \theta < \mu(1-\alpha)$ 时, 同时有 $H(\bar{\theta}) - \alpha > 0$ 和 $\mu(1-H(\bar{\theta})) - \theta > 0$, 即 $\delta > 0$. 对 $\theta > \mu(1-\alpha)$ 的情况, 证明完全类似.

$\theta = \mu(1-\alpha)$ 时, (5.3.1) 中分子和分母都是零. 以下设 $\theta \neq \mu(1-\alpha)$.

定理 5.3.2　$\rho < 1$ 时, 矩阵方程 $\boldsymbol{R} = \sum_{k=0}^{\infty} \boldsymbol{R}^k \boldsymbol{A}_k$ 有最小非负解

$$\boldsymbol{R} = \begin{bmatrix} \alpha & 0 \\ \delta & H(\bar{\theta}) \end{bmatrix}, \tag{5.3.2}$$

其中 α 是 $z = B(z)$ 在 $(0,1)$ 中的根, δ 由 (5.3.1) 给出.

证明　所有的 $\boldsymbol{A}_k (k \geqslant 0)$ 是下三角阵, 方程的解必有相同的下三角形式. 设

$$\boldsymbol{R} = \begin{bmatrix} r_{11} & 0 \\ r_{21} & r_{22} \end{bmatrix}.$$

因此

$$\boldsymbol{R}^k = \begin{bmatrix} r_{11}^k & 0 \\ r_{21} \sum_{j=0}^{k-1} r_{11}^j r_{22}^{k-1-j} & r_{22}^k \end{bmatrix}, \quad k \geqslant 1.$$

将 $\boldsymbol{R}^k$ 和 $\boldsymbol{A}_k$ 都代入矩阵方程, 给出方程组

$$\begin{cases} r_{11} = H[1-\mu(1-r_{11})], \\ r_{22} = H(\bar{\theta}), \\ r_{21} = r_{21} \sum_{j=1}^{\infty} k_j \sum_{r=0}^{j-1} r_{11}^r r_{22}^{j-1-r} + \sum_{j=0}^{\infty} v_j r_{22}^j. \end{cases} \tag{5.3.3}$$

为得到最小非负解, 在 (5.3.3) 前式取 $r_{11}=\alpha$(另有一个根是 $r_{11}=1$). 对 (5.3.3) 后式, 有

$$\begin{aligned}\sum_{j=0}^{\infty} v_j r_{22}^j &= \sum_{j=0}^{\infty} v_j H^j(\bar{\theta}) \\ &= \sum_{j=0}^{\infty} H^j(\bar{\theta}) \sum_{k=j+1}^{\infty} a_k \sum_{i=0}^{k-j-1} \theta\bar{\theta}^i \binom{k-i-1}{j} \mu^j \bar{\mu}^{k-i-1-j} \\ &= \sum_{k=1}^{\infty} a_k \sum_{i=0}^{k-1} \theta\bar{\theta}^i \sum_{j=0}^{k-i-1} \binom{k-i-1}{j} [\mu H(\bar{\theta})]^j \bar{\mu}^{k-i-1-j} \\ &= \frac{\theta}{\theta-\mu(1-H(\bar{\theta}))}\{H(\bar{\theta})-H[1-\mu(1-H(\bar{\theta}))]\}.\end{aligned} \tag{5.3.4}$$

另一方面, 有

$$\begin{aligned}&1-\sum_{j=1}^{\infty} k_j \sum_{r=0}^{j-1-r} \alpha H^{j-1-r}(\bar{\theta}) \\ &= 1-\frac{1}{\alpha-H(\bar{\theta})}\sum_{j=0}^{\infty} k_j(\alpha^j - H^j(\bar{\theta})) \\ &= \frac{1}{\alpha-H(\bar{\theta})}\{H[1-\mu(1-H(\bar{\theta}))]-H(\bar{\theta})\}.\end{aligned} \tag{5.3.5}$$

将 (5.3.4) 和 (5.3.5) 代入 (5.3.3) 后式, 给出 $r_{21}=\delta$. 引理 5.3.1 保证 $\boldsymbol{R}$ 是非负阵.□

显然有 $\mathrm{SP}(\boldsymbol{R})=\max(\alpha, H(\bar{\theta}))$, 并且 $\mathrm{SP}(\boldsymbol{R})<1$, 当且仅当 $\rho<1$. 使用定理 5.2.4 前半部分, 可证明 MC 正常返当且仅当 $\rho<1$.

5.3.2 稳态分布和随机分解

设 $\rho<1, (L^-, J)$ 表示过程 $\{(L_n^-, J_n), n\geqslant 0\}$ 的稳态随机向量, 平稳分布记为

$$\pi_{kj}=P\{L^-=k, J=j\}=\lim_{n\to\infty} P\{L_n=k, J_n=j\}, \quad (k,j)\in\Omega.$$

为表出稳态分布, 引入一个常数

$$\sigma=\frac{1-H(\bar{\theta})}{1-\alpha+\delta}>0,$$

将 δ 的表达式 (5.3.1) 代入上式, 可给出 σ 的一个等价表达式

$$\sigma=\frac{\theta-\mu(1-H(\bar{\theta}))}{\theta-\mu(1-\alpha)}. \tag{5.3.6}$$

定理 5.3.3　$\rho<1$ 时, GI/Geom/1(ES,MV) 排队中 (L^-, J) 的分布是

$$\begin{cases} \pi_{k0}=\sigma(1-\alpha)H^k(\bar\theta), & k\geqslant 0, \\ \pi_{k1}=\sigma(1-\alpha)\delta\sum\limits_{j=0}^{k-1}\alpha^j H^{k-1-j}(\bar\theta), & k\geqslant 1. \end{cases} \tag{5.3.7}$$

证明　注意到

$$B[\boldsymbol{R}]=\begin{bmatrix} B_{00} & \boldsymbol{A}_{01} \\ \sum\limits_{k=1}^{\infty}\boldsymbol{R}^{k-1}\boldsymbol{B}_k & \sum\limits_{k=1}^{\infty}\boldsymbol{R}^{k-1}\boldsymbol{A}_k \end{bmatrix}.$$

将 $\boldsymbol{R},\boldsymbol{B}_k,\boldsymbol{A}_k$ 代入上式计算, 得到

$$B[\boldsymbol{R}]=\begin{bmatrix} 1-H(\bar\theta)-v_0 & v_0 & H(\bar\theta) \\ \dfrac{k_0}{\alpha} & 1-\dfrac{k_0}{\alpha} & 0 \\ 1-\psi & \psi & 0 \end{bmatrix},$$

其中

$$\psi=\frac{k_0\delta}{\alpha H(\bar\theta)}-\frac{v_0}{H(\bar\theta)}.$$

容易验证, $B[\boldsymbol{R}]$ 是一个随机阵, 以 $\boldsymbol{\pi}^*=(\pi_{00},\pi_{11},\pi_{10})$ 表示 $B[\boldsymbol{R}]$ 的正左不变向量, 解方程组 $\boldsymbol{\pi}^*=\boldsymbol{\pi}^*B[\boldsymbol{R}]$, 给出

$$\boldsymbol{\pi}^*=(\pi_{00},\pi_{11},\pi_{10})=K(1,\delta,H(\bar\theta)),$$

其中 $K>0$ 是待定常数. 现在, 应用定理 5.2.5 中矩阵几何解表达式, 有

$$\pi_{00}=K,$$
$$(\pi_{k1},\pi_{k0})=K(\delta,H(\bar\theta))\boldsymbol{R}^{k-1},\quad k\geqslant 1.$$

将 (5.3.2) 中的 $\boldsymbol{R}^k$ 代入上式, 给出

$$\begin{cases} \pi_{k0}=KH^k(\bar\theta), & k\geqslant 0, \\ \pi_{k1}=K\delta\sum\limits_{j=0}^{k-1}\alpha^j H^{k-1-j}(\bar\theta), & k\geqslant 1. \end{cases} \tag{5.3.8}$$

使用正规化条件

$$K+K(\delta,H(\bar\theta))(\boldsymbol{I}-\boldsymbol{R})^{-1}\boldsymbol{e}=1,$$

给出

$$K=\frac{(1-\alpha)(1-H(\bar\theta))}{1-\alpha+\delta}=\sigma(1-\alpha).$$

将 K 的值代入 (5.3.8), 得到 (5.3.7). □

由 (5.3.7), 可计算稳态下顾客到达发生在忙期或休假期的概率, 它们分别是

$$P\{J=0\}=\sum_{k=0}^{\infty}\pi_{k0}=\frac{1-\alpha}{1-\alpha+\delta},$$
$$P\{J=1\}=\sum_{k=1}^{\infty}\pi_{k1}=\frac{\delta}{1-\alpha+\delta}.$$

在各种 Geom/G/1 型离散时间休假排队中, 普遍成立着随机分解结果, 对 GI/Geom/1(ES,MV), 也有类似的随机分解结构.

定理 5.3.4 $\rho<1$ 时, GI/Geom/1(ES, MV) 排队中到达前夕的稳态队长 L^- 可分解成两个独立随机变量之和

$$L^-=L_0^-+L_d,$$

其中 L_0^- 是经典无休假排队中到达前夕的稳态队长, 服从参数 α 的几何分布; 附加队长 L_d 有 PGF:

$$L_d(z)=\frac{\sigma(1-z\alpha+z\delta)}{1-zH(\bar{\theta})}. \tag{5.3.9}$$

证明 由 (5.3.7), 到达前夕队长 L^- 的分布是

$$\begin{aligned}
P\{L^-=0\}&=\pi_{00}=\sigma(1-\alpha),\\
P\{L^-=k\}&=\pi_{k0}+\pi_{k1}\\
&=\sigma(1-\alpha)\left\{H^k(\bar{\theta})+\delta\sum_{j=0}^{k-1}\alpha^j H^{k-1-j}(\bar{\theta})\right\},\quad k\geqslant 1.
\end{aligned}$$

取 PGF, 给出

$$\begin{aligned}
L^-(z)&=\sum_{k=0}^{\infty}z^kP\{L^-=k\}\\
&=\sigma(1-\alpha)\left\{\frac{1}{1-zH(\bar{\theta})}+\frac{\delta z}{1-z\alpha}\frac{1}{1-zH(\bar{\theta})}\right\}\\
&=\frac{1-\alpha}{1-z\alpha}\sigma\frac{1-z\alpha+\delta z}{1-zH(\bar{\theta})}\\
&=L_0^-(z)L_d(z).
\end{aligned}$$
□

(5.3.9) 中的 $L_d(z)$ 确实是一个 PGF, 展成 z 的幂级数, 可给出附加队长 L_d 的分布

$$\begin{aligned}L_d(z) &= \sigma(1-\alpha z+z\delta)\sum_{k=0}^{\infty} z^k H^k(\bar{\theta})\\ &= \sigma\left\{1+(H(\bar{\theta})-\alpha+\delta)\sum_{k=1}^{\infty} z^k H^{k-1}(\bar{\theta})\right\},\end{aligned}$$

经过简单运算, 有

$$\begin{aligned}&H(\bar{\theta})-\alpha+\delta\\ &=(H(\bar{\theta})-\alpha)\left[1+\frac{\theta}{\mu(1-H(\bar{\theta}))-\theta}\right]\\ &=\frac{\mu}{\theta}\delta(1-H(\bar{\theta})).\end{aligned}$$

代入 $L_d(z)$ 的展开式, 给出 L_d 的分布

$$\begin{cases}P\{L_d=0\}=\sigma,\\ P\{L_d=k\}=\dfrac{\mu}{\theta}\sigma\delta(1-H(\bar{\theta}))H^{k-1}(\bar{\theta}), \quad k\geqslant 1.\end{cases} \tag{5.3.10}$$

(5.3.10) 表明, 附加队长服从修正的几何分布, 从而是一阶离散 PH 分布. L_0^- 服从几何分布, 使用离散 PH 分布的卷积封闭性, 作为两个 PH 分布的独立和, 到达前夕稳态队长 L^- 服从二阶离散 PH 分布. 使用定理 2.6.1 可给出 L^- 的不可约 PH 表示 $(\boldsymbol{\gamma}, \boldsymbol{L})$, 这里

$$\begin{aligned}\boldsymbol{\gamma} &= \left(\alpha, \frac{\mu}{\theta}\sigma\delta(1-\alpha)1-H(\bar{\theta})\right),\\ \gamma_3 &= 1-\boldsymbol{\gamma e}=\sigma(1-\alpha),\\ \boldsymbol{L} &= \begin{bmatrix}\alpha & \dfrac{\mu}{\theta}\sigma\delta(1-\alpha)(1-H(\bar{\theta}))\\ 0 & H(\bar{\theta})\end{bmatrix},\\ \boldsymbol{L}^0 &= \begin{pmatrix}\sigma(1-\alpha)\\ 1-H(\bar{\theta})\end{pmatrix}.\end{aligned}$$

由稳态队长的随机分解结构, 容易给出下列平均队长公式

$$E(L_d)=\frac{\mu}{\theta}\frac{\sigma\delta}{1-H(\bar{\theta})},$$

$$E(L^-)=\frac{\alpha}{1-\alpha}+\frac{\mu}{\theta}\frac{\sigma\delta}{1-H(\bar{\theta})}.$$

另一个有趣的结果是在服务台忙的条件下, 讨论系统中排队等待顾客数的分布. 设

$$Q^{(1)}=\{L^- - 1|J=1\},$$

由常数 σ 的定义, 有

$$P\{J=1\}=\frac{\delta}{1-\alpha+\delta}=\frac{\sigma\delta}{1-H(\bar{\theta})}.$$

应用 (5.3.7), 可给出

$$\begin{aligned}P\{Q^{(1)}=j\}&=P\{L^{-}=j+1|J=1\}\\&=\frac{1-H(\bar{\theta})}{\sigma\delta}\pi_{j+1,1}\\&=(1-\alpha)(1-H(\bar{\theta}))\sum_{r=0}^{j}\alpha^{r}H^{j-r}(\bar{\theta}),\quad j\geqslant 0.\end{aligned}$$

取 PGF, 有

$$Q^{(1)}(z)=\frac{1-\alpha}{1-z\alpha}\frac{1-H(\bar{\theta})}{1-zH(\bar{\theta})}.$$

已知系统处于忙期条件下, 排队等待顾客数 $Q^{(1)}$ 可分解成两个独立随机变量之和, 它们分别服从参数 α 和 $H(\bar{\theta})$ 的几何分布.

以 W 表示 GI/Geom/1(ES, MV) 系统中稳态下顾客的等待时间, 我们可以给出 W 的下列随机分解结构.

定理 5.3.5 $\rho<1$ 时, GI/Geom/1(ES,MV) 系统中稳态等待时间 W 可分解为两个独立随机变量之和

$$W=W_0+W_d,$$

其中 W_0 是对应经典无休假系统中的等待时间, 其分布由 (5.1.6) 给出; 附加延迟与休假时间 V 同分布, 有 PGF:

$$W_d(s)=\frac{\theta s}{1-\bar{\theta}s}.$$

证明 顾客在某时隙首端到达, 遇状态 $(k,1), k\geqslant 1$, 其条件等待时间是 k 个服务时间之和; 到达遇状态 $(k,0), k\geqslant 0$, 条件等待时间是剩余休假与 k 个服务时间之和. 应用定理 5.3.3, 等待时间有 PGF:

$$\begin{aligned}W(s)&=\sum_{k=1}^{\infty}\pi_{k1}\left(\frac{\mu s}{1-\bar{\mu}s}\right)^{s}+\frac{\theta s}{1-\bar{\theta}s}\sum_{k=0}^{\infty}\pi_{k0}\left(\frac{\mu s}{1-\bar{\mu}s}\right)^{k}\\&=\sigma(1-\alpha)\left\{\delta\sum_{k=1}^{\infty}\left(\frac{\mu s}{1-\bar{\mu}s}\right)^{k}\sum_{j=0}^{k-1}\alpha^{j}H^{k-1-j}(\bar{\theta})\right.\\&\quad\left.+\left(\frac{\theta s}{1-\bar{\theta}s}\right)\sum_{k=0}^{\infty}H^{k}(\bar{\theta})\left(\frac{\mu s}{1-\bar{\mu}s}\right)^{k}\right\}.\end{aligned}\tag{5.3.11}$$

(5.3.11) 中各项可计算如下

$$\sum_{k=0}^{\infty} H^k(\bar{\theta})\left(\frac{\mu s}{1-\bar{\mu}s}\right)^k = \frac{1-\bar{\mu}s}{1-[1-\mu(1-H(\bar{\theta}))]s},$$

$$\sum_{k=1}^{\infty}\left(\frac{\mu s}{1-\bar{\mu}s}\right)^k \sum_{j=0}^{k-1}\alpha^j H^{k-1-j}(\bar{\theta})$$

$$= \frac{\mu s}{1-[1-\mu(1-\alpha)]s}\frac{1-\bar{\mu}s}{1-[1-\mu(1-H(\bar{\theta}))]s}.$$

这些结果代入 (5.3.11), 记 $\lambda = 1-\mu(1-\alpha)$, 给出

$$W(s) = \sigma(1-\alpha)\left\{\frac{\delta\mu s}{1-\lambda s}\frac{1-\bar{\mu}s}{1-[1-\mu(1-H(\bar{\theta}))]s}\right.$$

$$\left. + \frac{\theta s}{1-\bar{\theta}s}\frac{1-\bar{\mu}s}{1-[1-\mu(1-H(\bar{\theta}))]s}\right\}$$

$$= \frac{(1-\lambda)(1-\bar{\mu}s)}{1-\lambda s}\sigma s\frac{\delta\mu(1-\bar{\theta}s)+\theta[1-(1-\mu(1-\alpha))s]}{(1-\bar{\theta}s)[1-(1-\mu(1-H(\bar{\theta})))s]}$$

$$= W_0(s)W_d(s),$$

式中, 由定理 5.1.4,

$$W_0(s) = \frac{(1-\alpha)(1-\bar{\mu}s)}{1-\lambda s}$$

是对应经典无休假 GI/Geom/1 系统中等待时间的 PGF. 附加延迟 W_d 有 PGF:

$$W_d(s) = \sigma s\frac{\delta\mu(1-\bar{\theta}s)+\theta[1-(1-\mu(1-\alpha))s]}{(1-\bar{\theta}s)[1-(1-\mu(1-H(\bar{\theta})))s]}. \tag{5.3.12}$$

为化简 (5.3.12), 将 δ 的表达式 (5.3.1) 代入 (5.3.12) 的分子, 有

$$\delta\mu(1-\bar{\theta}s)+\theta[1-(1-\mu(1-\alpha))s]$$

$$= \frac{\theta}{\mu(1-H(\bar{\theta}))-\theta}\{\mu(H(\bar{\theta})-\alpha)(1-\bar{\theta}s)$$

$$+(1-s+\mu(1-\alpha)s)[\mu(1-H(\bar{\theta}))-\theta]\}$$

$$= \frac{\theta}{\mu(1-H(\bar{\theta}))-\theta}\{(1-s)[\mu(1-\alpha)-\theta]$$

$$+\mu(1-H(\bar{\theta}))s[\mu(1-\alpha)-\theta]\}$$

$$= \frac{\mu(1-\alpha)-\theta}{\mu(1-H(\bar{\theta}))-\theta}\theta[1-(1-\mu(1-H(\bar{\theta})))s]$$

$$= \sigma^{-1}\theta[1-(1-\mu(1-H(\bar{\theta})))s].$$

代入 (5.3.12), 给出

$$W_d(s) = \frac{\theta s}{1-\bar{\theta}s}. \qquad \square$$

定理 5.3.5 表明, GI/Geom/1(ES, MV) 系统的附加延迟与休假时间 V 同分布. Doshi(1985) 对更一般的连续时间 GI/G/1(ES, MV) 证明了附加延迟是一个剩余休假时间. 在 GI/Geom/1(ES, MV) 中, 因为休假时间 V 服从无后效的几何分布, 因此, 剩余休假与 V 服从同一个几何分布. 由等待时间的随机分解结构, 有均值公式

$$E(W_d) = \frac{1}{\theta}, \quad E(W) = \frac{\alpha}{\mu(1-\alpha)} + \frac{1}{\theta}.$$

§5.4 多服务台 GI/Geom/c 排队

5.4.1 模型的描述和嵌入 MC

仍然讨论 5.1.1 节的早到系统, 区别是现在有 $c(>1)$ 个并行的服务台. 对到达间隔和服务时间, 沿用 5.1.1 节的假设和记号. 约定系统中有无限的等待场所, 并使用 FIFO 排队规则, 该系统记为 GI/Geom/c.

L_n^- 表示第 n 个到达前夕系统中顾客数, $\{L_n^-, n \geqslant 0\}$ 是队长过程的嵌入 MC. 转移概率记为

$$p_{ij} = P\{L_{n+1}^- = j | L_n^- = i\}, \quad i \geqslant 0,\ 0 \leqslant j \leqslant i+1.$$

下面分三种情况, 导出 MC 的转移概率:

(1) $i \geqslant c, c+1 \leqslant j \leqslant i+1$. 这时, 从状态 i 转移到状态 j, 意味着整个到达间隔内所有服务台都是忙的. 当到达间隔长为 k 时, c 个服务台总共工作 ck 个时隙. 服务时间服从几何分布, 等价于任何时隙上的服务以概率 μ 结束, 以概率 $\bar{\mu}$ 将延至下一个时隙, 并且不同时隙上的服务可以看成相互独立的. 因此, 当到达间隔为 k 时, 从 i 转移到 j, 意味着 ck 个时隙上的独立服务中, 完成了 $i+1-j$ 次. 有

$$c_{i+1-j} = p_{ij} = \sum_{k=1}^{\infty} a_k \binom{ck}{i+1-j} \mu^{i+1-j} \bar{\mu}^{ck-(i+1-j)}, \quad i \geqslant c, c+1 \leqslant j \leqslant i+1.$$

(2) $0 \leqslant i < c, j \leqslant i+1 < c$. 这时, 到达间隔开始时有 $i+1 < c$ 个服务台工作. 若到达间隔长为 k, 从 i 转移到 j, 表明这 $i+1$ 个服务台上有 j 个在长为 k 的时隙上不发生离去, 其余 $i+1-j$ 服务台上发生离去. 因此

$$a_{ij} = p_{ij} = \sum_{k=1}^{\infty} a_r \binom{i+1}{j} \bar{\mu}^{kj} (1-\bar{\mu}^k)^{i+1-j}, \quad 0 \leqslant i < c, j \leqslant i+1 < c.$$

(3) $i \geqslant c, j \leqslant c$. 这种情况比较复杂. 如果到达间隔长为 k, 则在这 k 个时隙上必有一个, 例如第 r 个时隙. 该时隙开始时, 系统顾客数大于 c; 而该时隙结束时系统有 l 个顾客, $j \leqslant l \leqslant c$. 并且在该时隙上恰好完成了 m 个服务, $c-l+1 \leqslant m \leqslant c$. 后一事件发生的概率是

$$\binom{c}{m}\mu^m \bar{\mu}^{c-m}, \quad c-l+1 \leqslant m \leqslant c.$$

在到达间隔内的前 $r-1$ 个时隙上, 所有服务台全忙, 并且恰好完成了 $i+1-m-l$ 个服务. 类似于 (1), 这一事件发生的概率是

$$\binom{(r-1)c}{i+1-m-l}\mu^{i+1-m-l}\bar{\mu}^{(r-1)c-(i+1-m-l)}, \quad j \leqslant l \leqslant c, c-l+1 \leqslant m \leqslant c.$$

最后, 该到达间隔后部的 $k-r$ 个时隙上, 开始时有 $l(\leqslant c)$ 个服务台工作, 当到达间隔结束时尚有 j 个顾客在场. 类似于 (2), 这一事件发生的概率是

$$\binom{l}{j}\bar{\mu}^{(k-r)j}(1-\bar{\mu}^{k-r})^{l-j}, \quad j \leqslant l \leqslant c.$$

注意到不相交区段上的服务是相互独立的, 对到达间隔长度使用全概率公式, 有

$$\begin{aligned} b_{ij} = p_{ij} = &\sum_{k=1}^{\infty} a_k \left\{ \sum_{r=1}^{k}\sum_{l=j}^{c}\sum_{m=c-l+1}^{c} \binom{(r-1)c}{i+1-m-l}\binom{c}{m}\binom{l}{j} \right. \\ &\left. \times \mu^{i+1-l}\bar{\mu}^{cr-i-1+l+(k-r)j}(1-\bar{\mu}^{k-r})^{l-j} \right\}, \quad i \geqslant c, j \geqslant c. \end{aligned}$$

使用超几何分布的性质, 容易验证, 当 $i \geqslant 0$ 时, 有 $b_{i0} = c_{i+1}$. 现在, MC$\{L_n^-, n \geqslant 0\}$ 的转移概率矩阵可写成 (5.4.1).

对 $\widetilde{\boldsymbol{P}}$ 中的元素 $\{c_r, r \geqslant 0\}$, 注意到 $n < k$ 时, 组合数 $\binom{n}{k} = 0$, 有

$$\begin{aligned} \sum_{r=0}^{\infty} c_r &= \sum_{r=0}^{\infty}\sum_{k=1}^{\infty} a_k \binom{ck}{r}\mu^r \bar{\mu}^{ck-r} \\ &= \sum_{k=1}^{\infty} a_k \sum_{r=0}^{ck}\binom{ck}{r}\mu^r\bar{\mu}^{ck-r} \\ &= \sum_{k=1}^{\infty} a_k(\mu+\bar{\mu})^{ck} = 1. \end{aligned}$$

$$
\widetilde{\boldsymbol{P}} = \left[\begin{array}{cccccccccc}
a_{00} & a_{01} & & & & & & & & \\
a_{10} & a_{11} & a_{12} & & & & & & & \\
\vdots & \vdots & \vdots & \ddots & & & & & & \\
a_{c-2,0} & a_{c-2,1} & a_{c-2,2} & \cdots & a_{c-2,c-1} & & & & & \\
a_{c-1,0} & a_{c-1,1} & a_{c-1,2} & \cdots & a_{c-1,c-1} & c_0 & & & & \\
b_{c0} & b_{c1} & b_{c2} & \cdots & b_{c,c-1} & c_1 & c_0 & & & \\
b_{c+1,0} & b_{c+1,1} & b_{c+1,2} & \cdots & b_{c+1,c-1} & c_2 & c_1 & c_0 & & \\
b_{c+2,0} & b_{c+2,1} & b_{c+2,2} & \cdots & b_{c+2,c-1} & c_3 & c_2 & c_1 & c_0 & \\
\vdots & \vdots & \vdots & \cdots & \vdots & \vdots & \vdots & \vdots & \vdots & \ddots
\end{array}\right]. \tag{5.4.1}
$$

因此, $\{c_r, r \leqslant 0\}$ 是一个概率分布, 并有 PGF:

$$
\begin{aligned}
C(z) &= \sum_{r=0}^{\infty} z^r c_r \\
&= \sum_{r=0}^{\infty} z^r \sum_{k=1}^{\infty} a_k \binom{ck}{r} \mu^r \bar{\mu}^{ck-r} \\
&= \sum_{k=1}^{\infty} a_k \sum_{r=0}^{ck} \binom{ck}{r} (z\mu)^r \bar{\mu}^{ck-r} \\
&= \sum_{k=1}^{\infty} a_k (1-\mu(1-z))^{ck} \\
&= H[(1-\mu(1-z))^c],
\end{aligned} \tag{5.4.2}
$$

式中 $H(z)$ 是到达间隔的 PGF. 分布 $\{c_r, r \geqslant 0\}$ 的数学期望是

$$
\sum_{r=1}^{\infty} r c_r = H'[(1-\mu(1-z))^c]_{z=1} = c\mu E(T) = \rho^{-1},
$$

其中 $E(T)$ 是平均到达间隔, $\rho = [c\mu E(T)]^{-1}$ 是多服务台 GI/Geom/c 排队系统的流通强度. (5.4.1) 中 $\widetilde{\boldsymbol{P}}$ 的结构表明, $\{L_n^-, n \geqslant 0\}$ 是不可约、非周期的.

定理 5.4.1 GI/Geom/c 排队中 MC$\{L_n^-, n \geqslant 0\}$ 正常返, 当且仅当 $\rho < 1$.

证明 为证充分性使用 Foster 引理 2.4.1. 考察方程组

$$
\sum_{i=0}^{\infty} x_i p_{ij} = x_j, \quad j \geqslant 0. \tag{5.4.3}
$$

首先关注 (5.4.3) 中 $j \geqslant c$ 以后的那些方程, 此时

$$
p_{ij} = \begin{cases} c_{i+1-j}, & i \geqslant j-1, \\ 0, & i < j-1. \end{cases}
$$

这些方程转化为

$$\sum_{i=j-1}^{\infty} x_i c_{i+1-j} = x_j, \quad j \geqslant c. \tag{5.4.4}$$

另一方面, $\rho < 1$ 时, 由引理 2.7.1, 方程 $z = H[(1-\mu(1-z))^c]$ 在 $(0,1)$ 内有唯一的解 $z = \alpha$. 依照定理 5.1.2, 可证明 $x_i = \alpha^{i-c}, i \geqslant c-1$, 满足 (5.4.4). 再考虑 (5.4.3) 中, $j = 1, 2, \cdots, c-1$ 的方程. 将 $x_i = \alpha^{i-c}, i \geqslant c-1$ 代入 (5.4.3) 式左端, 得到含未知数 $x_0, x_1, \cdots, x_{c-2}$ 的 $c-1$ 个非齐次线性方程, 其系数行列式为 $a_{01}a_{12}\cdots a_{c-1,c} \neq 0$, 因此有唯一的解

$$x_i = \eta_i, \quad i = 0, 1, \cdots, c-2.$$

由于转移概率的行和为 1, 可验证

$$x_i = \begin{cases} \eta_i, & 0 \leqslant i \leqslant c-2, \\ \alpha^{i-c}, & i \geqslant c-1 \end{cases}$$

也满足 (5.4.3) 中 $j = 0$ 的方程. 这就得到 (5.4.3) 的一组解, 它显然满足 $\sum\limits_{i=0}^{\infty} |x_i| < \infty$. 由 Foster 引理 2.4.1 的前半部分, $\rho < 1$ 时, MC 正常返.

对必要性, 考察不等式组

$$\sum_{i=0}^{\infty} x_i p_{ij} \leqslant x_j, \quad j \geqslant 0. \tag{5.4.5}$$

假设 MC 正常返, 但是 $\rho \geqslant 1$, 我们将构造 (5.4.5) 的一组解 $\{x_i, i \geqslant 0\}$, 满足 $\sum\limits_{i=0}^{\infty} |x_i| = \infty$. 由 Foster 引理 2.4.1 的后半部分, MC 不可能正常返. 这一矛盾表明, 当 MC 正常返时必有 $\rho < 1$.

现在设 $\rho \geqslant 1$, 构造 (5.4.5) 的解如下: 首先取

$$x_i = 1, \quad i = c-1, c, \cdots.$$

依照定理 5.1.2 的证明可验证, $\{x_i = 1, i \geqslant c-1\}$ 满足 (5.4.5) 中 $j = c$ 以后的那些不等式. 对 $j = 1, \cdots, c-1$, 考虑 (5.4.5) 中取等号的方程, 将 $x_i = 1 (i \geqslant c-1)$ 代入, 这些方程是

$$p_{01}x_0 + (p_{11}-1)x_1 + p_{21}x_2 + \cdots + p_{c-2,1}x_{c-2} = -\sum_{i=c-1}^{\infty} p_{i1},$$

$$p_{12}x_1 + (p_{22}-1)x_2 + p_{32}x_3 + \cdots + p_{c-2,2}x_{c-2} = -\sum_{i=c-1}^{\infty} p_{i2},$$

$$\cdots\cdots\cdots\cdots$$

$$p_{c-3,c-2}x_{c-3}+(p_{c-2,c-2}-1)x_{c-2}=-\sum_{i=c-1}^{\infty}p_{i,c-2},$$

$$p_{c-2,c-1}x_{c-2}=1-\sum_{i=c-1}^{\infty}p_{i,c-1}. \tag{5.4.6}$$

这是 $c-1$ 个未知数 $x_0,x_1,\cdots,x_{c-2}$ 的 $c-1$ 个方程, 系数行列式为

$$p_{01}p_{12}\cdots p_{c-2,c-1}=a_{01}a_{12}\cdots a_{c-2,c-1}\neq 0.$$

因此有唯一的解 $x_i=\xi_i, i=0,1,\cdots,c-2$. 最后, 只需验证给出的解也满足 (5.4.5) 中 $j=0$ 的不等式. 为此, 在 (5.4.6) 中取 $x_i=\xi_i$, 将方程两端相加, 并注意到转移矩阵行和为 1, 得到

$$(p_{00}-1)\xi_0+p_{10}\xi_1+\cdots+p_{c-2,0}\xi_{c-2}=\sum_{j=0}^{c-1}\sum_{i=c-1}^{\infty}p_{ij}-1-\sum_{i=c-1}^{\infty}p_{i0}. \tag{5.4.7}$$

再次应用行和为 1 的性质, 有

$$\sum_{j=0}^{\infty}\sum_{i=c-1}^{\infty}p_{ij}=\sum_{r=1}^{\infty}rc_r=\rho^{-1}.$$

代入 (5.4.7), 注意到 $\rho\geqslant 1$, 给出

$$(p_{00}-1)\xi_0+p_{10}\xi_1+\cdots+p_{c-2,0}\xi_{c-2}\leqslant-\sum_{i=c-1}^{\infty}p_{i0},$$

即给出的解满足 (5.4.5) 中 $j=0$ 的不等式. 另外, 所构造的解显然满足 $\sum_{i=0}^{\infty}|x_i|=\infty$. 必要性得证. □

5.4.2 队长和等待时间

设 $\rho=(c\mu E(T))^{-1}<1$, L^- 表示 L_n^- 的稳态极限, 称为 GI/Geom/c 排队系统到达前夕的稳态队长. 稳态分布记为

$$\pi_j^-=P\{L^-=j\}=\lim_{n\to\infty}P\{L_n^-=j\},\quad j\geqslant 0.$$

定理 5.4.2 $\rho<1$ 时, GI/Geom/c 系统到达前夕稳态队长 L^- 有分布

$$\pi_j^-=\begin{cases}\displaystyle\sum_{l=j}^{c-1}(-1)^{l-j}\binom{l}{j}u_l, & 0\leqslant j\leqslant c-1,\\ K\alpha^{j-c}, & j\geqslant c,\end{cases} \tag{5.4.8}$$

式中 α 是方程 $z=H[(1-\mu(1-z))^c]$ 在 $(0,1)$ 内唯一的根, 并且

$$u_l=Kb_l\sum_{j=l+1}^{c}\frac{h_j}{b_j(1-\varepsilon_j)},\quad 0\leqslant l\leqslant c-1,$$

其中

$$K=\left[\frac{1}{1-\alpha}+\sum_{j=1}^{c}\frac{h_j}{b_j(1-\varepsilon_j)}\right]^{-1};$$

$$b_0=1,\quad b_j=\prod_{k=1}^{j}\frac{\varepsilon_k}{1-\varepsilon_k},\quad 1\leqslant j\leqslant c-1;$$

$$\varepsilon_j=\sum_{k=1}^{\infty}a_k\bar{\mu}^{jk}=H(\bar{\mu}^j),\quad 0\leqslant j\leqslant c-1;$$

$$h_j=\binom{c}{j}-\frac{\bar{\mu}^c}{\alpha^{c+1}}\frac{(\alpha-\varepsilon_j)}{(\bar{\mu}+\mu\alpha)^c-\bar{\mu}^j}\times\sum_{m=1}^{c}\binom{c}{m}\left(\frac{\mu\alpha}{\bar{\mu}}\right)^m\sum_{k=c+1-m}^{c}\binom{k}{j}\alpha^k,\quad 0\leqslant j\leqslant c-1.$$

证明 由定理 5.4.1, $\rho<1$ 时存在唯一的平稳分布 $\{\pi_k^-,k\geqslant 0\}$, 满足平衡方程和正规化条件

$$\pi_j^-=\sum_{i=0}^{\infty}\pi_i^-p_{ij},\quad j\geqslant 0;\quad \sum_{j=0}^{\infty}\pi_j^-=1.$$

当 $j\geqslant c$ 时, 平衡方程可写成

$$\pi_j^-=\sum_{i=j-1}^{\infty}\pi_i^-c_{i+1-j},\quad j\geqslant c. \tag{5.4.9}$$

直接验证可知 $\pi_j^-=K\alpha^{j-c},j\geqslant c-1$ 满足 (5.4.9). 事实上

$$\begin{aligned}&\sum_{i=j-1}^{\infty}\pi_i^-c_{i+1-j}\\&=K\sum_{i=j-1}^{\infty}\alpha^{i-c}\sum_{k=1}^{\infty}a_k\binom{ck}{i+1-j}\mu^{i+1-j}\bar{\mu}^{ck-(i+1-j)}\\&=K\alpha^{j-1-c}\sum_{k=1}^{\infty}a_k\sum_{r=0}^{ck}\binom{ck}{r}(\alpha\mu)^r\bar{\mu}^{ck-r}\\&=K\alpha^{j-1-c}H[(1-\mu(1-z))^c]=\pi_j^-,\quad j\geqslant c-1.\end{aligned}$$

特别地, 当 $j=c$ 时, (5.4.9) 给出 $\alpha\pi_{c-1}^{-}=K$. 因此, 只要求出 π_{c-1}^{-} 就可确定常数因子 K.

为了进一步确定 $\pi_0^-,\pi_1^-,\cdots,\pi_{c-1}^-$, 引入部分母函数

$$U(z)=\sum_{l=0}^{c-1}\pi_l^- z^l.$$

现在, 定义

$$u_k=\frac{1}{k!}\left(\frac{\mathrm{d}^kU(z)}{\mathrm{d}z^k}\right)\Bigg|_{z=1},\quad 0\leqslant k\leqslant c-1. \tag{5.4.10}$$

对 $U(z)$ 求各阶导数, 可知

$$u_r=\sum_{l=r}^{c-1}\binom{l}{r}\pi_l^-,\quad 0\leqslant r\leqslant c-1.$$

这一表达式两端乘 $(-1)^{r-j}\binom{r}{j}$, 对 r 从 j 到 $c-1$ 求和, 给出

$$\begin{aligned}
&\sum_{r=j}^{c-1}(-1)^{r-j}\binom{r}{j}u_r\\
&=\sum_{r=j}^{c-1}(-1)^{r-j}\binom{r}{j}\sum_{l=r}^{c-1}\binom{l}{r}\pi_l^-\\
&=\sum_{l=j}^{c-1}\pi_l^-\sum_{r=j}^{l}(-1)^{r-j}\binom{r}{j}\binom{l}{r}\\
&=\sum_{l=j}^{c-1}\pi_l^-\binom{l}{j}\sum_{r=j}^{l}(-1)^{r-j}\binom{l-j}{r-j}\\
&=\pi_j^-,\quad 0\leqslant j\leqslant c-1.
\end{aligned}$$

为证定理的结论, 只需计算 $u_r, 0\leqslant r\leqslant c-1$. 注意到平衡方程的前 c 个等式是

$$\begin{aligned}
\pi_0^-&=\sum_{i=0}^{\infty}\pi_i^-p_{i0}=\sum_{i=0}^{c-1}\pi_i^-a_{i0}+\sum_{i=c}^{\infty}\pi_i^-b_{i0},\\
\pi_j^-&=\sum_{i=j-1}^{\infty}\pi_i^-p_{ij}=\sum_{i=j-1}^{c-1}\pi_i^-a_{ij}+\sum_{i=c}^{\infty}\pi_i^-b_{ij},\quad 1\leqslant j\leqslant c-1.
\end{aligned}$$

对应的式子乘 z^j, 对 j 从 0 到 $c-1$ 求和, 给出

$$U(z)=\sum_{i=0}^{c-1}\pi_i^-\sum_{j=0}^{i+1}z^ja_{ij}+\sum_{j=0}^{c-1}z^j\sum_{i=c}^{\infty}\pi_i^-b_{ij}. \tag{5.4.11}$$

将 a_{ij} 代入 (5.4.11) 右端前项, 有

$$\begin{aligned}
&\sum_{i=0}^{c-1}\pi_i^-\sum_{j=0}^{i+1}z^j a_{ij}\\
&=\sum_{k=1}^{\infty}a_k\sum_{i=0}^{c-1}\pi_i^-\sum_{j=0}^{i+1}\binom{i+1}{j}(z\bar{\mu}^k)^j(1-\bar{\mu}^k)^{i+1-j}\\
&=\sum_{k=1}^{\infty}a_k\sum_{i=0}^{c-1}\pi_i^-[1-\bar{\mu}^k(1-z)]^{i+1}\\
&=\sum_{k=1}^{\infty}a_k U[1-\bar{\mu}^k(1-z)](1-\bar{\mu}^k(1-z)).
\end{aligned}\tag{5.4.12}$$

对 (5.4.11) 右端后项, 有

$$\sum_{i=0}^{c-1}z^j\sum_{i=c}^{\infty}\pi_i^- b_{ij}=\sum_{j=0}^{c}z^j\sum_{i=c}^{\infty}\pi_i^- b_{ij}-z^c\sum_{i=c}^{\infty}K\alpha^{i-c}b_{ic}.\tag{5.4.13}$$

将 $\pi_i^-=K\alpha^{i-c}(i\geqslant c)$ 及 b_{ij} 代入 (5.4.13) 左式前项, 通过逐次换序求和, 给出

$$\begin{aligned}
\sum_{j=0}^{c}z^j\sum_{i=c}^{\infty}\pi_i^- b_{ij}=&K\sum_{k=1}^{\infty}a_k\sum_{r=1}^{k}\frac{1-\bar{\mu}^{k-r}(1-z)}{1-\alpha[1-\bar{\mu}^{k-r}(1-z)]}(\bar{\mu}+\alpha\mu)^{(r-1)c}\\
&\times\left\{[\mu+\bar{\mu}(1-\bar{\mu}^{k-r}(1-z))]^c-(\bar{\mu}+\alpha\mu)^c[1-\bar{\mu}^{k-r}(1-z)]^c\right\}.
\end{aligned}$$

对 (5.4.13) 右式后项, 注意到 $b_{ic}=c_{i+1-c}$, 有

$$\begin{aligned}
\sum_{i=c}^{\infty}\pi_i^- b_{ij}&=K\sum_{k=1}^{\infty}a_k\sum_{i=c}^{\infty}\alpha^{i-c}\binom{kc}{i+1-c}\mu^{i+1-c}\bar{\mu}^{ck-(i+1-c)}\\
&=K\sum_{k=1}^{\infty}a_k\sum_{r=0}^{ck}\binom{ck}{r}\alpha^{r-1}\mu^r\bar{\mu}^{ck-r}\\
&=K\alpha^{-1}\sum_{k=1}^{\infty}a_k[\bar{\mu}+\alpha\mu]^{ck}\\
&=K\alpha^{-1}H[(\bar{\mu}+\alpha\mu)^c]=K\alpha^{-1}\alpha=K.
\end{aligned}$$

这些计算结果都代入 (5.4.11), 可得到 $U(z)$ 满足的一个函数方程

$$U(z)=\sum_{k=1}^{\infty}a_k(1-\bar{\mu}^k(1-z))U[1-\bar{\mu}^k(1-z)]$$

$$
\begin{aligned}
&+K\sum_{k=1}^{\infty}a_k\sum_{r=1}^{k}\frac{1-\bar{\mu}^{k-r}(1-z)}{1-\alpha[1-\bar{\mu}^{k-r}(1-z)]}(\bar{\mu}+\alpha\mu)^{(r-1)c}\\
&\times\left\{[\mu+\bar{\mu}(1-\bar{\mu}^{k-r}(1-z))]^c-(\bar{\mu}+\alpha\mu)^c[1-\bar{\mu}^{k-r}(1-z)]^c\right\}\\
&-z^cK.
\end{aligned}\tag{5.4.14}
$$

在 (5.4.14) 两端对 z 求各阶导数, 并置 $z=1$, 经过比较复杂的运算 (徐光辉, 1988), 可给出定理中 $u_r(0\leqslant r\leqslant c-1)$ 的表达式. □

以 W 和 $W(z)$ 表示 GI/Geom/c 排队系统稳态下顾客的等待时间及其 PGF.

定理 5.4.3 $\rho<1$ 时, GI/Geom/c 排队中稳态等待时间有 PGF:

$$
W(s)=1-\frac{K}{1-\alpha}\frac{1-s}{1-(\bar{\mu}+\alpha\mu)^c s}.\tag{5.4.15}
$$

证明 如果稳态下到达的顾客遇状态 $j(\geqslant c)$, 其等待时间大于 k 意味着 c 个服务台都工作, k 个时隙上完成服务不超过 $j-c$ 个. 因此

$$
\begin{aligned}
P\{W>k\}&=\sum_{j=c}^{\infty}\pi_j^-\sum_{l=0}^{j-c}\binom{kc}{l}\mu^l\bar{\mu}^{kc-l}\\
&=K\sum_{l=0}^{\infty}\sum_{j=l+c}^{\infty}\binom{kc}{l}\mu^l\bar{\mu}^{kc-l}\alpha^{j-c}\\
&=\frac{K}{1-\alpha}\sum_{l=0}^{ck}\binom{kc}{l}(\alpha\mu)^l\bar{\mu}^{kc-l}\\
&=\frac{K}{1-\alpha}(\bar{\mu}+\alpha\mu)^{ck},\qquad k\geqslant 0.
\end{aligned}
$$

使用关系式

$$
\sum_{k=0}^{\infty}s^kP\{W>k\}=\frac{1-W(s)}{1-s},
$$

注意到

$$
\begin{aligned}
\sum_{k=0}^{\infty}s^kP\{W>k\}&=\frac{K}{1-\alpha}\sum_{k=0}^{\infty}(\bar{\mu}+\alpha\mu)^{ck}s^k\\
&=\frac{K}{1-\alpha}\frac{1}{1-(\bar{\mu}+\alpha\mu)^c s},
\end{aligned}
$$

容易给出表达式 (5.4.15). □

由定理 5.4.3, 对稳态下平均等待时间, 有

$$
E(W)=W'(1)=\frac{K}{1-\alpha}\frac{1}{1-(\bar{\mu}+\alpha\mu)^c}.
$$

5.4.3 GI/Geom/c/c 消失系统

考虑 5.4.1 中的 GI/Geom/c 排队系统, 区别是不允许顾客等待. 若顾客到达遇所有 c 个服务台全忙, 其服务要求受到拒绝并立刻离开系统 (消失). 仍然讨论顾客到达前夕的队长过程 $\{L_n^-, n \geqslant 0\}$, 其状态空间是 $\Omega = \{0, 1, \cdots, c\}$, 并有转移概率矩阵

$$\widetilde{\boldsymbol{P}} = \begin{bmatrix} a_{00} & a_{01} & & & \\ a_{10} & a_{11} & a_{12} & & \\ \vdots & \vdots & \vdots & \ddots & \\ a_{c-1,0} & a_{c-1,1} & a_{c-1,2} & \cdots & a_{c-1,c} \\ a_{c-1,0} & a_{c-1,1} & a_{c-1,2} & \cdots & a_{c-1,c} \end{bmatrix}, \tag{5.4.16}$$

其中

$$a_{ij} = \sum_{k=1}^{\infty} a_k \binom{i+1}{j} \bar{\mu}^{kj} (1-\bar{\mu}^k)^{i+1-j}, \quad 0 \leqslant i \leqslant c-1, 0 \leqslant j \leqslant i+1.$$

现在, $\{L_n^-, n \geqslant 0\}$ 是有限状态 MC, 转移概率阵 (5.4.16) 表明它是不可约、非周期、正常返的. 对消失系统, MC 的正常返性并不需要满足 $\rho^{-1} = c\mu E(T) > 1$ 这一条件. 设 L^- 是稳态下到达前夕系统中顾客数, 有分布 $\boldsymbol{\Pi}^- = (\pi_0^-, \cdots, \pi_c^-)$, π_c^- 称为系统的消失概率. 平衡方程 $\boldsymbol{\Pi}^- = \boldsymbol{\Pi}^- \widetilde{\boldsymbol{P}}$ 给出

$$\begin{aligned} \pi_0^- &= \sum_{i=0}^{c-1} \pi_i^- a_{i0} + \pi_c^- a_{c-1,0}, \\ \pi_j^- &= \sum_{i=j-1}^{c-1} \pi_i^- a_{ij} + \pi_c^- a_{c-1,j}, \quad 1 \leqslant j \leqslant c-1, \\ \pi_c^- &= \pi_{c-1}^- a_{c-1,c} + \pi_c^- a_{c-1,c}. \end{aligned}$$

用 z^j 乘以对应的等式, 对 j 求和给出

$$U(z) = \sum_{j=0}^{c} \pi_j^- z^j = \sum_{i=0}^{c-1} \pi_i^- \sum_{j=0}^{i+1} z^j a_{ij} + \sum_{j=0}^{c} \pi_c^- z^j a_{c-1,j}. \tag{5.4.17}$$

将 a_{ij} 代入上式右端前项计算, 有

$$\begin{aligned} &\sum_{i=0}^{c-1} \pi_i^- \sum_{j=0}^{i+1} z^j a_{ij} \\ =&\sum_{k=1}^{\infty} a_k \sum_{i=0}^{c-1} \pi_i^- \sum_{j=0}^{i+1} \binom{i+1}{j} (z\bar{\mu}^k)^j (1-\bar{\mu}^k)^{i+1-j} \end{aligned}$$

$$
\begin{aligned}
&= \sum_{k=1}^{\infty} a_k \sum_{i=0}^{c-1} \pi_i^- [1-\bar{\mu}^k(1-z)]^{i+1} \\
&= \sum_{k=1}^{\infty} a_k (1-\bar{\mu}^k(1-z)) U[1-\bar{\mu}^k(1-z)] \\
&\quad - \sum_{k=1}^{\infty} a_k \pi_c^- (1-\bar{\mu}^k(1-z))^{c+1}.
\end{aligned}
$$

类似地, (5.4.17) 右端后项是

$$
\sum_{k=1}^{\infty} a_k \pi_c^- (1-\bar{\mu}^k(1-z))^c.
$$

这些计算结果代入 (5.4.17), 得到 $U(z)$ 的函数方程

$$
\begin{aligned}
U(z) = &\sum_{k=1}^{\infty} a_k (1-\bar{\mu}^k(1-z)) U[1-\bar{\mu}^k(1-z)] \\
&+ \pi_c^- \sum_{k=1}^{\infty} a_k (1-\bar{\mu}^k(1-z))^c \bar{\mu}^k(1-z).
\end{aligned} \tag{5.4.18}
$$

两端对 z 求导数, 并取 $z=1$, 给出稳态下系统中平均顾客数 $E(L^-)=U'(1)$ 与消失概率 π_c^- 之间的关系式

$$
E(L^-) = (1-\pi_c^-)\frac{H(\bar{\mu})}{1-H(\bar{\mu})}.
$$

使用定理 5.4.2 的方法, 可以表出稳态概率

$$
\pi_j^- = \sum_{l=j}^{c} (-1)^{l-j} \binom{l}{j} u_l, \quad 0 \leqslant j \leqslant c,
$$

其中

$$
u_l = b_l \sum_{k=l}^{c} \binom{c}{k} b_k^{-1} \Big/ \sum_{k=0}^{c} \binom{c}{k} b_k^{-1}, \quad 0 \leqslant l \leqslant c,
$$

b_k 与定理 5.4.2 中相同.

§5.5 文献评述

与 Bernoulli 到达的模型比较, 研究一般到达离散时间排队的工作相对较少. 早期, Chan 与 Maa(1978) 使用与连续时间 GI/M/c 系统平行的分析方法, 给出了离散

时间 GI/Geom/c 排队的稳态分析. §5.1 GI/Geom/1 系统的分析, 是 Chan 与 Maa 的工作中 $c=1$ 的特例; §5.4 的内容主要取自文献 (Chan et al., 1978). 单服务台 GI/Geom/1 排队的详尽分析可在文献 (Hunter, 1983) 中找到. Chaudhry, Gupta 和 Templeton(1996) 使用补充变量方法, 导出了早到和晚到 GI/Geom/1 排队中不同时刻稳态队长分布及相互关系, 我们在 5.1.3 节介绍了他们的工作. Chaudhry 与 Gupta(1997) 研究了有限等待场所的离散时间 GI/Geom/1/N 排队, 给出了系统的稳态指标.

§5.2 引入的 GI/M/1 型结构矩阵及相关的矩阵几何解方法, 是 Neuts 等在 20 世纪后期发展起来的. GI/M/1 型结构矩阵、M/G/1 型结构矩阵、拟生灭过程及 PH 分布理论一起, 构成了随机模型的矩阵解析方法. 最近二十年, 矩阵解析方法已经成为复杂随机系统建模与解析处理的主要工具. 系统论述矩阵解析方法的著作见文献 (Neuts, 1981, 1989; Latouche et al.,1999).

Tian 等 (1989) 使用矩阵几何解方法研究连续时间的 GI/M/1 休假排队, 在多重休假策略和指数休假时间的假设下, 给出 GI/M/1(ES,MV) 系统的稳态分布和随机分解结果. 关于连续时间 GI/M/1 休假排队的相关工作, 见文献 (田乃硕, 1993(a), (b); Chatterjee et al., 1990; Dukhovny, 1997; Ke, 2003; Tian et al., 2003; Zhang et al., 2004) 等. 对离散时间 GI/Geom/1 (ES,MV), 早期的研究见文献 (田乃硕, 1992). 更详细地分析由 Tian 与 Zhang(2002) 给出, §5.3 取自该论文. 最近, Samanta, Gupta 与 Sharma(2007) 给出了有限等待场所和多重休假 GI/Geom/1/N 系统的稳态分析. 另外, Alfa(2003) 使用矩阵分析方法, 研究了若干到达间隔、服务时间、休假时间服从离散 PH 分布的排队模型. 带有更复杂休假策略, 特别是非空竭服务的离散时间 GI/Geom/1 休假排队系统, 迄今尚未研究.

第 6 章 离散时间工作休假排队

在经典的休假排队系统中, 休假期间服务员完全停止对顾客的服务. 最近, Servi 与 Finn(2003) 引入一类半休假策略: 休假期间服务员将以较慢的速率接待顾客, 而不是完全停止顾客的服务, 称为工作休假 (working vacation, WV). 他们研究了多重工作休假的连续时间 M/M/1(WV) 排队, 并将结果应用于光纤通信系统中网关路由器的性能分析. 另一方面, 各种工作休假策略, 本质上是当系统中顾客相对较少时, 设置一段低速运行期. 适当选取低速运行期的长度和低速服务速率, 可以节约系统的运行成本. 因此, 工作休假排队的研究将为最优低速运行期的设计提供理论根据和分析方法. 当然, 如果慢速服务速率退化为 0, 工作休假系统就回归到经典休假模型. 从这个意义上说, 工作休假排队也是经典休假排队的一种推广.

Servi 与 Finn(2003) 的工作也引发了各种离散时间工作休假排队的研究. 本章将讨论若干最基本的离散时间工作休假排队系统.

§6.1 多重工作休假 Geom/Geom/1 排队

6.1.1 拟生灭链模型和平衡条件

多重工作休假 Geom/Geom/1 排队模型可描述如下:

(1) 潜在的顾客到达发生于时隙末端 (n^-, n) 处, 到达间隔独立同分布, 其分布是

$$P\{T=k\}=p\bar{p}^{k-1}, \quad k \geqslant 1, \quad \bar{p}=1-p.$$

(2) 服务的开始和结束都发生在时隙分点 $t=n$ 上. 在正规忙期内顾客的服务时间 S_b 服从参数 $\bar{\mu}_b$ 的几何分布, $0<\mu_b<1, \bar{\mu}_b=1-\mu_b$,

$$P\{S_b=k\}=\mu_b\bar{\mu}_b^{k-1}, \quad k \geqslant 1.$$

在工作休假期间, 顾客的服务时间 S_v 服从参数 $\bar{\mu}_v$ 的几何分布

$$P\{S_v=k\}=\mu_v\bar{\mu}_v^{k-1}, \quad k \geqslant 1, \quad \bar{\mu}_v=1-\mu_v.$$

(3) 当一个正规忙期结束时, 系统就进入一个工作休假期 V, 有分布

$$P\{V=k\}=\theta\bar{\theta}^{k-1}, \quad k \geqslant 1, \quad \bar{\theta}=1-\theta.$$

在工作休假期间内到达的顾客, 按到达顺序接受速率 μ_v 的服务. 当一次工作休假结束时, 如果系统中无顾客, 就开始另一个独立同分布的工作休假; 如果系统内有顾客, 则正在进行服务的顾客, 服务率从 μ_v 转变为 μ_b, 并且开始一个正规忙期. 为确定起见, 假设休假的开始与结束都发生在时隙末端 (n^-, n) 上.

(4) 到达间隔 T, 服务时间 S_b 与 S_v, 休假时间 V 都是相互独立的, 先到先服务 (FIFO) 排队规则.

按文献 (Hunter, 1983), 我们讨论的是晚到有延迟入口的离散时间排队模型.

设 L_n^+ 表示时隙分点 n^+ 处系统中的顾客数, 按上述约定, 在 $(n,\ n^+)$ 处完成服务离去的顾客不再计入 L_n^+. 又记

$$J_n = \begin{cases} 0, & 时刻\ n^+\ 系统处休假状态, \\ 1, & 时刻\ n^+\ 系统处正规忙期. \end{cases}$$

$\{(L_n^+, J_n), n \geqslant 0\}$ 是一个 MC, 有状态空间

$$\Omega = \{(0,0)\} \cup \{(k,j) : k \geqslant 1, j = 0, 1\}.$$

将 MC 的状态按字典序排列, 其转移概率矩阵可表成下列分块三对角形式, 因此, $\{(L_n^+, J_n), n \geqslant 0\}$ 是 5.2.2 节中描述的拟生灭链.

$$\widetilde{\boldsymbol{P}} = \begin{bmatrix} \bar{p} & \boldsymbol{A}_{01} & & & \\ \boldsymbol{B}_{10} & \boldsymbol{A}_1 & \boldsymbol{A}_0 & & \\ & \boldsymbol{A}_2 & \boldsymbol{A}_1 & \boldsymbol{A}_0 & \\ & & \boldsymbol{A}_2 & \boldsymbol{A}_1 & \boldsymbol{A}_0 \\ & & & \ddots & \ddots & \ddots \end{bmatrix}, \tag{6.1.1}$$

其中, $\boldsymbol{A}_{01} = (p\bar{\theta}, p\theta), \boldsymbol{B}_{10} = (\bar{p}\mu_v, \bar{p}\mu_b)^{\mathrm{T}}$, 并且

$$\boldsymbol{A}_0 = \begin{bmatrix} \bar{\theta}p\bar{\mu}_v & \theta p\bar{\mu}_v \\ 0 & p\bar{\mu}_b \end{bmatrix}, \quad \boldsymbol{A}_2 = \begin{bmatrix} \bar{\theta}\bar{p}\mu_v & \theta\bar{p}\mu_v \\ 0 & \bar{p}\mu_b \end{bmatrix},$$

$$\boldsymbol{A}_1 = \begin{bmatrix} \bar{\theta}(1 - p\bar{\mu}_v - \bar{p}\mu_v) & \theta(1 - p\bar{\mu}_v - \bar{p}\mu_v) \\ 0 & 1 - p\bar{\mu}_b - \bar{p}\mu_b \end{bmatrix}.$$

正如定理 5.2.5 指出的, 在拟生灭链模型的分析中, 矩阵二次方程

$$\boldsymbol{R} = \boldsymbol{R}^2\boldsymbol{A}_2 + \boldsymbol{R}\boldsymbol{A}_1 + \boldsymbol{A}_0 \tag{6.1.2}$$

的最小非负解 $\boldsymbol{R}$ 起着重要作用, 称为率阵. 为表出 $\boldsymbol{R}$, 记

$$\alpha = \frac{p\bar{\mu}_b}{\bar{p}\mu_b}. \tag{6.1.3}$$

现在, 我们给出率阵 $\boldsymbol{R}$ 的表达式.

定理 6.1.1 若 $\alpha < 1$, 矩阵方程 (6.1.2) 有最小非负解

$$\boldsymbol{R} = \begin{bmatrix} r & \dfrac{\theta r}{\bar{\theta}\bar{p}\mu_b(1-r)} \\ 0 & \alpha \end{bmatrix}, \tag{6.1.4}$$

其中

$$r = \frac{1}{2\rho\bar{\mu}_v}\left[\beta + p\bar{\mu}_v + \bar{p}\mu_v - \sqrt{(\beta + \rho\bar{\mu}_v + \bar{p}\mu_v)^2 - 4p\bar{p}\mu_v\bar{\mu}_v}\right],$$

$$\beta = \theta\bar{\theta}^{-1},$$

并且 $0 < r < 1, \alpha$ 由 (6.1.3) 给出.

证明 $\boldsymbol{A}_0, \boldsymbol{A}_1, \boldsymbol{A}_2$ 都是上三角矩阵, 可设

$$\boldsymbol{R} = \begin{bmatrix} r_{11} & r_{12} \\ 0 & r_{22} \end{bmatrix}.$$

将 $\boldsymbol{R}$ 和 $\boldsymbol{A}_i(i = 0, 1, 2)$ 代入方程 (6.1.2), 给出方程组

$$\begin{cases} r_{11} = \bar{\theta}\bar{p}\mu_v r_{11}^2 + \bar{\theta}(1 - p\bar{\mu}_v - \bar{p}\mu_v)r_{11} + \bar{\theta}p\bar{\mu}_v, \\ r_{22} = \bar{p}\mu_b r_{22}^2 + (1 - p\bar{\mu}_b - \bar{p}\mu_b)r_{22} + p\bar{\mu}_b, \\ (p\bar{\mu}_b + \bar{p}\mu_b)r_{12} = \theta\bar{p}\mu_v r_{11}^2 + \bar{p}\mu_b(r_{11} + r_{22})r_{12} \\ \qquad\qquad + \theta(1 - p\bar{\mu}_v - \bar{p}\mu_v)r_{11} + \theta p\bar{\mu}_v. \end{cases} \tag{6.1.5}$$

为得到矩阵方程的最小非负解, 在 (6.1.5) 的第二个方程中取 $r_{22} = \alpha$(另一个根是 $r_{22} = 1$). (6.1.5) 的第一个方程可改写为

$$\bar{p}\mu_v r_{11}^2 - (\beta + p\bar{\mu}_v + \bar{p}\mu_v)r_{11} + p\bar{\mu}_v = 0.$$

$r_{11} = r$ 是该方程在 $(0, 1)$ 内的根 (另一个根大于 1). 将 $r_{11} = r$ 和 $r_{22} = \alpha$ 代入 (6.1.5) 的第三个方程, 注意到

$$\bar{p}\mu_v r^2 - (p\bar{\mu}_v + \bar{p}\mu_v)r + p\bar{\mu}_v = \frac{\theta}{\bar{\theta}}r,$$

我们给出

$$r_{12} = \frac{\theta r}{\bar{\theta}\bar{p}\mu_b(1-r)}.$$ □

另外, 由 r 满足的二次方程, 容易验证

$$\frac{\theta r}{\bar{\theta}(1-r)} = p\bar{\mu}_v - r\bar{p}\mu_v. \tag{6.1.6}$$

在简化系统稳态指标的表达式时, 要经常使用关系式 (6.1.6).

定理 6.1.2　$\mathrm{MC}\{(L_n^+, J_n), n \geqslant 0\}$ 正常返当且仅当 $\alpha < 1$.

证明　依定理 5.2.5, MC 正常返当且仅当率阵的谱半径 $\mathrm{SP}(\boldsymbol{R}) < 1$, 并且方程 $(x_0, x_1, x_2)B[\boldsymbol{R}] = (x_0, x_1, x_2)$ 有正解, 这里

$$
\begin{aligned}
B[\boldsymbol{R}] &= \begin{bmatrix} \bar{p} & \boldsymbol{A}_{01} \\ \boldsymbol{B}_{10} & \boldsymbol{R}\boldsymbol{A}_2 + \boldsymbol{A}_1 \end{bmatrix} \\
&= \begin{bmatrix} \bar{p} & p\bar{\theta} & p\theta \\ \bar{p}\mu_v & \bar{\theta}(1-\bar{p}\mu_v) - \dfrac{\theta r}{1-r} & \theta(1-\bar{p}\mu_v) + \dfrac{\theta r}{1-r} \\ \bar{p}\mu_b & 0 & 1-\bar{p}\mu_b \end{bmatrix}.
\end{aligned}
$$

现在, $B[\boldsymbol{R}]$ 是一个正则随机阵, 这就确保以 $B[\boldsymbol{R}]$ 为系数的齐次方程组有正解. 例如, 取 (x_0, x_1, x_2) 是 $B[\boldsymbol{R}]$ 的平稳概率向量. 注意到 $0 < r < 1$, 有 $\mathrm{SP}(\boldsymbol{R}) = \max(r, \alpha) < 1$ 当且仅当 $\alpha < 1$. □

容易验证, $\alpha < 1$ 等价于经典的条件 $\rho = p\mu_b^{-1} < 1$.

6.1.2　稳态分布和随机分解

设 $\alpha < 1, (L^+, J)$ 表示 (L_n^+, J_n) 的稳态极限, 平稳分布记为

$$
\begin{aligned}
&\pi_{kj}^+ = P\{L^+ = k, J = j\}, \quad (k, j) \in \Omega, \\
&\pi_{00}^+ = \pi_0, \quad (\pi_{k0}^+, \pi_{k1}^+) = \boldsymbol{\pi}_k.
\end{aligned}
$$

定理 6.1.3　当 $\alpha < 1$ 时, (L^+, J) 有联合概率分布

$$
\begin{cases}
\pi_{00}^+ = K[\theta + \bar{\theta}\bar{p}\mu_v(1-r)], \\
\pi_{k0}^+ = Kp\bar{\theta}(1-r)r^{k-1}, \quad k \geqslant 1, \\
\pi_{k1}^+ = K\dfrac{p\theta}{\bar{p}\mu_b}\displaystyle\sum_{j=0}^{\infty} r^j \alpha^{k-1-j}, \quad k \geqslant 1,
\end{cases}
\tag{6.1.7}
$$

其中

$$
K = \frac{\bar{p}\mu_b(1-\alpha)(1-r)}{\bar{p}\mu_b(1-r)(1-\alpha)[\theta + \bar{\theta}\bar{p}\mu_v(1-r) + \bar{\theta}p] + p\theta}.
$$

证明　由定理 5.2.5 中的矩阵几何解表示, 有

$$
\boldsymbol{\pi}_k = (\pi_{k0}^+, \pi_{k1}^+) = (\pi_{10}^+, \pi_{11}^+)\boldsymbol{R}^{k-1}, \quad k \geqslant 1,
$$

这里 $(\pi_{00}^+, \pi_{10}^+, \pi_{11}^+)$ 满足方程组

$$
(\pi_{00}^+, \pi_{10}^+, \pi_{11}^+)B[\boldsymbol{R}] = (\pi_{00}^+, \pi_{10}^+, \pi_{11}^+).
$$

将 $B[\boldsymbol{R}]$ 的表达式代入上述方程, 给出

$$\begin{cases} \pi_{00}^+ = \pi_{00}^+\bar{p} + \pi_{10}^+\bar{p}\mu_v + \pi_{11}^+\bar{p}\mu_b, \\ \pi_{10}^+ = \pi_{00}^+ p\bar{\theta} + \pi_{10}^+\left[\bar{\theta}(1-\bar{p}\mu_v) - \dfrac{\theta r}{1-r}\right], \\ \pi_{11}^+ = \pi_{00}^+ p\theta + \pi_{10}^+\left[\theta(1-\bar{p}\mu_v) + \dfrac{\theta r}{1-r}\right] + \pi_{11}^+(1-\bar{p}\mu_b). \end{cases}$$

取 π_{00}^+ 为待定常数, 得到

$$\pi_{10}^+ = \frac{p\bar{\theta}(1-r)}{\theta+\bar{\theta}\bar{p}\mu_v(1-r)}\pi_{00}^+,$$
$$\pi_{11}^+ = \frac{p\theta}{\bar{p}\mu_b[\theta+\bar{\theta}\bar{p}\mu_v(1-r)]}\pi_{00}^+.$$

由 (6.1.4), 有

$$\boldsymbol{R}^k = \begin{bmatrix} r^k & \dfrac{\theta r}{\bar{\theta}\bar{p}\mu_b(1-r)}\displaystyle\sum_{j=0}^{k-1} r^j\alpha^{k-1-j} \\ 0 & \alpha^k \end{bmatrix}, \quad k \geqslant 1.$$

将 $\boldsymbol{\pi}_1 = (\pi_{10}^+, \pi_{11}^+)$ 及 $\boldsymbol{R}^{k-1}$ 代入矩阵几何解表达式, 给出

$$\begin{aligned} \boldsymbol{\pi}_k &= (\pi_{k0}^+, \pi_{k1}^+) \\ &= \frac{\pi_{00}^+}{\theta+\bar{\theta}\bar{p}\mu_v(1-r)}\left(p\bar{\theta}(1-r)r^{k-1}, \frac{p\theta}{\bar{p}\mu_b}\sum_{j=0}^{k-1} r^j\alpha^{k-1-j}\right), \quad k \geqslant 1. \end{aligned}$$

最后, 使用正规化条件, 可确定常数因子

$$\pi_{00}^+ = \frac{\bar{p}\mu_b(1-r)(1-\alpha)[\theta+\bar{\theta}\bar{p}\mu_v(1-r)]}{\bar{p}\mu_b(1-r)(1-\alpha)[\theta+\bar{\theta}\bar{p}\mu_v(1-r)+p\bar{\theta}]+p\theta}.$$

由此得到 (6.1.7) 中的联合分布. □

由 (6.1.7), 容易给出稳态下服务员所处状态的概率

$$\begin{aligned} P\{J=0\} &= \sum_{k=0}^{\infty}\pi_{k0}^+ \\ &= \frac{\bar{p}\mu_b(1-r)(1-\alpha)[\theta+\bar{\theta}\bar{p}\mu_v(1-r)+p\bar{\theta}]}{\bar{p}\mu_b(1-r)(1-\alpha)[\theta+\bar{\theta}\bar{p}\mu_v(1-r)+p\bar{\theta}]+p\theta}, \\ P\{J=1\} &= \sum_{k=1}^{\infty}\pi_{k1}^+ \\ &= \frac{p\theta}{\bar{p}\mu_b(1-r)(1-\alpha)[\theta+\bar{\theta}\bar{p}\mu_v(1-r)+p\bar{\theta}]+p\theta}. \end{aligned} \tag{6.1.8}$$

稳态下时刻 n^+ 处的队长 L^+, 有边缘分布

$$P\{L^+=0\}=\pi_{00}^+,\quad P\{L^+=k\}=\pi_{k0}^+ + \pi_{k1}^+,\quad k\geqslant 1.$$

由 (6.1.7), 可得到稳态队长 L^+ 的 PGF:

$$\begin{aligned}L^+(z)=&\sum_{k=0}^{\infty} z^k P\{L^+=k\}\\=&K^*\Big\{\bar{p}\mu_b(1-r)(1-\alpha)[\theta+\bar{\theta}\mu_v(1-r)]\\&+\bar{p}\mu_b\bar{\theta}p(1-\alpha)(1-r)\frac{z(1-r)}{1-rz}+p\theta\frac{z(1-r)}{1-rz}\frac{(1-\alpha)}{1-\alpha z}\Big\},\end{aligned}\tag{6.1.9}$$

其中

$$K^*=\{\bar{p}\mu_b(1-r)(1-\alpha)[\theta+\bar{\theta}\bar{p}\mu_v(1-r)+p\bar{\theta}]+p\theta\}^{-1}.$$

系统中的平均顾客数是

$$E(L^+)=K^*\left[\bar{p}\mu_b p\bar{\theta}(1-\alpha)+p\theta\left(\frac{1}{1-r}+\frac{\alpha}{1-\alpha}\right)\right].$$

现在, 我们给出稳态队长 L^+ 的随机分解结构:

定理 6.1.4　若 $\alpha<1$ 且 $\mu_b>\mu_v$, 稳态队长 L^+ 可分解成两个独立随机变量之和 $L^+=L_0^+ + L_d$, 其中 L_0^+ 是对应的经典无休假 Geom/Geom/1 排队中稳态顾客数, 服从参数 $1-\alpha$ 的几何分布; 由工作休假引起的附加顾客数 L_d 有 PGF:

$$L_d(z)=K^*\left[\delta_0+\delta_1 z+\delta_2\frac{z(1-r)}{1-rz}\right],\tag{6.1.10}$$

其中

$$\begin{aligned}\delta_0&=\bar{p}\mu_b(1-r)[\theta+\bar{\theta}\bar{p}\mu_v(1-r)],\\\delta_1&=p\bar{\mu}_b(1-r)p\bar{\theta}\mu_v\frac{1-r}{r},\\\delta_2&=p\bar{\theta}(p+r\bar{p})\frac{1-r}{r}(\mu_b-\mu_v).\end{aligned}$$

证明　由 (6.1.9), L^+ 的 PGF 可写成

$$L^+(z)=\frac{1-\alpha}{1-\alpha z}L_d(z)=L_0^+(z)L_d(z),$$

其中

$$\begin{aligned}L_d(z)=&K^*\Bigg\{\bar{p}\mu_b(1-r)[\theta+\bar{\theta}\bar{p}\mu_v(1-r)](1-\alpha z)\\&+\bar{p}\mu_b(1-r)(1-\alpha z)\frac{z(1-r)}{1-rz}+p\theta\frac{z(1-r)}{1-rz}\Bigg\}\\=&K^*\Bigg\{\delta_0+\bar{p}\mu_b(1-r)\alpha\left[p\bar{\theta}\frac{1-r}{r}-\theta-\bar{\theta}\bar{p}\mu_v(1-r)\right]z\\&+\left[\bar{p}\mu_b p\bar{\theta}(1-r)\left(1-\frac{\alpha}{r}\right)+p\theta\right]\frac{z(1-r)}{1-rz}\Bigg\}.\end{aligned}\tag{6.1.11}$$

注意到 $\bar{p}\mu_b\alpha=p\bar{\mu}_b$ 及关系式 (6.1.6), 有

$$\theta+\bar{\theta}\bar{p}\mu_v(1-r)=\bar{\theta}p\bar{\mu}_v\frac{1-r}{r}.$$

因此, (6.1.11) 右端 z 的系数是

$$p\bar{\mu}_b(1-r)\left[p\bar{\theta}\frac{1-r}{r}-p\bar{\theta}\bar{\mu}_v\frac{1-r}{r}\right]=\delta_1.$$

对 (6.1.11) 右端另一项的系数, 使用同样的方法可计算如下

$$\begin{aligned}&\bar{p}\mu_b p\bar{\theta}(1-r)-\bar{p}\mu_b p\bar{\theta}\alpha\frac{1-r}{r}+p\theta\\=&\,p\bar{\theta}\frac{1-r}{r}\left(r\bar{p}\mu_b-p\bar{\mu}_b+\frac{\theta r}{\bar{\theta}(1-r)}\right)\\=&\,p\bar{\theta}(p+r\bar{p})\frac{1-r}{r}(\mu_b-\mu_v)\\=&\,\delta_2.\end{aligned}$$

最后, 容易验证 $K^*=(\delta_0+\delta_1+\delta_2)^{-1}$, 因此 $L_d(z)$ 确是一个 PGF. □

定理 6.1.4 表明, 附加队长 L_d 是三个随机变量的混合, 即 $L_d=K^*\delta_0X_0+K^*\delta_1X_1+K^*\delta_2X_2$, 其中 $X_0\equiv0, X_1\equiv1, X_2$ 服从正整数集上参数为 $1-r$ 的几何分布. 基于上述随机分解, 有均值公式

$$E(L_d)=K^*\left(\delta_1+\frac{\delta_2}{1-r}\right),$$

$$E(L^+)=\frac{\alpha}{1-\alpha}+K^*\left(\delta_1+\frac{\delta_2}{1-r}\right).$$

以 W 和 $W(s)$ 表示稳态下顾客在系统中的逗留时间及其 PGF. 注意到对应的无休假 Geom/Geom/1 排队中顾客逗留时间 W_0 有 PGF(见 §3.1)

$$W_0(s)=\frac{s(1-\lambda)}{1-\lambda s},\quad \lambda=\frac{\bar{\mu}_b}{\bar{p}}.\tag{6.1.12}$$

对稳态逗留时间, 有下列随机分解结构:

定理 6.1.5　若 $\alpha < 1$ 且 $\mu_b < \mu_v$, 逗留时间 W 可分解成两个随机变量之和: $W = W_0 + W_d$. W_0 是对应无休假系统中的稳态逗留时间, 有 PGF(6.1.12); 由工作休假引起的附加延迟 W_d 有 PGF:

$$W_d(s) = K^*\left[\delta_1 p^{-1} + \delta_2 p^{-1}(1-\bar{p}\sigma)\frac{1-\sigma}{1-\sigma s}\right], \tag{6.1.13}$$

其中

$$\sigma = \frac{r}{p+r\bar{p}}, \quad 1-\sigma = \frac{p(1-r)}{p+r\bar{p}}.$$

证明　使用稳态队长 L^+ 与逗留时间 W 之间的经典关系

$$L^+(z) = W(\bar{p}+pz),$$

在 $L^+(z)$ 的表达式

$$L^+(z) = \frac{1-\alpha}{1-\alpha z}K^*\left[\delta_0 + \delta_1 z + \delta_2\frac{z(1-r)}{1-rz}\right]$$

中取 $s = \bar{p}+pz, z = p^{-1}(s-\bar{p})$. 注意到

$$\left.\frac{1-r}{1-rz}\right|_{z=p^{-1}(s-\bar{p})} = \frac{1-\sigma}{1-\sigma s},$$

$$\left.\frac{1-\alpha}{1-\alpha z}\right|_{z=p^{-1}(s-\bar{p})} = \frac{1-\lambda}{1-\lambda s}.$$

我们给出

$$\begin{aligned} W(s) &= \frac{1-\lambda}{1-\lambda s}K^*\left[\delta_0 + \delta_1 p^{-1}(s-\bar{p}) + \delta_2 p^{-1}(s-\bar{p})\frac{1-\sigma}{1-\sigma s}\right] \\ &= \frac{1-\lambda}{1-\lambda s}K^*\Big[\delta_0 - \delta_1 p^{-1}\bar{p} - \delta_2 p^{-1}\bar{p}(1-\sigma) \\ &\quad + \delta_1 p^{-1}s + \delta_2 p^{-1}(1-\bar{p}\sigma)\frac{s(1-\sigma)}{1-\sigma s}\Big]. \end{aligned} \tag{6.1.14}$$

使用关系式 (6.1.6), 对 (6.1.14) 右端括号中的常数项, 有

$$\begin{aligned} &\delta_0 - \delta_1 p^{-1}\bar{p} - \delta_2 p^{-1}\bar{p}(1-\sigma) \\ &= \bar{\theta}\bar{p}(1-r)\frac{p(1-r)}{r}(\mu_b\bar{\mu}_v - \bar{\mu}_b\mu_v - \mu_b + \mu_v) \\ &= 0. \end{aligned}$$

因此, (6.1.14) 可改写成

$$W(s)=\frac{s(1-\lambda)}{1-\lambda s}K^*\left[\delta_1p^{-1}+\delta_2p^{-1}(1-\bar{p}\sigma)\frac{1-\sigma}{1-\sigma s}\right]. \qquad \square$$

注意到 $K^*=[\delta_1p^{-1}+\delta_2p^{-1}(1-\bar{p}\sigma)]^{-1}$, (6.1.13) 表明, 附加延迟 W_d 以概率 $K^*\delta_1p^{-1}$ 等于零; 以概率 $K^*\delta_2p^{-1}(1-\bar{p}\sigma)$ 是一个参数 σ 的几何分布的随机变量. 由定理 6.1.5, 容易得到平均公式

$$E(W_d)=K^*\delta_2p^{-1}(1-\bar{p}\sigma)\frac{\sigma}{1-\sigma},$$
$$E(W)=\frac{1}{\mu_b(1-\alpha)}+K^*\delta_2p^{-1}(1-\bar{p}\sigma)\frac{\sigma}{1-\sigma}.$$

在最后的表达式中, 我们使用了关系式 $1-\lambda=\mu_b(1-\alpha)$.

6.1.3 忙期分析和数值例子

服务员连续地以速率 μ_b 接待顾客的时间长度 (按时隙计) 称为一个正规忙期, 记为 B. 两个相继的正规忙期之间的时段称为一个全工作休假期, 记为 V_g, 它由若干次工作休假 V 连接而成. 在经典休假排队中, 按多重休假规则, 只要一次 V 内确有顾客到达, 该次休假结束时服务员就进入忙期. 在工作休假系统中, 即使某次休假 V 内有顾客到达, 也可能因为该次休假结束前顾客已经完成了服务, 当工作结束时系统仍可能是空的, 并接续另一次工作休假. $C=B+V_g$ 称为一个忙循环.

以 L_b 表示一个正规忙期开始时在场的顾客数. 按多重工作休假规则, 如果一次工作休假结束时系统中有顾客在场, 则开始一个新的正规忙期. 因此

$$P\{L_b=k\}=P\{L^+=k|L^+\geqslant 1,J=0\},\quad k\geqslant 1.$$

由 (6.1.7), 有

$$P\{L^+\geqslant 1,J=0\}=\sum_{k=1}^{\infty}\pi_{k0}=Kp\bar{\theta}.$$

由此可给出 L_b 的分布和均值

$$P\{L_b=k\}=\frac{\pi_{k0}}{Kp\bar{\theta}}=(1-r)r^{k-1},\quad k\geqslant 1;$$
$$E(L_b)=\frac{1}{1-r}.$$

在 $L_b=k(k\geqslant 1)$ 条件下, 正规忙期 B 等于对应经典无休假系统中忙期 B_0 的 k 重独立和. 注意到 $1-\rho=\bar{p}(1-\alpha)$, 再由 §3.2, 有

$$E(B_0)=\frac{1}{\mu_b(1-\rho)}=\frac{1}{\bar{p}\mu_b(1-\alpha)}.$$

因此, 平均正规忙期是

$$E(B)=E(L_b)E(B_0)=\frac{1}{\bar{p}\mu_b(1-r)(1-\alpha)}. \tag{6.1.15}$$

使用 (6.1.8) 及交替更新过程的极限定理, 有

$$P\{J=1\}=\frac{E(B)}{E(C)}=\frac{p\theta}{\bar{p}\mu_b(1-r)(1-\alpha)[\theta+\bar{\theta}\bar{p}\mu_v(1-r)+p\bar{\theta}]+p\theta}.$$

将 (6.1.15) 中 $E(B)$ 代入该式, 给出平均忙循环

$$E(C)=\frac{1}{\bar{p}\mu_b(1-r)(1-\alpha)}+\frac{1}{p\theta}[\theta+\bar{\theta}\bar{p}\mu_v(1-r)+p\bar{\theta}]. \tag{6.1.16}$$

比较 (6.1.15) 与 (6.1.16), 得到全工作休假 V_g 的数学期望

$$E(V_g)=\frac{1}{p\theta}[\theta+\bar{\theta}\bar{p}\mu_v(1-r)+p\bar{\theta}],$$

该式表明 $E(V_g)$ 不依赖于正规忙期内的服务率 μ_b.

例 6.1.1 多重工作休假 Geom/Geom/1 排队.

通过上面的分析, 我们得到了稳态下平均队长、平均逗留时间和平均忙循环. 由于离散时间排队能更合理地分析大多数系统, 尤其是数字通信系统等. 例如, 移动设备以不同的速率接入无线网络的问题, 可以利用离散时间排队进行建模分析. 但是, 在分析过程中, 具体的系统有不同的性能要求. 显然, 在该模型中如果改变系统参数设置 (如服务率或休假率), 那么将对系统队长和等待时间有一定的影响.

根据平均队长 $E(L^+)$ 和平均逗留时间 $E(W)$ 的表达式, 我们给出了当 $p=0.3$ 和 $\mu_b=0.5$ 固定时, μ_v 的变化对这两个指标的影响 (见图 6.1.1 和图 6.1.2).

根据平均忙循环 $E(C)$ 和平均正规忙期的表达式, 我们给出了当 $p=0.3$ 和 $\mu_b=0.5$ 固定时, μ_v 的变化对这两个指标的影响 (见图 6.1.3 和图 6.1.4).

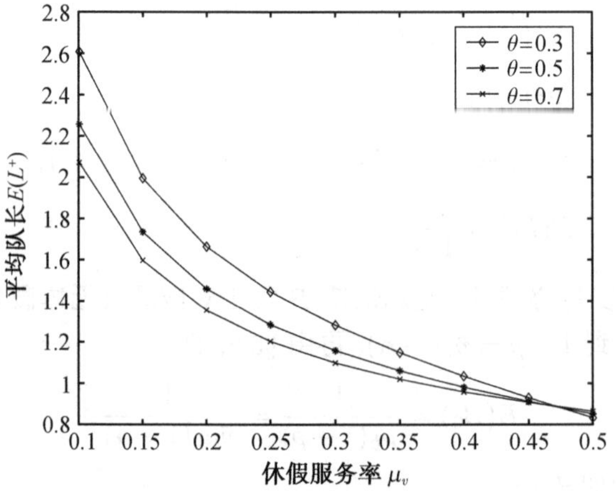

图 6.1.1 平均队长随 μ_v 的变化趋势

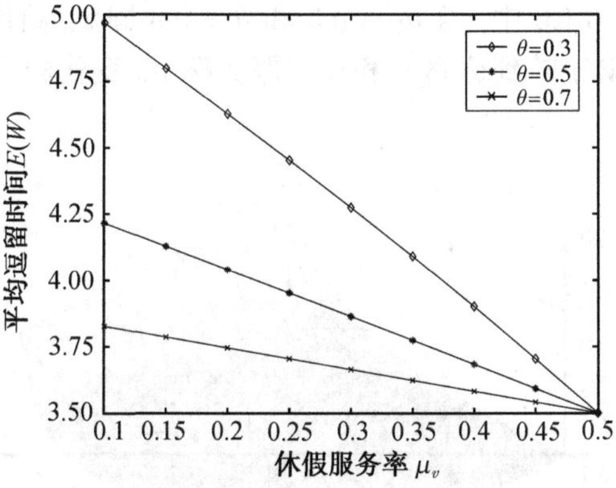

图 6.1.2 平均逗留时间随 μ_v 的变化趋势

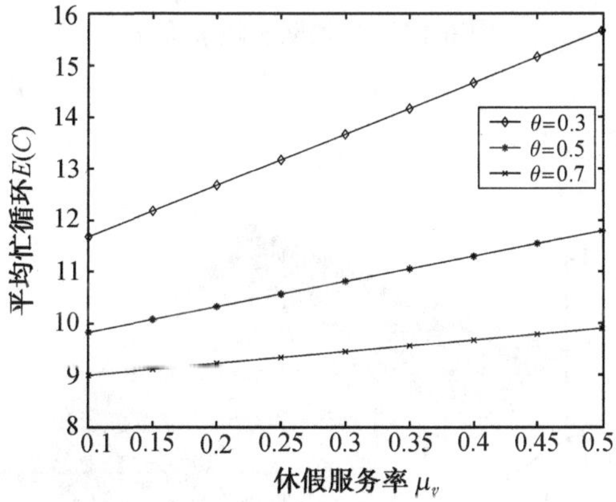

图 6.1.3 平均忙循环随 μ_v 的变化趋势

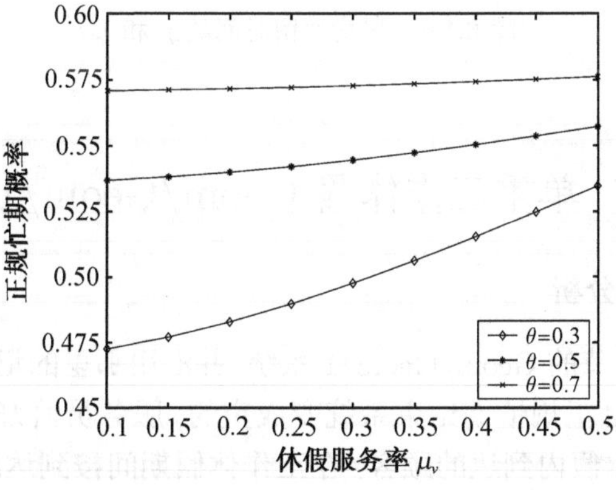

图 6.1.4 正规忙期概率随 μ_v 的变化趋势

在图 6.1.5 和图 6.1.6 中, 当 $\mu_b = 0.5$ 和 $\theta = 0.6$ 固定, 给出了平均队长 $E(L^+)$ 和平均逗留时间 $E(W)$ 随到达率 p 和休假服务率 μ_v 变化的三维曲线图.

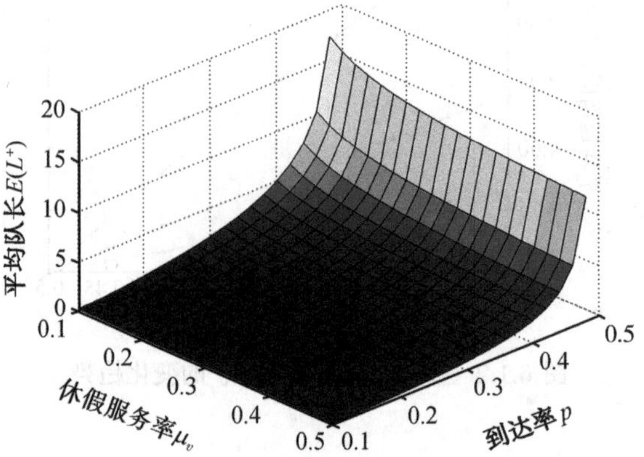

图 6.1.5 平均队长随 p 和 μ_v

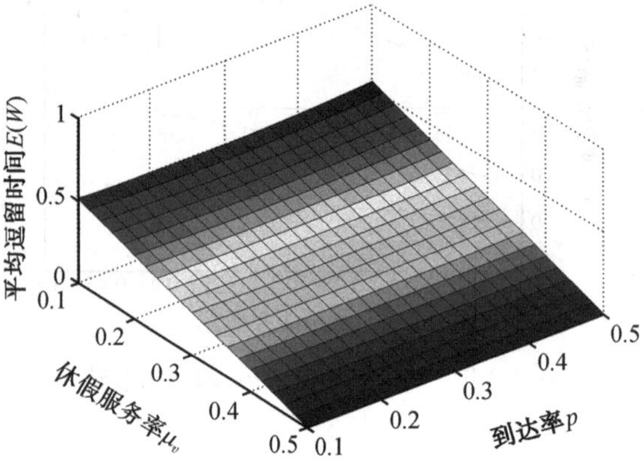

图 6.1.6 平均逗留时间随 p 和 μ_v

§6.2 单重工作休假 Geom/Geom/1 排队

6.2.1 模型和稳态分析

仍然讨论 6.1.1 节的 Geom/Geom/1 系统, 并沿用那里的记号, 区别是现在采用单重休假策略: 一旦正规忙期结束系统变成空的, 服务员恰好进行一次长度 V 的工作休假. 该工作休假内到达的顾客, 在工作休假期间按到达顺序接受速率 μ_v 的服务. 当休假结束时, 如果系统内有顾客, 正在进行的服务速率由 μ_v 转移为 μ_b, 并开始一个正规忙期. 若该次休假结束时系统中无顾客, 服务员将进入通常的空闲状态, 新的正规忙期将在下一个顾客到达时开始. 对多重工作休假模型, 服务员只有正规忙期和工作休假两种状态; 在单重工作休假策略下, 服务员还可能处在通常的空闲状态. 因此, 后者的分析更复杂一些.

L_n^+ 表示时刻 n^+ 处系统中的顾客数, 按模型的约定, 如果 (n^-,n) 处有顾客到达, 该顾客将计入 L_n^+; 如果 (n,n^+) 处有顾客完成服务离去, 该顾客不再计入 L_n^+. 定义

$$J_n=\begin{cases}0, & \text{时刻 } n^+ \text{ 系统处工作休假期,}\\ 1, & \text{时刻 } n^+ \text{ 系统处非工作休假期.}\end{cases}$$

$\{(L_n^+,J_n),n\geqslant 0\}$ 是一个 MC, 有状态空间

$$\Omega=\{(k,j):k\geqslant 0,j=0,1\}.$$

状态 $(0,1)$ 表示服务员处在闲期; 状态 $(k,1),k\geqslant 1$ 表示服务员处在正规忙期并且系统中 k 个顾客; 类似地, 状态 $(k,0),k\geqslant 0$ 表示服务员处在工作休假期并且系统中有 k 个顾客.

类似于 6.1.1 节, 将状态按字典序排列, MC 的转移概率矩阵可写成下列分块三对角形式

$$\tilde{\boldsymbol{P}}=\begin{bmatrix}\boldsymbol{A}_{00} & \boldsymbol{A}_{01} & & & \\ \boldsymbol{B}_{10} & \boldsymbol{A}_1 & \boldsymbol{A}_0 & & \\ & \boldsymbol{A}_2 & \boldsymbol{A}_1 & \boldsymbol{A}_0 & \\ & & \boldsymbol{A}_2 & \boldsymbol{A}_1 & \boldsymbol{A}_0 \\ & & & \ddots & \ddots & \ddots\end{bmatrix}, \tag{6.2.1}$$

其中所有子块都是 2×2 方阵

$$\boldsymbol{A}_{00}=\begin{bmatrix}\bar{\theta}\bar{p} & \theta\bar{p}\\ 0 & \bar{p}\end{bmatrix},\quad \boldsymbol{A}_{01}=\begin{bmatrix}\bar{\theta}p & \theta p\\ 0 & p\end{bmatrix},\quad \boldsymbol{B}_{01}=\begin{bmatrix}\bar{p}\mu_v & 0\\ \bar{p}\mu_b & 0\end{bmatrix},$$

$$\boldsymbol{A}_0=\begin{bmatrix}\bar{\theta}p\bar{\mu}_v & \theta p\bar{\mu}_v\\ 0 & p\bar{\mu}_b\end{bmatrix},\quad \boldsymbol{A}_2=\begin{bmatrix}\bar{\theta}\bar{p}\mu_v & \theta\bar{p}\mu_v\\ 0 & \bar{p}\mu_b\end{bmatrix},$$

$$\boldsymbol{A}_1=\begin{bmatrix}\bar{\theta}(1-p\bar{\mu}_v-\bar{p}\mu_v) & \theta(1-p\bar{\mu}_v-\bar{p}\mu_v)\\ 0 & 1-p\bar{\mu}_b-\bar{p}\mu_b\end{bmatrix}.$$

转移概率阵 (6.2.1) 的结构表明 MC$\{(L_n^+,J_n),n\geqslant 0\}$ 是一个拟生灭链. 因 $\boldsymbol{A}_0,\boldsymbol{A}_1,\boldsymbol{A}_2$ 与 6.1.1 节多重工作休假模型相同, 二次矩阵方程 (6.1.2) 的最小非负解 $\boldsymbol{R}$ 仍由 (6.1.4) 给出. 类似于定理 6.1.2, 可以证明 MC$\{(L_n^+,J_n,n\geqslant 0)\}$ 正常返当且仅当 $\alpha<1$, 或者等价的 $\rho=p\mu_b^{-1}<1$.

以下设 $\alpha < 1, (L^+, J)$ 表示 (L_n^+, J_n) 的稳态极限. 现在, 我们给出 (L^+, J) 的联合分布.

定理 6.2.1 $\alpha < 1$ 时, 单重工作休假 Geom/Geom/1 排队中 (L^+, J) 有联合分布

$$\begin{cases} \pi_{00}^+ = Kp[\theta + \bar{\theta}\bar{p}\mu_v(1-r)], \\ \pi_{k0}^+ = Kp^2\bar{\theta}(1-r)r^{k-1}, \qquad k \geqslant 1, \\ \pi_{01}^+ = K\bar{p}\theta[\theta + \bar{\theta}\bar{p}\mu_v(1-r)], \\ \pi_{k1}^+ = Kp\left[\dfrac{p\theta}{\bar{p}\mu_b}\displaystyle\sum_{j=0}^{k-1} r^j\alpha^{k-1-j} + \dfrac{\bar{p}\theta}{\bar{p}\mu_b}(\theta + \bar{\theta}\bar{p}\mu_v(1-r))\alpha^{k-1}\right], \quad k \geqslant 1, \end{cases} \tag{6.2.2}$$

其中, 常数因子 K 是

$$\begin{aligned} K = {} & \bar{p}\mu_b(1-r)(1-\alpha) \\ & \times\{p\bar{p}\mu_b(1-r)(1-\alpha)[\theta + \bar{\theta}\bar{p}\mu_v(1-r) + p\bar{\theta}] \\ & +\bar{p}\mu_b\theta[\theta + \bar{\theta}\bar{p}\mu_v(1-r)] + p^2\theta\}^{-1}. \end{aligned}$$

证明 使用定理 5.2.5 中的矩阵几何解表达式, 有

$$(\pi_{k0}^+, \pi_{k1}^+) = (\pi_{10}^+, \pi_{11}^+)\boldsymbol{R}^{k-1}, \quad k \geqslant 1.$$

$(\pi_{00}^+, \pi_{01}^+, \pi_{10}^+, \pi_{11}^+)$ 满足方程组

$$(\pi_{00}^+, \pi_{01}^+, \pi_{10}^+, \pi_{11}^+)B[\boldsymbol{R}] = (\pi_{00}^+, \pi_{01}^+, \pi_{10}^+, \pi_{11}^+),$$

这里, $B[\boldsymbol{R}]$ 是 4×4 方阵

$$\begin{aligned} B[\boldsymbol{R}] &= \begin{bmatrix} \boldsymbol{A}_{00} & \boldsymbol{A}_{01} \\ \boldsymbol{B}_{10} & \boldsymbol{R}\boldsymbol{A}_2 + \boldsymbol{A}_1 \end{bmatrix} \\ &= \begin{bmatrix} \bar{p}\bar{\theta} & \theta\bar{p} & \bar{\theta}p & p\theta \\ 0 & \bar{p} & 0 & p \\ \bar{p}\mu_v & 0 & \bar{\theta}(1-\bar{p}\mu_v) - \dfrac{\theta r}{1-r} & \theta(1-\bar{p}\mu_v) + \dfrac{\theta r}{1-r} \\ \bar{p}\mu_b & 0 & 0 & 1-\bar{p}\mu_b \end{bmatrix}. \end{aligned} \tag{6.2.3}$$

将 (6.2.3) 代入上述方程组, 给出

$$\begin{cases} \pi_{00}^+ = \pi_{00}^+\bar{p}\bar{\theta} + \pi_{10}^+\bar{p}\mu_v + \pi_{11}^+\bar{p}\mu_b, \\ \pi_{01}^+ = \pi_{00}^+\theta\bar{p} + \pi_{01}^+\bar{p}, \\ \pi_{10}^+ = \pi_{00}^+\bar{\theta}p + \pi_{10}^+\left[\bar{\theta}(1-\bar{p}\mu_v) - \dfrac{\theta r}{1-r}\right], \\ \pi_{11}^+ = \pi_{00}^+\theta p + \pi_{01}^+p + \pi_{10}^+\left[\theta(1-\bar{p}\mu_v) + \dfrac{\theta r}{1-r}\right] + \pi_{11}^+(1-\bar{p}\mu_b). \end{cases}$$

取 π_{00}^+ 为待定常数, 求解方程组得到

$$\pi_{01}^+ = \frac{\theta\bar{p}}{p}\pi_{00}^+, \quad \pi_{10}^+ = \frac{p\bar{\theta}(1-r)}{\theta+\bar{\theta}\bar{p}\mu_v(1-r)}\pi_{00}^+,$$
$$\pi_{11}^+ = \frac{p\theta+\bar{p}\theta[\theta+\bar{\theta}\bar{p}\mu_v(1-r)]}{\bar{p}\mu_b[\theta+\bar{\theta}\bar{p}\mu_v(1-r)]}\pi_{00}^+.$$

将 (π_{10}^+,π_{11}^+) 和 $\boldsymbol{R}^{k-1}$ 代入矩阵几何解表达式, 给出 (6.2.2) 中 (π_{k0}^+,π_{k1}^+), $k\geqslant 1$. 最后, 使用正规化条件确定常数因子 π_{00}^+. □

由定理 6.2.1 的结果, 容易给出稳态下服务员处在各种状态上的概率

$$P\{J=0\} = \sum_{k=0}^{\infty}\pi_{k0}^+ = K^*p\bar{p}\mu_b(1-r)(1-\alpha)[\theta+\bar{\theta}\bar{p}\mu_v(1-r)+p\bar{\theta}],$$
$$P\{\text{正规忙期}\} = \sum_{k=1}^{\infty}\pi_{k1}^+ = K^*p[\bar{p}\theta(1-r)(\theta+\bar{\theta}\bar{p}\mu_v(1-r))+p\theta],$$
$$P\{\text{闲期}\} = \pi_{01}^+ = K^*\bar{p}\theta\bar{p}\mu_b(1-r)(1-\alpha)[\theta+\bar{\theta}\bar{p}\mu_v(1-r)], \tag{6.2.4}$$

其中

$$K^* = \{p\bar{p}\mu_b(1-r)(1-\alpha)[\theta+\bar{\theta}\bar{p}\mu_v(1-r)+p\bar{\theta}]$$
$$+\bar{p}\mu_b\theta(1-r)[\theta+\bar{\theta}\bar{p}\mu_v(1-r)]+p^2\theta\}^{-1}.$$

类似于 6.1.2 节, 可建立稳态队长 L^+ 的随机分解结构.

定理 6.2.2 若 $\alpha<1$ 且 $\mu_b>\mu_v$, 稳态队长 L^+ 可分解为两个独立随机变量之和 $L^+=L_0^++L_d$. L_0^+ 是对应经典无休假系统的稳态队长, 服从参数 α 的几何分; 由单重工作休假策略引起的附加队长 L_d 有 PGF:

$$L_d(z) = K^*\left[\delta_0+\delta_1 z+\delta_2\frac{z(1-r)}{1-rz}\right],$$

这里

$$\delta_0 = \bar{p}\mu_b(1-r)[\theta+\bar{\theta}\bar{p}\mu_v(1-r)](p+\bar{p}\theta),$$
$$\delta_1 = p\bar{p}\mu_b(1-r)p\bar{\theta}\frac{1-r}{r}(\alpha\mu_v+\theta\bar{\mu}_v),$$
$$\delta_2 = p^2\bar{\theta}(p+r\bar{p})\frac{1-r}{r}(\mu_b-\mu_v).$$

证明 应用 $\bar{p}\mu_b\alpha = p\bar{\mu}_b$ 和关系式 (6.1.6), 容易验证

$$\theta+\bar{\theta}\bar{p}\mu_v(1-r) = p\bar{\theta}\bar{\mu}_v\frac{1-r}{r}.$$

由 (6.2.2) 出发, 对 L^+ 的 PGF 可计算如下

$$\begin{aligned}
L^+(z) &= \sum_{k=0}^{\infty}(\pi_{k0}^+ + \pi_{k1}^+)z^k \\
&= \frac{1-\alpha}{1-\alpha z}K^*\left\{\bar{p}\mu_b(1-r)[\theta+\bar{\theta}\bar{p}\mu_v(1-r)](1-\alpha z)(p+\bar{p}\theta)\right. \\
&\quad +p^2\theta\frac{z(1-r)}{1-rz}+p\bar{p}\mu_b p\bar{\theta}(1-r)(1-\alpha z)\frac{z(1-r)}{1-rz} \\
&\quad \left.+p\bar{p}\theta(1-r)[\theta+\bar{\theta}\bar{p}\mu_v(1-r)]z\right\} \\
&= \frac{1-\alpha}{1-\alpha z}K^*\left\{\delta_0+\left[p\bar{p}\mu_b(1-r)p\bar{\theta}\alpha\frac{1-r}{r}\right.\right. \\
&\quad \left.+p\bar{p}\theta(1-r)(\theta+\bar{\theta}\bar{p}\mu_v(1-r))\right]z \\
&\quad -[\bar{p}\mu_b\alpha(1-r)(\theta+\bar{\theta}\bar{p}\mu_v(1-r))(p+\bar{p}\theta)]z \\
&\quad \left.+[p\bar{p}\mu_b(1-r)p\bar{\theta}\left(1-\frac{\alpha}{r}\right)+p^2\theta]\frac{z(1-r)}{1-rz}\right\}. \qquad (6.2.5)
\end{aligned}$$

对 (6.2.5) 中右端 z 的系数, 有

$$\begin{aligned}
&\left[p\bar{p}\mu_b(1-r)p\bar{\theta}\alpha\frac{1-r}{r}+p^2\bar{\theta}\bar{\mu}_v\frac{1-r}{r}(1-r)\bar{p}\theta\right] \\
&-\bar{p}\mu_b\alpha(1-r)p\bar{\theta}\bar{\mu}_v\frac{1-r}{r}(p+\bar{p}\theta) \\
=\ & p\bar{p}\mu_b(1-r)p\bar{\theta}\alpha\mu_v\frac{1-r}{r}+p\bar{\theta}\bar{\mu}_v(1-r)\frac{1-r}{r}\bar{p}\theta p\mu_b \\
=\ & p\bar{p}\mu_b(1-r)p\bar{\theta}\frac{1-r}{r}(\alpha\mu_v+\theta\bar{\mu}_v)=\delta_1.
\end{aligned}$$

应用 $\bar{p}\mu_b\alpha=p\bar{\mu}_b$ 及 (6.1.6), 对 (6.2.5) 右端 $z(1-r)(1-rz)^{-1}$ 的系数, 有

$$\begin{aligned}
&p\bar{p}\mu_b p\bar{\theta}(1-r)-p\bar{p}\mu_b p\bar{\theta}\alpha\frac{1-r}{r}+p^2\theta \\
=\ & pp\bar{\theta}\frac{1-r}{r}\left(r\bar{p}\mu_b-p\bar{\mu}_b+\frac{\theta r}{\bar{\theta}(1-r)}\right) \\
=\ & p^2\bar{\theta}(p+r\bar{p})\frac{1-r}{r}(\mu_b-\mu_v)=\delta_2.
\end{aligned}$$

最后, 容易验证 $K^*=(\delta_0+\delta_1+\delta_2)^{-1}$, 因此 $L_d(z)$ 确是一个概率母函数. □

定理 6.2.2 的结果表明, 当 $\mu_b>\mu_v$ 时, 附加队长是三个随机变量的混合：$L_d=K^*\delta_0X_0+K^*\delta_1X_1+K^*\delta_2X_2$, 其中 $X_0\equiv 0, X_1\equiv 1$, 而 X_2 是正整数集上服从参数

$1-r$ 的几何分布的随机变量. 基于上述随机分解结果, 我们有下列均值公式

$$E(L_d) = K^*\left(\delta_1 + \frac{\delta_2}{1-r}\right),$$

$$E(L^+) = \frac{\alpha}{1-\alpha} + K^*\left(\delta_1 + \frac{\delta_2}{1-r}\right).$$

以 W 和 $W(s)$ 表示单重工作休假 Geom/Geom/1 排队系统中稳态下顾客的逗留时间及其 PGF, 类似于定理 6.1.5, 使用经典的关系式

$$L^+(z) = W(\bar{p} + pz),$$

可以给出 W 的分布和随机分解.

定理 6.2.3 若 $\alpha < 1$ 且 $\mu_b > \mu_v$, 逗留时间 W 可分解成两个独立随机变量之和: $W = W_0 + W_d$. W_0 是对应经典无休假排队中的稳态逗留时间, 其 PGF 由 (6.1.12) 给出; 由单重工作休假引起的附加延迟 W_d 有 PGF:

$$W_d(s) = \frac{K^*}{p}\left[\delta_1 + \delta_2(1-\sigma) + \sigma\delta_2(1-\bar{p}\sigma)\frac{s(1-\sigma)}{1-\sigma s}\right], \tag{6.2.6}$$

式中 δ_1, δ_2 由定理 6.2.2 给出, 并且

$$\sigma = \frac{r}{p + r\bar{p}}, \quad 1 - \sigma = \frac{p(1-r)}{p + r\bar{p}}.$$

在 (6.2.6) 中, 括号中的常数部分是

$$\begin{aligned}\beta_0 &= \delta_1 p^{-1} + \delta_2 p^{-1}(1-\sigma)\\ &= p\mu_b\bar{\theta}\bar{\mu}_v(1-r)(p+\bar{p}\theta)\frac{1-r}{r}.\end{aligned}$$

另一部分的系数记为

$$\beta_1 = \sigma\delta_2 p^{-1}(1-\bar{p}\sigma) = p^2\bar{\theta}\frac{1-r}{r}(\mu_b - \mu_v).$$

容易验证 $K^*(\beta_0 + \beta_1) = 1$. (6.2.6) 表明, 附加延迟以概率 $K^*\beta_0$ 等于零; 以概率 $K^*\beta_1$ 服从正整数集上参数为 $1-\sigma$ 的几何分布. 注意到 $1 - \lambda = \mu_b(1-\alpha)$, 由定理 6.2.3 中的随机分解立刻得到下列均值公式

$$E(W_d) = K^*\beta_1\frac{1}{1-\sigma},$$

$$E(W) = \frac{1}{\mu_b(1-\alpha)} + K^*\beta_1\frac{1}{1-\sigma}.$$

6.2.2 忙循环和数值解释

以 B,V,I 表示单重工作休假 Geom/Geom/1 排队中正规忙期、工作休假、闲期的长度, 它们都是整值随机变量. 一个正规忙期可以在一个工作休假 V 结束时开始, 也可以在闲期内发生顾客到达时开始. 一个忙循环 C 由工作休假 V、休假结束后的闲期 I(可能为 0) 和其后的一个正规忙期 B 连接组成.

每个忙循环 C 内恰好包含一个工作休假 V, 有均值 $E(V)=\theta^{-1}$. 使用交替更新过程中的结果 (Ross, 1983) 及 (6.2.4), 有

$$P\{J=0\}=\frac{E(V)}{E(C)}=K^*p\bar{p}(1-r)(1-\alpha)[\theta+\bar{\theta}\bar{p}\mu_v(1-r)+p\bar{\theta}].$$

由此给出

$$\begin{aligned}E(C)=&\frac{1}{\theta}+\frac{\bar{p}[\theta+\bar{\theta}\bar{p}\mu_v(1-r)]}{p[\theta+\bar{\theta}\bar{p}\mu_v(1-r)+p\bar{\theta}]}\\&+\frac{\bar{p}(1-r)[\theta+\bar{\theta}\bar{p}\mu_v(1-r)]+p}{\bar{p}\mu_b(1-\alpha)[\theta+\bar{\theta}\bar{p}\mu_v(1-r)+p\bar{\theta}]}.\end{aligned}\tag{6.2.7}$$

类似地, 使用 $E(C)$ 的表达式和 (6.2.4) 中第三式, 有

$$\pi_{01}=\frac{E(I)}{E(C)}=K^*\bar{p}\theta\bar{p}\mu_b(1-r)(1-\alpha)[\theta+\bar{\theta}\bar{p}\mu_v(1-r)],$$

由此给出平均闲期

$$E(I)=\frac{1}{p}\frac{\bar{p}[\theta+\bar{\theta}\bar{p}\mu_v(1-r)]}{\theta+\bar{\theta}\bar{p}\mu_v(1-r)+p\bar{\theta}}.$$

现在, 由 $E(V)=\theta^{-1}$, 在 (6.2.7) 中可知正规忙期 B 有均值

$$E(B)=\frac{1}{\bar{p}\mu_b(1-\alpha)}\frac{\bar{p}(1-r)[\theta+\bar{\theta}\bar{p}\mu_v(1-r)]+p}{\theta+\bar{\theta}\bar{p}\mu_v(1-r)+p\bar{\theta}}.$$

例 6.2.1 单重工作休假 Geom/Geom/1 排队.

由平均队长 $E(L^+)$ 的表达式, 可以考察当 λ 和 μ_b 固定时, 休假服务率 μ_v 对于队长的影响 (见图 6.2.1 和图 6.2.2). 显然, 稳态下, 随着休假期间的服务速率 μ_v 的递增, 系统的顾客数相应减少. 同时, 我们发现休假率对队长有较小影响. 另外, 我们只是显示了 μ_v 特定区间内队长变化趋势, 如果 μ_v 太小, 是不值得在休假期进行服务的, 反之, 若接近于 μ_b, 休假服务率是没有意义的.

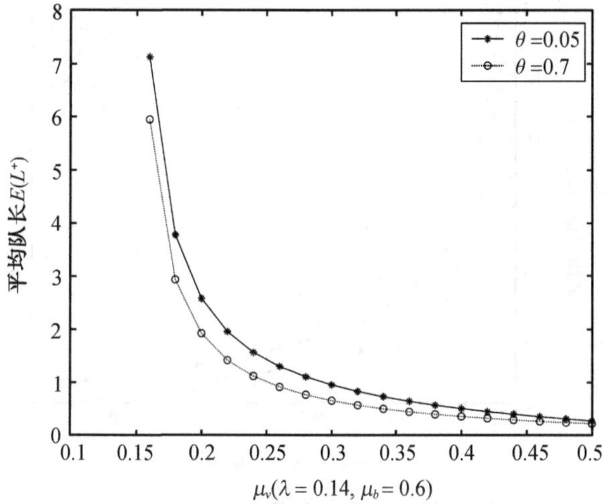

图 6.2.1 平均队长随 μ_v 的变化趋势

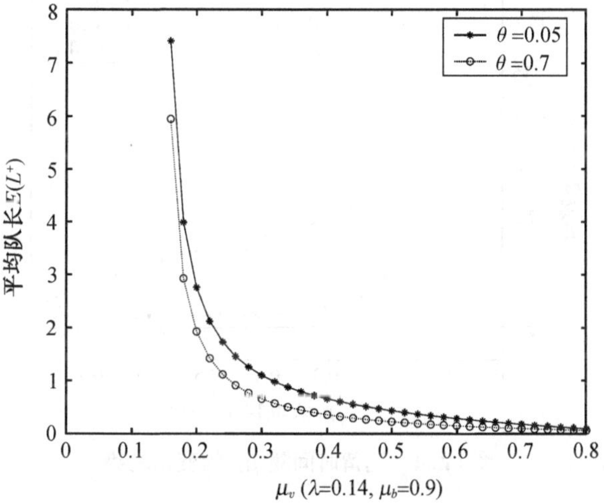

图 6.2.2 平均队长随 μ_v 的变化趋势

对于系统顾客的平均逗留时间, 同样我们可以得到相应变化曲线 (见图 6.2.3 和图 6.2.4). 除到达率 λ 和服务率 μ_b 外, 休假率 θ 对系统也有一定影响. 当 θ 较大, 其他特征固定时, 显然逗留时间相应较小, 这是很符合实际情形的. 对于 μ_b 也有同样变化趋势. 同时, 当 λ 和 μ_b 固定时, 随着休假期间的服务速率 μ_v 的递增, 系统的顾客逗留时间也相应减少. 当然, 类似平均队长的分析, 如果 μ_v 太小, 是不值得在休假期进行服务的, 反之, 若接近于 μ_b, 休假服务率是没有意义的.

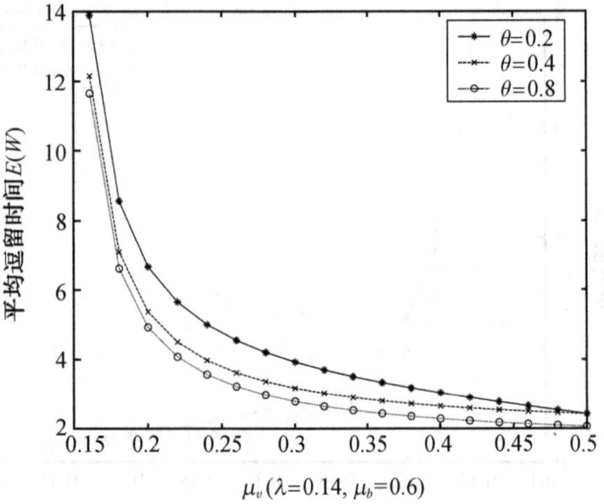

图 6.2.3　逗留时间随 μ_v 的变化趋势

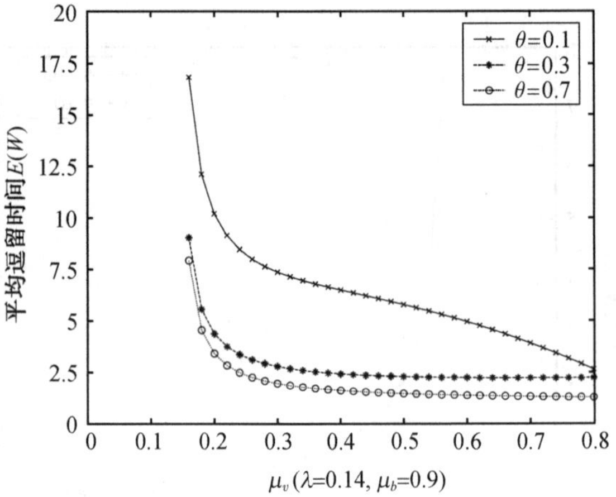

图 6.2.4　逗留时间随 μ_v 的变化趋势

§6.3　休假可中止的工作休假 GI/Geom/1 排队

6.3.1　系统描述和结构矩阵

顾客到达在时隙末端 (n^-, n) 处, $n = 0, 1, \cdots$, 到达间隔构成独立同分布序列, 服从一般离散分布

$$a_k = P\{T = k\}, \quad k \geqslant 1; \qquad H(z) = \sum_{k=1}^{\infty} z^k a_k.$$

约定服务开始和结束只能发生在时隙首端 (n,n^+) 处, $n=1,2,\cdots$. 在正规忙期和工作休假内的顾客服务时间分别记为 S_b 和 S_v, 它们相互独立并分别服从不同参数的几何分布

$$P\{S_b=k\}=\mu_b\bar{\mu}_b^{k-1},\quad k\geqslant 1,\quad \bar{\mu}_b=1-\mu_b;$$
$$P\{S_v=k\}=\mu_v\bar{\mu}_v^{k-1},\quad k\geqslant 1,\quad \bar{\mu}_v=1-\mu_v.$$

系统一旦变成空的, 服务员就开始一个长度 V 的工作休假. 约定休假的始点和终点都发生于 n^+ 处, $n=0,1,\cdots$, 工作休假时间服从一个几何分布

$$P\{V=k\}=\theta\bar{\theta}^{k-1},\quad k\geqslant 1,\quad \bar{\theta}=1-\theta.$$

工作休假期间到达的顾客, 在休假期间内按到达顺序接受速率 μ_v 的服务. 有两种可能的方式从工作休假转入正规忙期: (1) 工作休假期间完成一个顾客服务, 并且系统中有顾客等待, 则中止正在进行的工作休假转入正规忙期; 若服务完成时系统内无顾客, 继续保持在工作休假状态上. (2) 若某次工作休假结束时系统内有顾客在场, 正在进行的服务由速率 μ_v 转换到速率 μ_b, 开始一个正规忙期; 一次工作休假结束时系统中无顾客, 就接续另一次独立同分布的工作休假. 称这样的休假机制为休假可中止的工作休假策略.

假定随机变量 T,S_b,S_v 和 V 都是相互独立的, 并使用 FIFO 排队规则.

以 τ_n 表示第 n 个顾客的到达时刻, $\tau_0=0^-$. $L_n^-=L(\tau_n-0)$ 是第 n 个到达前夕系统内顾客数. 定义

$$J_n=\begin{cases}0, & \text{第 } n \text{ 个到达发生在工作休假期间},\\ 1, & \text{第 } n \text{ 个到达发生在正规忙期内}.\end{cases}$$

$\{(L_n^+,J_n),n\geqslant 1\}$ 是队长过程的嵌入 Markov 链, 有状态空间

$$\Omega=\{(0,0)\}\cup\{(k,j):k\geqslant 1,j=0,1\}.$$

MC 的转移概率记为

$$p_{(i,j)(k,l)}=P\{L_{n+1}^-=k,J_{n+1}=l|L_n^-=i,J_n=j\}.$$

为表出转移概率, 引入下列记号

$$k_j=\sum_{r=j}^{\infty}a_r\binom{r}{j}\mu_b^j\bar{\mu}_b^{r-j},\quad j\geqslant 0;$$

$$b_j=\sum_{r=j}^{\infty}a_r\sum_{i=1}^{r-j+1}\mu_v\bar{\mu}_v^{i-1}\bar{\theta}^{i-1}\binom{r-i}{j-1}\mu_b^{j-1}\bar{\mu}_b^{r-i-j+1},\quad j\geqslant 1;$$

$$c_j=\sum_{r=j+1}^{\infty}a_r\sum_{i=1}^{r-j}\theta\bar{\theta}^{i-1}\bar{\mu}_v^i\binom{r-i}{j}\mu_b^j\bar{\mu}_b^{r-i-j},\quad j\geqslant 0.$$

容易验证 $\{k_j, j \geqslant 0\}$ 是一个概率分布. $k_j(j \geqslant 0)$ 是一个到达间隔内在正规忙期恰好完成 j 个服务的概率. $b_j(j \geqslant 1)$ 是一个到达间隔内在工作休假期上完成一个服务, 并且随后在正规忙期又完成 $j-1$ 个服务的概率. 类似地, $c_j(j \geqslant 0)$ 是一个到达间隔内没有任何顾客在工作休假内按速率 μ_v 完成服务, 但有 j 个顾客在工作休假结束后按速率 μ_b 完成服务的概率. 注意到

$$\begin{aligned}\sum_{j=1}^{\infty} b_j &= \sum_{j=1}^{\infty}\sum_{r=j}^{\infty} a_r \sum_{i=1}^{r-j+1} \mu_v \bar{\mu}_v^{i-1}\bar{\theta}^{i-1}\binom{r-i}{j-1}\mu_b^{j-1}\bar{\mu}_b^{r-i-j+1} \\ &= \sum_{r=1}^{\infty} a_r \sum_{i=1}^{r} \mu_v \bar{\mu}_v^{i-1}\bar{\theta}^{i-1} \sum_{j=1}^{r-i+1}\binom{r-i}{j-1}\mu_b^{j-1}\bar{\mu}_b^{r-i-j+1} \\ &= \sum_{r=1}^{\infty} a_r \sum_{i=1}^{r} \mu_v [\bar{\mu}_v\bar{\theta}]^{i-1} \\ &= \mu_v \frac{1-H(\bar{\mu}_v\bar{\theta})}{1-\bar{\mu}_v\bar{\theta}}.\end{aligned}$$

类似地, 有

$$\begin{aligned}\sum_{j=0}^{\infty} c_j &= \sum_{j=0}^{\infty}\sum_{r=j+1}^{\infty} a_r \sum_{i=1}^{r-j} \theta\bar{\theta}^{i-1}\mu_v^i \binom{r-i}{j}\mu_b^{j}\bar{\mu}_b^{r-i-j} \\ &= \theta\bar{\mu}_v \frac{1-H(\bar{\mu}_v\bar{\theta})}{1-\bar{\mu}_v\bar{\theta}}.\end{aligned}$$

因此, $\{b_j, j \geqslant 1\}$ 和 $\{c_j, j \geqslant 0\}$ 都是不完全概率分布.

现在, 我们表出转移概率. 首先, 从状态 $(i,1)$ 转移到 $(j,1)$, 意味着在正规忙期内一个到达间隔里恰好完成 $i+1-j$ 个服务, 因此

$$p_{(i,1)(j,1)} = k_{i+1-j}, \quad i \geqslant 1, 1 \leqslant j \leqslant i+1.$$

其次, 从状态 $(i,0)$ 转移到 $(j,0)$, 只有 $j=i+1$ 时才是可能的. 这表明在一个到达间隔内既未结束工作休假, 也未完成顾客服务, 即

$$p_{(i,0)(i+1,0)} = \sum_{r=1}^{\infty} a_r (\bar{\mu}_v\bar{\theta})^r = H(\bar{\mu}_v\bar{\theta}), \quad i \geqslant 1.$$

从状态 $(i,0)$ 转移到 $(j,1)$ 可由两种方式实现: (1) 剩余休假时间大于或等于工作休假期间内一个服务时间, 在整个到达间隔内有一个顾客在工作休假内完成服务, 并有 $i-j$ 个顾客是转入正规忙期内完成服务的; (2) 剩余休假时间小于工作休假内的一个服务时间, 该到达间隔内没有顾客在工作休假期间完成服务, 而在休假结束后的正规忙期内完成 $i+1-j$ 个服务. 因此

$$p_{(i,0)(j,1)} = \begin{cases} b_{i+1-j} + c_{i+1-j}, & 1 \leqslant j \leqslant i, \\ c_0, & j = i+1. \end{cases}$$

类似地, 有

$$\begin{aligned}p_{(i,0)(0,0)}&=\sum_{j=i}^{\infty}b_{j+1}+\sum_{j=i+1}^{\infty}c_j\\&=\sum_{j=1}^{\infty}b_j+\sum_{j=0}^{\infty}c_j-\sum_{j=1}^{i}(b_j+c_j)-c_0\\&=1-H(\bar{\mu}_v\bar{\theta})-\sum_{j=1}^{i}(b_j+c_j)-c_0;\\p_{(0,0)(0,0)}&=1-H(\bar{\mu}_v\bar{\theta})-c_0;\\p_{(i,1)(0,0)}&=1-\sum_{r=0}^{i}k_r,\quad i\geqslant 1.\end{aligned}$$

综上, MC$\{(L_n^-,J_n),n\geqslant 1\}$ 的转移概率阵可写成下列分块形式

$$\widetilde{\boldsymbol{P}}=\begin{bmatrix}B_{00}&\boldsymbol{A}_{01}&&&&\\\boldsymbol{B}_1&\boldsymbol{A}_1&\boldsymbol{A}_0&&&\\\boldsymbol{B}_2&\boldsymbol{A}_2&\boldsymbol{A}_1&\boldsymbol{A}_0&&\\\boldsymbol{B}_3&\boldsymbol{A}_3&\boldsymbol{A}_2&\boldsymbol{A}_1&\boldsymbol{A}_0&\\\vdots&\vdots&\vdots&\vdots&\vdots&\ddots\end{bmatrix},\tag{6.3.1}$$

(6.3.1) 是一个 GI/M/1 型结构矩阵, 其中

$$B_{00}=1-H(\bar{\mu}_v\bar{\theta})-c_0;\quad \boldsymbol{A}_{01}=(H(\bar{\mu}_v\bar{\theta}),c_0);$$

$$\boldsymbol{A}_0=\begin{bmatrix}H(\bar{\mu}_v\bar{\theta})&c_0\\0&k_0\end{bmatrix};\quad \boldsymbol{A}_r=\begin{bmatrix}0&b_r+c_r\\0&k_r\end{bmatrix},\quad r\geqslant 1;$$

$$\boldsymbol{B}_r=\begin{bmatrix}1-H(\bar{\mu}_v\bar{\theta})-\sum_{i=1}^{r}(b_i+c_i)-c_0\\1-\sum_{i=1}^{r}k_i\end{bmatrix},\quad r\geqslant 1.$$

转移矩阵 (6.3.1) 的结构蕴含着 MC 是不可约、非周期的.

由 5.2.1 节, 对 GI/M/1 型结构矩阵模型的分析, 矩阵方程 (5.2.2) 的最小非负解 $\boldsymbol{R}$ 起着重要作用. 现在, 给出率阵 $\boldsymbol{R}$ 的表达式.

定理 6.3.1 若 $\rho=[E(T)\mu_b]^{-1}<1,\theta>0$, 则矩阵方程

$$\boldsymbol{R}=\sum_{k=0}^{\infty}\boldsymbol{R}^k\boldsymbol{A}_k$$

有最小非负解

$$\boldsymbol{R}=\begin{bmatrix} \sigma & \beta(\sigma-\alpha) \\ 0 & \alpha \end{bmatrix}, \tag{6.3.2}$$

其中 α 是 $z=H[1-\mu_b(1-z)]$ 在 $(0,1)$ 内唯一的根, 并且

$$\sigma=H(\bar{\mu}_v\bar{\theta}),\quad \beta=\frac{\bar{\mu}_v\theta+\mu_v\sigma}{\bar{\mu}_v\bar{\theta}-[1-\mu_b(1-\sigma)]}.$$

证明　所有的 $\boldsymbol{A}_k$ 是上三角矩阵, 可设 $\boldsymbol{R}$ 有相同的结构

$$\boldsymbol{R}=\begin{bmatrix} r_{11} & r_{12} \\ 0 & r_{22} \end{bmatrix}.$$

因此, 对 $k\geqslant 1$, 有

$$\boldsymbol{R}^k=\begin{bmatrix} r_{11}^k & r_{12}\sum\limits_{j=0}^{k-1} r_{11}^j r_{22}^{k-1-j} \\ 0 & r_{22}^k \end{bmatrix},\quad k\geqslant 1.$$

将 $\boldsymbol{R}^k$ 代入矩阵方程, 得到

$$\begin{cases} r_{11}=H(\bar{\mu}_v\bar{\theta})=\sigma, \\ r_{22}=\sum\limits_{i=0}^{\infty} k_i r_{22}^i=H[1-\mu_b(1-r_{22})], \\ r_{12}=c_0+\sum\limits_{j=1}^{\infty} r_{11}^j(b_j+c_j)+r_{12}\sum\limits_{i=1}^{\infty} k_i \sum\limits_{j=0}^{i-1} r_{11}^j r_{22}^{i-1-j}. \end{cases} \tag{6.3.3}$$

熟知, $\rho<1$ 时, $z=H[1-\mu_b(1-z)]$ 在 $(0,1)$ 内有唯一的根 $z=\alpha$. 取 $r_{22}=\alpha$, 连同 $r_{11}=\sigma$ 代入 (6.3.3) 中最后的方程, 给出

$$r_{12}\left[1-\sum_{i=1}^{\infty} k_i\sum_{j=0}^{i-1}\alpha^j\sigma^{i-1-j}\right]=\sum_{j=1}^{\infty}\sigma^j b_j+\sum_{j=0}^{\infty}\sigma^j c_j. \tag{6.3.4}$$

对 (6.3.4) 中各项可计算如下

$$\begin{aligned} \sum_{j=1}^{\infty}\sigma^j b_j &= \sum_{j=1}^{\infty}\sigma^j\sum_{r=j}^{\infty} a_r \sum_{i=1}^{r-j+1} \mu_v\bar{\mu}_v^{i-1}\bar{\theta}^{i-1}\binom{r-i}{j-1}\mu_b^{j-1}\bar{\mu}_b^{r-i-j+1} \\ &= \sigma\mu_v\sum_{r=1}^{\infty} a_r\sum_{i=1}^{r}\bar{\mu}_v^{i-1}\bar{\theta}^{i-1}\sum_{j=1}^{r-i+1}\binom{r-i}{j-1}(\mu_b\sigma)^{j-1}\bar{\mu}_b^{r-i-j+1} \\ &= \sigma\mu_v\sum_{r=1}^{\infty} a_r\sum_{i=1}^{r}\bar{\mu}_v^{i-1}\bar{\theta}^{i-1}[1-\mu_b(1-\sigma)]^{r-i} \\ &= \frac{\mu_v\sigma}{\bar{\mu}_v\bar{\theta}-[1-\mu_b(1-\sigma)]}\{H(\bar{\mu}_v\bar{\theta})-H[1-\mu_b(1-\sigma)]\}. \end{aligned}$$

类似地计算给出

$$\sum_{j=0}^{\infty}\sigma^j c_j=\frac{\theta\bar{\mu}_v}{\bar{\mu}_v\bar{\theta}-[1-\mu_b(1-\sigma)]}\{H(\bar{\mu}_v\bar{\theta})-H[1-\mu_b(1-\sigma)]\},$$

$$\begin{aligned}1-\sum_{k=1}^{\infty}k_r\sum_{j=0}^{r-1}\alpha^j\sigma^{r-1-j}&=1-\frac{H[1-\mu_b(1-\sigma)]-\alpha}{\sigma-\alpha}\\&=\frac{\sigma-H[1-\mu_b(1-\sigma)]}{\sigma-\alpha}.\end{aligned}$$

这些计算结果代入 r_{12} 满足的方程, 得到 $\boldsymbol{R}$ 的表达式 (6.3.2). 容易证明, 当 $\rho<1$, $\theta>0$ 时 $\beta(\sigma-\alpha)>0$, 其证明过程类似于引理 5.3.1. □

显然, 当 $\rho<1$ 时, $\mathrm{SP}(\boldsymbol{R})=\max(\sigma,\alpha)<1$, 由此可知, MC 正常返当且仅当 $\rho<1$ 并且 $\theta>0$.

6.3.2 到达前夕的稳态队长

以 (L^-,J) 表示 (L_n^-,J_n) 的稳态极限, 其分布记为

$$\pi_0=\pi_{00}^-,\quad \boldsymbol{\pi}_k=(\pi_{k0}^-,\pi_{k1}^-),\quad k\geqslant 1,$$

$$\pi_{kj}^-=P\{L^-=k,J=j\}=\lim_{n\to\infty}P\{L_n^-=k,J_n=j\},\quad (k,j)\in\Omega.$$

定理 6.3.2 当 $\rho<1$ 时, (L^-,J) 有联合概率分布

$$\begin{cases}\pi_{k0}^-=(1-\alpha)\delta\sigma^k, & k\geqslant 0,\\ \pi_{k1}^-=(1-\alpha)\delta\beta(\sigma-\alpha)\displaystyle\sum_{j=0}^{k-1}\alpha^j\sigma^{k-1-j}, & k\geqslant 1,\end{cases}\tag{6.3.5}$$

其中

$$\delta=\frac{1-\sigma}{1-\alpha+\beta(\sigma-\alpha)}.$$

证明 由定理 5.2.4 中的矩阵几何解表示, 有

$$(\pi_{k0}^-,\pi_{k1}^-)=(\pi_{10}^-,\pi_{11}^-)\boldsymbol{R}^{k-1},\quad k\geqslant 1.$$

而 $(\pi_{00}^-,\pi_{10}^-,\pi_{11}^-)$ 可通过求解方程组

$$(\pi_{00}^-,\pi_{10}^-,\pi_{11}^-)B[\boldsymbol{R}]=(\pi_{00}^-,\pi_{10}^-,\pi_{11}^-)$$

及正规化条件

$$\pi_{00}^-+(\pi_{10}^-,\pi_{11}^-)(\boldsymbol{I}-\boldsymbol{R})^{-1}\boldsymbol{e}=1$$

给出. 现在

$$B[\boldsymbol{R}] = \begin{bmatrix} B_{00} & \boldsymbol{A}_{01} \\ \sum_{k=1}^{\infty} \boldsymbol{R}^{k-1}\boldsymbol{B}_k & \sum_{k=1}^{\infty} \boldsymbol{R}^{k-1}\boldsymbol{A}_k \end{bmatrix},$$

将 $\boldsymbol{A}_k, \boldsymbol{B}_k$ 和 $\boldsymbol{R}$ 代入计算, 给出

$$B[\boldsymbol{R}] = \begin{bmatrix} 1-\sigma-c_0 & \sigma & c_0 \\ 1-\dfrac{k_0\beta(\sigma-\alpha)}{\sigma\alpha}+\dfrac{c_0}{\sigma} & 0 & \dfrac{k_0\beta(\sigma-\alpha)}{\sigma\alpha}-\dfrac{c_0}{\sigma} \\ \dfrac{k_0}{\alpha} & 0 & 1-\dfrac{k_0}{\alpha} \end{bmatrix}.$$

容易验证, $B[\boldsymbol{R}]$ 有正左不变向量

$$K(1, \sigma, \beta(\sigma-\alpha)),$$

其中 K 是待定正数. 将 $(\pi_{10}^{+}, \pi_{11}^{+}) = K(\sigma, \beta(\sigma-\alpha))$ 代入矩阵几何解表达式, 使用正规化条件可给出

$$K = (1-\alpha)\frac{1-\sigma}{1-\alpha+\beta(\sigma-\alpha)} = (1-\alpha)\delta.$$

由此可得稳态联合分布表达式 (6.3.5). □

现在, 容易给出稳态下服务员所处状态的概率

$$P\{J=0\} = \sum_{k=0}^{\infty} \pi_{k0}^{-} = \frac{1-\alpha}{1-\alpha+\beta(\sigma-\alpha)},$$

$$P\{J=1\} = \sum_{k=1}^{\infty} \pi_{k1}^{-} = \frac{\beta(\sigma-\alpha)}{1-\alpha+\beta(\sigma-\alpha)}.$$

稳态下到达前夕的队长 L^- 的分布是

$$\begin{aligned} P\{L^-=0\} &= \pi_{00}^{-} = (1-\alpha)\delta, \\ P\{L^-=k\} &= \pi_{k0}^{-} + \pi_{k1}^{-} \\ &= (1-\alpha)\delta\left\{\sigma^k + \beta(\sigma-\alpha)\sum_{j=0}^{k-1}\alpha^j\sigma^{k-1-j}\right\}, \quad k \geqslant 1. \end{aligned}$$

对 L^- 可以证明下列随机分解结构:

定理 6.3.3 若 $\rho < 1$ 且 $\mu_b > \mu_v$, 到达前夕稳态队长 L^- 可分解为两个独立随机变量之和: $L^- = L_0^- + L_d$. L_0^- 是对应无休假 GI/Geom/1 排队中到达前夕的稳态队长, 服从参数 $1-\alpha$ 的几何分布; 附加队长 L_d 有分布

$$\begin{cases} P\{L_d=0\} = \delta, \\ P\{L_d=k\} = (1-\delta)(1-\sigma)\sigma^{k-1}, \quad k \geqslant 1. \end{cases} \tag{6.3.6}$$

证明 对 L^- 的分布取 PGF, 有

$$\begin{aligned}
L^-(z) &= \sum_{k=0}^{\infty} z^k \pi_{k0}^- + \sum_{k=1}^{\infty} z^k \pi_{k1}^- \\
&= (1-\alpha)\delta\left[\frac{1}{1-\sigma z} + \beta(\sigma-\alpha)\frac{1}{1-\alpha z}\frac{z}{1-\sigma z}\right] \\
&= \frac{1-\alpha}{1-\alpha z}\delta\left[\frac{1-\alpha z}{1-\sigma z} + \beta(\sigma-\alpha)\frac{z}{1-\sigma z}\right] \\
&= \frac{1-\alpha}{1-\alpha z}\left[\delta + (1-\delta)\frac{(1-\sigma)z}{1-\sigma z}\right] \\
&= L_0^-(z) L_d(z),
\end{aligned}$$

这里, 附加队长的 PGF 是

$$L_d(z) = \delta + (1-\delta)\frac{(1-\sigma)z}{1-\sigma z}.$$

将 $L_d(z)$ 展开成 z 的幂级数, 得到分布 (6.3.6). □

我们看到, 附加队长以概率 δ 等于 0, 并以概率 $1-\delta$ 是一个正整数集上参数为 $1-\sigma$ 的几何分布的随机变量, 由定理 (6.3.3) 中的随机分解结果, 容易得到下列平均队长公式

$$\begin{aligned}
E(L_d) &= \frac{\mu_b - \mu_v}{\theta\bar{\mu}_v + \mu_v\sigma}\frac{\beta(\sigma-\alpha)}{1-\alpha+\beta(\sigma-\alpha)}, \\
E(L^-) &= \frac{\alpha}{1-\alpha} + \frac{\mu_b - \mu_v}{\theta\bar{\mu}_v + \mu_v\sigma}\frac{\beta(\sigma-\alpha)}{1-\alpha+\beta(\sigma-\alpha)}.
\end{aligned}$$

6.3.3 等待时间

本节讨论带有可中止工作休假策略 GI/Geom/1 排队中等待时间的分布, 以 W 和 $W(z)$ 表示稳态下顾客的等待时间及其 PGF. 为了表出等待时间分布, 我们需要下列引理

S_v 表示在工作休假内顾客的服务时间, 服从参数 μ_v 的几何分布; V 是工作休假长度, 服从参数 $\bar{\theta}$ 的几何分布. S_v 与 V 独立.

引理 6.3.4 在 $S_v \leqslant V$ 条件下, S_v 的条件分布是参数 $\theta + \mu_v\bar{\theta}$ 的几何分布.

证明 首先计算条件事件的概率

$$\begin{aligned}
P\{S_v \leqslant V\} &= \sum_{k=1}^{\infty} P\{S_v = k\}P\{V \geqslant k\} \\
&= \mu_v \sum_{k=1}^{\infty} \bar{\mu}_v^{k-1}\theta^k = \frac{\mu_v\bar{\theta}}{1-\bar{\mu}_v\bar{\theta}} = \frac{\mu_v\bar{\theta}}{\theta+\mu_v\bar{\theta}}.
\end{aligned}$$

在 $S_v \leqslant V$ 条件下, S_v 的条件分布是

$$\begin{aligned}P\{S_v = k|S_v \leqslant v\} &= P\{S_v = k, V \geqslant k\}[P\{S_v \leqslant V\}]^{-1}\\&=(1-\bar{\mu}_v\bar{\theta})(\bar{\mu}_v\bar{\theta})^{k-1}, \quad k \geqslant 1.\end{aligned}$$

这就证明了条件分布是参数 $1-\bar{\mu}_v\bar{\theta}=\theta+\mu_v\bar{\theta}$ 的几何分布. □

完全类似地, 可以证明

引理 6.3.5 在 $S_v > V$ 条件下, V 的条件分布是参数 $\theta+\mu_v\bar{\theta}$ 的几何分布

$$P\{V=k|V<S_v\}=(1-\bar{\mu}_v\bar{\theta})(\bar{\mu}_v\bar{\theta})^{k}, \quad k \geqslant 0.$$

以 H_0 表示稳态下顾客到达遇正规忙期的概率, H_1 表示到达遇工作休假期并且该顾客确需等待的概率, 则

$$\begin{aligned}H_0&=P\{J=1\}=\frac{\beta(\sigma-\alpha)}{1-\alpha+\beta(\sigma-\alpha)},\\H_1&=P\{J=0\}-\pi_{00}^{-}-\mu_v\pi_{10}^{-}=\frac{(1-\alpha)\sigma[1-\mu_v(1-\sigma)]}{1-\alpha+\beta(\sigma-\alpha)}.\end{aligned}$$

定理 6.3.6 若 $\rho<1$ 且 $\theta>0$, 稳态等待时间有 PGF:

$$\begin{aligned}W(z)=&1-H_0-H_1\\&+H_0\frac{(1-\alpha)(1-\bar{\mu}_bz)}{1-(1-\mu_b(1-\alpha))z}\frac{\mu_b(1-\sigma)}{1-(1-\mu_b(1-\sigma))z}\\&+H_1\frac{(1-\sigma)(1-\bar{\mu}_bz)}{1-(1-\mu_b(1-\sigma))z}\left\{q_0\frac{\mu_bz}{1-\bar{\mu}_bz}\right.\\&\left.+(1-q_0)\frac{(1-\bar{\mu}_v\bar{\theta})z}{1-\bar{\mu}_v\bar{\theta}z}\left[q_1+(1-q_1)\frac{\mu_b}{1-\bar{\mu}_bz}\right]\right\},\end{aligned}$$

其中

$$q_0=\frac{\mu_v\sigma}{1-\mu_v(1-\sigma)}, \quad q_1=\frac{\mu_v\bar{\theta}}{\theta+\mu_v\bar{\theta}}.$$

证明 首先, 顾客到达不需等待的概率是

$$P\{W=0\}=\pi_{00}^{-}+\mu_v\pi_{10}^{-}=1-H_0-H_1=(1-\alpha)\delta(1+\mu_v\sigma). \tag{6.3.7}$$

如果到达发生在正规忙期, 并有 k 个顾客在场, 其条件等待时间以概率 μ_b 是 $k-1$ 个速率 μ_b 的服务时间之和; 以概率 $\overline{\mu}_b$ 是 k 个速率 μ_b 的服务时间之和. 因此

$$\begin{aligned}\sum_{k=1}^{\infty}\pi_{k1}^{-}W_{k1}(z)&=\sum_{k=1}^{\infty}\pi_{k1}^{-}\left\{\mu_b\left(\frac{\mu_bz}{1-\overline{\mu}_bz}\right)^{k-1}+\left(\overline{\mu}_b\frac{\mu_bz}{1-\overline{\mu}_bz}\right)^{k}\right\}\\&=\frac{\beta(\sigma-\alpha)}{1-\alpha+\beta(\sigma-\alpha)}\frac{(1-\alpha)(1-\overline{\mu}_bz)}{1-(1-\mu_b(1-\alpha))z}\frac{\mu_b(1-\sigma)}{1-(1-\mu_b(1-\sigma))z}\\&=H_0\frac{(1-\alpha)(1-\overline{\mu}_bz)}{1-(1-\mu_b(1-\alpha))z}\frac{\mu_b(1-\sigma)}{1-(1-\mu_b(1-\sigma))z}.\end{aligned} \tag{6.3.8}$$

如果到达发生在工作休假期内，并有 k 个顾客在场，可能发生下列三种情况之一：

(1) 当到达发生在 (n^-,n) 时，时刻 (n,n^+) 有一个顾客完成服务，另外 $k-1$ 个顾客在正规忙期按速率 μ_b 服务. 这时条件等待时间有 PGF：

$$\begin{aligned}&\mu_v\sum_{k=2}^{\infty}\pi_{k0}^{-}\Big(\frac{\mu_b z}{1-\overline{\mu}_b z}\Big)^{k-1}\\ =&\mu_v\sigma\frac{(1-\alpha)\sigma}{1-\alpha+\beta(\sigma-\alpha)}\frac{\mu_b(1-\sigma)}{1-(1-\mu_b(1-\sigma))z}\\ =&H_1\frac{\mu_v\sigma}{1-\mu_v(1-\sigma)}\frac{\mu_b(1-\sigma)}{1-(1-\mu_b(1-\sigma))z}.\end{aligned}\qquad(6.3.9)$$

(2) 在 (n,n^+) 上没有顾客完成服务，并且 $S_v\leqslant V$，即剩余休假时间大于或等于一个服务率 μ_v 的剩余服务时间. 工作休假内的一个服务完成后将中止休假，服务员转入正规忙期. 因此，条件等待时间是一个 $S_v\leqslant V$ 条件下的服务时间 S_v 与正规忙期内的服务时间之和. 有

$$\begin{aligned}&\overline{\mu}_v\sum_{k=0}^{\infty}\pi_{k0}^{-}P\{V\geqslant S_v\}W_{k0}(z)\\ =&\overline{\mu}_v(1-\alpha)\delta\sum_{k=1}^{\infty}\frac{\mu_v\overline{\theta}}{\theta+\mu_v\overline{\theta}}\frac{(1-\overline{\mu}_v\overline{\theta})z}{1-\overline{\mu}_v\overline{\theta}z}\sigma^k\Big(\frac{\mu_b z}{1-\overline{\mu}_b z}\Big)^{k-1}\\ =&\frac{\overline{\mu}_v(1-\alpha)\sigma}{1-\alpha+\beta(\sigma-\alpha)}\frac{\mu_v\overline{\theta}}{\theta+\mu_v\overline{\theta}}\frac{(1-\overline{\mu}_v\overline{\theta})z}{1-\overline{\mu}_v\overline{\theta}z}\frac{(1-\sigma)(1-\overline{\mu}_b z)}{1-(1-\mu_b(1-\sigma))z}\\ =&H_1\frac{1-\mu_v}{1-\mu_v(1-\sigma)}\frac{\mu_v\overline{\theta}}{\theta+\mu_v\overline{\theta}}\frac{(1-\overline{\mu}_v\overline{\theta})z}{1-\overline{\mu}_v\overline{\theta}z}\frac{(1-\sigma)(1-\overline{\mu}_b z)}{1-(1-\mu_b(1-\sigma))z}.\end{aligned}\qquad(6.3.10)$$

(3) 在 (n,n^+) 处无顾客离去，并且 $V<S_v$. 当工作休假结束时，服务员尚未完成一个速率 μ_v 的服务. 此时，条件等待时间等于 $V<S_v$ 条件下得剩余休假时间 V 与 k 个速率 μ_b 的服务时间之和，有 PGF：

$$\begin{aligned}&\overline{\mu}_v\sum_{k=0}^{\infty}\pi_{k0}^{-}P\{V<S_v\}\widetilde{W}_{k0}(z)\\ =&\overline{\mu}_v(1-\alpha)\delta\sum_{k=1}^{\infty}\frac{\theta}{\theta+\mu_v\overline{\theta}}\frac{1-\overline{\mu}_v\overline{\theta}}{1-\overline{\mu}_v\overline{\theta}z}\sigma^k\Big(\frac{\mu_b z}{1-\overline{\mu}_b z}\Big)^{k}\\ =&\frac{(1-\sigma)(1-\alpha)\sigma}{1-\alpha+\beta(\sigma-\alpha)}\frac{\theta}{\theta+\mu_v\overline{\theta}}\frac{1-\overline{\mu}_v\overline{\theta}}{1-\overline{\mu}_v\overline{\theta}z}\frac{\mu_b(1-\sigma)z}{1-(1-\mu_b(1-\sigma))z}\\ =&H_1\frac{1-\overline{\mu}_v}{1-\mu_v(1-\sigma)}\frac{\theta}{\theta+\mu_v\overline{\theta}}\frac{1-\overline{\mu}_v\overline{\theta}}{1-\overline{\mu}_v\overline{\theta}z}\frac{\mu_b(1-\sigma)z}{1-(1-\mu_b(1-\sigma))z}.\end{aligned}\qquad(6.3.11)$$

综合 (6.3.7)~(6.3.11) 的结果，给出定理 6.3.6 中 $W(z)$ 的表达式. □

由定理 6.3.6 的结果, 易得平均等待时间公式

$$
\begin{aligned}
E(W) = & H_0\Big\{\frac{\alpha}{\mu_b(1-\alpha)}+\frac{\mu_b(1-\sigma)}{1-\mu_b(1-\sigma)}\Big\}\\
& +H_1\Big\{\frac{\sigma}{\mu_b(1-\sigma)}+\frac{\mu_v\sigma}{1-\mu_v(1-\sigma)}\frac{1}{\mu_b}\\
& +\frac{1-\mu_v}{1-\mu_v(1-\sigma)}\frac{\mu_b+\theta}{\theta+\mu_v\overline{\theta}}\frac{1}{\mu_b}\Big\}.
\end{aligned}
$$

以 W_1 表示已知顾客在正规忙期内到达的条件等待时间, 对 W_1 可以导出下列随机分解结构.

定理 6.3.7 若 $\rho<1$ 且 $\theta>0$, 正规忙期内到达顾客的条件等待时间 W_1 可分解成独立和: $W_1=W_0+W_d$, W_0 是对应经典无休假排队系统中的等待时间, 服从参数 $\mu_b(1-\alpha)$ 的几何分布; 附加延迟 W_d 服从参数 $\mu_b(1-\sigma)$ 的几何分布.

证明 由定理 6.3.6 证明中的运算, W_1 的 PGF 是

$$
\begin{aligned}
W_1(z) = & \{P(J=1)\}^{-1}\sum_{k=1}^{\infty}\pi_{k1}^{-}\left\{\mu_b\Big(\frac{\mu_b z}{1-\overline{\mu}_b z}\Big)^{k-1}+\overline{\mu}_b\Big(\frac{\mu_b z}{1-\overline{\mu}_b z}\Big)^{k}\right\}\\
= & \frac{(1-\alpha)(1-\overline{\mu}_b z)}{1-(1-\mu_b(1-\alpha)z)}\frac{\mu_b(1-\sigma)}{1-(1-\mu_b(1-\sigma)z)}.
\end{aligned}
$$

□

§6.4 多重工作休假 GI/Geom/1 排队

6.4.1 嵌入 MC 和率阵

考虑晚到有延迟入口的 GI/Geom/1 排队系统. 潜在的到达发生于时隙末端 (n^-,n) 处, 服务的开始和结束都发生于时隙首端 (n,n^+) 处. 正如 Hunter(1983) 指出的, 晚到有延迟入口的 GI/Geom/1 与早到系统有相同的稳态行为. 到达间隔是独立同分布随机变量, 记为 T, 有分布和 PGF:

$$
a_k=P\{T=k\},\quad k\geqslant 1;\quad H(z)=\sum_{k=1}^{\infty}z^k a_k.
$$

正规忙期和工作休假期间的顾客服务时间分别记为 S_b 和 S_v, 它们服从参数 μ_b 和 μ_v 的几何分布

$$
\begin{aligned}
&P\{S_b=k\}=\mu_b\overline{\mu}_b^{k-1},\quad k\geqslant 1;\qquad \overline{\mu}_b=1-\mu_b;\\
&P\{S_v=k\}=\mu_v\overline{\mu}_v^{k-1},\quad k\geqslant 1;\qquad \overline{\mu}_v=1-\mu_v.
\end{aligned}
$$

一旦系统变成空的, 服务员就进入一个随机长度 V 的工作休假, V 服从参数 θ 的几何分布

$$P\{V=k\}=\theta\overline{\theta}^{k-1},\quad k\geqslant 1;\qquad \overline{\theta}=1-\theta.$$

在工作休假期间到达的顾客, 按到达顺序在休假期间内接受速率 μ_v 的服务. 当一个工作休假结束时, 如果系统中有顾客, 正在进行的服务由速率 μ_v 转换到速率 μ_b, 并开始一个新的正规忙期; 如果工作休假结束时系统内无顾客, 就开始另一次工作休假.

假设到达间隔、服务时间和工作休假时间时相互独立的, 先到先服务排队规则.

以 L_n^- 表示第 n 个顾客到达前夕系统中的顾客数, 并设

$$J_n=\begin{cases}0, & \text{第 } n \text{ 个到达发生于工作休假},\\ 1, & \text{第 } n \text{ 个到达发生于正规忙期}.\end{cases}$$

$\{(L_n^-,J_n),n\geqslant 1\}$ 是队长过程的嵌入 MC, 有状态空间

$$\Omega=\{(0,0)\}\cup\{(k,j):k\geqslant 1,j=0,1\}.$$

MC 的转移概率记为

$$p_{(i,j)(k,l)}=P\{L_{n+1}^-=k,J_{n+1}=l|L_n^-=i,,J_n=j\}.$$

为表出转移概率, 我们引入下列表示

$$k_j=\sum_{r=j}^{\infty}a_r\binom{r}{j}\mu_b^j\overline{\mu}_b^{r-j},\quad j\geqslant 0;$$

$$b_j=\sum_{r=j}^{\infty}a_r\sum_{i=r+1}^{\infty}\theta\overline{\theta}^{i-1}\binom{r}{j}\mu_v^j\overline{\mu}_v^{r-j},\quad j\geqslant 0;$$

$$c_j=\sum_{r=j}^{\infty}a_r\sum_{i=1}^{r}\theta\overline{\theta}^{i-1}\sum_{k=0}^{i}\binom{i}{k}\mu_v^k\overline{\mu}_v^{i-k}\binom{r-i}{j-k}\mu_b^{j-k}\overline{\mu}_b^{r-i-j+k},\quad j\geqslant 0.$$

$\{k_j,j\geqslant 0\}$ 的意义与 5.1.1 节相同. $b_j(j\geqslant 0)$ 是一个工作休假时间大于到达间隔, 并在该到达间隔内恰好完成 j 个速率 μ_v 的服务的概率. 类似地, $c_j(j\geqslant 0)$ 是工作休假时间小于一个到达间隔, 并且整个到达间隔内恰好服务 j 个顾客的概率. 因为该到达间隔跨越工作休假和随后的正规忙期, 这 j 个顾客中一部分以速率 μ_v 接受服

务, 另一部分以速率 μ_b 接受服务. 注意到

$$\begin{aligned}\sum_{j=0}^{\infty} b_j &= \sum_{j=0}^{\infty}\sum_{r=j}^{\infty} a_r \overline{\theta}^r \binom{r}{j} \mu_v^j \overline{\mu}_v^{r-j} \\ &= \sum_{r=1}^{\infty} a_r \overline{\theta}^r \sum_{j=0}^{r} \binom{r}{j} \mu_v^j \overline{\mu}_v^{r-j} \\ &= H(\overline{\theta}),\end{aligned}$$

$$\begin{aligned}\sum_{j=0}^{\infty} c_j &= \sum_{j=0}^{\infty}\sum_{r=j}^{\infty} a_r \sum_{i=1}^{r} \theta\overline{\theta}^{i-1} \sum_{k=0}^{i} \binom{i}{k} \mu_v^k \overline{\mu}_v^{i-k} \binom{r-i}{j-k} \mu_b^{j-k} \overline{\mu}_b^{r-i-j+k} \\ &= \sum_{r=1}^{\infty} a_r \sum_{i=1}^{r} \theta\overline{\theta}^{i-1} \sum_{k=0}^{i} \binom{i}{k} \mu_v^k \overline{\mu}_v^{i-k} \sum_{j=k}^{r-i+k} \mu_b^{j-k} \overline{\mu}_b^{r-i-j+k} \\ &= \sum_{r=1}^{\infty} a_r (1-\overline{\theta}^r) \\ &= 1 - H(\overline{\theta}).\end{aligned}$$

因此, $b_j(j \geqslant 0)$ 和 $c_j(j \geqslant 0)$ 都是不完全概率分布.

现在, 我们表出 $\mathrm{MC}\{(L_n^-, J_n), n \geqslant 1\}$ 的转移概率. 首先, 在正规忙期内的状态转移与经典无休假 GI/Geom/1 系统没有区别, 因此

$$p_{(i,1)(j,1)} = k_{i+1-j}, \quad i \geqslant 1, 1 \leqslant j \leqslant i+1.$$

从状态 $(i,0)$ 到 $(j,0)$, 只有当工作休假时间大于到达间隔时才能发生, 并且该到达间隔内以速率 μ_v 服务 $i+1-j$ 个顾客, 有

$$p_{(i,0)(j,0)} = b_{i+1-j}, \quad i \geqslant 1, 1 \leqslant j \leqslant i+1.$$

状态 $(i,0)$ 到 $(j,1)$ 的转移, 意味着工作休假时间小于到达间隔, 并且在该间隔内恰好完成 $i+1-j$ 个服务, 于是

$$p_{(i,0)(j,1)} = c_{i+1-j}, \quad i \geqslant 1, 1 \leqslant j \leqslant i+1.$$

类似的分析给出

$$\begin{aligned}p_{(i,1)(0,0)} &= 1 - \sum_{j=0}^{i} k_j, \quad i \geqslant 1; \\ p_{(i,0)(0,0)} &= 1 - \sum_{j=0}^{i} (b_j + c_j), \quad i \geqslant 0.\end{aligned}$$

将 MC 的状态按字典序排列, 其转移概率阵可写成下列分块形式

$$\widetilde{\boldsymbol{P}} = \begin{bmatrix} B_{00} & \boldsymbol{A}_{01} & & & & \\ \boldsymbol{B}_1 & \boldsymbol{A}_1 & \boldsymbol{A}_0 & & & \\ \boldsymbol{B}_2 & \boldsymbol{A}_2 & \boldsymbol{A}_1 & \boldsymbol{A}_0 & & \\ \boldsymbol{B}_3 & \boldsymbol{A}_3 & \boldsymbol{A}_2 & \boldsymbol{A}_1 & \boldsymbol{A}_0 & \\ \vdots & \vdots & \vdots & \vdots & \vdots & \ddots \end{bmatrix},$$

其中

$$B_{00} = 1 - b_0 - c_0, \quad \boldsymbol{A}_{01} = (b_0, c_0);$$

$$\boldsymbol{A}_j = \begin{bmatrix} b_j & c_j \\ 0 & k_j \end{bmatrix}, \quad j \geqslant 0;$$

$$\boldsymbol{B}_j = \begin{bmatrix} 1 - \sum_{i=0}^{j}(b_i + c_i) \\ 1 - \sum_{i=0}^{j} k_i \end{bmatrix}, \quad j \geqslant 1.$$

为给出矩阵方程 $\boldsymbol{R} = \sum_{k=0}^{\infty} \boldsymbol{R}^k \boldsymbol{A}_k$ 的最小非负解, 需要下列引理.

引理 6.4.1 对 $0 < \theta < 1$, 方程 $z = H[\overline{\theta}(1 - \mu_v(1 - z))]$ 在 (0,1) 内有唯一的根.

证明 引入函数

$$f(z) = z - H[\theta(1 - \mu_v(1 - z))].$$

有

$$f(0) = -H(\overline{\theta}\overline{\mu}_v) < 0,$$
$$f(1) = 1 - H(\overline{\theta}) > 0.$$

进而, 对 $0 < z < 1$, 有

$$f'(z) = 1 - \mu_v\overline{\theta}H'[\overline{\theta}(1 - \mu_v(1 - z))] \geqslant 0.$$

因此, $f(z)$ 在 (0,1) 内有唯一的零点. □

引理 6.4.2 如果 $\rho = [E(T)\mu_b]^{-1} < 1$, 则

$$\beta(\sigma - \alpha) = \frac{\theta(1 - \mu_v(1 - \sigma))}{\overline{\theta}(1 - \mu_v(1 - \sigma)) - (1 - \mu_b(1 - \sigma))}(\sigma - \alpha) > 0,$$

其中 α 和 σ 分别是方程 $z = H(1 - \mu_b(1 - z))$ 和 $z = H[\overline{\theta}(1 - \mu_v(1 - z))]$ 在 (0,1) 内的根.

证明　当 $\rho < 1$ 时, $z = H(1-\mu_b(1-z))$ 在 (0,1) 内有唯一的根 $z=\alpha$, 并且

(1) 当 $0<z<\alpha$ 时, $z < H(1-\mu_b(1-z))$;

(2) 当 $\alpha<z<1$ 时, $z > H(1-\mu_b(1-z))$(见引理 2.7.1).

首先设 $0<\overline{\theta}[1-\mu_v(1-\sigma)] < 1-\mu_b(1-\alpha)$, 不等式两端取 PGF, 得到

$$H[\overline{\theta}(1-\mu_v(1-\sigma))] < H[1-\mu_b(1-\alpha)] = \alpha,$$

因此, 有 $0<\sigma<\alpha$. 我们将证明, 此时必有 $\overline{\theta}(1-\mu_v(1-\sigma)) < 1-\mu_b(1-\sigma)$. 否则

$$\overline{\theta}(1-\mu_v(1-\sigma)) > 1-\mu_b(1-\sigma),$$

取 PGF, 将导致

$$\sigma = H[\overline{\theta}(1-\mu_v(1-\sigma))] > H[1-\mu_b(1-\sigma)].$$

这与情况 (1) 矛盾. 因此, $\sigma-\alpha$ 与

$$\overline{\theta}(1-\mu_v(1-\sigma)) - (1-\mu_b(1-\sigma))$$

同为负的, 并 $\beta(\sigma-\alpha)>0$. 类似地, 可对

$$1-\mu_b(1-\alpha) < \overline{\theta}(1-\mu_v(1-\sigma))$$

的情况证明引理的结论. □

定理 6.4.3　若 $\rho = [\mu_b E(T)]^{-1} < 1$, 矩阵方程

$$\boldsymbol{R} = \sum_{k=0}^{\infty} \boldsymbol{R}^k \boldsymbol{A}_k$$

有最小非负解

$$\boldsymbol{R} = \begin{bmatrix} \sigma & \beta(\sigma-\alpha) \\ 0 & \alpha \end{bmatrix},$$

其中 α 与 σ 分别是方程

$$z = H[1-\mu_b(1-z)] \quad 和 \quad z = H[\overline{\theta}(1-\mu_v(1-z))]$$

在 (0,1) 内的根.

证明　类似于定理 6.3.1 的证明, 设

$$\boldsymbol{R} = \begin{bmatrix} r_{11} & r_{12} \\ 0 & r_{22} \end{bmatrix}. \tag{6.4.1}$$

将 $\boldsymbol{R}^k$ 代入矩阵方程, 得到

$$\begin{cases} r_{11}=\sum\limits_{k=0}^{\infty} r_{11}^k b_k = H\Big[\overline{\theta}\big(1-\mu_v(1-r_{11})\big)\Big], \\ r_{22}=\sum\limits_{j=0}^{\infty} r_{22}^j k_j = H\Big[1-\mu_b\big(1-r_{22}\big)\Big], \\ r_{12}=\sum\limits_{k=0}^{\infty} r_{11}^k c_k + r_{12}\sum\limits_{j=1}^{\infty} k_j \sum\limits_{i=0}^{j-1} r_{11}^j r_{22}^{j-1-i}. \end{cases}$$

由引理 6.4.1, 取 $r_{11}=\sigma$ 是方程 $z=H[\overline{\theta}(1-\mu_v(1-z))]$ 在 (0,1) 内的根. 对第二个方程, 取 $r_{22}=\alpha$ 是方程 $z=H[1-\mu_b(1-z)]$ 的最小非负解 (另一个解是 $r_{22}=1$). 将 $r_{11}=\sigma$ 和 $r_{22}=\alpha$ 代入第三个方程, 有

$$r_{12}\Big(1-\sum_{j=1}^{\infty} k_j \sum_{i=0}^{j-1}\sigma^i\alpha^{j-1-i}\Big)=\sum_{k=0}^{\infty}\sigma^k c_k. \tag{6.4.2}$$

对 (6.4.2) 各项可计算如下

$$\begin{aligned} \sum_{k=0}^{\infty}\sigma^k c_k &= \sum_{k=0}^{\infty}\sigma^k \sum_{r=1}^{\infty} a_r \sum_{i=1}^{r}\theta\overline{\theta}^{i-1}\sum_{l=0}^{i}\binom{i}{l}\mu_v^l\overline{\mu}_v^{i-l}\binom{r-i}{k-l}\mu_b^{k-l}\overline{\mu}_b^{r-i-k+l} \\ &= \sum_{r=1}^{\infty} a_r \sum_{i=1}^{r}\theta\overline{\theta}^{i-1}\sum_{l=0}^{i}\binom{i}{l}\mu_v^l\overline{\mu}_v^{i-l}\sum_{k=l}^{r-i+l}\binom{r-i}{k-l}\sigma^k\mu_b^{k-l}\overline{\mu}_b^{r-i-k+l} \\ &= \sum_{r=1}^{\infty} a_r \sum_{i=1}^{r}\theta\overline{\theta}^{i-1}\sum_{l=0}^{i}\binom{i}{l}(\sigma\mu_v)^l\overline{\mu}_v^{i-l}\big(1-\mu_b(1-\sigma)\big)^{r-i} \\ &= \sum_{r=1}^{\infty} a_r\big(1-\mu_b(1-\sigma)\big)^r \sum_{i=1}^{r}\theta\overline{\theta}^{i-1}\big(1-\mu_v(1-\sigma)\big)^i\big(1-\mu_b(1-\sigma)\big)^{-i} \\ &= \frac{\theta(1-\mu_v(1-\sigma))}{\overline{\theta}\big(1-\mu_v(1-\sigma)\big)-\big(1-\mu_b(1-\sigma)\big)}\Big[\sigma-H\big(1-\mu_b(1-\sigma)\big)\Big] \\ &= \beta\left(\sigma-H(1-\mu_b(1-\sigma))\right). \end{aligned}$$

类似地, 有

$$\begin{aligned} 1-\sum_{j=1}^{\infty}k_j\sum_{i=0}^{j-1}\sigma^i\alpha^{j-i+1} &= 1-\sum_{j=1}^{\infty}k_j\frac{\sigma^j-\alpha^j}{\sigma-\alpha} \\ &= \frac{1}{\sigma-\alpha}\Big(\sigma-H\big(1-\mu_b(1-\sigma)\big)\Big). \end{aligned}$$

这些计算结果代入方程 (6.4.2), 给出 $r_{12}=\beta(\sigma-\alpha)$. 由引理 6.4.2, 可知 $\boldsymbol{R}$ 非负.□

由 (6.4.1), 谱半径 $\mathrm{SP}(\boldsymbol{R})=\max(\sigma,\alpha)$. 因此, $\mathrm{SP}(\boldsymbol{R})<1$ 当且仅当 $\rho=[\mu_b E(T)]^{-1}<1$. 使用定理 5.2.2 容易证明, $\mathrm{MC}\{(L_n^-,J_n),n\geqslant 1\}$ 正常返的充分必要条件是 $\rho<1$.

6.4.2 队长分布及随机分解

设 $\rho<1$, (L^-,J) 表示 (L_n^-,J_n) 的稳态极限, 稳态分布记为

$$\pi_0=\pi_{00}^-,\quad \boldsymbol{\pi}_k=(\pi_{k0}^-,\pi_{k1}^-),\quad k\geqslant 1,$$
$$\pi_{kj}^-=P\{L^-=k,J=j\}=\lim_{n\to\infty}P\{L_n^-=k,J_n=j\},\quad (k,j)\in\Omega.$$

定理 6.4.4 若 $\rho<1$, 稳态随机向量 (L^-,J) 有联合分布

$$\begin{cases}\pi_{k0}^-=\delta(1-\alpha)\sigma^k, & k\geqslant 1,\\ \pi_{k1}^-=\delta(1-\alpha)\beta(\sigma-\alpha)\displaystyle\sum_{j=0}^{k-1}\alpha^j\sigma^{k-1-j}, & k\geqslant 1,\end{cases}\tag{6.4.3}$$

其中

$$\delta=\frac{1-\sigma}{1-\alpha+\beta(\sigma-\alpha)}.\tag{6.4.4}$$

证明 使用定理 5.2.2 的矩阵几何解方法, 有

$$\boldsymbol{\pi}_k=(\pi_{k0}^-,\pi_{k1}^-)=(\pi_{10}^-,\pi_{11}^-)\boldsymbol{R}^{k-1},\quad k\geqslant 1,$$

其中 $(\pi_{00}^-,\pi_{10}^-,\pi_{11}^-)$ 满足方程

$$(\pi_{00}^-,\pi_{10}^-,\pi_{11}^-)B[\boldsymbol{R}]=(\pi_{00}^-,\pi_{10}^-,\pi_{11}^-)\tag{6.4.5}$$

和正规化条件

$$\pi_{00}^-+(\pi_{10}^-,\pi_{11}^-)(\boldsymbol{I}-\boldsymbol{R})^{-1}\boldsymbol{e}=1,$$

这里 $B[\boldsymbol{R}]$ 是一个 3×3 的随机矩阵

$$B[\boldsymbol{R}]=\begin{bmatrix} B_{00} & \boldsymbol{A}_{01}\\ \displaystyle\sum_{k=1}^{\infty}\boldsymbol{R}^{k-1}\boldsymbol{B}_k & \displaystyle\sum_{k=1}^{\infty}\boldsymbol{R}^{k-1}\boldsymbol{A}_k\end{bmatrix}.$$

将 $\boldsymbol{A}_k,\boldsymbol{B}_k$ 和 (6.4.1) 给出的 $\boldsymbol{R}$ 代入计算, 得到

$$B[\boldsymbol{R}]=\begin{bmatrix} 1-b_0-c_0 & b_0 & c_0\\ \dfrac{b_0+c_0}{\sigma}-\dfrac{k_0\beta(\sigma-\alpha)}{\sigma\alpha} & 1-\dfrac{b_0}{\sigma} & \dfrac{k_0\beta(\sigma-\alpha)}{\sigma\alpha}-\dfrac{c_0}{\sigma}\\ \dfrac{k_0}{\alpha} & 0 & 1-\dfrac{k_0}{\alpha}\end{bmatrix}.$$

将 $B[\boldsymbol{R}]$ 代入 (6.4.5), 求解方程组, 给出

$$(\pi_{00}^-, \pi_{10}^-, \pi_{11}^-) = K(1, \sigma, \beta(\sigma - \alpha)),$$

其中 K 是正的常数, 并且 $K = \pi_{00}^-$. 使用正规化条件可确定

$$\pi_{00}^- = (1-\alpha)\frac{1-\sigma}{1-\alpha+\beta(\sigma-\alpha)} = \delta(1-\alpha).$$

现在, 将 (π_{10}^-, π_{11}^-) 及 $\boldsymbol{R}^{k-1}$ 代入矩阵几何解表达式, 给出 (6.4.3). □

稳态下系统处工作休假和正规忙期的概率分别是

$$P\{J=0\} = \sum_{k=0}^{\infty} \pi_{k0}^- = \frac{1-\alpha}{1-\alpha+\beta(\sigma-\alpha)},$$
$$P\{J=1\} = \sum_{k=1}^{\infty} \pi_{k1}^- = \frac{\beta(\sigma-\alpha)}{1-\alpha+\beta(\sigma-\alpha)}. \tag{6.4.6}$$

稳态下到达前夕系统中顾客数 L^- 的分布是

$$\begin{aligned} P\{L^-=0\} &= \pi_{00}^- = \delta(1-\alpha), \\ P\{L^-=k\} &= \pi_{k0}^- + \pi_{k1}^- \\ &= \delta(1-\alpha)\left\{\sigma^k + \beta(\sigma-\alpha)\sum_{j=1}^{k-1}\alpha^j\sigma^{k-1-j}\right\}, \quad k \geqslant 1. \end{aligned}$$

现在, 我们还可以给出到达前夕队长 L^- 的随机分解结构.

定理 6.4.5 若 $\rho < 1$ 并且 $\mu_b > \mu_v$ 时, L^- 可分解为两个相互独立的随机变量之和: $L^- = L_0^- + L_d^-$, L_0^- 是对应无休假 GI/Geom/1 排队中到达前夕的稳态队长, 服从参数 $1-\alpha$ 的几何分布; 由工作休假引起的附加顾客数 L_d^- 以概率 δ 为零, 并以概率 $1-\delta$ 服从参数 $1-\sigma$ 的几何分布.

证明 对 L^- 的分布取 PGF, 有

$$\begin{aligned} L^-(z) &= \sum_{k=0}^{\infty} z^k \pi_{k0}^- + \sum_{k=1}^{\infty} z^k \pi_{k1}^- \\ &= \delta(1-\sigma)\left[\frac{1}{1-\sigma z} + \beta(\sigma-\alpha)\frac{1}{1-\alpha z}\frac{z}{1-\sigma z}\right] \\ &= \frac{1-\alpha}{1-\alpha z}\delta\left[\frac{1-\alpha z}{1-\sigma z} + \beta(\sigma-\alpha)\frac{z}{1-\sigma z}\right] \\ &= \frac{1-\alpha}{1-\alpha z}\left[\delta + \frac{(\beta+1)(\sigma-\alpha)}{1-\alpha+\beta(\sigma-\alpha)}\frac{(1-\sigma)z}{1-\sigma z}\right]. \end{aligned}$$

容易验证

$$\frac{(\beta+1)(\sigma-\alpha)}{1-\alpha+\beta(\sigma-\alpha)}=1-\delta.$$

代入前式, 给出

$$L^-(z)=\frac{1-\alpha}{1-\alpha z}\left[\delta+(1-\delta)\frac{(1-\sigma)z}{1-\sigma z}\right]=L_0^-(z)L_d^-(z).$$

由 $L_d^-(z)$ 的表达式可知, L_d 以概率 δ 等于零, 并以概率 $1-\delta$ 是自然数集上参数 $1-\sigma$ 的几何分布随机变量. □

由上述随机分解结果, 可得到下列数学期望公式

$$\begin{aligned} E(L_d) &= \frac{(\beta+1)(\sigma-\alpha)}{1-\alpha+\beta(\sigma-\alpha)}\frac{1}{1-\sigma} \\ &= \frac{\beta(\sigma-\alpha)}{1-\alpha+\beta(\sigma-\alpha)}\frac{\mu_b-\mu_v}{\theta[1-\mu_v(1-\sigma)]}, \\ E(L^-) &= \frac{\alpha}{1-\alpha}+\frac{\beta(\sigma-\alpha)}{1-\alpha+\beta(\sigma-\alpha)}\frac{\mu_b-\mu_v}{\theta[1-\mu_v(1-\sigma)]}. \end{aligned}$$

6.4.3 等待时间分布

为了确定等待时间 W 的分布, 我们首先证明负二项分布条件概率的下列封闭性质.

设 X 服从参数 r 和 p 的负二项分布, V 服从参数 θ 的几何分布

$$\begin{aligned} &P\{X=m\}=\binom{m-1}{r-1}p^r\overline{p}^{m-r}, \quad m\geqslant r; \\ &P\{V=k\}=\theta\overline{\theta}^k, \quad k\geqslant 0. \end{aligned}$$

引理 6.4.6 如果 X 与 V 相互独立, 在 $X\leqslant V$ 条件下, X 的条件分布是参数 r 和 $\theta+p\overline{\theta}$ 的负二项分布.

证明 首先计算条件事件的概率

$$\begin{aligned} P\{X\leqslant V\} &= \sum_{m=r}^{\infty}P\{X=m\}P\{V\geqslant m\} \\ &= \sum_{m=r}^{\infty}\binom{m-1}{r-1}p^r\overline{p}^{m-r}\overline{\theta}^m \end{aligned}$$

$$
\begin{aligned}
&= \sum_{k=1}^{\infty} \binom{k-1+r-1}{r-1} p^r \overline{p}^{k-1} \overline{\theta}^{k-1+r} \\
&= (p\overline{\theta})^r \sum_{k=1}^{\infty} \binom{k-1+r-1}{r-1} (\overline{p}\overline{\theta})^{k-1} \\
&= \left(\frac{p\overline{\theta}}{\theta+p\overline{\theta}}\right)^r.
\end{aligned}
$$

在 $X \leqslant V$ 条件下, X 的条件分布是

$$
\begin{aligned}
P\{X=k|X \leqslant V\} &= P\{X=k, V \geqslant k\}/P\{X \leqslant V\} \\
&= \left[\frac{\theta+p\overline{\theta}}{p\overline{\theta}}\right]^r \binom{k-1}{r-1} p^r \overline{p}^{k-r} \overline{\theta}^k \\
&= \binom{k-1}{r-1} (\theta+p\overline{\theta})^r \left[1-(\theta+p\overline{\theta})\right]^{k-r}, \quad k \geqslant r.
\end{aligned}
$$

因此, 在 $X \leqslant V$ 条件下, X 的条件分布是参数 r 和 $\theta+p\overline{\theta}$ 的负二项分布. □

在 $X \leqslant V$ 条件下, X 的条件分布有 PGF:

$$
X(z|X \leqslant V) = \left[\frac{(\theta+p\overline{\theta})z}{1-(1-(\theta+p\overline{\theta}))z}\right]^r.
$$

引理 6.4.6 的结论称为负二项分布条件概率的封闭性.

又设 Y 服从参数 $\overline{p}$ 的几何分布, 即

$$
P\{Y=k\} = \overline{p}p^{k-1}, \quad k \geqslant 1.
$$

注意到, 服从参数 r 和 p 的负二项分布的随机变量 X 正是随机变量 Y 对自身的 r 重独立和.

引理 6.4.7 如果 X, V, Y 相互独立, 在 $X \leqslant V < X+Y$ 条件下, V 可分解成两个独立随机变量之和 $V = X^* + Y^*$, 其中 X^* 服从参数 $\theta+p\overline{\theta}$ 的几何分布, Y^* 服从参数 r 和 $\theta+p\overline{\theta}$ 的负二项分布.

证明 对条件事件 $X \leqslant V < X+Y$ 的概率, 有

$$
\begin{aligned}
&P\{X \leqslant V < X+Y\} \\
&= \sum_{k=r}^{\infty} \binom{k-1}{r-1} p^r \overline{p}^{k-r} \sum_{j=k}^{\infty} \theta \overline{\theta}^j \overline{p}^{j-k} \\
&= \theta p^r \sum_{k=r}^{\infty} \binom{k-1}{r-1} \overline{p}^{k-r} \overline{\theta}^k \sum_{j=k}^{\infty} (\overline{\theta}\overline{p})^{j-k}
\end{aligned}
$$

$$= \frac{\theta p^r}{1-\overline{\theta}\overline{p}} \sum_{k=r}^{\infty} \binom{k-1}{r-1} \overline{p}^{k-r} \overline{\theta}^{k}$$

$$= \frac{\theta}{\theta + p\overline{\theta}} \left(\frac{p\overline{\theta}}{\theta + p\overline{\theta}} \right)^r.$$

V 的条件分布是

$$P\{V=k|X \leqslant V < X+Y\}$$

$$= P\{V=k, X \leqslant V < X+Y\}/P\{X \leqslant V < X+Y\}$$

$$= (\theta + p\overline{\theta})^{r+1} \sum_{j=r}^{k} \binom{j-1}{r-1} \overline{p}^{j-r} \overline{\theta}^{k-r} \overline{p}^{k-j}, \quad k \geqslant r.$$

对这一条件概率取 PGF, 有

$$V(z|X \leqslant V < X+Y\}$$

$$= (\theta + p\overline{\theta})^{r+1} \sum_{k=r}^{\infty} z^k \sum_{j=r}^{k} \binom{j-1}{r-1} \overline{p}^{j-r} \overline{\theta}^{k-r} \overline{p}^{k-j}$$

$$= (\theta + p\overline{\theta})^{r+1} \sum_{j=r}^{\infty} \binom{j-1}{r-1} \overline{p}^{j-r} z^j \overline{\theta}^{j-r} \sum_{k=j}^{\infty} \overline{\theta}^{k-j} \overline{p}^{k-j} z^{k-j}$$

$$= \frac{\theta + p\overline{\theta}}{1-(1-(\theta + p\overline{\theta}))z} \left[\frac{(\theta + p\overline{\theta})z}{1-(1-(\theta + p\overline{\theta}))z} \right]^r.$$

这最后的表达式是一个几何分布 PGF 与负二项分布 PGF 的乘积. □

现在, 我们可以导出稳态等待时间 W 的分布. 以 H_0 表示稳态下顾客到达遇正规忙期的概率, H_1 表示稳态下顾客到达遇工作休假并且该顾客需要等待的概率, 有

$$H_0 = P\{J=1\} = \frac{\beta(\sigma - \alpha)}{1-\alpha+\beta(\sigma - \alpha)},$$

$$H_1 = \mu_v \sum_{k=2}^{\infty} \pi_{k0}^{-} + \overline{\mu}_v \sum_{k=1}^{\infty} \pi_{k0}^{-}$$

$$= \frac{(1-\alpha)\sigma}{1-\alpha+\beta(\sigma-\alpha)} (1-\mu_v(1-\sigma)).$$

定理 6.4.8　如果 $\rho < 1$, 顾客稳态等待时间 W 有 PGF:

$$\begin{aligned} W(z) = & 1 - H_0 - H_1 \\ & + H_0 \frac{\mu_b(1-\sigma)}{1-[1-\mu_b(1-\sigma)]z} \frac{(1-\alpha)(1-\mu_b z)}{1-[1-\mu_b(1-\alpha)]z} \\ & + H_1 \frac{[1-\overline{\theta}(\mu_v \sigma + \overline{\mu}_v)]z}{1-\overline{\theta}(\mu_v \sigma + \overline{\mu}_v)z} \left\{ 1 - q + q\frac{\mu_b(1-\sigma)}{1-[1-\mu_b(1-\sigma)]z} \right\}, \end{aligned} \tag{6.4.7}$$

其中

$$q = \frac{\theta}{1-\overline{\theta}(\mu_v\sigma+\overline{\mu}_v)} = \frac{\theta}{\theta+\mu_v\overline{\theta}(1-\sigma)}.$$

证明 顾客到达不需等待的概率是

$$P\{W=0\} = \pi_{00}^- + \mu_v\pi_{10}^- = 1-H_0-H_1. \tag{6.4.8}$$

对晚到系统, 顾客在 (n^-,n) 处到达, 正在进行的服务于 (n,n^+) 处可能离去也可能将服务延续到下一个时隙. 因此, 已知顾客在正规忙期到达, 其等待时间有 PGF:

$$\begin{aligned}\sum_{k=1}^{\infty}\pi_{k1}^- W_{k1}(z) &= \sum_{k=1}^{\infty}\pi_{k1}^-\left\{\mu_b\Big(\frac{\mu_b z}{1-\overline{\mu}_b z}\Big)^{k-1}+\overline{\mu}_b\Big(\frac{\mu_b z}{1-\overline{\mu}_b z}\Big)^{k}\right\}\\ &= \delta\beta(\sigma-\alpha)\frac{(1-\alpha)(1-\overline{\mu}_b z)}{1-[1-\mu_b(1-\alpha)]z}\frac{\mu_b}{1-[1-\mu_b(1-\sigma)]z}\\ &= H_0\frac{\mu_b(1-\sigma)}{1-[1-\mu_b(1-\sigma)]z}\frac{(1-\alpha)(1-\bar{\mu}_b)z}{1-[1-\mu_b(1-\sigma)]z}.\end{aligned} \tag{6.4.9}$$

以 $S_v^{(j)}$ 表示工作休假内服务时间 S_v 的 j 重独立和, $S_v^{(j)}$ 服从参数 j 和 μ_v 的负二项分布. 如顾客在工作休假期间到达, 并遇有 k 个顾客在场, 分成下列两种情况讨论其等待时间.

情况 1. 顾客在 (n^-,n) 到达, (n,n^+) 处完成一个服务 S_v. 其余 $k-1$ 个顾客中, 有 j 个在工作休假内完成服务, 即 $S_v^{(j)}\leqslant V< S_v^{(j+1)}, 0\leqslant j\leqslant k-2$. 另外 $k-1-j$ 个顾客在工作休假结束后的正规忙期接受服务. 这种情况下, 条件等待时间是一个条件休假时间 $(V|S_v^{(j)}\leqslant V< S_v^{(j+1)})$ 与 $k-1-j$ 个服务时间 S_b 的和. 另一种可能是, 除 (n,n^+) 上离去顾客外, 其余 $k-1$ 个顾客均在工作休假内完成服务, 即 $V>S_v^{(k+1)}$, 这时条件等待时间是 $(S_v^{(k+1)}|S_v^{(k+1)}\leqslant V)$. 应用引理 6.4.6 和引理 6.4.7, 在情况 1 下顾客的条件等待时间有 PGF:

$$\begin{aligned}W_{k0}(z) &= P\{S_v^{(k+1)}\leqslant V\}S_v^{(k+1)}(z|S_v^{(k+1)}\leqslant V)\\ &\quad+\sum_{j=0}^{k-2}P\{S_v^{(j)}\leqslant V< S_v^{(j+1)}\}V(z|S_v^{(j)}\leqslant V< S_v^{(j+1)})\Big(\frac{\mu_b z}{1-\overline{\mu}_b z}\Big)^{k-1-j}\\ &= \Big(\frac{\mu_v\overline{\theta}z}{1-\overline{\mu}_v\overline{\theta}z}\Big)^{k-1}+\sum_{j=0}^{k-2}\frac{\theta}{1-\overline{\mu}_v\overline{\theta}z}\Big(\frac{\mu_v\overline{\theta}z}{1-\overline{\mu}_v\overline{\theta}z}\Big)^{j}\Big(\frac{\mu_b z}{1-\overline{\mu}_b z}\Big)^{k-1-j}.\end{aligned}$$

因此, 在情况 1 下, 稳态等待时间有 PGF:

$$\mu_v\sum_{k=2}^{\infty}\pi_{k0}^- W_{k0}(z) = \mu_v\delta(1-\alpha)\sum_{k=2}^{\infty}\sigma^k\left\{\Big(\frac{\mu_v\overline{\theta}z}{1-\overline{\mu}_v\overline{\theta}z}\Big)^{k-1}\right.$$

$$
\begin{aligned}
&+\sum_{j=0}^{k-2}\frac{\theta}{1-\overline{\mu}_v\overline{\theta}z}\Big(\frac{\mu_v\overline{\theta}z}{1-\overline{\mu}_v\overline{\theta}z}\Big)^j\Big(\frac{\mu_b z}{1-\overline{\mu}_b z}\Big)^{k-1-j}\Big\}\\
=&\mu_v\delta\sigma^2(1-\alpha)\left\{\frac{\mu_v\overline{\theta}z}{1-\overline{\theta}(\mu_v\sigma+\overline{\mu}_v)z}\right.\\
&\left.+\frac{\theta}{1-\overline{\theta}(\mu_v\sigma+\overline{\mu}_v)z}\frac{\mu_b z}{1-[1-\mu_b(1-\sigma)]z}\right\}\\
=&\frac{\mu_v(1-\alpha)\sigma^2}{1-\alpha+\beta(\sigma-\alpha)}\frac{[1-\overline{\theta}(\mu_v\sigma+\overline{\mu}_v)z]}{1-\overline{\theta}(\mu_v\sigma+\overline{\mu}_v)z}\\
&\times\Big\{1-q+q\frac{\mu_b(1-\sigma)z}{1-[1-\mu_b(1-\sigma)]z}\Big\}. \qquad (6.4.10)
\end{aligned}
$$

情况 2. 顾客在 (n^-,n) 到达, (n,n^+) 处无顾客离去. 有 j 个顾客在工作休假结束前完成服务, 即 $S_v^{(j)}\leqslant V<S_v^{(j+1)}, 0\leqslant j\leqslant k-1$. 另外 $k-j$ 个顾客在工作休假结束后的正规忙期接受服务. 这时, 条件等待时间是一个条件工作休假 $(V|S_v^{(j)}\leqslant V<S_v^{(j+1)})$ 与 $k-j$ 个正规忙期的服务时间 S_b 之和. 如果所有 k 个顾客都是在工作休假期间内完成服务的, 即 $S_v^{(k)}\leqslant V$, 则条件等待时间是 $(S_v^{(k)}|S_v^{(k)}\leqslant V)$. 类似于前面的运算, 可得到

$$
\begin{aligned}
\overline{\mu}_v\sum_{k=1}^{\infty}\pi_{k0}^{-}W_{k0}(z)=&\frac{\overline{\mu}_v(1-\alpha)\sigma}{1-\alpha+\beta(\sigma-\alpha)}\frac{[1-\overline{\theta}(\mu_v\sigma+\overline{\mu}_v)]z}{1-\overline{\theta}(\mu_v\sigma+\overline{\mu}_v)z}\\
&\times\Big\{1-q+q\frac{\mu_b(1-\sigma)z}{1-[1-\mu_b(1-\sigma)]z}\Big\}. \qquad (6.4.11)
\end{aligned}
$$

最后, 综合 (6.4.8)~(6.4.11), 可给出 (6.4.7). □

由 (6.4.7) 中等待时间 W 的 PGF 的结构, 容易建立下列平均等待时间公式

$$
\begin{aligned}
E(W)=&H_0\Big[\frac{\alpha}{\mu_b(1-\alpha)}+\frac{1-\mu_b(1-\sigma)}{\mu_b(1-\sigma)}\Big]\\
&+H_1\frac{1}{\theta+\mu_v\overline{\theta}(1-\sigma)}\Big[1+\frac{\theta(1-\mu_b(1-\sigma))}{\mu_b(1-\sigma)}\Big].
\end{aligned}
$$

从 (6.4.7) 可以给出稳态等待时间 W 的结构分析, W 以概率 $1-H_0-H_1$ 等于零; 以概率 H_0 等于参数 $\mu_b(1-\sigma)$ 的几何分布随机变量与另一个参数 $\mu_b(1-\alpha)$ 的修正几何分布随机变量之和; 类似地, 以概率 H_1 等于参数 $1-\overline{\theta}(\mu_v\sigma+\overline{\mu}_v)$ 的几何分布随机变量与另一个参数 $\mu_b(1-\sigma)$ 的修正几何分布随机变量之和.

引入下列条件等待时间

$$
\begin{aligned}
W_1&=(W|J=1),\\
W_2&=(W|J=0,W>0).
\end{aligned}
$$

W_1 是到达发生在正规忙期内的条件等待时间, W_2 是到达发生在工作休假期且顾客确需等待条件下所需要的等待时间. 对 W_1 和 W_2 可以确立下列随机分解结果.

定理 6.4.9 $\rho < 1$ 时, 条件等待时间 W_1 可分解成两个独立随机变量之和 $W_1 = W_0 + W_d$, W_0 是对应无休假 GI/Geom/1 排队的等待时间, 服从参数 $1-\mu_b(1-\alpha)$ 的几何分布; 附加延迟 W_d 服从参数 $\mu_b(1-\sigma)$ 的修正几何分布, 有 PGF:

$$W_d(z) = 1 - q + q\frac{\mu_b(1-\sigma)}{1-[1-\mu_b(1-\sigma)]z}. \tag{6.4.12}$$

证明 类似于定理 6.4.8 中的计算, 注意到

$$W_1(z) = \frac{1}{H_0}\sum_{k=1}^{\infty}\pi_{k1}^{-}\left\{\mu_b\left(\frac{\mu_b z}{1-\overline{\mu}_b z}\right)^{k-1} + \overline{\mu}_b\left(\frac{\mu_b z}{1-\overline{\mu}_b z}\right)^{k}\right\},$$

立刻得到定理的结论. □

定理 6.4.10 $\rho < 1$ 时, 条件等待时间 W_2 可分解成两个独立随机变量之和 $W_2 = W_2^{(1)} + W_d$, $W_2^{(1)}$ 服从参数 $\overline{\theta}(\mu_v\sigma + \overline{\mu}_v)$ 的几何分布; W_d 服从参数 $1-\mu_b(1-\sigma)$ 的修正几何分布, 有 PGF 同 (6.4.12).

证明 由定理 6.4.8 的证明容易得到 W_2 的 PGF:

$$\begin{aligned} W_2(z) &= \frac{1}{H_1}\left\{\mu_v\sum_{k=2}^{\infty}\pi_{k0}^{-}W_{k0}(z) + \overline{\mu}_v\sum_{k=1}^{\infty}\pi_{k0}^{-}W_{k0}(z)\right\} \\ &= \frac{[1-\overline{\theta}(\mu_v\sigma+\overline{\mu}_v)]z}{1-\overline{\theta}(\mu_v\sigma+\overline{\mu}_v)z}\left\{1-q+q\frac{\mu_b(1-\sigma)}{1-[1-\mu_b(1-\sigma)]z}\right\}. \end{aligned}$$ □

§6.5 多重工作休假 Geom/G/1 排队

6.5.1 M/G/1 结构矩阵和模型

考虑一个早到的 Geom/G/1 排队, 顾客按参数 p 的 Bernoulli 过程到达系统, $0 < p < 1$, $\bar{p} = 1-p$. 在正规忙期内顾客的服务时间 S_b 服从一般分布

$$P\{S_b = j\} = b_j^{(1)}, \quad j \geqslant 1; \quad G_b(z) = \sum_{j=1}^{\infty} z^j b_j^{(1)}; \quad E(S_b) = \frac{1}{\mu}.$$

在工作休假期间, 如果系统中有顾客, 服务台将慢速工作. 工作休假期内顾客的服务时间 S_v 也服从一般分布

$$P\{S_v = j\} = b_j^{(2)}, \quad j \geqslant 1; \quad G_v(z) = \sum_{j=1}^{\infty} z^j b_j^{(2)}; \quad E(S_v) = \frac{1}{\eta}.$$

一旦系统变成空的, 服务员就进入随机长度的工作休假期, 工作休假长度 V 服从参数 θ 的几何分布

$$P\{V=j\}=\theta\bar{\theta}^{j-1},\quad j\geqslant 1;\quad 0<\theta<1,\quad \bar{\theta}=1-\theta.$$

工作休假结束时, 若系统内仍无顾客, 就接续另一个独立同分布的休假 V; 否则, 若系统中有顾客, 当工作休假结束时终止正在进行的服务 S_v, 转换成正规服务时间 S_b 重新开始服务, 并且开始一个正规忙期. 假设到达间隔、服务时间、工作休假时间相互独立, 并使用 FIFO 排队规则. 这一系统称为多重工作休假的 Geom/G/1 排队, 简记 Geom/G/1(WV).

以 L_n 表示第 n 个顾客完成服务离去后瞬时系统中的顾客数. 服务完成可能发生于正规忙期或工作休假期, 为区分这两种情况, 定义

$$J_n=\begin{cases}0, & \text{第 } n \text{ 个离去后, 系统处在工作休假期,}\\ 1, & \text{第 } n \text{ 个离去后, 系统处在正规忙期.}\end{cases}$$

因为到达间隔和工作休假时间两者都服从几何分布, $\{(L_n,J_n),\ n\geqslant 1\}$ 是一个有二维状态的嵌入 MC, 其状态空间是

$$\Omega=\{(0,0)\}\cup\{(k,j),k\geqslant 1,j=0,1\}.$$

为表出 MC 的转移概率, 引入下列记号

$$a_j=\sum_{k=j}^{\infty}b_k^{(1)}\binom{k}{j}p^j\bar{p}^{k-j},\quad j\geqslant 0,$$

$$b_j=\sum_{k=j}^{\infty}b_k^{(2)}\binom{k}{j}p^j\bar{p}^{k-j}\bar{\theta}^k,\quad j\geqslant 0,$$

$$v_j=\sum_{k=j+1}^{\infty}\sum_{n=k}^{\infty}b_n^{(2)}\binom{k-1}{j}p^j\bar{p}^{k-1-j}\theta\bar{\theta}^{k-1},\quad j\geqslant 0.$$

明显地, a_j 是一个标准服务 S_b 内恰好到达 j 个顾客的概率, $\{a_j,j\geqslant 0\}$ 是一个完全概率分布, 有 PGF 和均值

$$A(z)=\sum_{j=0}^{\infty}z^ja_j=G_b[1-p(1-z)].$$

$$A'(1)=pG_b'(1)=\frac{p}{\mu}=\rho. \tag{6.5.1}$$

类似地, b_j 是一个工作休假时间大于服务时间 S_v, 并且该服务时间 S_v 内恰好有 j 个顾客到达的概率. v_j 是一个工作休假时间小于或等于服务时间 S_v, 并且在该休

假期间内恰好有 j 个顾客到达的概率. 注意到

$$\sum_{j=0}^{\infty} b_j = \sum_{k=1}^{\infty} b_k^{(2)} \bar{\theta}^k = G_v(\bar{\theta}),$$

$$\sum_{j=0}^{\infty} v_j = \sum_{k=1}^{\infty} b_k^{(2)} (1-\bar{\theta}^k) = 1 - G_v(\bar{\theta}).$$

因此, $\{b_j, j \geqslant 0\}$ 和 $\{v_j, j \geqslant 0\}$ 都是不完全概率分布, 它们的母函数可计算如下

$$\begin{aligned}
B(z) &= \sum_{j=0}^{\infty} z^j b_j \\
&= \sum_{j=0}^{\infty} \sum_{k=j}^{\infty} b_k^{(2)} \binom{k}{j} (zp)^j \bar{p}^{k-j} \bar{\theta}^k \\
&= \sum_{k=1}^{\infty} b_k^{(2)} \bar{\theta}^k [1-p(1-z)]^k \\
&= G_v[\bar{\theta}(1-p(1-z))], \qquad (6.5.2)\\
V(z) &= \sum_{j=0}^{\infty} z^j v_j \\
&= \sum_{j=0}^{\infty} \sum_{k=j+1}^{\infty} \sum_{n=k}^{\infty} b_n^{(2)} \binom{k-1}{j} (zp)^j \bar{p}^{k-1-j} \theta \bar{\theta}^{k-1} \\
&= \sum_{k=0}^{\infty} \sum_{n=k}^{\infty} b_n^{(2)} \theta \bar{\theta}^{k-1} [1-p(1-z)]^{k-1} \\
&= \frac{\theta}{1-\bar{\theta}[1-p(1-z)]} \sum_{n=1}^{\infty} b_n^{(2)} \left\{1-\bar{\theta}^n[1-p(1-z)]^n\right\} \\
&= \frac{\theta}{1-\bar{\theta}[1-p(1-z)]} (1-B(z)). \qquad (6.5.3)
\end{aligned}$$

并且, 容易得到

$$\begin{aligned}
B'(1) &= p\bar{\theta} \sum_{j=1}^{\infty} j b_j^{(2)} \bar{\theta}^j = p\bar{\theta}^2 G_v'(\bar{\theta}), \\
V'(1) &= \frac{p\bar{\theta}}{\theta}(1-G_v(\bar{\theta})) - p\bar{\theta}^2 G_v'(\bar{\theta}). \qquad (6.5.4)
\end{aligned}$$

进一步, 引入数列 $\{a_j, j \geqslant 0\}$ 与 $\{v_j, j \geqslant 0\}$ 的卷积

$$c_j = \sum_{k=0}^{j} v_k a_{j-k}, \quad j \geqslant 0.$$

显然, c_j 是工作休假时间 V 不大于服务时间 S_v, 在该工作休假和随后的正规忙期 S_b 之内, 共计到达 j 个顾客的概率. 对 $\{c_j, j \geqslant 0\}$, 有

$$\sum_{j=0}^{\infty} c_j = 1 - G_v(\bar{\theta}), \quad C(z) = \sum_{j=0}^{\infty} z^j c_j = V(z)A(z),$$

$$C'(1) = \left(\rho + \frac{p\bar{\theta}}{\theta}\right)(1 - G_v(\bar{\theta})) - p\bar{\theta}^2 G_v'(\bar{\theta}).$$

现在, 我们可以表出 MC$\{(L_n, J_n), n \geqslant 1\}$ 的转移概率. 分下列四种情况讨论:

(1) 若 $(L_n, J_n) = (m, 1), m \geqslant 2$. 下一个离去仍发生在正规忙期, 两个嵌入时刻之间间隔为一个正规休假 S_b, 并以概率 a_j 发生 j 个到达. 因此

$$(L_{n+1}, J_{n+1}) = (m - 1 + j, 1), \quad \text{依概率 } a_j.$$

(2) 若 $(L_n, J_n) = (1, 1)$. 类似讨论得出

$$(L_{n+1}, J_{n+1}) = \begin{cases} (j, 1), & \text{依概率 } a_j,\ j \geqslant 1; \\ (0, 0), & \text{依概率 } a_0. \end{cases}$$

(3) 若 $(L_n, J_n) = (m, 0), m \geqslant 2$. 该离去时刻发生于工作休假内, 但下一个离去可能发生于正规忙期或仍发生在工作休假期, 有

$$(L_{n+1}, J_{n+1}) = \begin{cases} (m - 1 + j, 0), & \text{依概率 } b_j,\ j \geqslant 0; \\ (m - 1 + j, 1), & \text{依概率 } c_j,\ j \geqslant 0. \end{cases}$$

(4) 若 $(L_n, J_n) = (m, 0), m = 0, 1$. 类似分析给出

$$(L_{n+1}, J_{n+1}) = \begin{cases} (j, 0), & \text{依概率 } b_j,\ j \geqslant 1; \\ (j, 1), & \text{依概率 } c_j,\ j \geqslant 1; \\ (0, 0), & \text{依概率} b_0 + c_0. \end{cases}$$

将 Ω 中的状态按字典序排列, 嵌入到顾客离去后的 MC $\{(L_n, J_n),\ n \geqslant 1\}$ 的转移概率矩阵, 可以写成下列分块形式

$$\widetilde{\boldsymbol{P}} = \begin{bmatrix} B_0 & \boldsymbol{B}_1 & \boldsymbol{B}_2 & \boldsymbol{B}_3 & \cdots \\ \boldsymbol{C}_0 & \boldsymbol{A}_1 & \boldsymbol{A}_2 & \boldsymbol{A}_3 & \cdots \\ & \boldsymbol{A}_0 & \boldsymbol{A}_1 & \boldsymbol{A}_2 & \cdots \\ & & \boldsymbol{A}_0 & \boldsymbol{A}_1 & \cdots \\ & & & & \ddots \end{bmatrix}, \tag{6.5.5}$$

其中

$$B_0 = b_0 + c_0, \quad \boldsymbol{B}_k = (b_k, c_k), \quad k \geqslant 1; \quad \boldsymbol{C}_0 = (b_0 + c_0, a_0)^{\mathrm{T}},$$

$$\boldsymbol{A}_k = \begin{bmatrix} b_k & c_k \\ 0 & a_k \end{bmatrix}, \quad k \geqslant 0.$$

形如 (6.5.5) 的转移概率阵称为 M/G/1 型结构矩阵. 在理论和实际应用中, 大量随机模型都归结为 M/G/1 型 MC 的分析. 拟生灭过程、GI/M/1 型结构 MC 和 M/G/1 型结构 MC 一起, 构成当代随机模型矩阵解析方法的主要内容 (Latouche et al., 1999). M/G/1 型 MC 的分析方法详见文献 (Neuts, 1989).

注意到

$$\boldsymbol{A} = \sum_{k=0}^{\infty} \boldsymbol{A}_k = \begin{pmatrix} G_v(\bar{\theta}) & 1 - G_v(\bar{\theta}) \\ 0 & 1 \end{pmatrix} = \begin{pmatrix} A(1) & 1 - A(1) \\ 0 & A(2) \end{pmatrix},$$

$\boldsymbol{A}$ 是一个可约的随机阵. 按文献 (Neuts, 1989，第二章 (2.3.18)) 的表示方法, 现在, $A(2) = 1$ 是退化的随机阵, 有退化的平稳概率分布 $\pi(2) = 1$. 因此, MC 正常返当且仅当

$$\pi(2)\beta(2) = \pi(2) \sum_{k=1}^{\infty} k a_k = \rho < 1.$$

6.5.2 离去时刻稳态队长

在 M/G/1 型结构矩阵模型的分析中, 矩阵方程

$$\boldsymbol{G} = \sum_{k=0}^{\infty} \boldsymbol{A}_k \boldsymbol{G}^k \tag{6.5.6}$$

的最小非负解 $\boldsymbol{G}$ 起着重要作用. 然而, 在大多数情况下, 不能得到 $\boldsymbol{G}$ 的显式表达式, 只能使用一个有效的程序递推地逼近 (Neuts, 1989). 幸运的是, 现在可以给出 (6.5.6) 最小非负解的精确表达式. 为此, 需要下列引理.

引理 6.5.1 若 $\rho < 1$, 方程 $z = G_b[1 - p(1 - z)]$ 的最小非负解是 $z = 1$; 方程 $z = G_v[\bar{\theta}(1 - p(1 - z))]$ 在 $(0, 1)$ 内有唯一的根 $z = \gamma$.

证明 由引理 2.7.1, 方程

$$z = \sum_{k=0}^{\infty} z^k a_k = G_b[1 - p(1 - z)]$$

在 $(0, 1)$ 内有解的充分必要条件是 $A'(1) = \rho > 1$. 现在 $\rho < 1$, 方程在 $(0, 1)$ 内无解, 因此, $z = 1$ 是它的最小非负解.

对另一个方程, 引入函数 $\psi(z) = z - G_v[\bar{\theta}(1 - p(1 - z))]$. 注意到

$$\psi(0) = -G_v(\bar{\theta}\bar{p}) < 0,$$
$$\psi(1) = 1 - G_v(\bar{\theta}) > 0,$$

由 $\psi(z)$ 在 $[0,1]$ 上的连续性, 函数 $y=z$ 和 $y=G_v[\bar{\theta}(1-p(1-z))]$ 在 $(0,1)$ 上的单调性, 可知 $\psi(z)$ 在 $(0,1)$ 内有唯一的零点 $z=\gamma$. □

定理 6.5.2 $\rho<1$ 时, 矩阵方程 (6.5.6) 有最小非负解

$$\boldsymbol{G}=\begin{pmatrix}\gamma & 1-\gamma\\ 0 & 1\end{pmatrix},$$

其中 γ 是 $z=G_v[\bar{\theta}(1-p(1-z))]$ 在 $(0,1)$ 内唯一的根.

证明 所有的 $\boldsymbol{A}_k(k\geqslant 0)$ 都是上三角阵, (6.5.6) 的根必有同样的上三角结构, 可设

$$\boldsymbol{G}=\begin{pmatrix}r_{11} & r_{12}\\ 0 & r_{22}\end{pmatrix}.$$

于是

$$\boldsymbol{G}^k=\begin{pmatrix}r_{11}^k & r_{12}\sum_{j=0}^{k-1}r_{11}^j r_{22}^{k-1-j}\\ 0 & r_{22}^k\end{pmatrix},\quad k\geqslant 1.$$

将 $\boldsymbol{A}_k$ 和 $\boldsymbol{G}^k$ 代入矩阵方程 (6.5.6), 给出方程组

$$\begin{cases} r_{11}=\sum_{k=0}^{\infty}b_k r_{11}^k=G_v[\bar{\theta}(1-p(1-z))],\\ r_{12}=\sum_{k=0}^{\infty}c_k r_{22}^k+r_{12}\sum_{k=0}^{\infty}b_k\sum_{j=0}^{k-1}r_{11}^j r_{22}^{k-1-j},\\ r_{22}=\sum_{k=0}^{\infty}a_k r_{22}^k=G_b[1-p(1-z)].\end{cases}$$

为得到 (6.5.6) 的最小非负解, 由引理 6.5.1, 对第一和第三个方程, 取 $r_{11}=\gamma$, $r_{22}=1$. 将它们代入第二个方程, 计算得到 $r_{12}=1-\gamma$. □

设 $\rho<1$, (L,J) 表示 (L_n,J_n) 的稳态极限. 定义稳态分布

$$\begin{aligned}&\boldsymbol{\Pi}=(\pi_0,\boldsymbol{\pi}_1,\boldsymbol{\pi}_2,\cdots),\quad \pi_0=\pi_{00},\\ &\boldsymbol{\pi}_k=(\pi_{k0},\pi_{k1}),\quad k\geqslant 1,\\ &\pi_{kj}=P\{L=k,J=j\}=\lim_{n\to\infty}P\{L_n=k,J_n=j\},\quad (k,j)\in\Omega.\end{aligned}$$

并引入离去时刻稳态队长母函数

$$L(z)=\pi_{00}+\sum_{k=1}^{\infty}z^k\boldsymbol{\pi}_k\boldsymbol{e},\quad |z|\leqslant 1.$$

现在, 可以证明下列结果:

定理 6.5.3 $\rho<1$ 时, 离去时刻稳态队长母函数是

$$L(z)=\pi_{00}\frac{A(z)(1-z)(B(z)-z)+z(\gamma-z)[A(z)-B(z)-C(z)]}{(z-B(z))(z-A(z))}, \tag{6.5.7}$$

其中 $A(z)$, $B(z)$, $C(z)$ 由 (6.5.1)~(6.5.3) 给出, 并且

$$\pi_{00}=\frac{(1-\rho)(1-G_v(\bar{\theta}))}{1-G_v(\bar{\theta})-(1-\gamma)\left[pG_v(\bar{\theta})-\dfrac{p\bar{\theta}}{\theta}(1-G_v(\bar{\theta}))\right]}.$$

证明 平衡方程 $\boldsymbol{\Pi}=\boldsymbol{\Pi}\widetilde{\boldsymbol{P}}$ 及 (6.5.5) 给出

$$\begin{cases}\pi_{00}=\pi_{00}(b_0+c_0)+\boldsymbol{\pi}_1\boldsymbol{C}_0,\\ \boldsymbol{\pi}_k=\pi_{00}\boldsymbol{B}_k+\displaystyle\sum_{j=1}^{k+1}\boldsymbol{\pi}_j\boldsymbol{A}_{k+1-j}, \quad k\geqslant 1.\end{cases} \tag{6.5.8}$$

(6.5.8) 前式可写成

$$\pi_{00}=\pi_{00}(b_0+c_0)+\pi_{10}(b_0+c_0)+\pi_{11}a_0.$$

若记 $u=b_0(\pi_{00}+\pi_{10})$, 则有 $\pi_{00}=u+c_0(\pi_{00}+\pi_{10})+\pi_{11}a_0$, 即

$$\pi_{00}-u=c_0(\pi_{00}+\pi_{10})+\pi_{11}a_0. \tag{6.5.9}$$

引入行向量母函数

$$\boldsymbol{\Phi}(z)=\sum_{k=1}^{\infty}z^k\boldsymbol{\pi}_k.$$

(6.5.8) 后式乘 z^k, 并对 k 求和得到

$$\begin{aligned}\boldsymbol{\Phi}(z)&=\pi_{00}\sum_{k=1}^{\infty}z^k\boldsymbol{B}_k+\sum_{k=1}^{\infty}z^k\sum_{j=1}^{k+1}\boldsymbol{\pi}_j\boldsymbol{A}_{k+1-j}\\&=\pi_{00}\sum_{k=1}^{\infty}z^k\boldsymbol{B}_k+\frac{1}{z}\sum_{j=1}^{\infty}z^j\boldsymbol{\pi}_j\sum_{k=j-1}^{\infty}z^{k+1-j}\boldsymbol{A}_{k+1-j}-\boldsymbol{\pi}_1\boldsymbol{A}_0\\&=\pi_{00}\sum_{k=1}^{\infty}z^k\boldsymbol{B}_k+\frac{1}{z}\boldsymbol{\Phi}(z)\boldsymbol{A}^*(z)-\boldsymbol{\pi}_1\boldsymbol{A}_0,\end{aligned}$$

其中

$$\boldsymbol{A}^*(z)=\sum_{k=0}^{\infty}z^k\boldsymbol{A}_k=\begin{pmatrix}B(z)&C(z)\\0&A(z)\end{pmatrix}.$$

由此解得

$$\boldsymbol{\Phi}(z)=z\left[\pi_{00}\sum_{k=1}^{\infty}z^k\boldsymbol{B}_k-\boldsymbol{\pi}_1\boldsymbol{A}_0\right](z\boldsymbol{I}-\boldsymbol{A}^*(z))^{-1}. \tag{6.5.10}$$

注意到

$$z\boldsymbol{I}-\boldsymbol{A}^*(z)=\begin{pmatrix} z-B(z) & -C(z)\\ 0 & z-A(z)\end{pmatrix},$$

$$(z\boldsymbol{I}-\boldsymbol{A}^*(z))^{-1}=\begin{pmatrix} \dfrac{1}{z-B(z)} & \dfrac{C(z)}{[z-B(z)][z-A(z)]}\\ 0 & \dfrac{1}{z-A(z)}\end{pmatrix}.$$

而且, 应用关系式 (6.5.9), 有

$$\begin{aligned}&\pi_{00}\sum_{k=1}^{\infty}z^k\boldsymbol{B}_k-\boldsymbol{\pi}_1\boldsymbol{A}_0\\ &=\pi_{00}(B(z)-b_0,C(z)-c_0)-(\pi_{10}b_0,\pi_{10}c_0+\pi_{11}a_0)\\ &=(\pi_{00}B(z)-u,u-\pi_{00}[1-C(z)]).\end{aligned}$$

这些计算结果代入 (6.5.10), 得到

$$\begin{aligned}\boldsymbol{\Phi}(z)&=z(\pi_{00}B(z)-u,u-\pi_{00}[1-C(z)])(z\boldsymbol{I}-\boldsymbol{A}^*(z))^{-1}\\ &=z\left(\frac{\pi_{00}B(z)-u}{z-B(z)},\frac{C(z)[\pi_{00}B(z)-u]}{[z-B(z)][z-A(z)]}+\frac{u-\pi_{00}(1-C(z))}{z-A(z)}\right).\end{aligned}$$

经简单计算, 有

$$\begin{aligned}\boldsymbol{\Phi}(z)\boldsymbol{e}=\frac{z}{[z-B(z)][z-A(z)]}\Big\{&\pi_{00}B(z)[1+z-A(z)]\\ &-\pi_{00}z(1-C(z))+u[A(z)-B(z)-C(z)]\Big\}.\end{aligned} \tag{6.5.11}$$

注意到稳态离去时刻队长母函数是 $L(z)=\pi_{00}+\boldsymbol{\Phi}(z)\boldsymbol{e}$, 由 (6.5.11) 可给出

$$\begin{aligned}L(z)&=\pi_{00}+\boldsymbol{\Phi}(z)\boldsymbol{e}\\ &=\frac{1}{[z-B(z)][z-A(z)]}\Big\{\pi_{00}[z-B(z)][z-A(z)]\\ &\quad+z[\pi_{00}B(z)(1+z-A(z))-z(1-C(z))\\ &\quad+u(A(z)-B(z)-C(z))]\Big\}.\end{aligned} \tag{6.5.12}$$

现在, 我们来确定 u 与 π_{00} 的关系. 由引理 6.5.1, $\gamma=B(\gamma)$, γ 是 (6.5.12) 分母在 (0,1) 内的零点. $L(z)$ 在单位圆内解析, 因此, $z=\gamma$ 也是 (6.5.12) 分子的零点.

将 $z=\gamma$ 代入 (6.5.12) 分子, 有

$$\pi_{00}\gamma[1+\gamma-A(\gamma)-(1-C(\gamma))]+u(A(\gamma)-\gamma-C(\gamma))=0.$$

注意到

$$\begin{aligned}A(\gamma)-\gamma-C(\gamma)&=A(\gamma)-\gamma-A(\gamma)V(\gamma)\\&=A(\gamma)(1-V(\gamma))-\gamma,\\ \gamma[1+\gamma-A(\gamma)-(1-C(\gamma))]&=\gamma[\gamma-A(\gamma)(1-V(\gamma))].\end{aligned}$$

这些关系代入前式, 给出 $u=\gamma\pi_{00}$. 再将 $u=\gamma\pi_{00}$ 代入 (6.5.12), 得到

$$L(z)=\pi_{00}\frac{A(z)(1-z)(B(z)-z)+z(\gamma-z)[A(z)-B(z)-C(z)]}{[z-B(z)][z-A(z)]}.$$

由正规化条件 $L(1)=1$, 使用洛必达法则给出

$$\pi_{00}=\frac{(1-\rho)(1-G_v(\bar{\theta}))}{1-G_v(\bar{\theta})-(1-\gamma)\left[\rho G_v(\bar{\theta})-\dfrac{p}{\theta}\bar{\theta}(1-G_v(\bar{\theta}))\right]}. \qquad \square$$

记 $\boldsymbol{e}_1=(1,0)^{\mathrm{T}}$, $\boldsymbol{e}_2=(0,1)^{\mathrm{T}}$, 我们可以导出稳态下离去后服务员所处状态的概率

$$\begin{aligned}P\{J=0\}&=\pi_{00}+\boldsymbol{\Phi}(z)\boldsymbol{e}_1|_{z=1}=\pi_{00}\frac{1-\gamma}{1-G_v(\bar{\theta})}\\&=\frac{(1-\rho)(1-\gamma)}{1-G_v(\bar{\theta})-(1-\gamma)\left[\rho G_v(\bar{\theta})-\dfrac{p\theta}{\theta}(1-G_v(\bar{\theta}))\right]},\\ P\{J=1\}&=\boldsymbol{\Phi}(z)\boldsymbol{e}_2|_{z=1}\\&=\frac{1-G_v(\bar{\theta})-(1-\gamma)\left[1-\rho+\rho G_v(\bar{\theta})-\dfrac{p\bar{\theta}}{\theta}(1-G_v(\bar{\theta}))\right]}{1-G_v(\bar{\theta})-(1-\gamma)\left[\rho G_v(\bar{\theta})-\dfrac{p\bar{\theta}}{\theta}(1-G_v(\bar{\theta}))\right]}.\end{aligned}$$

进一步地, 我们还可以给出稳态概率向量 $\boldsymbol{\pi}_k$ 的递推算法. 为此, 先计算 $\boldsymbol{\pi}_1=(\pi_{10},\pi_{11})$. 由关系式 $u-b_0(\pi_{00}+\pi_{10})=\gamma\pi_{00}$, 有

$$\pi_{10}=\frac{\gamma-b_0}{b_0}\pi_{00}.$$

另一方面, 由 (6.5.8) 前式, 有

$$\pi_{00}=\pi_{00}(b_0+c_0)+\pi_{00}\frac{\gamma-b_0}{b_0}(b_0+c_0)+\pi_{11}a_0.$$

由此给出

$$\pi_{11}=\frac{b_0(1-\gamma)-c_0\gamma}{a_0b_0}\pi_{00}.$$

因此

$$\boldsymbol{\pi}_1=\left(\frac{\gamma-b_0}{b_0},\frac{b_0(1-\gamma)-c_0\gamma}{a_0b_0}\right)\pi_{00}.$$

现在, $\pi_0,\boldsymbol{\pi}_1$ 已经表出, 对 $k\geqslant 2$, $\boldsymbol{\pi}_k$ 可使用下列递推公式计算 (Neuts, 1989, 定理 3.2.5)

$$\boldsymbol{\pi}_k=\left[\pi_{00}\bar{\boldsymbol{B}}_k+\sum_{j=1}^{k-1}\boldsymbol{\pi}_j\bar{\boldsymbol{A}}_{k+1-j}\right](\boldsymbol{I}-\bar{\boldsymbol{A}}_1)^{-1},\quad k\geqslant 1,\tag{6.5.13}$$

其中

$$\bar{\boldsymbol{B}}_r=\sum_{i=r}^{\infty}\boldsymbol{B}_i\boldsymbol{G}^{i-r},\quad \bar{\boldsymbol{A}}_r=\sum_{i=r}^{\infty}\boldsymbol{A}_i\boldsymbol{G}^{i-r}.$$

6.5.3 条件队长和随机分解

(6.5.7) 给出的稳态队长母函数, 不仅形式繁杂, 而且不便于同无休假 Geom/G/1 系统指标进行比较. 特别地, (6.5.7) 不具备随机分解结构, 这是因为嵌入点包括那些发生于工作休假内的离去时刻. 如果只关注正规忙期中的离去时刻, 随机分解规律将立即呈现出来. 本节使用 Fuhrmann 与 Cooper (1985), Shanthikumar (1988) 对经典休假 (休假期内停止顾客服务)M/G/1 提出的直接分解方法, 给出队长母函数 $L(z)$ 的另一个等价表示. 新的表达具有明显的概率解释, 便于与经典 Geom/G/1 系统进行比较.

按文献 (Shanthikumar, 1988), 在正规忙期内每个顾客的服务时间称为一个活动期 (active period), 休假或服务中断时间称为非活动期. 正规忙期内两个相邻服务 (活动期) 之间, 我们认为存在一个零长度的非活动期. 这样一来, 把工作休假期间看作一个非零的非活动期, 并且服务员交替地处在活动期与非活动期. 工作休假期内的服务时间不视为活动期, 把工作休假内完成服务离去的顾客看成是某种 "放弃" 行为, 就可以把工作休假系统归结为 Shanthikumar (1988) 研究的 "广义" 休假模型.

显然, 离去时刻队长母函数可分解如下

$$L(z)=E\{z^L|S=1\}P\{S=1\}+E\{z^L|S=0\}P\{S=0\},\tag{6.5.14}$$

其中 $S=1$ 表示顾客是以正规服务时间 S_b 完成服务的, $S=0$ 表示顾客以工作休假期内的低速服务时间 S_v 完成服务的. 使用前节的结果, 可给出相应的概率

$$\begin{aligned}p_v&=P\{S=0\}=(\pi_{00}+\pi_{10})b_0+\boldsymbol{\Phi}(z)\boldsymbol{e}_1|_{z=1}\\&=\frac{(1-\rho)(1-\gamma)G_v(\bar{\theta})}{1-G_v(\bar{\theta})-(1-\gamma)\left[\rho G_v(\bar{\theta})-\dfrac{p\bar{\theta}}{\theta}(1-G_v(\bar{\theta}))\right]},\end{aligned}\tag{6.5.15}$$

$$\begin{aligned}p_b=P\{S=1\}&=(\pi_{00}+\pi_{10})c_0+\pi_{11}a_0+\boldsymbol{\Phi}(z)\boldsymbol{e}_2|_{z=1}\\&=\frac{1-G_v(\bar{\theta})-(1-\gamma)\left[G_v(\bar{\theta})-\dfrac{p\bar{\theta}}{\theta}(1-G_v(\bar{\theta}))\right]}{1-G_v(\bar{\theta})-(1-\gamma)\left[\rho G_v(\bar{\theta})-\dfrac{p\bar{\theta}}{\theta}(1-G_v(\bar{\theta}))\right]}.\end{aligned}\tag{6.5.16}$$

现在, 我们确定一个正规忙期开始时刻系统中顾客数 Q_b. 我们关注正规忙期开始前的最后一个离去时刻, $Q_b=k$ 可以两种不相容的形式发生: (1) 在最后一个服务完成后系统仍处工作休假期的条件下, 离去后系统中剩下 j 个顾客, $1\leqslant j\leqslant k$, 另有 $k-j$ 个顾客是在 $V<S_v$ 条件下, 在 V 内到达的; (2) 在同样的条件下, 最后一次离去后系统变成空的, 并且 $k-1$ 个顾客都是在 $V<S_v$ 的条件下, 在 V 内到达的. 在这个分析中, 条件事件的概率是

$$\begin{aligned}P\{J=0,V<S_v\}&=\sum_{i=0}^{\infty}\pi_{i0}P\{V<S_v\}\\&=P\{J=0\}(1-G_v(\bar{\theta}))\\&=\pi_{00}(1-\gamma).\end{aligned}$$

现在, 由条件概率公式可表出 Q_b 的分布. 有

$$\begin{aligned}P\{Q_b=k\}&=\frac{1}{P\{J=0,V<S_v\}}\left(\sum_{j=1}^{k}\pi_{j0}v_{k-j}+\pi_{00}v_{k-1}\right)\\&=\frac{1}{\pi_{00}(1-\gamma)}\left(\sum_{j=1}^{k}\pi_{j0}v_{k-j}+\pi_{00}v_{k-1}\right),\quad k\geqslant 1.\end{aligned}$$

取母函数, 给出

$$\begin{aligned}Q_b(z)&=\sum_{k=1}^{\infty}z^kP\{Q_b=k\}\\&=\frac{1}{\pi_{00}(1-\gamma)}\left\{\sum_{j=1}^{\infty}z^j\pi_{j0}\sum_{k=j}^{\infty}v_{k-j}z^{k-j}+\pi_{00}\sum_{k=1}^{\infty}z^kv_{k-1}\right\}\\&=\frac{1}{\pi_{00}(1-\gamma)}\{\boldsymbol{\Phi}(z)\boldsymbol{e}_1V(z)+\pi_{00}zV(z)\}\\&=\frac{1}{1-\gamma}\left\{\frac{z[B(z)-\gamma]}{z-B(z)}+z\right\}V(z)\\&=\frac{1}{1-\gamma}\frac{z(z-\gamma)V(z)}{z-B(z)}.\end{aligned}\tag{6.5.17}$$

容易验证 $Q_b(1)=1$, 并且

$$E(Q_b)=\frac{1-G_v(\bar\theta)-(1-\gamma)\left[G_v(\bar\theta)-\dfrac{p\bar\theta}{\theta}(1-G_v(\bar\theta))\right]}{(1-\gamma(1-G_v(\bar\theta)))}=\frac{p_b(1-\rho)}{\pi_{00}(1-\gamma)}.$$

定理 6.5.4 $\rho<1$ 时, 离去时刻队长母函数可表为

$$\begin{aligned}L(z)=&p_v\frac{1-G_v(\bar\theta)}{(1-\gamma)G_v(\bar\theta)}\frac{(z-\gamma)B(z)}{z-B(z)}\\&+p_b\frac{(1-\rho)(1-z)A(z)}{A(z)-z}\frac{1-Q_b(z)}{E(Q_b)(1-z)}.\end{aligned}\tag{6.5.18}$$

证明 首先, 有

$$\begin{aligned}E(z^L|S=0)&=p_v^{-1}\left((\pi_{00}+\pi_{10})b_0+\boldsymbol{\Phi}(z)\boldsymbol{e}_1\right)\\&=p_v^{-1}\pi_{00}\frac{B(z)(z-\gamma)}{z-B(z)}\\&=\frac{1-G_v(\bar\theta)}{(1-\gamma)G_v(\bar\theta)}\frac{B(z)(z-\gamma)}{z-B(z)}.\end{aligned}\tag{6.5.19}$$

其次, 我们只关注那些在正规忙期内的顾客离去时刻, 在工作休假期间内发生的到达和离去, 通过差 L^s-L^e 影响系统的队长. 这里, $L^s(L^e)$ 是一个非活动期开始 (结束) 时刻系统中顾客数, $L^s(z)$, $L^e(z)$ 表示对应的母函数. 应用 Shanthikumar (1988) 的结果, 有

$$E(z^L|S=1)=\frac{(1-\rho)(1-z)A(z)}{A(z)-z}E(z^X),$$

其中

$$E(z^X)=\frac{L^s(z)-L^e(z)}{(1-\rho)(1-z)}.\tag{6.5.20}$$

现在确定 $E(z^X)$. 注意到 $L^e=k(k\geqslant 1)$, 包含两种不相容的情况: (1) $L^s=k$, 如果在两个相邻活动期之间, 是一个零长度的非活动期; (2) $L^s=0$, 并且当工作休假期终止时有 k 个顾客在场. 由 Q_b 的定义, 有

$$P\{L^e=k\}=P\{L^s=k\}+P\{L^s=0\}P\{Q_b=k\},\quad k\geqslant 1.$$

显然, $P\{L^e=0\}=0$. 由此得到

$$L^e(z)=L^s(z)-P\{L^s=0\}(1-Q_b(z)).$$

代入 (6.5.20), 给出

$$E(z^X)=\frac{P\{L^s=0\}(1-Q_b(z))}{(1-\rho)(1-z)}.$$

使用正规化条件 $E(z^X)|_{z=1}=1$, 可确定

$$P\{L^s=0\}=(1-\rho)\left[E(Q_b)\right]^{-1},$$

代入前式得到

$$E(z^X)=\frac{1-Q_b(z)}{E(Q_b)(1-z)}.$$

以上结果代入 (6.5.14), 给出定理的证明. □

容易验证 (6.5.7) 与 (6.5.18) 是等价的. 事实上

$$L(z)=\pi_{00}\gamma+\boldsymbol{\Phi}(z)\boldsymbol{e}_1+\pi_{00}(1-\gamma)+\boldsymbol{\Phi}(z)\boldsymbol{e}_2.$$

由 (6.5.19), 有

$$\pi_{00}\gamma+\boldsymbol{\Phi}(z)\boldsymbol{e}_1=p_v\frac{1-G_v(\bar{\theta})}{(1-\gamma)G_v(\bar{\theta})}\frac{B(z)(z-\gamma)}{z-B(z)}.$$

类似地, 可以验证

$$\pi_{00}(1-\gamma)+\boldsymbol{\Phi}(z)\boldsymbol{e}_2=p_b\frac{(1-\rho)(1-z)A(z)}{A(z)-z}\frac{1-Q_b(z)}{E(Q_b)(1-z)}.$$

母函数表达式 (6.5.18) 表明, 队长 L 以概率 p_v 有母函数

$$\frac{1-G_v(\bar{\theta})}{(1-\gamma)G_v(\bar{\theta})}\frac{B(z)(z-\gamma)}{z-B(z)},$$

而以概率 p_b, L 是两个独立随机变量之和, 有母函数

$$\frac{(1-\rho)(1-z)G_b[1-p(1-z)]}{G_b[1-p(1-z)]-z}\frac{1-Q_b(z)}{E(Q_b)(1-z)}. \tag{6.5.21}$$

以 L^* 表示已知顾客以正规服务时间 S_b 完成服务 (即 $S=1$) 条件下, 他离去后系统中顾客数. (6.5.21) 表明, 对条件队长 L^*, 存在着下列随机分解结构.

定理 6.5.5 在稳态下, 条件队长 L^* 可分解成两个独立随机变量之和 $L^*=L_0+L_d$, 其中 L_0 是经典无休假 Geom/G/1 系统中离去时刻的稳态队长, L_d 有 PGF:

$$L_d(z)=\frac{1-Q_b(z)}{E(Q_b)(1-z)}.$$

此外, 由 (6.5.18), 容易给出平均队长公式

$$E(L)=p_v\left[\frac{\beta}{G_v(\bar{\theta})}+\frac{1}{1-\gamma}-\frac{1-\beta}{1-G_v(\bar{\theta})}\right]$$
$$+p_b\left[\rho+\frac{p^2E(S_b(S_b-1))}{2(1-\rho)}+\frac{E(Q_b(Q_b-1))}{2E(Q_b)}\right],$$

其中

$$\beta=B'(1)=p\bar{\theta}^2G_v'(\bar{\theta}).$$

6.5.4 等待时间和忙期

以 W 表示顾客在系统中的等待时间, $W(z)$ 是对应的 PGF. 该顾客可能在正规忙期或者工作休假期内完成服务, 区别两种情况, 引入条件等待时间

$$W_b = \{W|S=1\}, \quad W_v = \{W|S=0\},$$

$W_b(z)$ 和 $W_v(z)$ 表示对应的母函数.

对于在正规忙期内完成服务的顾客, 离去时刻系统中顾客正是其等待时间 W_b 与服务时间 S_b 内到达的顾客, 因此

$$E(z^L|S=1) = W_b(1-p(1-z))G_b(1-p(1-z)).$$

使用 $E(z^L|S=1)$ 的表达式, 并取 $s=1-p(1-z)$, 给出

$$W_b(s) = \frac{(1-\rho)(1-s)}{1-s-p(1-G_b(s))}\frac{p[1-Q_b(p^{-1}(s-\bar{p}))]}{E(Q_b)(1-s)}.$$

类似地, 在 $S=0$ 条件下, 有关系式

$$E(z^L|S=0) = W_v(1-p(1-z))G_v(1-p(1-z)).$$

使用 (6.5.19), 并设 $s=1-p(1-z)$, 得到

$$W_v(s) = \frac{1-G_v(\bar{\theta})}{(1-\gamma)G_v(\bar{\theta})}\frac{1-s-p(1-\gamma)}{1-s-p[1-G_v(\bar{\theta}s)]}\frac{G_v(\bar{\theta}s)}{G_v(s)}.$$

综上, 等待时间 W 的 PGF 是

$$\begin{aligned}W(s) &= p_v W_v(s) + p_b W_b(s)\\ &= p_v\frac{1-G_v(\bar{\theta})}{(1-\gamma)G_v(\bar{\theta})}\frac{1-s-p(1-\gamma)}{1-s-p[1-G_v(\bar{\theta}s)]}\frac{G_v(\bar{\theta}s)}{G_v(s)}\\ &\quad +p_b\frac{(1-\rho)(1-s)}{1-s-p(1-G_b(s))}\frac{p[1-Q_b(p^{-1}(1-\bar{p}))]}{E(Q_b)(1-s)}.\end{aligned}$$

平均等待时间为

$$\begin{aligned}E(W) &= p_v\left[\frac{1}{p}\left(\frac{\beta}{G_v(\bar{\theta})}+\frac{1}{1-\gamma}-\frac{1-\beta}{1-G_v(\bar{\theta})}\right)-\frac{1}{\eta}\right]\\ &\quad +p_b\left[\frac{pE(S_b(S_b-1))}{2(1-\rho)}+\frac{E(Q_b(Q_b-1))}{2pE(Q_b)}\right].\end{aligned}$$

类似于条件队长的随机分解, 有

定理 6.5.6 条件等待时间 W_b 可分解成两个独立随机变量之和 $W_b = W_0 + W_d$, 其中 W_0 是经典无休假系统中顾客的等待时间; 附加延迟 W_d 有 PGF:

$$W_d(s) = \frac{p[1 - Q_b(p^{-1}(s - \bar{p}))]}{E(Q_b)(1 - s)}.$$

以 D 表示经典无休假 Geom/G/1 排队忙期的长度, 4.1.2 节给出

$$E(D) = \frac{1}{\mu(1 - \rho)}.$$

对工作休假 Geom/G/1 系统, 若 $Q_b = k$, 休假系统正规忙期 D_v 是 D 的 k 重独立和, 即

$$\{D_v | Q_b = k\} = D^{(k)}, \quad k \geqslant 1.$$

由此得到 D_v 的 PGF 和平均长度

$$\begin{aligned} D_v(z) &= Q_b[D(z)], \\ E(D_v) = E(D)E(Q_b) &= \frac{1 - G_v(\bar{\theta}) - (1 - \gamma)\left[G_v(\bar{\theta}) - \dfrac{p\bar{\theta}}{\theta}(1 - G_v(\bar{\theta}))\right]}{\mu(1 - \rho)(1 - \gamma)(1 - G_v(\bar{\theta}))}. \end{aligned}$$

以 V_g 表示全假期长度, 它可能由多个工作休假 V 连接而成. V_g 是从前一个正规忙期结束, 直到下一个正规忙期开始的时间长度. $C = D_v + V_g$ 称为一个忙循环. 由交错更新过程理论, 有

$$P\{J = 1\} = \frac{E(D_v)}{E(D_v) + E(V_g)},$$

$$P\{J = 0\} = \frac{E(V_g)}{E(D_v) + E(V_g)}.$$

使用 $E(D_v)$ 的结果, 联系到 6.5.2 节中 $P\{J = 1\}$ 和 $P\{J = 0\}$ 的表达式, 可得到 V_g 和忙循环的均值

$$\begin{aligned} E(V_g) = &\frac{(1 - \rho)(1 - \gamma)}{1 - G_v(\bar{\theta}) - (1 - \gamma)\left[1 - \rho + \rho G_v(\bar{\theta}) - \dfrac{p\bar{\theta}}{\theta}(1 - G_v(\bar{\theta}))\right]} \\ &\times \frac{1 - G_v(\bar{\theta}) - (1 - \gamma)\left[G_v(\bar{\theta}) - \dfrac{p\bar{\theta}}{\theta}(1 - G_v(\bar{\theta}))\right]}{\mu(1 - \rho)(1 - \gamma)(1 - G_v(\bar{\theta}))}. \end{aligned}$$

$$
\begin{aligned}
E(C) &= E(D_v) + E(V_g) \\
&= \frac{1 - G_v(\bar{\theta}) - (1-\gamma)\left[\rho G_v(\bar{\theta}) - \dfrac{p\bar{\theta}}{\theta}(1 - G_v(\bar{\theta}))\right]}{1 - G_v(\bar{\theta}) - (1-\gamma)\left[1 - \rho + \rho G_v(\bar{\theta}) - \dfrac{p\bar{\theta}}{\theta}(1 - G_v(\bar{\theta}))\right]} \\
&\quad \times \frac{1 - G_v(\bar{\theta}) - (1-\gamma)\left[G_v(\bar{\theta}) - \dfrac{p\bar{\theta}}{\theta}(1 - G_v(\bar{\theta}))\right]}{\mu(1-\rho)(1-\gamma)(1 - G_v(\bar{\theta}))}.
\end{aligned}
$$

6.5.5 数值结果

本节用图表展示一些稳态概率的数值结果, 主要考虑了三类具有几何服务时间 S_b 的特殊模型, 其中约定参数为 $\mu = 0.6$.

首先, 我们考虑这样一个模型: 到达率为 $\lambda = 0.3$, 休假率 $\theta = 0.3$, 且休假期间的服务时间 S_v 具有固定长度 $1/\eta(0 < \eta < 0.6)$, 此模型记为 Geo/(Geo, D)/1. 为计算方便, 我们取 (0, 0.6) 范围内的一些特殊值, 得到了一系列稳态指标, 见表 6.5.1.

表 6.5.1　Geo/(Geo, D)/1/WV 系统的稳态指标

η	γ	$E(L)$	p_v	$E(W)$	$E(W)-E(W^G)$	$E(D_v)$
0.10	$0.8007\times e^{-3}$	1.3616	0.0086	2.8863	−0.1137	5.5724
0.15	$0.8822\times e^{-2}$	1.2917	0.0308	2.6905	−0.3095	5.3556
0.20	0.0301	1.2121	0.0620	2.4770	−0.5230	5.0968
0.25	0.0643	1.1321	0.0981	2.2703	−0.7297	4.8424
0.30	0.1078	1.0554	0.1367	2.0792	−0.9208	4.6098
0.35	0.1569	0.9840	0.1761	1.9068	−1.0932	4.4044
0.40	0.2081	0.9185	0.2151	1.7533	−1.2467	4.2265
0.45	0.2589	0.8590	0.2528	1.6178	−1.3822	4.0742
0.50	0.3076	0.8052	0.2887	1.4987	−1.5013	3.9447
0.55	0.3532	0.7569	0.3226	1.3940	−1.6060	3.8346

为了说明工作休假策略的有效性, 我们给出了经典 (非工作) 休假的 Geo/Geo/1 排队的等待时间 $E(W^G) = 3.0000$. 显然, 正如所预想的, 随着休假服务速率 η 的增长, 即休假期间服务越来越快, $E(L)$, $E(W)$ 和 $E(D_v)$ 均较少. 同时, 任意顾客休假期间服务完成的概率越来越大. 具体地, 注意到 $E(W)$ 和 $E(W^G)$ 之差的变化趋势, 显然, 工作休假排队的等待时间相应减少, 且随着 η 的增大, 减少的程度越来越大. 因此, 工作休假策略有其特定的意义, 可以减少系统的等待顾客数和等待时间. 进一步, 我们考虑休假服务时间 S_v 服从参数为 $\eta(0 < \eta < 0.6)$ 几何分布的情形, 记此模型为 Geo/(Geo^1, Geo^2)/1. 图 6.5.1 和图 6.5.2 给出了期望队长 $E(L)$ 和等待时间 $E(W)$, 随着 $\eta(0 < \eta < 0.6)$ 变化的趋势. 显然, 随着 η 的递增, $E(L)$ 和 $E(W)$ 相应减少, 最终达到一个固定值, 即无休假系统的稳态队长和等待时间. 同时, 观察到如

果固定 η 值, 随着休假率 θ 的增加, 期望队长减少. 类似地, 当系统具有较大的流通强度 (如 $\rho=0.83$), 与较小强度的系统 (如 $\rho=0.33$ 或 $\rho=0.58$) 相比, 期望等待时间较大.

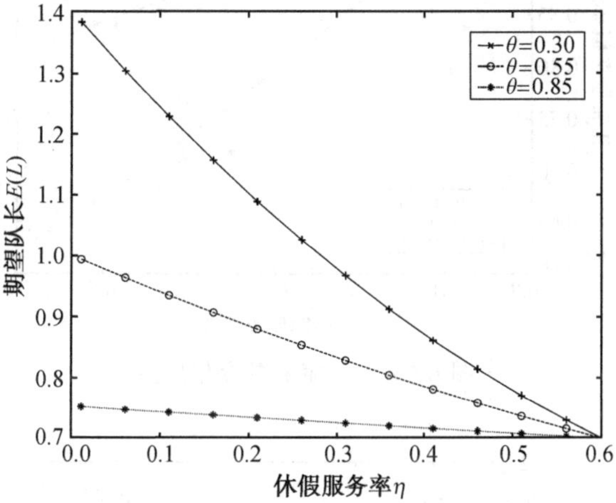

图 6.5.1 队长 $E(L)$ 随 η 的变化趋势

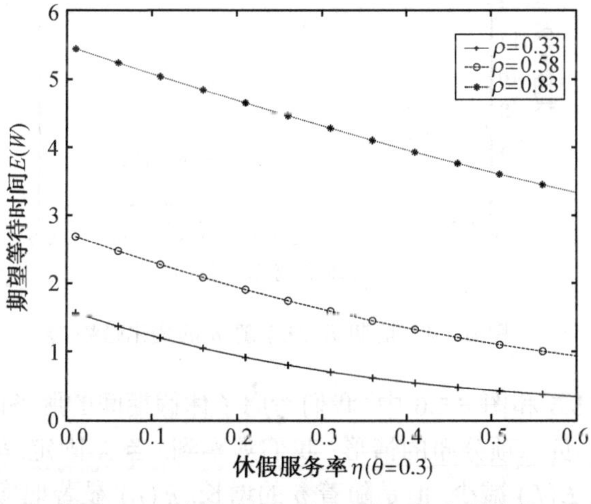

图 6.5.2 等待时间 $E(W)$ 随 η 的变化趋势

同时, 在图 6.5.3 和图 6.5.4 中, 我们绘出 p_b 和期望忙期 $E(D_v)$ 的变化趋势. 当 $\eta=0$, 即休假期间不工作, 则 $p_b=1$, 即每一个顾客将被正常服务完成. 随着 η 的递增, 概率 p_b 减小, 休假期间到达的部分顾客将在休假期间完成服务. 当 η 固定, θ 增大, 即休假时间缩短, 任意顾客被正常服务完成的概率将增大. 进一步观察到, 保持 η 和 θ 不变, 在有较大的流通强度的系统中, p_b 也较大.

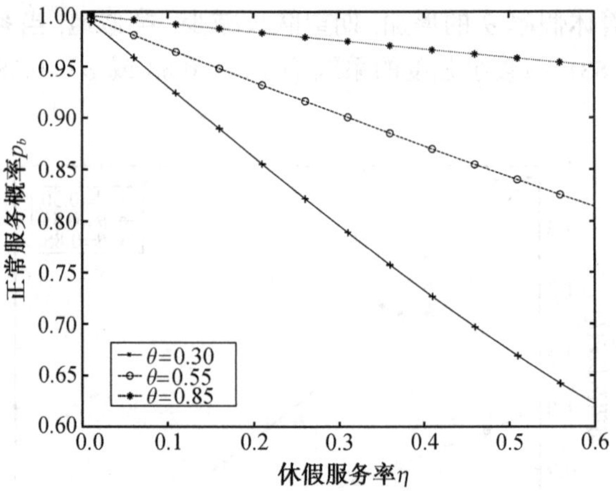

图 6.5.3 p_b 随 η 的变化趋势

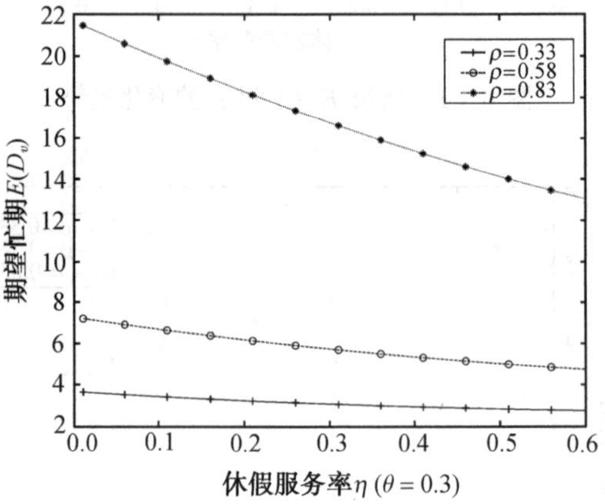

图 6.5.4 忙期 $E(D_v)$ 随 η 的变化趋势

最后, 在图 6.5.5 和图 6.5.6 中, 我们考虑了休假期间的服务时间服从参数为 2 和 $\eta(0 < \eta < 0.6)$ 负二项分布的情形. 我们观察到, 当 λ 固定, $\theta = 0.3$ 时, 随着 η 的增加, 期望队长 $E(L)$ 减少, 但是随着 p 的增长, $E(L)$ 显著地增大. 在图 6.5.6 中, 我们描述了到达率 p 和休假率 θ 对等待时间 $E(W)$ 和无休假经典模型中等待时间 $E(W_0)$ 之差的影响. 随着 η 的递增, 两者之差相应减少, 另一方面, 随着 θ 的减少, 即休假时间增加, 两者之差增大.

本节选取三种特殊情形, 给出了一些数值结果, 从而说明前几节得到的系统稳态结果是符合某些实际情形的. 但是, 我们的结果并不局限于这三类模型, 可以假定任意的服务时间, 进行相应的数值分析.

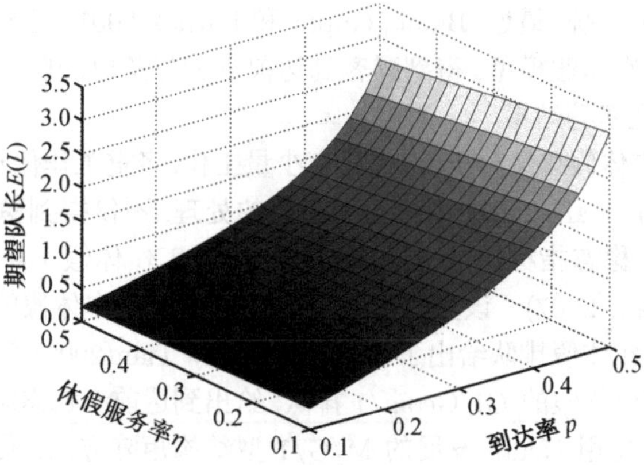

图 6.5.5 在负二项休假服务模型中, 期望队长 $E(L)$ 的变化趋势

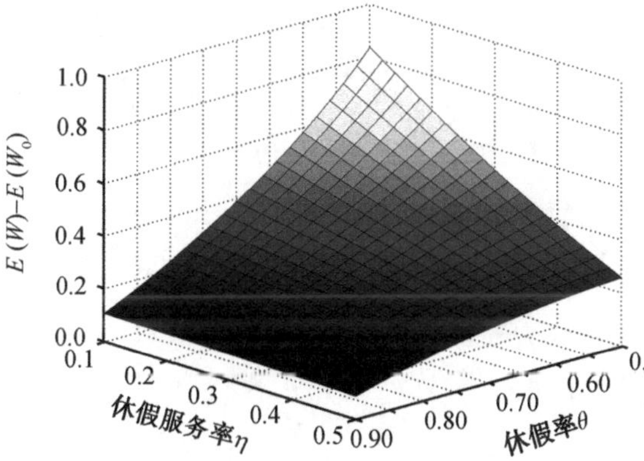

图 6.5.6 在负二项休假服务模型中, $E(W) - E(W_0)$ 的变化趋势

§6.6 文献评述

工作休假排队是最近开始研究的, Scrvi 与 Finn(2003) 受光纤通信中网关路由器建模分析的推动, 引入了工作休假策略. 他们使用古典生灭过程方法, 研究了多重工作休假的 M/M/1 系统, 给出了稳态队长和等待时间分布的 PGF 和 LST. 最近, Liu, Xu 和 Tian(2007) 使用拟生灭过程方法重新分析了工作休假 M/M/1 排队, 对稳态指标分布给出了更简单和直观的表示, 并且揭示了工作休假排队系统的随机分解规律. Li 和 Tian(2007) 研究了带有休假中止的 M/M/1 工作休假排队系统.

除工作休假 M/M/1 排队外, 对连续时间排队, Wu 和 Takagi(2006) 将工作休假模型分析扩展到 M/G/1 排队. Baba(2005) 使用矩阵几何解方法, 研究了多重工作休假的 GI/M/1 系统. 最近, Banik, Gupta 和 Pathak(2007) 讨论了有限等待场所的 GI/M/1/N 工作休假模型, 得到顾客到达前夕和任意时的队长分布、稳态等待时间分布和消失概率等结果.

离散时间工作休假排队分析, 迄今只有少量工作. 多重工作休假 Geom/Geom/1 系统在文献 (Tian et al., 2007) 中给出了完整的处理, 不仅得到稳态队长和逗留时间分布, 还建立了稳态指标的随机分解结构. 单重工作休假 Geom/Geom/1 的研究见文献 (Li et al., 2007). 该文献引入了一类可中止工作休假的策略, 并对可中止 GI/Geom/1 工作休假排队给出了详尽分析. Li 和 Tian(2007) 使用矩阵几何解方法, 处理了多重工作休假的 GI/Geom/1 排队, 给出到达前夕稳态队长、等待时间及随机分解等结果. 使用 Neuts 发展的 M/G/1 型结构矩阵方法, 最近, Li, Zhang 和 Tian(2008) 给出 Geom/G/1 工作休假排队的详尽分析, 即 §6.5.

第 7 章　D-BMAP/G/1 型排队系统

在宽带综合业务数字网 (B-ISDN) 中, 各种类型的消息经数字化处理分割成定长的 ATM 信元 (cell) 进行传输. 业务种类繁多和业务量的急剧增长, 导致需求 (消息) 的到达过程表现出明显的相关性和突发性. 传统的成批 Bernoulli 到达和更新到达已不再适合 B-ISDN 中需求过程的描述. 近些年发展起来的离散成批 Markov 到达过程克服了传统到达模式的局限性, 同时保持了容易进行解析处理的优点, 是当代通信网络建模和分析的理想工具. 本章引入离散成批 Markov 到达过程的基本概念和方法, 讨论若干相关的排队模型.

§7.1　离散成批 Markov 到达过程

7.1.1　过程描述和基本性质

离散成批 Markov 到达过程 (D-BMAP) 是 Neuts(1979) 引入的万有 Markov 点过程 (versatile Markovian point process) 的离散时间翻版. 过程的演化可描述如下: 顾客的成批到达伴随着随机环境的状态转移一起发生, 这些到达和环境状态转移只发生在离散时刻 k 处, $k=0,1,\cdots$. $A(k)$ 表示时刻 k 到达的顾客数, $A(k)=l$ 意味着时刻 k 处同时到达了 l 个顾客, $l=0,1,\cdots$. $J(k)$ 表示时刻 k 随机环境所处的状态, $J(k)=i$ 称时刻 k 过程处在环境位相 i 上, $i=1,\cdots,m$. $\{A(k),k\geqslant 0\}$ 称为到达批量过程, $\{J(k),k\geqslant 0\}$ 称为环境位相过程. 考虑离散时间的二维过程 $\{(A(k),J(k)),k\geqslant 0\}$, 假定过程具有下列性质

$$
\begin{aligned}
&P\{A(k+1)=l,J(k+1)=j|\,(A(u),J(u))=(l_u,i_u)\,,\\
&\quad 0\leqslant u\leqslant k;A(k)=r,J(k)=i\}\\
=&P\{A(k+1)=l,J(k+1)=j|J(k)=i\}\\
=&d_{ij}^{(l)},\quad l\geqslant 0,1\leqslant i,j\leqslant m.
\end{aligned}
$$

因此, 如果时刻 k 过程处在环境位相 i 上, $1\leqslant i\leqslant m$, 下一个时刻 $k+1$ 处转移到环境位相 j, 但无顾客到达的概率是 $d_{ij}^{(0)}$; 转移到环境位相 j 且伴随有 l 个顾客同时到达的概率是 $d_{ij}^{(l)},l\geqslant 1$.

对 D-BMAP 的描述, 将这些转移概率写成矩阵序列是方便的. 定义 m 阶非负方阵 $\boldsymbol{D}_l=(d_{ij}^{(l)}),l=0,1,\cdots$. $\{\boldsymbol{D}_l,l\geqslant 0\}$ 称为 D-BMAP 的表征矩阵列. $\boldsymbol{D}_l$ 是伴随

到达批量 l 的环境位相转移概率矩阵, 满足

$$\sum_{l=0}^{\infty}\sum_{j=1}^{m} d_{ij}^{(l)} = 1, \quad 1 \leqslant i \leqslant m$$

或等价地

$$\sum_{l=0}^{\infty} \boldsymbol{D}_l \boldsymbol{e} = \boldsymbol{e}.$$

矩阵 $\boldsymbol{D} = \sum_{l=0}^{\infty} \boldsymbol{D}_l$ 是 m 阶随机矩阵. 如果不考虑到达的顾客数, 只关心环境位相的变化, $\boldsymbol{D}$ 正是环境 $\mathrm{MC}\{J(k), k \geqslant 0\}$ 的转移概率矩阵. 设环境 MC 有平稳分布

$$\widetilde{\boldsymbol{\pi}} = (\widetilde{\pi}_1, \cdots, \widetilde{\pi}_m),$$

满足 $\widetilde{\boldsymbol{\pi}}\boldsymbol{D} = \widetilde{\boldsymbol{\pi}}, \widetilde{\boldsymbol{\pi}}\boldsymbol{e} = 1$. 由 MC 平稳分布的性质, 如果选取初始分布

$$P\{J(0) = i\} = \widetilde{\pi}_i, \quad 1 \leqslant i \leqslant m,$$

就得到一个平稳的环境位相过程. 对任意离散时刻 k, 都有

$$P\{J(k) = i\} = \widetilde{\pi}_i, \quad 1 \leqslant i \leqslant m.$$

在使用 D-BMAP 刻画 B-ISDN 的需求过程时, 环境位相可解释为到达消息的类别, 如语音、数据、视频等; 而批量是该消息数字化后分割成的信元个数.

从数学上讲, 给定基础转移概率阵列 $\{\boldsymbol{D}_l, l \geqslant 0\}$ 就唯一确定了一个 D-BMAP. 现在考查这个过程的到达间隔, 以 τ_n 表示第 n 次发生顾客到达 (批量大于 0) 的时刻, 有

$$\begin{aligned} &P\{J(\tau_{n+1}) = j, \tau_{n+1} - \tau_n = l | J(\tau_n) = i\} \\ &= \left(\boldsymbol{D}_0^{l-1}(\boldsymbol{D} - \boldsymbol{D}_0)\right)_{ij}, \quad l \geqslant 1, 1 \leqslant i, j \leqslant m. \end{aligned} \tag{7.1.1}$$

嵌入在到达时刻的环境位相过程 $\{J(\tau_n), n \geqslant 0\}$ 是一个 MC, 其中约定 $\tau_0 = 0$, 有转移矩阵

$$\boldsymbol{D}_\tau = \sum_{l=1}^{\infty} \boldsymbol{D}_0^{l-1}(\boldsymbol{D} - \boldsymbol{D}_0) = (\boldsymbol{I} - \boldsymbol{D}_0)^{-1}(\boldsymbol{D} - \boldsymbol{D}_0).$$

以 $\boldsymbol{\pi}^* = (\pi_1^*, \cdots, \pi_m^*)$ 表示这个嵌入 MC 的平稳分布, 可以证明

$$\boldsymbol{\pi}^* = \frac{\widetilde{\boldsymbol{\pi}}(\boldsymbol{D} - \boldsymbol{D}_0)}{\widetilde{\boldsymbol{\pi}}(\boldsymbol{I} - \boldsymbol{D}_0)\boldsymbol{e}}.$$

事实上, 注意到 $\widetilde{\boldsymbol{\pi}}\boldsymbol{D} = \widetilde{\boldsymbol{\pi}}$, 有

$$\begin{aligned}\boldsymbol{\pi}^*\boldsymbol{D}_\tau &= \frac{\widetilde{\boldsymbol{\pi}}(\boldsymbol{D}-\boldsymbol{D}_0)(\boldsymbol{I}-\boldsymbol{D}_0)^{-1}(\boldsymbol{D}-\boldsymbol{D}_0)}{\widetilde{\boldsymbol{\pi}}(\boldsymbol{I}-\boldsymbol{D}_0)\boldsymbol{e}}\\ &= \frac{(\widetilde{\boldsymbol{\pi}}-\widetilde{\boldsymbol{\pi}}\boldsymbol{D}_0)(\boldsymbol{I}-\boldsymbol{D}_0)^{-1}(\boldsymbol{D}-\boldsymbol{D}_0)}{\widetilde{\boldsymbol{\pi}}(\boldsymbol{I}-\boldsymbol{D}_0)\boldsymbol{e}}\\ &= \frac{\widetilde{\boldsymbol{\pi}}(\boldsymbol{I}-\boldsymbol{D}_0)(\boldsymbol{I}-\boldsymbol{D}_0)^{-1}(\boldsymbol{D}-\boldsymbol{D}_0)}{\widetilde{\boldsymbol{\pi}}(\boldsymbol{I}-\boldsymbol{D}_0)\boldsymbol{e}}\\ &= \frac{\widetilde{\boldsymbol{\pi}}(\boldsymbol{D}-\boldsymbol{D}_0)}{\widetilde{\boldsymbol{\pi}}(\boldsymbol{I}-\boldsymbol{D}_0)\boldsymbol{e}} = \boldsymbol{\pi}^*.\end{aligned}$$

$\boldsymbol{\pi}^*\boldsymbol{e}=1$ 是显然的, 因此, 在稳态下, 任何到达时刻 τ_n 处的环境位相都有概率分布 $\boldsymbol{\pi}^*$. 现在, 由 (7.1.1), 有

$$P\{\tau_{n+1}-\tau_n=h\}=\boldsymbol{\pi}^*\boldsymbol{D}_0^{h-1}(\boldsymbol{D}-\boldsymbol{D}_0)\boldsymbol{e}, \quad h\geqslant 1, \tag{7.1.2}$$

即在稳态下到达间隔服从一个矩阵几何分布. 虽然所有的到达间隔都是同分布的, 但是相继的到达间隔并不独立. (7.1.1) 表明, 下一个到达间隔的分布, 依赖于前一个到达间隔结束时所处的位相. 正是 D-BMAP 到达间隔的这种相依性结构, 使它可适合于当代通信网络中相依性需求过程的描述. 由 (7.1.2) 到达间隔有 PGF:

$$\tau(z)=z\boldsymbol{\pi}^*(\boldsymbol{I}-z\boldsymbol{D}_0)^{-1}(\boldsymbol{D}-\boldsymbol{D}_0)\boldsymbol{e}.$$

平均到达间隔是

$$\begin{aligned}E(\tau)&=\tau'(1)\\ &=\boldsymbol{\pi}^*\{(\boldsymbol{I}-\boldsymbol{D}_0)^{-1}+(\boldsymbol{I}-\boldsymbol{D}_0)^{-2}\boldsymbol{D}_0\}(\boldsymbol{e}-\boldsymbol{D}_0\boldsymbol{e})\\ &\quad-\boldsymbol{\pi}^*\{\boldsymbol{I}-\boldsymbol{D}_0+\boldsymbol{D}_0\}(\boldsymbol{I}-\boldsymbol{D}_0)^{-2}(\boldsymbol{I}-\boldsymbol{D}_0)\boldsymbol{e}\\ &=\boldsymbol{\pi}^*(\boldsymbol{I}-\boldsymbol{D}_0)^{-1}\boldsymbol{e}.\end{aligned}\tag{7.1.3}$$

对 D-BMAP, 平均到达率即一个时隙上到达的平均顾客数是

$$\lambda=\widetilde{\boldsymbol{\pi}}\left(\sum_{k=1}^{\infty}k\boldsymbol{D}_k\right)\boldsymbol{c}.$$

在 Bernoulli 到达和更新过程中, 平均到达率等于平均到达间隔的倒数: $\lambda=(E(\tau))^{-1}$. 对相依到达间隔的 D-BMAP, 这一关系式已不再成立.

现在讨论 D-BMAP 的计数过程, $N(k)$ 表示 $(0,k]$ 内到达的顾客数, $\{(N(k),J(k)),k\geqslant 0\}$ 称为 D-BMAP 的计数过程. 约定初始条件是 $P\{N(0)=h,J(0)=i\}=\delta_{0h}\widetilde{\pi}_i,h\geqslant 0,1\leqslant i\leqslant m,\delta_{0h}$ 是 Kronecker 符号. $\{(N(k),J(k)),k\geqslant 0\}$ 是一个二维 MC, 有状态空间

$$\Omega=\{(n,j),n\geqslant 0,1\leqslant j\leqslant m\}.$$

计数过程的转移概率矩阵可写成下列分块形式

$$\widetilde{\boldsymbol{Q}}=\begin{bmatrix} \boldsymbol{D}_0 & \boldsymbol{D}_1 & \boldsymbol{D}_2 & \boldsymbol{D}_3 & \cdots \\ & \boldsymbol{D}_0 & \boldsymbol{D}_1 & \boldsymbol{D}_2 & \cdots \\ & & \boldsymbol{D}_0 & \boldsymbol{D}_1 & \cdots \\ & & & \ddots & \ddots \end{bmatrix}.$$

状态 (v,i) 到 (w,j) 的转移意味着在一个时隙上到达 $w-v$ 个顾客, 并且环境位相由 i 变化到 $j, w\geqslant v, 1\leqslant i,j\leqslant m$. 因此

$$\begin{aligned}&P\{N(k+1)=w,J(k+1)=j|N(k)=v,J(k)=i\}\\ =&\begin{cases}(\boldsymbol{D}_{w-v})_{ij}, & w\geqslant v,\\ 0, & \text{否则}.\end{cases}\end{aligned}$$

现在设

$$\begin{aligned}p_{i,j}(n,k)&=P\left\{N(k)=n,J(k)=j|N(0)=0,J(0)=i\right\},\\ \boldsymbol{P}(n,k)&=(p_{ij}(n,k)),\quad n,k\geqslant 0.\end{aligned}$$

使用 Markov 性质, 容易证明

$$\begin{cases}\boldsymbol{P}(0,k+1)=\boldsymbol{P}(0,k)\boldsymbol{D}_0,\\ \boldsymbol{P}(n,k+1)=\displaystyle\sum_{l=0}^{n}\boldsymbol{P}(l,k)\boldsymbol{D}_{n-l}, \quad n\geqslant 1.\end{cases}\tag{7.1.4}$$

引入矩阵母函数

$$\boldsymbol{P}^*(z,k)=\sum_{n=0}^{\infty}z^n\boldsymbol{P}(n,k),\quad k\geqslant 1.$$

对 (7.1.4) 取 PGF, 得到递推关系

$$\begin{aligned}\boldsymbol{P}^*(z,k+1)&=\sum_{n=0}^{\infty}z^n\sum_{l=0}^{n}\boldsymbol{P}(l,k)\boldsymbol{D}_{n-l}\\ &=\sum_{l=0}^{\infty}z^n\boldsymbol{P}(l,k)\sum_{n=l}^{\infty}z^{n-l}\boldsymbol{D}_{n-l}\\ &=\boldsymbol{P}^*(z,k)\boldsymbol{D}(z),\quad k\geqslant 0,\end{aligned}\tag{7.1.5}$$

其中 $\boldsymbol{D}(z)$ 是基础转移概率阵列的 GPF:

$$\boldsymbol{D}(z)=\sum_{l=0}^{\infty}z^l\boldsymbol{D}_l.$$

注意到 $\boldsymbol{P}^*(z,0)=\boldsymbol{I}$, 由 (7.1.5) 可递推地得到

$$\boldsymbol{P}^*(z,k)=\boldsymbol{D}^k(z),\quad k\geqslant 0. \tag{7.1.6}$$

因此, $(0,k]$ 上到达顾客数有 PGF 和均值

$$N_k(z)=\widetilde{\boldsymbol{\pi}}\boldsymbol{D}^k(z)\boldsymbol{e},$$

$$E(N_k)=\widetilde{\boldsymbol{\pi}}k\boldsymbol{D}^{(k-1)}\boldsymbol{D}'(1)\boldsymbol{e}=k\widetilde{\boldsymbol{\pi}}\left(\sum_{l=1}^{\infty}l\boldsymbol{D}_l\right)\boldsymbol{e}=k\lambda.$$

7.1.2 叠加和相关性结构

D-BMAP 的一个重要性质是叠加的封闭性. 设有两个独立的 D-BMAP 分别由随机子阵序列 $\{\boldsymbol{D}_l^{(1)},l\geqslant 0\}$ 和 $\{\boldsymbol{D}_l^{(2)},l\geqslant 0\}$ 表征. $\boldsymbol{D}_l^{(1)}$ 和 $\boldsymbol{D}_l^{(2)}$ 分别是 m_1 和 m_2 阶方阵, $l\geqslant 0$. 这两个到达过程的独立和是一个新的到达过程, 称为两个 D-BMAP 的叠加. 设

$$\boldsymbol{D}^{(1)}=\sum_{l=0}^{\infty}\boldsymbol{D}_l^{(1)},\quad \boldsymbol{D}^{(2)}=\sum_{l=0}^{\infty}\boldsymbol{D}_l^{(2)},$$

$\widetilde{\boldsymbol{\pi}}^{(1)}$ 和 $\widetilde{\boldsymbol{\pi}}^{(2)}$ 是随机阵 $\boldsymbol{D}^{(1)}$ 和 $\boldsymbol{D}^{(2)}$ 的平稳概率向量.

定理 7.1.1 上述两个 D-BMAP 的叠加是一个 m_1m_2 阶 D-BMAP, 有表征矩阵列 $\{\boldsymbol{D}_n,n\geqslant 0\}$, 这里

$$\boldsymbol{D}_n=\sum_{l=0}^{n}\boldsymbol{D}_l^{(1)}\otimes\boldsymbol{D}_{n-l}^{(2)}, \tag{7.1.7}$$

其中 $\otimes$ 表示矩阵的 Kronecker 乘积.

证明 首先确定叠加过程的环境位相转移阵 $\boldsymbol{D}$ 及其平稳概率向量. 使用 Kronecker 乘积的运算性质, 有

$$\begin{aligned}\boldsymbol{D}&=\sum_{n=0}^{\infty}\boldsymbol{D}_n\\&=\sum_{n=0}^{\infty}\sum_{l=0}^{n}\boldsymbol{D}_l^{(1)}\otimes\boldsymbol{D}_{n-l}^{(2)}\\&=\left(\sum_{l=0}^{\infty}\boldsymbol{D}_l^{(1)}\right)\otimes\left(\sum_{l=l}^{\infty}\boldsymbol{D}_{n-l}^{(2)}\right)\\&=\boldsymbol{D}^{(1)}\otimes\boldsymbol{D}^{(2)}.\end{aligned}$$

容易验证 $\widetilde{\boldsymbol{\pi}}^{(1)}\otimes\widetilde{\boldsymbol{\pi}}^{(2)}$ 是 $\boldsymbol{D}$ 的平稳概率向量. 以下运算反复使用关系式

$$(\boldsymbol{A}\otimes\boldsymbol{C})(\boldsymbol{B}\otimes\boldsymbol{D})=(\boldsymbol{AB})\otimes(\boldsymbol{CD}). \tag{7.1.8}$$

(7.1.8) 成立的条件是式中的普通矩阵乘法有意义. 现在, 有

$$\begin{aligned}&\left(\widetilde{\boldsymbol{\pi}}^{(1)} \otimes \widetilde{\boldsymbol{\pi}}^{(2)}\right)\left(\boldsymbol{D}^{(1)} \otimes \boldsymbol{D}^{(2)}\right)\\=&\left(\widetilde{\boldsymbol{\pi}}^{(1)} \boldsymbol{D}^{(1)}\right) \otimes\left(\widetilde{\boldsymbol{\pi}}^{(2)} \boldsymbol{D}^{(2)}\right)\\=&\widetilde{\boldsymbol{\pi}}^{(1)} \otimes \widetilde{\boldsymbol{\pi}}^{(2)}.\end{aligned}$$

类似地, 可验证

$$\left(\widetilde{\boldsymbol{\pi}}^{(1)} \otimes \widetilde{\boldsymbol{\pi}}^{(2)}\right)\left(\boldsymbol{e}_{\mathbf{1}} \otimes \boldsymbol{e}_{\mathbf{2}}\right)=1,$$

其中 $\boldsymbol{e}_{\mathbf{1}}$ 和 $\boldsymbol{e}_{\mathbf{2}}$ 分别是 m_1 和 m_2 维全 1 列向量. 因此, $\widetilde{\boldsymbol{\pi}}^{(1)} \otimes \widetilde{\boldsymbol{\pi}}^{(2)}$ 是 $\boldsymbol{D}=\boldsymbol{D}^{(1)} \otimes \boldsymbol{D}^{(2)}$ 的平稳概率向量.

以下考虑叠加过程在 $(0, k]$ 上到达顾客数的 PGF. 由独立性和的性质, 它是两个 D-BMAP 在 $(0, k]$ 内到达顾客数 PGF 的乘积. 使用矩阵乘法的结合律, 注意到对列向量和行向量有 $\boldsymbol{e}_{\mathbf{1}} \widetilde{\boldsymbol{\pi}}^{(2)}=\boldsymbol{e}_{\mathbf{1}} \otimes \widetilde{\boldsymbol{\pi}}^{(2)}$, 应用 (7.1.8) 和 (7.1.6), 有

$$\begin{aligned}N_k(z)=&N_k^{(1)}(z) N_k^{(2)}(z)\\=&\widetilde{\boldsymbol{\pi}}^{(1)}\left[\boldsymbol{D}^{(1)}(z)\right]^k\left(\boldsymbol{e}_{\mathbf{1}} \otimes \widetilde{\boldsymbol{\pi}}^{(2)}\right)\left[\boldsymbol{D}^{(2)}(z)\right]^k \boldsymbol{e}_{\mathbf{2}}\\=&\left(\widetilde{\boldsymbol{\pi}}^{(1)} \otimes \widetilde{\boldsymbol{\pi}}^{(2)}\right)\left\{\left[\boldsymbol{D}^{(1)}(z)\right]^k \otimes\left[\boldsymbol{D}^{(2)}(z)\right]^k\right\}\left(\boldsymbol{e}_{\mathbf{1}} \otimes \boldsymbol{e}_{\mathbf{2}}\right).\end{aligned} \tag{7.1.9}$$

由 (7.1.8) 易得

$$\boldsymbol{A}^k \otimes \boldsymbol{B}^k=(\boldsymbol{A} \otimes \boldsymbol{B})^k .$$

(7.1.9) 可改写成

$$N_k(z)=\left(\widetilde{\boldsymbol{\pi}}^{(1)} \otimes \widetilde{\boldsymbol{\pi}}^{(2)}\right)\left[\boldsymbol{D}^{(1)}(z) \otimes \boldsymbol{D}^{(2)}(z)\right]^k\left(\boldsymbol{e}_{\mathbf{1}} \otimes \boldsymbol{e}_{\mathbf{2}}\right).$$

使用级数乘法及 Kronecker 乘积的运算性质, 有

$$\begin{aligned}&\boldsymbol{D}^{(1)}(z) \otimes \boldsymbol{D}^{(2)}(z)\\=&\left(\sum_{l=0}^{\infty} z^l \boldsymbol{D}_l^{(1)}\right) \otimes\left(\sum_{r=0}^{\infty} z^r \boldsymbol{D}_r^{(2)}\right)\\=&\sum_{l=0}^{\infty} \sum_{r=0}^{\infty} z^{l+r}\left(\boldsymbol{D}_l^{(1)} \otimes \boldsymbol{D}_r^{(2)}\right)\\=&\sum_{n=0}^{\infty} z^n\left(\sum_{l=0}^n \boldsymbol{D}_l^{(1)} \otimes \boldsymbol{D}_{n-l}^{(2)}\right)\\=&\sum_{n=0}^{\infty} z^n \boldsymbol{D}_n=\boldsymbol{D}(z).\end{aligned}$$

这一运算结果代入 (7.1.9), 给出

$$N_k(z) = \left(\widetilde{\boldsymbol{\pi}}^{(1)} \otimes \widetilde{\boldsymbol{\pi}}^{(2)}\right) [\boldsymbol{D}(z)]^k (\boldsymbol{e_1} \otimes \boldsymbol{e_2}).$$

与 (7.1.6) 比较, 我们证明了叠加过程是 D-BMAP, 并且有表征矩阵 $\{\boldsymbol{D}_n, n \geqslant 0\}$. □

对矩阵列 $\{\boldsymbol{D}_l^{(1)}, l \geqslant 0\}$ 和 $\{\boldsymbol{D}_l^{(2)}, l \geqslant 0\}$, 定义 $\{\boldsymbol{D}_n, n \geqslant 0\}$ 如 (7.1.7), 则称阵列 $\{\boldsymbol{D}_l, l \geqslant 0\}$ 是 $\{\boldsymbol{D}_l^{(1)}, l \geqslant 0\}$ 和 $\{\boldsymbol{D}_l^{(2)}, l \geqslant 0\}$ 的 Kronecker 卷积. 定理表明了叠加 D-BMAP 的表征阵列是两个子过程表征序列的 Kronecker 卷积. 矩阵序列的 Kronecker 卷积的定义容易推广到有限个矩阵列, 相应地, 定理 7.1.1 可推广到任意多个 D-BMAP 的叠加. 设有 m 个 D-BMAP, 表征阵列分别是 $\{\boldsymbol{D}_l^{(i)}, l \geqslant 0\}, i = 1, \cdots, m$, 阶数分别是 $m_i, i = 1, \cdots, m$. 这 m 个独立 D-BMAP 的叠加仍是一个 D-BMAP, 并且叠加过程的表征序列是 m 个子过程表征序列的 Kronecker 卷积.

在 B-ISDN 中, 到达数据流的相关性结构是影响服务质量的一个本质特征, D-BMAP 的相关性结构可描述如下. X_i 表示时隙末端 (i^-, i) 处到达顾客数 (批量), 我们考虑随机向量 $X_1, \cdots, X_k, k \geqslant 2$. 以 $p_{ij}(x_1, \cdots, x_k)$ 表示已知时刻 $t = 0$ 到达过程在位相 i 上, 时刻 k 到达过程转移到位相 j 上, 并且相继到达批量是

$$X_1 = x_1, \cdots, X_k = x_k$$

的条件概率, 并引入矩阵

$$\boldsymbol{P}(x_1, \cdots, x_k) = (p_{ij}(x_1, \cdots, x_k))_{m \times m}$$

和母函数矩阵

$$\widetilde{\boldsymbol{P}}(z_1, \cdots, z_k) = \boldsymbol{D}(z_1)\boldsymbol{D}(z_2) \cdots \boldsymbol{D}(z_k),$$

其中

$$\boldsymbol{D}(z) = \sum_{n=0}^{\infty} z^n \boldsymbol{D}_n.$$

考虑到时隙分点 $t = 0$ 和 $t = k$ 处各种可能的位相到达, 随机变量 X_1 和 X_k 之间的协方差矩阵可表示为

$$\begin{aligned}\mathrm{Cov}(X_1, X_k) &= \sum_{x_1=0}^{\infty} \cdots \sum_{x_k=0}^{\infty} (x_1 - \lambda_1) \cdots (x_k - \lambda_k) \boldsymbol{P}(x_1, \cdots, x_k) \\ &= \boldsymbol{E}(X_1 X_k) - \lambda_1 \boldsymbol{E}(X_k) - \lambda_k \boldsymbol{E}(X_1) + \lambda_1 \lambda_k \widetilde{\boldsymbol{P}}(1, \cdots, 1),\end{aligned}$$

式中 λ_1 和 λ_k 是 X_1 和 X_k 的均值, $\boldsymbol{E}(X_1X_k)$, $\boldsymbol{E}(X_1)$ 和 $\boldsymbol{E}(X_k)$ 分别是 X_1X_k, X_1 和 X_k 的均值矩阵, 它们可计算如下

$$\begin{aligned}\boldsymbol{E}(X_1) &= \frac{\partial}{\partial z_1}\widetilde{\boldsymbol{P}}(z_1,\cdots,z_k)|_{z_i=1,i=1,\cdots,k}\\ &= \left(\sum_{l=1}^{\infty} l\boldsymbol{D}_l\right)\boldsymbol{D}^{k-1},\\ \boldsymbol{E}(X_k) &= \frac{\partial}{\partial z_k}\widetilde{\boldsymbol{P}}(z_1,\cdots,z_k)|_{z_i=1,i=1,\cdots,k}\\ &= \boldsymbol{D}^{k-1}\left(\sum_{l=1}^{\infty} l\boldsymbol{D}_l\right),\\ \boldsymbol{E}(X_1X_k) &= \frac{\partial^2}{\partial z_1\partial z_k}\widetilde{\boldsymbol{P}}(z_1,\cdots,z_k)|_{z_i=1,i=1,\cdots,k}\\ &= \left(\sum_{l=1}^{\infty} l\boldsymbol{D}_l\right)\boldsymbol{D}^{k-2}\left(\sum_{l=1}^{\infty} l\boldsymbol{D}_l\right).\end{aligned}$$

对稳态下的 D-BMAP, 注意到 $\widetilde{\boldsymbol{\pi}}\boldsymbol{D}=\widetilde{\boldsymbol{\pi}}$ 和 $\boldsymbol{De}=\boldsymbol{e}$, 有

$$E(X_1)=\widetilde{\boldsymbol{\pi}}\left(\sum_{l=1}^{\infty} l\boldsymbol{D}_l\right)\boldsymbol{D}^{k-1}\boldsymbol{e}=\widetilde{\boldsymbol{\pi}}\left(\sum_{l=1}^{\infty} l\boldsymbol{D}_l\right)\boldsymbol{e}=\lambda,$$

$$E(X_k)=\widetilde{\boldsymbol{\pi}}\boldsymbol{D}^{k-1}\left(\sum_{l=1}^{\infty} l\boldsymbol{D}_l\right)\boldsymbol{e}=\widetilde{\boldsymbol{\pi}}\left(\sum_{l=1}^{\infty} l\boldsymbol{D}_l\right)\boldsymbol{e}=\lambda,$$

$$\mathrm{Cov}(X_1,X_k)=\widetilde{\boldsymbol{\pi}}\left(\sum_{l=1}^{\infty} l\boldsymbol{D}_l\right)\boldsymbol{D}^{k-2}\left(\sum_{l=1}^{\infty} l\boldsymbol{D}_l\right)\boldsymbol{e}-\lambda^2.$$

回忆 X_1 和 X_k 的相关系数定义为

$$\rho_{1k}=\frac{\mathrm{Cov}(X_1,X_k)}{\sigma(X_1)\sigma(X_k)},$$

其中 $\sigma(X)$ 是随机变量 X 的协方差, 并且

$$\sigma^2(X_1)=\sigma^2(X_k)=\widetilde{\boldsymbol{\pi}}\left(\sum_{l=1}^{\infty} l^2\boldsymbol{D}_l\right)\boldsymbol{e}-\lambda^2.$$

代入 ρ_{1k} 的表达式, 给出 X_1 与 X_k 的相关系数

$$\rho_{1k}=\frac{\widetilde{\boldsymbol{\pi}}\left(\sum_{l=1}^{\infty} l\boldsymbol{D}_l\right)\boldsymbol{D}^{k-2}\left(\sum_{l=1}^{\infty} l\boldsymbol{D}_l\right)\boldsymbol{e}-\lambda^2}{\widetilde{\boldsymbol{\pi}}\left(\sum_{l=1}^{\infty} l^2\boldsymbol{D}_l\right)\boldsymbol{e}-\lambda^2}.$$

7.1.3 若干特例

D-BMAP 是一个包罗极广的到达过程, 排队论和通信网络中常用的到达模式几乎都可以作为 D-BMAP 的特例. 以下简要描述它与各种顾客到达过程之间的联系.

1. 单个到达

(1) 离散 Markov 到达过程 (D-MAP)

如果到达是单个发生的, 批量为 1, 文献中称为离散 Markov 到达过程, 简记为 D-MAP. 这时表征矩阵只包含两个矩阵 $\boldsymbol{D}_0$ 和 $\boldsymbol{D}_1$, $\boldsymbol{D}=\boldsymbol{D}_0+\boldsymbol{D}_1$, $\boldsymbol{De}=\boldsymbol{e}$, $\widetilde{\boldsymbol{\pi}}$ 表示 $\boldsymbol{D}$ 的平稳概率向量. 平均到达率 $\lambda=\widetilde{\boldsymbol{\pi}}\boldsymbol{D}_1\boldsymbol{e}$. 在稳态下发生到达时刻所处位相有平稳分布

$$\boldsymbol{\pi}^*=\frac{\widetilde{\boldsymbol{\pi}}(\boldsymbol{D}_1)}{\widetilde{\boldsymbol{\pi}}(\boldsymbol{I}-\boldsymbol{D}_0)\boldsymbol{e}}.$$

到达间隔服从矩阵几何分布

$$P\{T=h\}=\boldsymbol{\pi}^*\boldsymbol{D}_0^{h-1}\boldsymbol{D}_1\boldsymbol{e},\quad h\geqslant 1.$$

过程的表征矩阵列有 PGF: $\boldsymbol{D}(z)=\boldsymbol{D}_0+z\boldsymbol{D}_1$, $(0,k]$ 上到达顾客数的 PGF 是

$$N_k(z)=\widetilde{\boldsymbol{\pi}}\left(\boldsymbol{D}_0+z\boldsymbol{D}_1\right)^k\boldsymbol{e}.$$

(2) 离散 PH 更新过程 (D-PHRP)

如果到达间隔相互独立, 服从同一个离散 PH 分布, 称这一需求模式是一个离散 PH 更新过程, 简记 D-PHRP. 间隔时间有 m 阶不可约离散 PH 表示 $(\boldsymbol{\alpha},\boldsymbol{T})$, $\boldsymbol{\alpha}=(\alpha_1,\cdots,\alpha_m)$ 满足 $\boldsymbol{\alpha e}=1$, $\boldsymbol{T}$ 是 m 阶子随机矩阵, 非负列向量 $\boldsymbol{T}^0=(T_1^0,\cdots,T_m^0)'=(\boldsymbol{I}-\boldsymbol{T})e$. $\boldsymbol{\alpha e}=1$ 表明间隔时间不能以正的概率等于 0, 如果时刻 k 处在位相 i 上, 下一时刻 $k+1$ 过程以概率 T_{ij} 转移到位相 j 上并且无顾客到达, 以概率 T_i^0 发生一个到达, 并且下一个到达间隔以概率 α_j 从位相 j 开始, $1\leqslant i,j\leqslant m$. 注意到 $\boldsymbol{D}=\boldsymbol{T}+\boldsymbol{T}^0\boldsymbol{\alpha}$ 是一个随机矩阵, D-PHRP 实际上是 D-MAP 的一个特例, 有

$$\boldsymbol{D}_0=\boldsymbol{T},\quad \boldsymbol{D}_1=\boldsymbol{T}^0\boldsymbol{\alpha},\quad \boldsymbol{D}=\boldsymbol{T}+\boldsymbol{T}^0\boldsymbol{\alpha}.$$

表征阵的 PGF 是

$$\boldsymbol{D}(z)=\boldsymbol{T}+z\boldsymbol{T}^0\boldsymbol{\alpha}.$$

$(0,k]$ 上到达顾客数有 PGF:

$$N_k(z)=\widetilde{\boldsymbol{\pi}}\left(\boldsymbol{T}+z\boldsymbol{T}^0\boldsymbol{\alpha}\right)^k\boldsymbol{e},$$

其中 $\widetilde{\boldsymbol{\pi}}$ 是 $\boldsymbol{D}=\boldsymbol{T}+\boldsymbol{T}^0\boldsymbol{\alpha}$ 的平稳概率向量.

(3) 离散时间 Markov 调整 Bernoulli 过程 (D-MMBP)

这是一个双重随机过程, 在任何时隙上的到达率 $P[J(k)]$ 依赖于时刻 k 所处的环境位相, $J(k)$ 是状态集 $\{1,\cdots,m\}$ 上的 MC, 因此, 可能有 m 个不同的到达率 $p^{(1)},\cdots,p^{(m)}$. 如果时隙分点 k 处有环境位相 $J(k)=i$, 则在点 k 处以概率 $p^{(i)}$ 到达一个顾客, 以概率 $\overline{p}^{(i)}=1-p^{(i)}$ 无到达. 此外, 还需给出随机环境 MC 的转移概率矩阵 $\boldsymbol{R}=(r_{ij})$. 引入对角线矩阵

$$\boldsymbol{\Lambda}=\begin{pmatrix} p^{(1)} & & \\ & \ddots & \\ & & p^{(m)} \end{pmatrix}.$$

这是一个到达率受一个有限状态 MC 控制的 Bernoulli 到达过程, 文献中称为 Markov 调整 (modulated)Bernoulli 过程, 简记 D-MMBP. 它有表征矩阵

$$\begin{aligned}\boldsymbol{D}_0&=\left(\overline{p}^{(i)}r_{ij}\right)=(\boldsymbol{I}-\boldsymbol{\Lambda})\,\boldsymbol{R},\\ \boldsymbol{D}_1&=\left(p^{(i)}r_{ij}\right)=\boldsymbol{\Lambda}\boldsymbol{R},\\ \boldsymbol{D}&=\boldsymbol{D}_0+\boldsymbol{D}_1=\boldsymbol{R}.\end{aligned}$$

有平均到达率 $\lambda=\widetilde{\boldsymbol{\pi}}\boldsymbol{\Lambda}\boldsymbol{R}\boldsymbol{e}$, 表征序列的矩阵母函数是

$$\boldsymbol{D}(z)=(\boldsymbol{I}-\boldsymbol{\Lambda})\,\boldsymbol{R}+z\boldsymbol{\Lambda}\boldsymbol{R}=(\boldsymbol{I}-(1-z)\boldsymbol{\Lambda})\,\boldsymbol{R}.$$

(4) Bernoulli 到达过程 (D-BAP)

离散时间排队中常用的参数 p 的 Bernoulli 到达过程, 是 D-MAP 退化到只有一个到达相位的特例. 这时向量和矩阵都退化为实数

$$D_0=\overline{p},\quad D_1=p,\quad D=1,\quad \widetilde{\pi}=1.$$

有平均到达率 $\lambda=p$ 和表征阵列的 PDF:

$$D(z)=\overline{p}+zp=1-(1-z)p.$$

2. 成批到达过程

(1) 独立批量的 D-MAP

考虑一个 D-MAP, 有表征矩阵 $\boldsymbol{D}_0$ 和 $\boldsymbol{D}_1$, 在每个到达时刻都有一个与环境位相无关的独立同分布的到达批量 X,

$$P\{X=j\}=\sigma_j,\quad j\geqslant 1;\quad E(X)=\sigma,\quad X(z)=\sum_{j=1}^{\infty}z^j\sigma_j.$$

这个成批到达过程称为有独立批量的 D-MAP, 有表征阵列

$$\{\boldsymbol{D}_0, \sigma_j \boldsymbol{D}_1, j \geqslant 1\}, \quad \boldsymbol{D} = \boldsymbol{D}_0 + \boldsymbol{D}_1,$$

过程的平均到达率是

$$\lambda = \widetilde{\boldsymbol{\pi}} \sum_{j=1}^{\infty} j\sigma_j \boldsymbol{D}_1 \boldsymbol{e} = \sigma \widetilde{\boldsymbol{\pi}} \boldsymbol{D}_1 \boldsymbol{e}.$$

表征序列的矩阵 PGF 是

$$\boldsymbol{D}(z) = \boldsymbol{D}_0 + \sum_{j=1}^{\infty} z^j \sigma_j \boldsymbol{D}_1 = \boldsymbol{D}_0 + X(z) \boldsymbol{D}_1.$$

$(0, k]$ 上到达顾客数有 PGF:

$$N_k(z) = \widetilde{\boldsymbol{\pi}} \left(\boldsymbol{D}_0 + X(z) \boldsymbol{D}_1 \right) \boldsymbol{e}.$$

(2) D-MAP 的叠加 (S-DMAP)

系统的到达过程来自若干个相互独立的顾客源, 每一个源产生一个 D-MAP, 有表征矩阵 $\{\boldsymbol{D}_0^{(i)}, \boldsymbol{D}_1^{(i)}\}, i = 1, \cdots, l$, 系统的到达过程是这 l 个单个到达的 D-MAP 的叠加, 从而是一个 D-BMAP, 简记为 S-DMAP. 由定理 7.1.1, S-DMAP 的表征序列 $\{\boldsymbol{D}_i, 0 \leqslant i \leqslant l\}$ 是 $\left\{ \left(\boldsymbol{D}_0^{(i)}, \boldsymbol{D}_1^{(i)} \right), i = 1, \cdots, l \right\}$ 的 Kronecker 卷积, 并有最大批量 l. 例如 $l = 2$ 时, 表征序列 $\boldsymbol{D}_0, \boldsymbol{D}_1, \boldsymbol{D}_2$ 分别是

$$\begin{aligned} \boldsymbol{D}_0 &= \boldsymbol{D}_0^{(1)} \otimes \boldsymbol{D}_0^{(2)}, \\ \boldsymbol{D}_1 &= \boldsymbol{D}_1^{(1)} \otimes \boldsymbol{D}_0^{(2)} + \boldsymbol{D}_0^{(1)} \otimes \boldsymbol{D}_1^{(2)}, \\ \boldsymbol{D}_2 &= \boldsymbol{D}_1^{(1)} \otimes \boldsymbol{D}_1^{(2)}. \end{aligned}$$

一般地, 对 $l \geqslant 0$, S-DMAP 的表征序列 $\{\boldsymbol{D}_i, 0 \leqslant i \leqslant l\}$ 是

$$\begin{aligned} \boldsymbol{D}_0 &= \boldsymbol{D}_0^{(1)} \otimes \cdots \otimes \boldsymbol{D}_0^{(l)}, \\ \boldsymbol{D}_1 &= \sum_{j=1}^{l} \left(\boldsymbol{D}_0^{(1)} \otimes \cdots \otimes \boldsymbol{D}_0^{(j-1)} \otimes \boldsymbol{D}_1^{(j)} \otimes \boldsymbol{D}_0^{(j+1)} \otimes \cdots \otimes \boldsymbol{D}_0^{(l)} \right), \\ &\cdots\cdots\cdots\cdots \\ \boldsymbol{D}_l &= \boldsymbol{D}_1^{(1)} \otimes \cdots \otimes \boldsymbol{D}_1^{(l)}. \end{aligned}$$

对于每个 D-MAP, 记 $\boldsymbol{D}^{(i)} = \boldsymbol{D}_0^{(i)} + \boldsymbol{D}_1^{(i)}$, 有环境位相 MC 的平稳概率向量 $\widetilde{\boldsymbol{\pi}}^{(i)}$, 满足 $\widetilde{\boldsymbol{\pi}}^{(i)} \boldsymbol{D}^{(i)} = \widetilde{\boldsymbol{\pi}}^{(i)}$ 和 $\widetilde{\boldsymbol{\pi}}^{(i)} \boldsymbol{e} = 1, 1 \leqslant i \leqslant l$, 则对 S-DMAP, 有

$$\begin{aligned} \boldsymbol{D} &= \bigotimes_{j=0}^{l} \boldsymbol{D}_j = \boldsymbol{D}^{(1)} \otimes \cdots \otimes \boldsymbol{D}^{(l)}, \\ \widetilde{\boldsymbol{\pi}} &= \widetilde{\boldsymbol{\pi}}^{(1)} \otimes \cdots \otimes \widetilde{\boldsymbol{\pi}}^{(l)}. \end{aligned}$$

(3) 相关批量 Bernoulli 过程

考虑一个参数 p 的 Bernoulli 过程, 每一发生到达时刻联系着一个依赖于环境位相的批量分布. 如果在时刻 k 处发生到达, 并且到达位相是 $J(k)=i, 1 \leqslant i \leqslant m$, 则到达批量 B_i 有概率分布和 PGF:

$$P\{B_i=n\}=q_i(n), \quad n \geqslant 1; \quad B_i(z)=\sum_{n=1}^{\infty} z^n q_i(n), \quad 1 \leqslant i \leqslant m.$$

环境位相 MC$\{J(k), k \geqslant 0\}$ 有转移概率矩阵 $\boldsymbol{R}=(r_{ij})$. 这样一来, 我们给出一个有 m 个不同批量分布的 Bernoulli 到达过程, 文献中称为有相依批量的 Bernoulli 到达过程. 为表示它的表征阵列, 引入对角阵

$$\boldsymbol{\Lambda}^{(n)}=\begin{pmatrix} q_1(n) & & \\ & \ddots & \\ & & q_m(n) \end{pmatrix}, \quad \boldsymbol{\Lambda}(z)=\begin{pmatrix} B_1(z) & & \\ & \ddots & \\ & & B_m(z) \end{pmatrix}.$$

相依批量 Bernoulli 到达过程有表征矩阵序列 $\{\boldsymbol{D}_n, n \geqslant 0\}$:

$$\begin{aligned} &\boldsymbol{D}_0=(1-p)\boldsymbol{I}, \\ &\boldsymbol{D}_n=(p q_i(n) r_{ij})=p\boldsymbol{\Lambda}^{(n)}\boldsymbol{R}, \quad n \geqslant 1, \end{aligned}$$

且有

$$\begin{aligned} \boldsymbol{D}&=\sum_{n=0}^{\infty} \boldsymbol{D}_n=(1-p)\boldsymbol{I}+p\boldsymbol{R}, \\ \boldsymbol{D}(z)&=\sum_{n=0}^{\infty} z^n \boldsymbol{D}_n=(1-p)\boldsymbol{I}+p\boldsymbol{\Lambda}(z)\boldsymbol{R}. \end{aligned}$$

(4) 成批 Bernoulli 到达过程

离散时间排队分析中经常使用的成批 Bernoulli 到达, 是 $m=1$ 的特殊 D-BMAP, 对参数 p 的 Bernoulli 到达, 每次发生到达有独立同分布批量

$$P\{B=j\}=b_j, \quad j \geqslant 1; \quad B(z)=\sum_{j=1}^{\infty} z^j b_j.$$

现在, 表征阵列退化为实数列

$$D_0=\overline{p}, \quad D_n=p b_n, \quad n \geqslant 1,$$

并有 PGF:

$$D(z)=\overline{p}+pB(z)=1-p[1-B(z)].$$

此外还有大量到达过程是 D-BMAP 的特例, 不再赘述.

§7.2 D-BMAP/G/1/N 排队

7.2.1 模型和嵌入 MC

考虑一个容量为 N(含正在服务的顾客) 的单服务员排队系统. 输入过程是一个 D-BMAP, 有 m 阶表征阵列 $\{\boldsymbol{D}_n, n \geqslant 0\}$, 平均到达率

$$\lambda = \widetilde{\boldsymbol{\pi}} \left(\sum_{j=1}^{\infty} j \boldsymbol{D}_j \right) \boldsymbol{e},$$

其中 $\widetilde{\boldsymbol{\pi}}$ 是 m 阶随机阵 $\boldsymbol{D} = \sum_{j=0}^{\infty} \boldsymbol{D}_j$ 的平稳概率向量. 顾客服务是单个进行的. 服务时间独立同分布, 有分布和 PGF:

$$P\{S = j\} = g_j, \quad j \geqslant 1; \quad G(z) = \sum_{k=1}^{\infty} z^k g_k.$$

假设顾客的服务时间独立于到达过程. 这是一个既有排队等待又有顾客消失的混合制系统. 因为到达是成批发生的, 如果系统中已有 j 个顾客在场, $0 \leqslant j \leqslant N$, 而到达批量超过 $N - j$, 则该批顾客中将有 $N - j$ 个进入系统, 其余顾客的服务需求被拒绝. 进入系统的顾客按先到先服务排队等待. 此外, 我们讨论的是一个晚到且有延迟入口的模型.

以 $t_1, t_2, \cdots$ 表示相继发生顾客离去的时刻, $L_k = L(t_k)$ 是第 k 个离去后系统中顾客数, $J_k = J(t_k)$ 表示 t_k 时刻到达过程的位相. $\{(L_k, J_k), k \geqslant 1\}$ 是队长–位相过程的嵌入 Markov 链, 有二维的状态空间

$$\Omega = \{(k, j), 0 \leqslant k \leqslant N-1, 1 \leqslant j \leqslant m\}.$$

为表示 MC$\{(L_k, J_k), k \geqslant 1\}$ 的转移概率, 引入矩阵 $\boldsymbol{A}_n^{(k)}$, 它的元素 $\left(\boldsymbol{A}_n^{(k)}\right)_{ij}$ 是已知 $t = 0$ 时系统处在到达位相 i 的条件下, 在时段 $(0, k]$ 上恰有 n 个顾客进入系统, 并且时隙分点 $t = k$ 处到达位相是 j 的条件概率. 仍记 $\boldsymbol{D}(z) = \sum_{n=0}^{\infty} z^n \boldsymbol{D}_n$, 类似于 (7.1.6) 式, 有

$$\boldsymbol{A}^{(k)}(z) = \sum_{n=0}^{\infty} z^n \boldsymbol{A}_n^{(k)} = \left(\boldsymbol{A}^{(1)}(z)\right)^k = \boldsymbol{D}^k(z), \quad k \geqslant 1. \tag{7.2.1}$$

因为 $\boldsymbol{D}(z)$ 是已知的, (7.2.1) 给出了确定每一个 $\boldsymbol{A}_n^{(k)}$ 的方法. 例如

$$\boldsymbol{A}_n^{(1)} = \boldsymbol{D}_n, \quad n \geqslant 0,$$

$$A_n^{(2)}=\sum_{j=0}^{n}D_jD_{n-j},\quad n\geqslant 0,$$

一般地, 有

$$A_n^{(k)}=\sum_{r_1+\cdots+r_k=n}D_{r_1}D_{r_2}\cdots D_{r_k}\quad n\geqslant 0.$$

进一步, 我们引入矩阵

$$A_n=\sum_{k=1}^{\infty}g_kA_n^{(k)},\quad n\geqslant 0. \tag{7.2.2}$$

A_n 的元素 $(A_n)_{ij}$ 是已知一个服务从到达位相 i 开始的条件下, 该服务期间内恰好有 n 个顾客进入系统, 并且服务完成时刻处在到达位相 j 的条件概率. 为了方便, 约定 $g_0=0$, 并记

$$A(z)=\sum_{n=0}^{\infty}z^nA_n,\quad A=A(1)=\sum_{n=0}^{\infty}A_n.$$

因 $De=e$, 有

$$\begin{aligned}Ae&=\left(\sum_{n=0}^{\infty}\sum_{k=0}^{\infty}g_kA_n^{(k)}\right)e=\sum_{k=0}^{\infty}g_k\left(\sum_{n=0}^{\infty}A_n^{(k)}\right)e\\&=\sum_{k=1}^{\infty}g_kD^ke=e.\end{aligned}$$

这表明 A 是 m 阶随机矩阵.

类似地, 引入矩阵 B_n, 其元素 $(B_n)_{ij}$ 是已知一个服务完成于位相 i 上, 并且离去后系统变成空的条件下, 下一个离去发生在位相 j 上, 并且在这两次离去之间恰好有 $n+1$ 个顾客进入系统的条件概率, $0\leqslant n\leqslant N-1$. 注意到系统首先经历一段闲期, 在某个时隙末端有 $j+1$ 个顾客到达, $0\leqslant j\leqslant N-1$, 开始一个新的忙期. 该忙期第 1 个服务期间内, 恰好有 $n-j$ 个顾客进入系统. 因此

$$B_n=(I-D_0)^{-1}\sum_{j=0}^{n-1}D_{j+1}D_{n-j},\quad n\geqslant 0. \tag{7.2.3}$$

矩阵列 $\{B_n,n\geqslant 0\}$ 有母函数

$$\begin{aligned}B(z)&=\sum_{n=0}^{\infty}z^nB_n\\&=(I-D_0)^{-1}\sum_{j=0}^{\infty}z^jD_{j+1}\sum_{n=j}^{\infty}z^{n-j}A_{n-j}\\&=\frac{1}{z}(I-D_0)^{-1}\left[D(z)-D_0\right]A(z).\end{aligned}$$

因为 $\boldsymbol{A}=\boldsymbol{A}(1)$ 是随机阵, 容易验证

$$\boldsymbol{B}=\sum_{n=0}^{\infty}\boldsymbol{B}_n=(\boldsymbol{I}-\boldsymbol{D}_0)^{-1}(\boldsymbol{D}-\boldsymbol{D}_0)\boldsymbol{A}$$

也是一个随机阵.

现在, 将 MC$\{(L_k,J_k),k\geqslant 1\}$ 的状态按字典序排列, 它的转移概率矩阵可表示成下列分块形式

$$\widetilde{\boldsymbol{P}}=\begin{bmatrix}\boldsymbol{B}_0 & \boldsymbol{B}_1 & \boldsymbol{B}_2 & \cdots & \boldsymbol{B}_{N-2} & \overline{\boldsymbol{B}}_{N-1}\\ \boldsymbol{A}_0 & \boldsymbol{A}_1 & \boldsymbol{A}_2 & \cdots & \boldsymbol{A}_{N-2} & \overline{\boldsymbol{A}}_{N-1}\\ 0 & \boldsymbol{A}_0 & \boldsymbol{A}_1 & \cdots & \boldsymbol{A}_{N-3} & \overline{\boldsymbol{A}}_{N-2}\\ 0 & 0 & \boldsymbol{A}_0 & \cdots & \boldsymbol{A}_{N-4} & \overline{\boldsymbol{A}}_{N-3}\\ \vdots & \vdots & \vdots & & \vdots & \vdots\\ 0 & 0 & 0 & \cdots & \boldsymbol{A}_0 & \overline{\boldsymbol{A}}_1\end{bmatrix}, \tag{7.2.4}$$

其中子块 $\boldsymbol{A}_n$ 和 $\boldsymbol{B}_n$ 由 (7.2.2) 和 (7.2.3) 给出, 并且

$$\overline{\boldsymbol{A}}_k=\sum_{n=k}^{\infty}\boldsymbol{A}_n,\quad 1\leqslant k\leqslant N-1,$$

$$\overline{\boldsymbol{B}}_{N-1}=\sum_{n=N-1}^{\infty}\boldsymbol{B}_n.$$

(7.2.4) 表明, MC$\{(L_k,J_k),k\geqslant 1\}$ 的转移概率阵是一个有限状态的 M/G/1 型结构矩阵. 拟生灭过程、GI/M/1 型结构矩阵、M/G/1 型结构矩阵的理论构成当代随机模型矩阵解析方法的主要内容. 拟生灭过链和 GI/M/1 结构矩阵模型在本书前面各章中已多次出现, 它们的稳态分布都有矩阵几何解形式, 详见文献 (Neuts, 1981; Latouche et al., 1999; 田乃硕等, 2002). M/G/1 型结构矩阵的模型, 其分析方法更加复杂, 详见文献 (Neuts, 1989).

7.2.2 离去时刻稳态分布

将 MC$\{(L_k,J_k),k\geqslant 1\}$ 的稳态联合分布, 写成下列分段形式

$$\boldsymbol{\pi}=(\boldsymbol{\pi}_0,\boldsymbol{\pi}_1,\cdots,\boldsymbol{\pi}_{N-1}),$$
$$\boldsymbol{\pi}_k=(\pi_{k0},\pi_{k1},\cdots,\pi_{km}),\quad 0\leqslant k\leqslant N-1,$$

这里

$$\pi_{nj}=P\{L=n,J=j\}=\lim_{k\to\infty}P\{L_k=n,J_k=j\},\quad (n,j)\in\Omega.$$

(L, J) 是稳态下离去时刻的队长和到达位相. 因为 $\widetilde{\boldsymbol{P}}$ 是正则的有限维随机阵, 稳态联合分布向量 $\boldsymbol{\pi}$ 必定存在且是唯一的, 满足平衡方程和正规化条件

$$\boldsymbol{\pi}\widetilde{\boldsymbol{P}}=\boldsymbol{\pi}, \quad \boldsymbol{\pi}\boldsymbol{e}=1.$$

对有限状态 MC, 可导出计算 $\boldsymbol{\pi}=(\boldsymbol{\pi}_0,\boldsymbol{\pi}_1,\cdots,\boldsymbol{\pi}_{N-1})$ 的一个递推方法. 为此, 引入 $\boldsymbol{\pi}$ 的剩余向量

$$\overline{\boldsymbol{\pi}}_k=(\boldsymbol{\pi}_k,\cdots,\boldsymbol{\pi}_{N-1}), \quad 1\leqslant k\leqslant N-1.$$

平衡方程 $\boldsymbol{\pi}\widetilde{\boldsymbol{P}}=\boldsymbol{\pi}$ 可改写成下列分块形式

$$(\boldsymbol{\pi}_0,\overline{\boldsymbol{\pi}}_1)\begin{pmatrix}\boldsymbol{B}_0 & \boldsymbol{a}\\ \boldsymbol{b} & \boldsymbol{Y}\end{pmatrix}=(\boldsymbol{\pi}_0,\overline{\boldsymbol{\pi}}_1),$$

其中

$$\begin{aligned}
&\boldsymbol{a}=\left(\boldsymbol{B}_1,\cdots,\boldsymbol{B}_{N-2},\overline{\boldsymbol{B}}_{N-1}\right),\\
&\boldsymbol{b}=\left(\boldsymbol{A}_0^{\mathrm{T}},\boldsymbol{0},\cdots,\boldsymbol{0}\right)^{\mathrm{T}},\\
&\boldsymbol{Y}=\begin{bmatrix}\boldsymbol{A}_1 & \boldsymbol{A}_2 & \cdots & \boldsymbol{A}_{N-2} & \overline{\boldsymbol{A}}_{N-1}\\ \boldsymbol{A}_0 & \boldsymbol{A}_1 & \cdots & \boldsymbol{A}_{N-3} & \overline{\boldsymbol{A}}_{N-2}\\ \boldsymbol{0} & \boldsymbol{A}_0 & \cdots & \boldsymbol{A}_{N-4} & \overline{\boldsymbol{A}}_{N-3}\\ \vdots & \vdots & & \vdots & \vdots\\ \boldsymbol{0} & \boldsymbol{0} & \cdots & \boldsymbol{A}_0 & \overline{\boldsymbol{A}}_1\end{bmatrix}.
\end{aligned}$$

由此给出

$$\begin{cases}\boldsymbol{\pi}_0\boldsymbol{B}_0+\overline{\boldsymbol{\pi}}_1\boldsymbol{b}=\boldsymbol{\pi}_0,\\ \boldsymbol{\pi}_0\boldsymbol{a}+\overline{\boldsymbol{\pi}}_1\boldsymbol{Y}=\overline{\boldsymbol{\pi}}_1.\end{cases} \tag{7.2.5}$$

(7.2.5) 前式可得

$$\overline{\boldsymbol{\pi}}_1\boldsymbol{b}\left(\boldsymbol{I}-\boldsymbol{B}_0\right)^{-1}=\boldsymbol{\pi}_0,$$

代入 (7.2.5) 后式, 有

$$\overline{\boldsymbol{\pi}}_1\left(\boldsymbol{Y}+\boldsymbol{b}\left(\boldsymbol{I}-\boldsymbol{B}_0\right)^{-1}\boldsymbol{a}\right)=\overline{\boldsymbol{\pi}}_1.$$

使用 $\boldsymbol{a}$, $\boldsymbol{b}$ 和 $\boldsymbol{Y}$, 定义矩阵

$$\begin{aligned}
\widetilde{\boldsymbol{P}}_1&=\boldsymbol{Y}+\boldsymbol{b}\left(\boldsymbol{I}-\boldsymbol{B}_0\right)^{-1}\boldsymbol{a}\\
&=\begin{bmatrix}\boldsymbol{C}_{10} & \boldsymbol{C}_{11} & \boldsymbol{C}_{12} & \cdots & \boldsymbol{C}_{1,N-3} & \overline{\boldsymbol{C}}_{1,N-2}\\ \boldsymbol{A}_0 & \boldsymbol{A}_1 & \boldsymbol{A}_2 & \cdots & \boldsymbol{A}_{N-3} & \overline{\boldsymbol{A}}_{N-2}\\ \boldsymbol{0} & \boldsymbol{A}_0 & \boldsymbol{A}_1 & \cdots & \boldsymbol{A}_{N-4} & \overline{\boldsymbol{A}}_{N-3}\\ \vdots & \vdots & \vdots & & \vdots & \vdots\\ \boldsymbol{0} & \boldsymbol{0} & \boldsymbol{0} & \cdots & \boldsymbol{A}_0 & \overline{\boldsymbol{A}}_1\end{bmatrix},
\end{aligned}$$

其中

$$\boldsymbol{C}_{1i}=\boldsymbol{A}_{i+1}+\boldsymbol{A}_0\left(\boldsymbol{I}-\boldsymbol{B}_0\right)^{-1}\boldsymbol{B}_{i+1}, \quad 0\leqslant i\leqslant N-3,$$

$$\overline{\boldsymbol{C}}_{1,N-2}=\overline{\boldsymbol{A}}_{N-1}+\boldsymbol{A}_0\left(\boldsymbol{I}-\boldsymbol{B}_0\right)^{-1}\overline{\boldsymbol{B}}_{N-1}.$$

容易验证 $\widetilde{\boldsymbol{P}}_1\boldsymbol{e}=\boldsymbol{e}$, 因此, $\widetilde{\boldsymbol{P}}_1$ 是比 $\widetilde{\boldsymbol{P}}$ 降低了维数的随机阵. 上述论述表明, $\overline{\boldsymbol{\pi}}_1$ 是 $\widetilde{\boldsymbol{P}}_1$ 的平稳向量, 满足 $\overline{\boldsymbol{\pi}}_1\widetilde{\boldsymbol{P}}_1=\overline{\boldsymbol{\pi}}_1$.

重复使用上述过程, 可给出维数逐次降低的随机阵 $\widetilde{\boldsymbol{P}}_k, 1\leqslant k\leqslant N-1$. 它们可表示成下列形式

$$\widetilde{\boldsymbol{P}}_k=\begin{bmatrix}\boldsymbol{C}_{k0} & \boldsymbol{C}_{k1} & \boldsymbol{C}_{k2} & \cdots & \boldsymbol{C}_{k,N-k-2} & \overline{\boldsymbol{C}}_{k,N-k-1}\\ \boldsymbol{A}_0 & \boldsymbol{A}_1 & \boldsymbol{A}_2 & \cdots & \boldsymbol{A}_{N-k-2} & \overline{\boldsymbol{A}}_{N-k-1}\\ \boldsymbol{0} & \boldsymbol{A}_0 & \boldsymbol{A}_1 & \cdots & \boldsymbol{A}_{N-k-3} & \overline{\boldsymbol{A}}_{N-k-2}\\ \vdots & \vdots & \vdots & & \vdots & \vdots\\ \boldsymbol{0} & \boldsymbol{0} & \boldsymbol{0} & \cdots & \boldsymbol{A}_0 & \overline{\boldsymbol{A}}_1\end{bmatrix},$$

其中

$$\begin{aligned}\boldsymbol{C}_{ki}&=\boldsymbol{A}_{i+1}+\boldsymbol{A}_0\left(\boldsymbol{I}-\boldsymbol{C}_{k-1,0}\right)^{-1}\boldsymbol{C}_{k-1,i+1},\\ &\qquad\qquad 0\leqslant i\leqslant N-k-2,\ 2\leqslant k\leqslant N-2,\\ \overline{\boldsymbol{C}}_{k,N-k-1}&=\overline{\boldsymbol{A}}_{N-k}+\boldsymbol{A}_0\left(\boldsymbol{I}-\boldsymbol{C}_{k-1,0}\right)^{-1}\overline{\boldsymbol{C}}_{k-1,N-k},\end{aligned}$$

并且剩余向量 $\overline{\boldsymbol{\pi}}_k$ 是 $\widetilde{\boldsymbol{P}}_k$ 的平稳向量, 满足 $\overline{\boldsymbol{\pi}}_k\widetilde{\boldsymbol{P}}_k=\overline{\boldsymbol{\pi}}_k, 1\leqslant k\leqslant N-1$.

事实上, 对每个随机阵 $\widetilde{\boldsymbol{P}}_k$, 都可以给出明确的概率解释. 例如, 矩阵 $\boldsymbol{C}_{1i}$ 的元素 $(\boldsymbol{C}_{1i})_{jk}$ 是已知过程从状态 $(1,j)$ 出发, 通过到达状态 $(i+1,k)$ 首次进入一个高于或等于 1 的水平的条件概率. 对矩阵 $\overline{\boldsymbol{C}}_{1,N-2}$ 及 $\widetilde{\boldsymbol{P}}_k(k\geqslant 2)$ 的第 1 行子块, 均可给出类似的概率解释. 另一方面, 我们指出, 每一个 $\widetilde{\boldsymbol{P}}_k(1\leqslant k\leqslant N-2)$ 都是 M/G/1 型结构矩阵.

上述计算程序中最后得到的随机阵是

$$\widetilde{\boldsymbol{P}}_{N-1}=\overline{\boldsymbol{A}}_1+\boldsymbol{A}_0\left(\boldsymbol{I}-\boldsymbol{C}_{N-2,0}\right)^{-1}\overline{\boldsymbol{C}}_{N-2,1},$$

这是一个 m 阶随机阵, 向量 $\overline{\boldsymbol{\pi}}_{N-1}=\boldsymbol{\pi}_{N-1}$ 是它的平稳向量, 满足

$$\boldsymbol{\pi}_{N-1}\widetilde{\boldsymbol{P}}_{N-1}=\boldsymbol{\pi}_{N-1}.$$

求解这个 m 维的线性齐次方程组, 可将 $\boldsymbol{\pi}_{N-1}$ 确定到只差一个常数因子. 再利用上述程序中倒数第 2 步中的关系式

$$\left(\boldsymbol{\pi}_{N-2},\boldsymbol{\pi}_{N-1}\right)\begin{pmatrix}\boldsymbol{C}_{N-2,0} & \overline{\boldsymbol{C}}_{N-2,1}\\ \boldsymbol{A}_0 & \overline{\boldsymbol{A}}_1\end{pmatrix}=\left(\boldsymbol{\pi}_{N-2},\boldsymbol{\pi}_{N-1}\right),$$

可将 $\boldsymbol{\pi}_{N-2}$ 用 $\boldsymbol{\pi}_{N-1}$ 表出

$$\boldsymbol{\pi}_{N-2}=\boldsymbol{\pi}_{N-1}\boldsymbol{A}_0\left(\boldsymbol{I}-\boldsymbol{C}_{k-2,0}\right)^{-1}.$$

递推地, 可通过 $\boldsymbol{\pi}_{N-1}$ 表出每一个 $\boldsymbol{\pi}_k, 0 \leqslant k \leqslant N-2$. 最后, 使用正规化条件确定其中的常数因子, 从而给出 (L, J) 的联合分布.

上述计算稳态分布的程序可总结如下

$$\begin{aligned}
&\boldsymbol{\pi}_{N-1}\left[\overline{\boldsymbol{A}}_1+\boldsymbol{A}_0\left(\boldsymbol{I}-\boldsymbol{C}_{N-2,0}\right)^{-1} \boldsymbol{C}_{N-2,1}\right]=\boldsymbol{\pi}_{N-1}, \\
&\boldsymbol{\pi}_k=\boldsymbol{\pi}_{k+1} \boldsymbol{A}_0\left(\boldsymbol{I}-\boldsymbol{C}_{k, 0}\right)^{-1}, \quad 1 \leqslant k \leqslant N-2, \\
&\boldsymbol{\pi}_0=\boldsymbol{\pi}_1 \boldsymbol{A}_0\left(\boldsymbol{I}-\boldsymbol{B}_0\right)^{-1}, \\
&\sum_{k=0}^{N-1} \boldsymbol{\pi}_k \boldsymbol{e}=1.
\end{aligned}$$

7.2.3　任意时刻的稳态分布

本节的目的是导出 D-BMAP/G/1/N 排队系统在任意时刻的稳态队长分布. 定义任意时刻队长和到达位相过程, 设 t 是非负整数, $\{(L(t), J(t)), t=0,1, \cdots\}$ 表示任意时刻 t 的队长–位相过程. 记

$$y(n, j ; t \mid n_0, j_0)=P\{L(t)=n, J(t)=j \mid L(0)=n_0, J(0)=j_0\}.$$

如果过程存在平稳分布, 它将不依赖于初始条件, 可记为

$$\begin{aligned}
&y(n, j)=\lim _{t \rightarrow \infty} y(n, j ; t \mid n_0, j_0) \\
&\boldsymbol{y}_n=(y(n, 1), y(n, 2), \cdots, y(n, m)), \quad 0 \leqslant n \leqslant N .
\end{aligned}$$

以 t_k 表示第 k 个离去时刻, $k \geqslant 1, \{(L(t_k), J(t_k)), t_{k+1}-t_k, k \geqslant 1\}$ 是一个半 Markov 过程. 为了使用半 Markov 过程方法, 需要计算它的基本平均 (fundamental mean) R, 即两个相邻离去时刻之间的平均长度. 如果一个离去后系统在状态 $(0, i)$ 上, $1 \leqslant i \leqslant m$, 到下一次离去之间的长度是从位相 i 开始的剩余到达间隔与一个服务时间之和. 如果离去后系统在状态 (k, i) 上, $1 \leqslant k \leqslant N-1, 1 \leqslant i \leqslant m$, 到下一个离去之间的长度恰好是一个服务时间. 因此

$$\begin{aligned}
R&=\boldsymbol{\pi}_0\left[\sum_{n=1}^{\infty} \sum_{l=0}^{\infty}(l+1) \boldsymbol{D}_0^l \boldsymbol{D}_n+\mu I\right] \boldsymbol{e}+\mu \sum_{k=1}^{N-1} \boldsymbol{\pi}_k \boldsymbol{e} \\
&=\boldsymbol{\pi}_0\left[\sum_{l=0}^{\infty}(l+1) \boldsymbol{D}_0^l\left(\boldsymbol{D}-\boldsymbol{D}_0\right)\right] \boldsymbol{e}+\mu \boldsymbol{\pi}_0 \boldsymbol{e}+\mu(1-\boldsymbol{\pi}_0 \boldsymbol{e}) \\
&=\mu+\boldsymbol{\pi}_0\left(\boldsymbol{I}-\boldsymbol{D}_0\right)^{-2}\left(\boldsymbol{D}-\boldsymbol{D}_0\right) \boldsymbol{e} \\
&=\mu+\boldsymbol{\pi}_0\left(\boldsymbol{I}-\boldsymbol{D}_0\right)^{-1} \boldsymbol{e},
\end{aligned}$$

其中 $\mu=\sum_{k=1}^{\infty} k g_k$ 是平均服务时间.

在下列论证中, 要用到无限容量 D-BMAP/G/1 系统中的某些结果, 因为, 在 D-BMAP/G/1/N 中, $\boldsymbol{y}_n(0 \leqslant n \leqslant N-1)$ 与对应的无限容量系统满足同样的方程.

对无限容量 D-BMAP/G/1 系统, 嵌入在离去时刻的队长–位相过程 $\{(L(k), J(k)), k \geqslant 0\}$ 有转移概率阵

$$\widetilde{\boldsymbol{P}} = \begin{bmatrix} \boldsymbol{B}_0 & \boldsymbol{B}_1 & \boldsymbol{B}_2 & \boldsymbol{B}_3 & \cdots \\ \boldsymbol{A}_0 & \boldsymbol{A}_1 & \boldsymbol{A}_2 & \boldsymbol{A}_3 & \cdots \\ & \boldsymbol{A}_0 & \boldsymbol{A}_1 & \boldsymbol{A}_2 & \cdots \\ & & \boldsymbol{A}_0 & \boldsymbol{A}_1 & \cdots \\ & & & \boldsymbol{A}_0 & \cdots \\ & & & & \ddots \end{bmatrix}.$$

这是一个典型的 M/G/1 型结构矩阵. 与有限容量系统不同, 现在稳态分布存在需满足经典的条件 $\rho = \lambda E(S) < 1$. $\{\boldsymbol{\pi}_n, n \geqslant 0\}$ 表示 D-BMAP/G/1 中离去时刻稳态分布向量, 其中

$$\boldsymbol{\pi}_n = (\pi_{n1}, \cdots, \pi_{nm}), \quad n \geqslant 0,$$

引入向量母函数 $\boldsymbol{X}(z) = \sum_{n=0}^{\infty} z^n \boldsymbol{\pi}_n$. 由平衡方程, 有

$$\boldsymbol{\pi}_k = \boldsymbol{\pi}_0 \boldsymbol{B}_k + \sum_{l=1}^{k+1} \boldsymbol{\pi}_l \boldsymbol{A}_{k+1-l}, \quad k \geqslant 0.$$

取母函数给出

$$\boldsymbol{X}(z)\left[z\boldsymbol{I} - \boldsymbol{A}(z)\right] = \boldsymbol{\pi}_0\left[z\boldsymbol{B}(z) - \boldsymbol{A}(z)\right]. \tag{7.2.6}$$

现在, 可以叙述并证明任意时刻稳态分布的结果.

定理 7.2.1 对 D-BMAP/G/1/N 排队系统, 任意时刻的稳态分布向量是

$$\boldsymbol{y}_0 = \frac{1}{R}\boldsymbol{\pi}_0\left(\boldsymbol{I} - \boldsymbol{D}_0\right)^{-1},$$

$$\boldsymbol{y}_{n+1} = \left[\sum_{i=0}^{n} \boldsymbol{y}_i \boldsymbol{D}_{n+1-i} + \frac{1}{R}(\boldsymbol{\pi}_n - \boldsymbol{\pi}_{n+1})\right]\left(\boldsymbol{I} - \boldsymbol{D}_0\right)^{-1}, \quad 0 \leqslant n \leqslant N-1,$$

$$\boldsymbol{y}_N = \widetilde{\boldsymbol{\pi}} - \sum_{n=0}^{N-1} \boldsymbol{y}_n,$$

其中 $\widetilde{\boldsymbol{\pi}}$ 是 $\boldsymbol{D}$ 的平稳概率向量, 满足 $\widetilde{\boldsymbol{\pi}}\boldsymbol{D} = \widetilde{\boldsymbol{\pi}}, \widetilde{\boldsymbol{\pi}}\boldsymbol{e} = 1$.

证明　定义行向量 $\boldsymbol{M}_n(u)=(M_{n1}(u),\cdots,M_{nm}(u)), 0\leqslant n\leqslant N, u\geqslant 1$, 其中分量 $M_{nj}(u)$ 是半 Markov 过程在第 u 个时隙末端进入状态 (n,j) 的概率. 对 $\boldsymbol{y}_0$, 有

$$\boldsymbol{y}_0=\lim_{t\to\infty}\sum_{u=1}^{t}\boldsymbol{M}_0(u)\boldsymbol{D}_0^{t-u},$$

使用关键更新定理 (离散时间翻版), 给出

$$\boldsymbol{y}_0=\frac{1}{R}\boldsymbol{\pi}_0\sum_{k=0}^{\infty}\boldsymbol{D}_0^k=\frac{1}{R}\boldsymbol{\pi}_0\left(\boldsymbol{I}-\boldsymbol{D}_0\right)^{-1}.$$

我们首先对无限场所 D-BMAP/G/1 计算 $\boldsymbol{y}_n, n\geqslant 0$, 因为对有限和无限场所, 向量 $\boldsymbol{y}_0,\boldsymbol{y}_1,\cdots,\boldsymbol{y}_{N-1}$ 都满足同样的方程, 从而容易给出有限场所系统的结果.

首先关注任意时刻 t 系统中的顾客数、到达过程位相、从 t 到下一个离去时刻的时隙个数三者的联合概率. 引入向量

$$\boldsymbol{r}(t;n,k)=(r_1(t;n,k),\cdots,r_m(t;n,k)),\quad n\geqslant 1,$$

其中 $r_j(t;n,k)$ 是时刻 t 系统中有 n 个顾客, 到达过程在位相 j 上, 并且下一个服务开始时刻是稍后的 $t+k$ 的联合概率, $n,k\geqslant 1, 1\leqslant j\leqslant m$. 进一步定义稳态向量及其母函数向量

$$\boldsymbol{r}(n,k)=\lim_{t\to\infty}\boldsymbol{r}(t;n,k),$$

$$\boldsymbol{r}^*(z,s)=\sum_{k=1}^{\infty}\sum_{n=1}^{\infty}s^kz^n\boldsymbol{r}(n,k).$$

区别两种情况, 可将 $\boldsymbol{r}^*(z,s)$ 分解成两部分 $\boldsymbol{r}_1^*(z,s)$ 和 $\boldsymbol{r}_2^*(z,s)$.

情况 1. 该任意时刻落在忙期第 1 个服务期间内. 设在某时刻 $u, 0\leqslant u\leqslant t$, 发生顾客离去并导致系统变成空的. 随后 l 个时隙闲期结束, $0\leqslant l\leqslant t-u$, 并且在忙期开始时刻发生 i 个顾客的批量到达, $1\leqslant i\leqslant m$. 因此, 有

$$\boldsymbol{r}_1(t;n,k)=\sum_{u=0}^{t}\sum_{l=0}^{t-u}\sum_{i=1}^{n}\boldsymbol{M}_0(u)\boldsymbol{D}_0^l\boldsymbol{D}_i\boldsymbol{A}_{n-i}^{(t-u-l)}g_{k+t-u-l}.$$

令 $t\to\infty$, 使用关键更新定理的离散时间翻版, 给出

$$\boldsymbol{r}_1(n,k)=\frac{1}{R}\boldsymbol{\pi}_0\sum_{u=0}^{\infty}\sum_{l=0}^{u}\sum_{i=1}^{n}\boldsymbol{D}_0^l\boldsymbol{D}_i\boldsymbol{A}_{n-i}^{(u-l)}g_{u+k-l}.$$

对 k 取母函数, 有

$$\begin{aligned}\boldsymbol{r}_1^*(n,s)&=\sum_{k=1}^{\infty}s^k\boldsymbol{r}_1(n,k)\\&=\frac{1}{R}\boldsymbol{\pi}_0\sum_{l=0}^{\infty}\sum_{u=l}^{\infty}\sum_{k=1}^{\infty}\sum_{i=1}^{n}\boldsymbol{D}_0^l\boldsymbol{D}_i\boldsymbol{A}_{n-i}^{(u-l)}g_{u-l+k}s^k\end{aligned}$$

$$
\begin{aligned}
&= \frac{1}{R}\boldsymbol{\pi}_0 \sum_{l=0}^{\infty}\sum_{h=0}^{\infty}\sum_{k=1}^{\infty}\sum_{i=1}^{n} \boldsymbol{D}_0^l \boldsymbol{D}_i \boldsymbol{A}_{n-i}^{(h)} g_{h+k} s^k \\
&= \frac{1}{R}\boldsymbol{\pi}_0 (\boldsymbol{I}-\boldsymbol{D}_0)^{-1} \sum_{h=0}^{\infty}\sum_{k=1}^{\infty}\sum_{i=1}^{n} \boldsymbol{D}_i \boldsymbol{A}_{n-i}^{(h)} g_{h+k} s^k.
\end{aligned}
$$

再对 n 取母函数, 给出

$$
\begin{aligned}
\boldsymbol{r}_1^*(z,s) &= \sum_{n=1}^{\infty} z^n \boldsymbol{r}_1^*(n,s) \\
&= \frac{1}{R}\boldsymbol{\pi}_0 (\boldsymbol{I}-\boldsymbol{D}_0)^{-1} \sum_{u=0}^{\infty}\sum_{k=1}^{\infty}\sum_{i=1}^{\infty}\sum_{n=i}^{\infty} \boldsymbol{D}_i \boldsymbol{A}_{n-i}^{(u)} g_{u+k} z^n s^k \\
&= \frac{1}{R}\boldsymbol{\pi}_0 (\boldsymbol{I}-\boldsymbol{D}_0)^{-1} [\boldsymbol{D}(z)-\boldsymbol{D}_0] \sum_{u=0}^{\infty}\sum_{k=1}^{\infty} \boldsymbol{A}^{(u)}(z) g_{u+k} s^k. \qquad (7.2.7)
\end{aligned}
$$

注意到

$$
\begin{aligned}
&\boldsymbol{A}(z) = \sum_{k=0}^{\infty} g_k \boldsymbol{A}^{(k)}(z) = \sum_{k=0}^{\infty} g_k \boldsymbol{D}^k(z), \\
&\boldsymbol{A}^{(u+k)}(z) = \boldsymbol{D}^{u+k}(z) = \boldsymbol{A}^{(u)}(z)\boldsymbol{A}^{(k)}(z).
\end{aligned}
$$

经计算可给出

$$
\begin{aligned}
&\sum_{u=0}^{\infty}\sum_{k=1}^{\infty} \boldsymbol{A}^{(u)}(z) g_{u+k} s^k \\
&= \sum_{u=0}^{\infty}\sum_{h=u+1}^{\infty} \boldsymbol{A}^{(u)}(z) g_h s^{h-u} \\
&= \sum_{h=1}^{\infty} g_h s^h \sum_{u=0}^{h-1} \left[\frac{\boldsymbol{D}(z)}{s}\right]^u \\
&= \sum_{h=1}^{\infty} g_h \left[s^h \boldsymbol{I} - \boldsymbol{D}^h(z)\right] (s\boldsymbol{I}-\boldsymbol{D}(z))^{-1} s \\
&= (G(s)\boldsymbol{I}-\boldsymbol{A}(z)) (s\boldsymbol{I}-\boldsymbol{D}(z))^{-1} s.
\end{aligned}
$$

这一结果代入 (7.2.7), 有

$$
\begin{aligned}
\boldsymbol{r}_1^*(z,s) &= \frac{1}{R}\boldsymbol{\pi}_0 (\boldsymbol{I}-\boldsymbol{D}_0)^{-1} [\boldsymbol{D}(z)-\boldsymbol{D}_0] \\
&\quad \times (G(s)\boldsymbol{I}-\boldsymbol{A}(z)) (s\boldsymbol{I}-\boldsymbol{D}(z))^{-1} s. \qquad (7.2.8)
\end{aligned}
$$

情况 2. 我们关注的任意时刻落在忙期第 2 或更晚的服务期间内. 通过与情况 1 类似的讨论, 可以得到

$$
\boldsymbol{r}_2^*(z,s) = \frac{1}{R} (\boldsymbol{X}(z)-\boldsymbol{\pi}_0) (G(s)\boldsymbol{I}-\boldsymbol{A}(z)) (s\boldsymbol{I}-\boldsymbol{D}(z))^{-1} s. \qquad (7.2.9)
$$

对无限容量 D-BMAP/G/1, 分别以 $\boldsymbol{X}(z), \boldsymbol{Y}(z)$ 表示离去时刻, 任意时刻的稳态分布母函数向量, 即

$$\boldsymbol{X}(z)=\sum_{n=0}^{\infty} z^{n} \boldsymbol{\pi}_{n}, \quad \boldsymbol{Y}(z)=\sum_{n=0}^{\infty} z^{n} \boldsymbol{y}_{n}.$$

由 $\boldsymbol{r}_1^*(z,s), \boldsymbol{r}_2^*(z,s)$ 的定义, 应用 (7.2.8) 和 (7.2.9), 有

$$\begin{aligned}\boldsymbol{Y}(z)=&\boldsymbol{y}_0+\boldsymbol{r}_1^*(z,1)+\boldsymbol{r}_2^*(z,1)\\=&\frac{1}{R}\boldsymbol{\pi}_0\left(\boldsymbol{I}-\boldsymbol{D}_0\right)^{-1}\boldsymbol{A}(z)\\&+\frac{1}{R}\boldsymbol{X}(z)\left(\boldsymbol{I}-\boldsymbol{A}(z)\right)\left(\boldsymbol{I}-\boldsymbol{D}(z)\right)^{-1}.\end{aligned}\tag{7.2.10}$$

现在, 由 (7.2.6) 出发, 注意到

$$\boldsymbol{B}(z)=\frac{1}{z}\left(\boldsymbol{I}-\boldsymbol{D}_0\right)^{-1}\left[\boldsymbol{D}(z)-\boldsymbol{D}_0\right]\boldsymbol{A}(z),$$

有

$$\begin{aligned}\boldsymbol{X}(z)\left(z\boldsymbol{I}-\boldsymbol{A}(z)\right)&=\boldsymbol{\pi}_0\left(z\boldsymbol{B}(z)-\boldsymbol{A}(z)\right)\\=&\boldsymbol{\pi}_0\left[\left(\boldsymbol{I}-\boldsymbol{D}_0\right)^{-1}\left[\boldsymbol{D}(z)-\boldsymbol{D}_0\right]-\boldsymbol{I}\right]\boldsymbol{A}(z)\\=&\boldsymbol{\pi}_0\left(\boldsymbol{I}-\boldsymbol{D}_0\right)^{-1}\left(\boldsymbol{D}(z)-\boldsymbol{I}\right)\boldsymbol{A}(z).\end{aligned}$$

因为 $(\boldsymbol{I}-\boldsymbol{D}(z))$ 与 $\boldsymbol{A}(z)$ 的乘法是可交换的, 因此, 有

$$-\boldsymbol{\pi}_0\left(\boldsymbol{I}-\boldsymbol{D}_0\right)^{-1}\boldsymbol{A}(z)=\boldsymbol{X}(z)\left(z\boldsymbol{I}-\boldsymbol{A}(z)\right)\left(\boldsymbol{I}-\boldsymbol{D}(z)\right)^{-1}.$$

这一结果代入 (7.2.10), 可得到 $\boldsymbol{Y}(z)$ 与 $\boldsymbol{X}(z)$ 的简单关系式

$$\begin{aligned}\boldsymbol{Y}(z)=&\frac{1}{R}\boldsymbol{X}(z)\left(\boldsymbol{I}-\boldsymbol{A}(z)\right)\left(\boldsymbol{I}-\boldsymbol{D}(z)\right)^{-1}\\&-\frac{1}{R}\boldsymbol{X}(z)\left(z\boldsymbol{I}-\boldsymbol{A}(z)\right)\left(\boldsymbol{I}-\boldsymbol{D}(z)\right)^{-1}\\=&\frac{1}{R}\boldsymbol{X}(z)(1-z)\left(\boldsymbol{I}-\boldsymbol{D}(z)\right)^{-1}.\end{aligned}$$

由此给出

$$\begin{aligned}&\boldsymbol{Y}(z)\left(\boldsymbol{I}-\boldsymbol{D}_0\right)\\=&\boldsymbol{Y}(z)\left[\boldsymbol{D}(z)-\boldsymbol{D}_0\right]+\frac{1}{R}(1-z)\boldsymbol{X}(z)\\=&\boldsymbol{Y}(z)\sum_{n=1}^{\infty}z^n\boldsymbol{D}_n+\frac{1}{R}(1-z)\boldsymbol{X}(z).\end{aligned}\tag{7.2.11}$$

比较 (7.2.11) 两端 z^k 的系数向量, 得到

$$\boldsymbol{y}_0 = \frac{1}{R}\boldsymbol{\pi}_0 (\boldsymbol{I} - \boldsymbol{D}_0)^{-1},$$

$$\boldsymbol{y}_{n+1} = \left[\sum_{i=0}^{n} \boldsymbol{y}_i \boldsymbol{D}_{n+1-i} + \frac{1}{R}(\boldsymbol{\pi}_n - \boldsymbol{\pi}_{n+1})\right] (\boldsymbol{I} - \boldsymbol{D}_0)^{-1}, \quad 0 \leqslant n \leqslant N-1.$$

最后, 注意到对无限容量系统, 有

$$\sum_{n=0}^{\infty} \boldsymbol{y}_n = \widetilde{\boldsymbol{\pi}}.$$

对有限容量系统, 给出

$$\boldsymbol{y}_N = \widetilde{\boldsymbol{\pi}} - \sum_{n=0}^{N-1} \boldsymbol{y}_n.$$

这就完成了定理的证明. □

对有限容量系统, 一个重要的指标是消失概率 P_b, 即稳态下一顾客遭到拒绝的概率. P_b 等于稳态下任意时刻遭到拒绝的顾客平均数与该时刻到达顾客的平均数之比, 即

$$P_b = \frac{\displaystyle\sum_{n=0}^{N}\sum_{k=1}^{\infty}(k-N+n)^+ \boldsymbol{y}_n \boldsymbol{D}_k \boldsymbol{e}}{\widetilde{\boldsymbol{\pi}}\left(\displaystyle\sum_{k=1}^{\infty} k\boldsymbol{D}_k\right)\boldsymbol{e}} = \frac{1}{\lambda}\sum_{n=0}^{N}\sum_{k=1}^{\infty}(k-N+n)^+ \boldsymbol{y}_n \boldsymbol{D}_k \boldsymbol{e},$$

式中

$$(k-N+n)^+ = \max(0, k-N+n).$$

§7.3 服务员休假 D-MAP/G/1/N+1 排队

7.3.1 模型与基本方程

本节讨论服务员休假的 D-MAP/G/1/N+1, 为了突出分析思想和方法, 假定输入是离散时间单个到达的 Markov 过程 (D-MAP). 对成批到达 (D-BMAP) 模型, 本节的分析方法仍然适用, 只是在记号和推导上更加复杂. 综合使用补充变量和嵌入 MC 技术, 对空竭服务多重或单重休假策略的模型, 给出一个统一的处理. 本节主要取材于文献 (Gupta et al., 2007).

考虑一个晚到有延迟入口的单服务台有限容量排队, 顾客到达形成一个 D-MAP. 具体地, 到达过程受一个 m 位相 MC 控制, 以概率 $(\boldsymbol{D}_0)_{ij}$, 在一个时隙上发生到达位相从 i 到 j 的转移, 并且无顾客到达; 以概率 $(\boldsymbol{D}_1)_{ij}$, 在一个时隙上发生位相 i 到 j 的转移, 并且伴随着一个顾客到达. $(\boldsymbol{D}_0, \boldsymbol{D}_1)$ 是 D-MAP 的表征矩阵, $\boldsymbol{D}_0 + \boldsymbol{D}_1$ 是一个随机阵, 满足 $(\boldsymbol{D}_0 + \boldsymbol{D}_1)\boldsymbol{e} = \boldsymbol{e}$. 位相过程有平稳概率向量 $\tilde{\boldsymbol{\pi}}$, 满足 $\tilde{\boldsymbol{\pi}}(\boldsymbol{D}_0 + \boldsymbol{D}_1) = \tilde{\boldsymbol{\pi}}$ 和 $\tilde{\boldsymbol{\pi}}\boldsymbol{e} = 1$. 系统是混合制的, 既有等待也有消失, 系统容量为 $N+1$(包含正在服务的顾客). 可以采用多重休假或单重休假两种策略之一. 我们将引入一个示性函数 $\delta_M, \delta_M = 0$ 或 1, 分别对应于单重或多重休假模型.

相继的服务时间和相继的休假长度, 两者都是独立同分布的, 并独立于到达过程. 服务时间 S 和休假长度 V 有一般分布和母函数

$$P\{S=k\} = s_k, \quad k \geqslant 1, \quad S(z) = \sum_{k=1}^{\infty} z^k s_k;$$

$$P\{V=k\} = v_k, \quad k \geqslant 1, \quad V(z) = \sum_{k=1}^{\infty} z^k v_k.$$

首先, 使用补充变量方法, 在任意时隙分点 t 的前夕 t^- 处考察系统的状态. 引入状态变量

$$\begin{aligned}
L_t^- &= \text{时刻 } t^- \text{ 处排队等待顾客数 (不包含正在服务者)},\\
J_t^- &= \text{时刻 } t^- \text{ 的到达过程位相},\\
U_t^- &= \text{时刻 } t^- \text{ 处的剩余服务时间},\\
V_t^- &= \text{时刻 } t^- \text{ 处的剩余休假时间},\\
\xi_t^- &= \begin{cases} 2, & \text{时刻 } t^- \text{ 服务员忙},\\ 1, & \text{时刻 } t^- \text{ 服务员休假},\\ 0, & \text{时刻 } t^- \text{ 服务员空闲}. \end{cases}
\end{aligned}$$

定义下列瞬态联合概率

$$\begin{aligned}
\pi_i(n,u,t) &= P\{L_t^- = n, J_t^- = i, U_t^- = u, \xi_t^- = 2\}, \quad 0 \leqslant n \leqslant N, u \geqslant 0,\\
\omega_i(n,u,t) &= P\{L_t^- = n, J_t^- = i, V_t^- = u, \xi_t^- = 1\}, \quad 0 \leqslant n \leqslant N, u \geqslant 0,\\
\nu_i(0,t) &= P\{L_t^- = 0, J_t^- = i, \xi_t^- = 0\}.
\end{aligned}$$

当 $t \to \infty$ 时, 在稳态下, 有 $\pi_i(n,u,t) \to \pi_i(n,u), \omega_i(n,u,t) \to \omega_i(n,u), \nu_i(0,t) \to \nu_i(0)$. 引入下列状态向量及其向量母函数

$$\boldsymbol{\pi}(n,u) = (\pi_1(n,u), \cdots, \pi_m(n,u)),$$

$$\boldsymbol{\omega}(n,u)=(\omega_1(n,u),\cdots,\omega_m(n,u)),$$
$$\boldsymbol{\nu}(0)=(\nu_1(0),\cdots,\nu_m(0)),$$
$$\boldsymbol{\pi}^*(n,z)=\sum_{u=0}^{\infty}z^u\boldsymbol{\pi}(n,u),\quad \boldsymbol{\omega}^*(n,z)=\sum_{u=0}^{\infty}z^u\boldsymbol{\omega}(n,u).$$

$\boldsymbol{\pi}(n)=\boldsymbol{\pi}^*(n,1)$ 是稳态下任意时刻服务员忙且系统中有 n 个顾客的概率向量; $\boldsymbol{\omega}(n)=\boldsymbol{\omega}^*(n,1)$ 是服务员休假且系统中有 n 个顾客的概率向量; $\boldsymbol{\nu}(0)$ 是稳态下任意时刻系统处在闲期的概率向量.

在相邻两时刻 t^- 与 $(t+1)^-$ 处的系统状态之间, 考虑各种可能的转移, 对 $u\geqslant 1$, 可建立下列稳态方程

$$\begin{aligned}\boldsymbol{\pi}(0,u-1)=&\boldsymbol{\pi}(0,u)\boldsymbol{D}_0+\boldsymbol{\pi}(1,0)\boldsymbol{D}_0s_u+\boldsymbol{\pi}(0,0)\boldsymbol{D}_1s_u\\&+\boldsymbol{\omega}(1,0)\boldsymbol{D}_0s_u+\boldsymbol{\omega}(0,0)\boldsymbol{D}_1s_u\\&+(1-\delta_M)\boldsymbol{\nu}(0)\boldsymbol{D}_1s_u,\end{aligned}\tag{e-1}$$

$$\begin{aligned}\boldsymbol{\pi}(n,u-1)=&\boldsymbol{\pi}(n,u)\boldsymbol{D}_0+\boldsymbol{\pi}(n,0)\boldsymbol{D}_1s_u+\boldsymbol{\omega}(n,0)\boldsymbol{D}_1s_u\\&+\boldsymbol{\pi}(n-1,u)\boldsymbol{D}_1+\boldsymbol{\omega}(n+1,0)\boldsymbol{D}_0s_u\\&+\boldsymbol{\pi}(n+1,0)\boldsymbol{D}_0s_u,\quad 1\leqslant n\leqslant N-2,\end{aligned}\tag{e-2}$$

$$\begin{aligned}\boldsymbol{\pi}(N-1,u-1)=&\boldsymbol{\pi}(N-1,u)\boldsymbol{D}_0+\boldsymbol{\pi}(N,0)(\boldsymbol{D}_0+\boldsymbol{D}_1)\\&+\boldsymbol{\omega}(N-1,0)\boldsymbol{D}_1s_u+\boldsymbol{\omega}(N,0)(\boldsymbol{D}_0+\boldsymbol{D}_1)s_u\\&+\boldsymbol{\pi}(N-2,u)\boldsymbol{D}_1+\boldsymbol{\pi}(N-1,0)\boldsymbol{D}_1s_u,\end{aligned}\tag{e-3}$$

$$\boldsymbol{\pi}(N,u-1)=\boldsymbol{\pi}(N,u)(\boldsymbol{D}_0+\boldsymbol{D}_1)+\boldsymbol{\pi}(N-1,u)\boldsymbol{D}_1,\tag{e-4}$$

$$\boldsymbol{\omega}(0,u-1)=\boldsymbol{\omega}(0,u)\boldsymbol{D}_0+\delta_M\boldsymbol{\omega}(0,0)\boldsymbol{D}_0v_u+\boldsymbol{\pi}(0,0)\boldsymbol{D}_0v_u,\tag{e-5}$$

$$\boldsymbol{\omega}(n,u-1)=\boldsymbol{\omega}(n,u)\boldsymbol{D}_0+\boldsymbol{\omega}(n-1,u)\boldsymbol{D}_1,\quad 1\leqslant n\leqslant N-1,\tag{e-6}$$

$$\boldsymbol{\omega}(N,u-1)=\boldsymbol{\omega}(N,u)(\boldsymbol{D}_0+\boldsymbol{D}_1)+\boldsymbol{\omega}(N-1,u)\boldsymbol{D}_1,\tag{e-7}$$

$$\boldsymbol{\nu}(0)=\boldsymbol{\nu}(0)\boldsymbol{D}_0+\boldsymbol{\omega}(0,0)\boldsymbol{D}_0,\tag{e-8}$$

对多重休假模型, 方程 (e-8) 将不出现, 因为系统中无闲期. 方程 (e-1) 到 (e-7) 两端乘 z^u, 对 $u=1$ 到 $u=\infty$ 求和, 给出

$$\begin{aligned}z\boldsymbol{\pi}^*(0,z)=&[\boldsymbol{\pi}^*(0,z)-\boldsymbol{\pi}(0,0)]\boldsymbol{D}_0+\boldsymbol{\pi}(1,0)\boldsymbol{D}_0S(z)\\&+\boldsymbol{\pi}(0,0)\boldsymbol{D}_1S(z)+\boldsymbol{\omega}(1,0)\boldsymbol{D}_0S(z)\\&+\boldsymbol{\omega}(0,0)\boldsymbol{D}_1S(z)+(1-\delta_M)\boldsymbol{\nu}(0)\boldsymbol{D}_1S(z),\end{aligned}\tag{g-1}$$

$$\begin{aligned}z\boldsymbol{\pi}^*(n,z)=&[\boldsymbol{\pi}^*(n,z)-\boldsymbol{\pi}(n,0)]\boldsymbol{D}_0+\boldsymbol{\pi}(n+1,0)\boldsymbol{D}_0S(z)\\&+[\boldsymbol{\pi}^*(n-1,z)-\boldsymbol{\pi}(n-1,0)]\boldsymbol{D}_1\\&+\boldsymbol{\pi}(n,0)\boldsymbol{D}_1S(z)+\boldsymbol{\omega}(n+1,0)\boldsymbol{D}_0S(z)\end{aligned}$$

$$+ \boldsymbol{\omega}(n,0)\boldsymbol{D}_1 S(z), \quad 1 \leqslant n \leqslant N-2, \tag{g-2}$$

$$\begin{aligned} z\boldsymbol{\pi}^*(N-1,z) =& [\boldsymbol{\pi}^*(N,z) - \boldsymbol{\pi}(N,0)](\boldsymbol{D}_0 + \boldsymbol{D}_1) \\ &+ (\boldsymbol{\pi}(N,0) + \boldsymbol{\omega}(N,0))(\boldsymbol{D}_0 + \boldsymbol{D}_1)S(z) \\ &+ [\boldsymbol{\pi}(N-1,0) + \boldsymbol{\omega}(N-1,0)]\boldsymbol{D}_1 S(z) \\ &+ [\boldsymbol{\pi}^*(N-2,z) - \boldsymbol{\pi}(N-2,0)]\boldsymbol{D}_1, \end{aligned} \tag{g-3}$$

$$\begin{aligned} z\boldsymbol{\pi}^*(N,z) =& [\boldsymbol{\pi}^*(N,z) - \boldsymbol{\pi}(N,0)](\boldsymbol{D}_0 + \boldsymbol{D}_1) \\ &+ [\boldsymbol{\pi}^*(N-1,z) - \boldsymbol{\pi}(N-1,0)]\boldsymbol{D}_1, \end{aligned} \tag{g-4}$$

$$\begin{aligned} z\boldsymbol{\omega}^*(0,z) =& [\boldsymbol{\omega}^*(0,z) - \boldsymbol{\omega}(0,0)]\boldsymbol{D}_0 + \delta_M \boldsymbol{\omega}(0,0)\boldsymbol{D}_0 V(z) \\ &+ \boldsymbol{\pi}(0,0)\boldsymbol{D}_0 V(z), \end{aligned} \tag{g-5}$$

$$\begin{aligned} z\boldsymbol{\omega}^*(n,z) =& [\boldsymbol{\omega}^*(n,z) - \boldsymbol{\omega}(n,0)]\boldsymbol{D}_0 \\ &+ [\boldsymbol{\omega}^*(n-1,z) - \boldsymbol{\omega}(n-1,0)]\boldsymbol{D}_1, \quad 1 \leqslant n \leqslant N-1, \end{aligned} \tag{g-6}$$

$$\begin{aligned} z\boldsymbol{\omega}^*(N,z) =& [\boldsymbol{\omega}^*(N,z) - \boldsymbol{\omega}(N,0)](\boldsymbol{D}_0 + \boldsymbol{D}_1) \\ &+ [\boldsymbol{\omega}^*(N-1,z) - \boldsymbol{\omega}(N-1,0)]\boldsymbol{D}_1. \end{aligned} \tag{g-7}$$

此外, 还满足正规化条件

$$\sum_{n=0}^{N} [\boldsymbol{\pi}(n) + \boldsymbol{\omega}(n)] + (1-\delta_M)\boldsymbol{\nu}(0) = \widetilde{\boldsymbol{\pi}},$$

$$\left\{ \sum_{n=0}^{N} [\boldsymbol{\pi}(n) + \boldsymbol{\omega}(n)] + (1-\delta_M)\boldsymbol{\nu}(0) \right\} \boldsymbol{e} = 1.$$

在上述方程的基础上, 首先导出一些简单的关系式, 它们将在下文中用于沟通各种时刻状态概率之间的联系.

引理 7.3.1 稳态下任何时隙上, 进入休假状态和离开休假状态有相同的概率, 即

$$\{\boldsymbol{\pi}(0,0) + \delta_M \boldsymbol{\omega}(0,0)\}\boldsymbol{D}_0 \boldsymbol{e} = \sum_{n=0}^{N} \boldsymbol{\omega}(n,0)\boldsymbol{e}.$$

证明 在 (g-5) ~ (g-7) 中取 $z=1$, 得到

$$\begin{aligned} \boldsymbol{\omega}(0) =& [\boldsymbol{\omega}(0) - \boldsymbol{\omega}(0,0)]\boldsymbol{D}_0 + \delta_M \boldsymbol{\omega}(0,0)\boldsymbol{D}_0 + \boldsymbol{\pi}(0,0)\boldsymbol{D}_0, \\ \boldsymbol{\omega}(n) =& [\boldsymbol{\omega}(n) - \boldsymbol{\omega}(n,0)]\boldsymbol{D}_0 + [\boldsymbol{\omega}(n-1) - \boldsymbol{\omega}(n-1,0)]\boldsymbol{D}_1, \\ & \qquad 1 \leqslant n \leqslant N-1, \\ \boldsymbol{\omega}(N) =& [\boldsymbol{\omega}(N) - \boldsymbol{\omega}(N,0)](\boldsymbol{D}_0 + \boldsymbol{D}_1) \\ &+ [\boldsymbol{\omega}(N-1) - \boldsymbol{\omega}(N-1,0)]\boldsymbol{D}_1. \end{aligned}$$

用向量 $\boldsymbol{e}$ 右乘上述诸式, 再将所有等式两端相加, 经简单运算给出引理的结论. □

引理 7.3.2 以 b 表示稳态下任意时刻服务员忙的概率, 有

$$\sum_{n=0}^{N}\boldsymbol{\pi}(n)\boldsymbol{e}=E(S)\sum_{n=0}^{N}\boldsymbol{\pi}(n,0)\boldsymbol{e}=b,$$

$$\sum_{n=0}^{N}\boldsymbol{\omega}(n)\boldsymbol{e}+(1-\delta_M)\boldsymbol{\nu}(0)\boldsymbol{e}$$

$$=E(V)\sum_{n=0}^{N}\boldsymbol{\omega}(n,0)\boldsymbol{e}+(1-\delta_M)\boldsymbol{\nu}(0)\boldsymbol{e}=1-b.$$

证明 (g-1)~(g-4) 及 (e-8) 右乘 $\boldsymbol{e}$, 诸式相加并应用引理 7.3.1 的结果, 给出

$$\sum_{n=0}^{N}\boldsymbol{\pi}^*(n,z)\boldsymbol{e}=\frac{S(z)-1}{z-1}\sum_{n=0}^{N}\boldsymbol{\pi}(n,0)\boldsymbol{e}.$$

令 $z\to 1$, 使用 L'Hospital 法则, 得到引理中第一个结论.

等式 (g-5)~(g-7) 右乘 $\boldsymbol{e}$, 使用引理 7.3.1, 类似地得到

$$\sum_{n=0}^{N}\boldsymbol{\omega}^*(n,z)\boldsymbol{e}=\frac{V(z)-1}{z-1}\sum_{n=0}^{N}\boldsymbol{\omega}(n,0)\boldsymbol{e}.$$

令 $z\to 1$, 并使用正规化条件, 给出引理的第二个结论. □

引理 7.3.2 的结论有明确的概率解释. $\sum\limits_{n=0}^{N}\boldsymbol{\pi}(n,0)\boldsymbol{e}$ 是每个时隙上完成服务顾客的平均数, 乘以 $E(S)$, 给出该时隙上服务台忙的概率. 类似地, $\sum\limits_{n=0}^{N}\boldsymbol{\omega}(n,0)\boldsymbol{e}$ 表示每个时隙上结束休假的平均数, 乘以 $E(V)$ 给出服务员休假的概率. $1-b$ 是服务员未被用于顾客服务的概率. 在多重休假系统中, 未被用于服务的服务员必处在休假期; 在单重休假系统中, 可能处在休假期或者闲期.

7.3.2 各种时刻队长分布

首先关注离去后时刻的队长和位相过程. 为此, 我们引入嵌入在离去时刻的 MC$\{(L^+(k),J^+(k)),k\geqslant 1\}$. 矩阵 $\boldsymbol{A}_n^{(k)}$ 和 $\boldsymbol{A}_n$ 的定义与 (7.2.1) 和 (7.2.2) 相同. 对于 D-MAP, $\boldsymbol{D}(z)=\boldsymbol{D}_0+z\boldsymbol{D}_1$, 因此, 有

$$\boldsymbol{A}^{(k)}(z)=\sum_{n=0}^{\infty}z^n\boldsymbol{A}_n^{(k)}=(\boldsymbol{D}_0+z\boldsymbol{D}_1)^k,$$

$$\boldsymbol{A}(z)=\sum_{n=0}^{\infty}z^n\boldsymbol{A}_n=\sum_{k=1}^{\infty}(\boldsymbol{D}_0+z\boldsymbol{D}_1)^k s_k.$$

类似地, 矩阵 $\boldsymbol{B}_n^{(k)}$ 的元素 $\left(\boldsymbol{B}_n^{(k)}\right)_{ij}$ 是已知一离去发生在到达位相 i, 并且离去后系统是空的条件下, 在随后开始的长为 k 个时隙的休假期间内到达 n 个顾客, 并且这次休假结束于到达位相 j 上的条件概率. 又记

$$\boldsymbol{B}_n = \sum_{k=1}^{\infty} \nu_k \boldsymbol{B}_n^{(k)}, \quad n \geqslant 0.$$

于是, 有

$$\boldsymbol{B}^{(k)}(z) = \sum_{n=0}^{\infty} z^n \boldsymbol{B}_n^{(k)} = (\boldsymbol{D}_0 + z\boldsymbol{D}_1)^k,$$

$$\boldsymbol{B}(z) = \sum_{n=0}^{\infty} z^n \boldsymbol{B}_n = \sum_{k=1}^{\infty} \nu_k (\boldsymbol{D}_0 + z\boldsymbol{D}_1)^k.$$

为了给出 $\boldsymbol{A}_n, \boldsymbol{B}_n$, 需要计算 $\boldsymbol{A}_n^{(k)}$ 和 $\boldsymbol{B}_n^{(k)}$. 容易验证, 它们满足下列递推程序

$$\begin{aligned}
\boldsymbol{A}_n^{(k)} &= \boldsymbol{D}_0 \boldsymbol{A}_n^{(k-1)} + \boldsymbol{D}_1 \boldsymbol{A}_{n-1}^{(k-1)}, \quad k \geqslant 1, n \geqslant 0, \\
\boldsymbol{B}_n^{(k)} &= \boldsymbol{D}_0 \boldsymbol{B}_n^{(k-1)} + \boldsymbol{D}_1 \boldsymbol{B}_{n-1}^{(k-1)}, \quad k \geqslant 1, n \geqslant 0,
\end{aligned}$$

其中 $\boldsymbol{A}_0^{(0)} = \boldsymbol{B}_0^{(0)} = \boldsymbol{I}, \boldsymbol{A}_{-1}^{(k)} = \boldsymbol{B}_{-1}^{(k)} = \boldsymbol{0}$, 并约定 $n > k \geqslant 0$ 时, 有 $\boldsymbol{A}_n^{(k)} = \boldsymbol{B}_n^{(k)} = \boldsymbol{0}$. 这是计算 $\boldsymbol{A}_n^{(k)}$ 和 $\boldsymbol{B}_n^{(k)}$ 的有效算法.

在多重休假系统中, 矩阵 $\boldsymbol{\Phi}_n$ 的元素 $(\boldsymbol{\Phi}_n)_{ij}$ 是已知休假始于到达位相 i 条件下, 在整个休假过程中 (可能有多个休假时间连接而成) 恰好到达 n 个顾客, 并且新的忙期从位相 j 开始的条件概率. 有

$$\boldsymbol{\Phi}_n = \sum_{l=0}^{\infty} \boldsymbol{B}_0^l \boldsymbol{B}_n = (\boldsymbol{I} - \boldsymbol{B}_0)^{-1} \boldsymbol{B}_n, \quad 1 \leqslant n \leqslant N-1,$$

$$\boldsymbol{\Phi}_N = \sum_{l=0}^{\infty} \boldsymbol{B}_0^l \widehat{\boldsymbol{B}}_N = (\boldsymbol{I} - \boldsymbol{B}_0)^{-1} \widehat{\boldsymbol{B}}_N,$$

其中

$$\widehat{\boldsymbol{B}}_N = \sum_{n=N}^{\infty} \boldsymbol{B}_n.$$

在单重休假系统中, 引入 m 阶方阵 $\overline{\boldsymbol{D}}^{(k)}$, 它的元素 $(\overline{\boldsymbol{D}}^{(k)})_{ij}$ 是已知一次休假结束时系统是空的 (服务员进入闲期), 并且到达过程在位相 i 上的条件下, 下一个到达发生于其后的 k 个时隙末端, 并且到达位相为 j 的条件概率. 因此

$$\overline{\boldsymbol{D}}^{(k)} = \boldsymbol{D}_0^{k-1} \boldsymbol{D}_1, \quad k \geqslant 1.$$

以 $\overline{\boldsymbol{D}}$ 表示由于一个顾客到达, 导致闲期结束的矩阵, 则

$$\overline{\boldsymbol{D}} = \sum_{k=1}^{\infty} \overline{\boldsymbol{D}}^{(k)} = \sum_{k=1}^{\infty} \boldsymbol{D}_0^{k-1}\boldsymbol{D}_1 = (\boldsymbol{I} - \boldsymbol{D}_0)^{-1}\boldsymbol{D}_1.$$

综上, 离去时刻的 MC $\{(L^+(k), J^+(k)), k \geqslant 1\}$ 有转移概率阵

$$\widetilde{\boldsymbol{P}} = \begin{bmatrix} \boldsymbol{Q}_0 & \boldsymbol{Q}_1 & \boldsymbol{Q}_2 & \cdots & \boldsymbol{Q}_{N-1} & \boldsymbol{Q}_N \\ \boldsymbol{A}_0 & \boldsymbol{A}_1 & \boldsymbol{A}_2 & \cdots & \boldsymbol{A}_{N-1} & \widehat{\boldsymbol{A}}_N \\ \boldsymbol{0} & \boldsymbol{A}_0 & \boldsymbol{A}_1 & \cdots & \boldsymbol{A}_{N-2} & \widehat{\boldsymbol{A}}_{N-1} \\ \boldsymbol{0} & \boldsymbol{0} & \boldsymbol{A}_0 & \cdots & \boldsymbol{A}_{N-3} & \widehat{\boldsymbol{A}}_{N-2} \\ \vdots & \vdots & \vdots & & \vdots & \vdots \\ \boldsymbol{0} & \boldsymbol{0} & \boldsymbol{0} & \cdots & \boldsymbol{A}_1 & \widehat{\boldsymbol{A}}_2 \\ \boldsymbol{0} & \boldsymbol{0} & \boldsymbol{0} & \cdots & \boldsymbol{A}_0 & \widehat{\boldsymbol{A}}_1 \end{bmatrix}, \tag{7.3.1}$$

其中

$$\widehat{\boldsymbol{A}}_n = \sum_{i=n}^{\infty} \boldsymbol{A}_i,$$

$$\begin{aligned} \boldsymbol{Q}_j &= (1-\delta_M)\boldsymbol{B}_0\overline{\boldsymbol{D}}\boldsymbol{A}_j \\ &\quad + \sum_{k-1}^{j+1}\{(1-\delta_M)\boldsymbol{B}_k + \delta_M\boldsymbol{\Phi}_k\}\boldsymbol{A}_{j+1-k}, \quad 0 \leqslant j \leqslant N-2, \end{aligned}$$

$$\begin{aligned} \boldsymbol{Q}_{N-1} &= (1-\delta_M)\boldsymbol{B}_0\overline{\boldsymbol{D}}\boldsymbol{A}_{N-1} + \sum_{k-1}^{N-1}\{(1-\delta_M)\boldsymbol{B}_k + \delta_M\boldsymbol{\Phi}_k\}\boldsymbol{A}_{N-k} \\ &\quad + \left\{(1-\delta_M)\widehat{\boldsymbol{B}}_N + \delta_M\boldsymbol{\Phi}_N\right\}\boldsymbol{A}_0, \end{aligned}$$

$$\begin{aligned} \boldsymbol{Q}_N &= (1-\delta_M)\boldsymbol{B}_0\overline{\boldsymbol{D}}\widehat{\boldsymbol{A}}_N + \sum_{k=1}^{N-1}\{(1-\delta_M)\boldsymbol{B}_k + \delta_M\boldsymbol{\Phi}_k\}\widehat{\boldsymbol{A}}_{N+1-k} \\ &\quad + \left\{(1-\delta_M)\widehat{\boldsymbol{B}}_N + \delta_M\boldsymbol{\Phi}_N\right\}\widehat{\boldsymbol{A}}_1. \end{aligned}$$

注意到 (7.3.1) 与无休假系统转移概率阵 (7.2.4) 的区别仅在于第一行有不同的子块. 以 $\boldsymbol{p}^+(n), 0 \leqslant n \leqslant N$ 表示休假排队 D-MAP/G/1/N+1 中离去时刻的稳态队长–位相分布向量, 其中

$$\begin{aligned} \boldsymbol{p}^+(n) &= \left(p_1^+(n), \cdots, p_m^+(n)\right), \quad n = 0, 1, \cdots, N, \\ p_j^+(n) &= \lim_{k\to\infty} P\{L^+(k) = n, J^+(k) = j\}, \quad 0 \leqslant n \leqslant N, 1 \leqslant j \leqslant m. \end{aligned}$$

$\boldsymbol{p}^+ = (\boldsymbol{p}^+(0), \cdots, \boldsymbol{p}^+(N))$ 是转移阵 $\widetilde{\boldsymbol{P}}$ 的平稳概率向量, 并可按 7.2.2 节给出的递推格式进行计算.

下面讨论服务完成时刻 (而不是离去后) 和休假结束时刻系统中顾客数的分布. 引入向量 $\boldsymbol{\pi}^+(n)$ 和 $\boldsymbol{\omega}^+(n)$, $\boldsymbol{\pi}^+(n)$ 的第 i 个分量 $\pi_i^+(n)$ 是服务完成时刻在到达位相 i 上, 并有 n 个顾客在场的概率; $\boldsymbol{\omega}^+(n)$ 的分量 $\omega_i^+(n)$ 是休假结束时刻在位相 i 上, 并有 n 个顾客在场的概率.

注意到服务完成时有 n 个顾客在场, 可分解成两种情况: (1) 服务完成时刻前夕系统中已有 n 个顾客, 并且前一个时隙末端无到达; (2) 服务完成前夕有 $n-1$ 个顾客在场, 并且前一个时隙末端发生一个到达. 使用 Bayes 公式, 有

$$\pi_i^+(n) = \begin{cases} \dfrac{1}{\sigma}\left\{\displaystyle\sum_{j=1}^m \pi_j(n,0)(\boldsymbol{D}_0)_{ji} + \sum_{j=1}^m \pi_j(n-1,0)(\boldsymbol{D}_1)_{ji}\right\}, \\ \qquad\qquad\qquad\qquad 0 \leqslant n \leqslant N-1, \\ \dfrac{1}{\sigma}\left\{\displaystyle\sum_{j=1}^m \pi_j(N,0)(\boldsymbol{D}_0+\boldsymbol{D}_1)_{ji} + \sum_{j=1}^m \pi_j(N-1,0)(\boldsymbol{D}_1)_{ji}\right\}, \\ \qquad\qquad\qquad\qquad n = N, \end{cases}$$

其中, σ 是服务完成或休假结束前夕, 系统中顾客数小于或等于 N 的概率

$$\sigma = \sum_{n=0}^N \{\boldsymbol{\pi}(n,0) + \boldsymbol{\omega}(n,0)\}\boldsymbol{e}.$$

上述表达式可通过对晚到延迟入口系统, 在 t^- 和 t^+ 处对事件的观察给出. 类似地, 可得到 $\omega_i^+(n)$ 的表达式. 写成矩阵和向量形式, 有

$$\begin{aligned} \boldsymbol{\pi}^+(n) &= \frac{1}{\sigma}[\boldsymbol{\pi}(n,0)\boldsymbol{D}_0 + \boldsymbol{\pi}(n-1,0)\boldsymbol{D}_1], \quad 0 \leqslant n \leqslant N-1, \\ \boldsymbol{\pi}^+(N) &= \frac{1}{\sigma}[\boldsymbol{\pi}(N,0)(\boldsymbol{D}_0+\boldsymbol{D}_1) + \boldsymbol{\pi}(N-1,0)\boldsymbol{D}_1], \quad n = N, \\ \boldsymbol{\omega}^+(n) &= \frac{1}{\sigma}[\boldsymbol{\omega}(n,0)\boldsymbol{D}_0 + \boldsymbol{\omega}(n-1,0)\boldsymbol{D}_1], \quad 0 \leqslant n \leqslant N-1, \\ \boldsymbol{\omega}^+(N) &= \frac{1}{\sigma}[\boldsymbol{\omega}(N,0)(\boldsymbol{D}_0+\boldsymbol{D}_1) + \boldsymbol{\omega}(N-1,0)\boldsymbol{D}_1], \quad n = N. \end{aligned} \tag{7.3.2}$$

为计算 $\boldsymbol{\pi}^+(n)$ 和 $\boldsymbol{\omega}^+(n)$, 我们需要表出 σ. 将引理 7.3.2 的结果代入 σ 的表达式, 给出

$$\sigma = \frac{bE(V) + \{1 - b - (1-\delta_M)\boldsymbol{\nu}(0)\boldsymbol{e}\}E(S)}{E(S)E(V)}. \tag{7.3.3}$$

(7.3.3) 中尚有 b 和 $\boldsymbol{\nu}(0)$ 是未知的, 它们将在稍后确定.

现在, 可以通过离去后的稳态分布 $\{\boldsymbol{p}^+(n), 0 \leqslant n \leqslant N\}$ 表出服务完成时刻的分布 $\{\boldsymbol{\pi}^+(n), 0 \leqslant n \leqslant N\}$.

定理 7.3.3 $\boldsymbol{\pi}^+(n)$ 与 $\boldsymbol{p}^+(n)$ 的关系是

$$\boldsymbol{\pi}^+(n) = \frac{bE(V)}{bE(V) + [1 - b - (1 - \delta_M)\boldsymbol{\nu}(0)\boldsymbol{e}]E(S)}\boldsymbol{p}^+(n), \quad 0 \leqslant n \leqslant N. \tag{7.3.4}$$

证明 因为概率向量 $\boldsymbol{\pi}^+(n)$ 与概率向量 $\boldsymbol{p}^+(n)$ 成比例, 有

$$\boldsymbol{p}^+(n) = \frac{\boldsymbol{\pi}^+(n)}{\sum\limits_{n=0}^{N}\boldsymbol{\pi}^+(n)\boldsymbol{e}}, \quad 0 \leqslant n \leqslant N.$$

将 (7.3.2) 的前两式右乘 $\boldsymbol{e}$ 并求和, 得到

$$\begin{aligned}\sum_{n=0}^{N}\boldsymbol{\pi}^+(n)\boldsymbol{e} &= \frac{1}{\sigma}\sum_{n=0}^{N}\boldsymbol{\pi}(n,0)\boldsymbol{e}\\ &= \frac{bE(V)}{bE(V) + [1 - b - (1 - \delta_M)\boldsymbol{\nu}(0)\boldsymbol{e}]E(S)}.\end{aligned}$$

这一结果代入上述 $\boldsymbol{p}^+(n)$ 的表达式给出 (7.3.4). □

进一步, 休假结束时刻的顾客数分布可表示如下.

定理 7.3.4 休假结束时刻的队长–位相分布向量是

$$\begin{aligned}&\boldsymbol{\omega}^+(0) = \boldsymbol{\pi}^+(0)\boldsymbol{B}_0(1 - \delta_M\boldsymbol{B}_0)^{-1},\\ &\boldsymbol{\omega}^+(n) = \{\boldsymbol{\pi}^+(0) + \delta_M\boldsymbol{\omega}^+(0)\}\boldsymbol{B}_n, \quad 1 \leqslant n \leqslant N-1,\\ &\boldsymbol{\omega}^+(N) = \{\boldsymbol{\pi}^+(0) + \delta_M\boldsymbol{\omega}^+(0)\}\widehat{\boldsymbol{B}}_N.\end{aligned} \tag{7.3.5}$$

证明 在使系统变成空闲的服务完成时刻和休假结束时刻观察系统状态, 可以给出

$$\begin{aligned}&\boldsymbol{\omega}^+(n) = \{\boldsymbol{\pi}^+(0) + \delta_M\boldsymbol{\omega}^+(0)\}\boldsymbol{B}_n, \quad 0 \leqslant n \leqslant N-1,\\ &\boldsymbol{\omega}^+(N) = \{\boldsymbol{\pi}^+(0) + \delta_M\boldsymbol{\omega}^+(0)\}\widehat{\boldsymbol{B}}_N.\end{aligned}$$

当 $n = 0$ 时, 代入 $\boldsymbol{B}_0$ 计算得到 (7.3.5) 中第一式. □

下面给出 b (服务员忙的概率) 和 $\boldsymbol{\nu}(0)$ (服务员在闲期的概率向量) 的计算方法.

引理 7.3.5 服务台忙的概率 b 可表为

$$b=\frac{E(S)}{E(S)+\boldsymbol{p}^{+}(0)[(1-\delta_M)\boldsymbol{B}_0(\boldsymbol{I}-\boldsymbol{D}_0)^{-1}+E(V)(\boldsymbol{I}-\delta_M\boldsymbol{B}_0)^{-1}]\boldsymbol{e}}. \qquad (7.3.6)$$

证明 以 $\Theta_B(\Theta_I)$ 表示忙期 (非忙期) 长度, $E(\Theta_B)(E(\Theta_I))$ 是它的数学期望. 由更新循环方法, 有

$$b=\frac{E(\Theta_B)}{E(\Theta_B)+E(\Theta_I)}. \qquad (7.3.7)$$

使用引理 7.3.2 和表达式 (7.3.7), 有

$$\frac{E(\Theta_I)}{E(\Theta_B)}=\frac{1-b}{b}=\frac{(1-\delta_M)\boldsymbol{\nu}(0)\boldsymbol{e}+E(V)\sum\limits_{n=0}^{N}\boldsymbol{\omega}(n,0)\boldsymbol{e}}{E(S)\sum\limits_{n=0}^{N}\boldsymbol{\pi}(n,0)\boldsymbol{e}}.$$

对忙期 Θ_B, 使用类似于 Geom/G/1/N 排队的方法, 可得

$$E(\Theta_B)=\frac{1}{\boldsymbol{p}^{+}(0)\boldsymbol{e}}E(S).$$

代入前式给出

$$E(\Theta_I)=\frac{(1-\delta_M)\boldsymbol{\nu}(0)\boldsymbol{e}+E(V)\sum\limits_{n=0}^{N}\boldsymbol{\omega}(n,0)\boldsymbol{e}}{\boldsymbol{p}^{+}(0)\boldsymbol{e}\sum\limits_{n=0}^{N}\boldsymbol{\pi}(n,0)\boldsymbol{e}}.$$

使用方程 (e-8) 及引理 7.3.1, 上式可写成

$$E(\Theta_I)=\frac{(1-\delta_M)\boldsymbol{\omega}^{+}(0)(\boldsymbol{I}-\boldsymbol{D}_0)^{-1}\boldsymbol{e}+E(V)[\boldsymbol{\pi}(0,0)+\delta_M\boldsymbol{\omega}(0,0)]\boldsymbol{D}_0\boldsymbol{e}}{\boldsymbol{p}^{+}(0)\boldsymbol{e}\sum\limits_{n=0}^{N}\boldsymbol{\pi}^{+}(n)\boldsymbol{e}}.$$

进一步应用 (7.3.5) 的第一式及 $\boldsymbol{p}_n^{+}$ 与 $\boldsymbol{\pi}^{+}(n)$ 的关系, 最后给出

$$E(\Theta_I)=\frac{\boldsymbol{p}^{+}(0)[(1-\delta_M)\boldsymbol{B}_0(\boldsymbol{I}-\boldsymbol{D}_0)^{-1}+E(V)(\boldsymbol{I}-\delta_M\boldsymbol{B}_0)^{-1}]\boldsymbol{e}}{\boldsymbol{p}^{+}(0)\boldsymbol{e}}.$$

将 $E(\Theta_B)$ 与 $E(\Theta_I)$ 代入 (7.3.7), 给出 (7.3.6). □

引理 7.3.6 向量 $\boldsymbol{\nu}(0)$ 可表示为

$$\boldsymbol{\nu}(0)=\frac{b}{E(S)}\boldsymbol{p}^+(0)\boldsymbol{B}_0(\boldsymbol{I}-\boldsymbol{D}_0)^{-1}. \tag{7.3.8}$$

证明 在 (7.3.2) 第三式中令 $n=0$, 并使用方程 (e-8), 有

$$\boldsymbol{\nu}(0)=\sigma\boldsymbol{\omega}^+(0)(\boldsymbol{I}-\boldsymbol{D}_0)^{-1}.$$

进一步使用 (7.3.5) 中第一式及 $\boldsymbol{p}^+(n)$ 与 $\boldsymbol{\pi}^+(n)$ 的关系, 给出

$$\begin{aligned}\boldsymbol{\nu}(0)&=\sigma\sum_{n=0}^{N}\boldsymbol{\pi}^+(n)\boldsymbol{e}\boldsymbol{p}^+(0)\boldsymbol{B}_0(\boldsymbol{I}-\boldsymbol{D}_0)^{-1}\\&=\sum_{n=0}^{N}\boldsymbol{\pi}(n,0)\boldsymbol{e}\boldsymbol{p}^+(0)\boldsymbol{B}_0(\boldsymbol{I}-\boldsymbol{D}_0)^{-1}.\end{aligned}$$

注意到引理 7.3.2, 给出 (7.3.8). □

为了得到稳态下任意时刻的队长–位相分布, 我们建立各种时刻稳态分布间的若干关系式.

在等式 (g-5), (g-6) 中取 $z=1$, 得到

$$\begin{aligned}&\boldsymbol{\omega}(0)(\boldsymbol{I}-\boldsymbol{D}_0)=\boldsymbol{\pi}(0,0)\boldsymbol{D}_0-(1-\delta_M)\boldsymbol{\omega}(0,0)\boldsymbol{D}_0,\\&\boldsymbol{\omega}(n)(\boldsymbol{I}-\boldsymbol{D}_0)=\boldsymbol{\omega}(n-1)\boldsymbol{D}_1-\boldsymbol{\omega}(n,0)\boldsymbol{D}_0-\boldsymbol{\omega}(n-1,0)\boldsymbol{D}_1,\quad 1\leqslant n\leqslant N-1.\end{aligned}$$

这些式子除以 σ, 并使用 (7.3.2) 式, 给出休假期内任意时刻的概率, 它们是用前述服务完成和休假结束时刻的分布表出的

$$\begin{aligned}&\boldsymbol{\omega}(0)=\sigma[\boldsymbol{\pi}^+(0)-(1-\delta_M)\boldsymbol{\omega}^+(0)](\boldsymbol{I}-\boldsymbol{D}_0)^{-1},\\&\boldsymbol{\omega}(n)=[\boldsymbol{\omega}(n-1)\boldsymbol{D}_1-\sigma\boldsymbol{\omega}^+(n)](\boldsymbol{I}-\boldsymbol{D}_0)^{-1},\quad 1\leqslant n\leqslant N-1.\end{aligned} \tag{7.3.9}$$

类似地, 使用方程 (g-1)~(g-3), 并注意到 (7.3.2), 可表出在忙期内任意时刻的分布向量

$$\begin{aligned}\boldsymbol{\pi}(0)=&\{\sigma[\boldsymbol{\pi}^+(1)+\boldsymbol{\omega}^+(0)-\boldsymbol{\pi}^+(0)]\\&+(1-\delta_M)\boldsymbol{\nu}(0)\boldsymbol{D}_1\}(\boldsymbol{I}-\boldsymbol{D}_0)^{-1},\\\boldsymbol{\pi}(n)=&\{\sigma[\boldsymbol{\pi}^+(n+1)+\boldsymbol{\omega}^+(n+1)-\boldsymbol{\pi}^+(n)]\\&+\boldsymbol{\pi}(n-1)\boldsymbol{D}_1\}(\boldsymbol{I}-\boldsymbol{D}_0)^{-1},\quad 1\leqslant n\leqslant N-1.\end{aligned} \tag{7.3.10}$$

对 $n=N$, 因为 $\boldsymbol{I}-(\boldsymbol{D}_0+\boldsymbol{D}_1)$ 是奇异的, 因此不能从 (g-4) 和 (g-7) 直接给出 $\boldsymbol{\pi}(N)$ 和 $\boldsymbol{\omega}(N)$. 但是, 如果能求出行和 $\boldsymbol{\pi}(N)\boldsymbol{e}$ 与 $\boldsymbol{\omega}(N)\boldsymbol{e}$, 即可保证系统关键指标的计算. 由引理 7.3.2, 容易给出

$$\boldsymbol{\pi}(N)\boldsymbol{e} = b - \sum_{n=0}^{N-1} \boldsymbol{\pi}(n)\boldsymbol{e},$$

$$\boldsymbol{\omega}(N)\boldsymbol{e} = 1 - b - (1-\delta_M)\boldsymbol{\nu}(0)\boldsymbol{e} - \sum_{n=0}^{N-1} \boldsymbol{\omega}(n)\boldsymbol{e}.$$

现在, 确定任意时刻队长的稳态分布. 以 $\boldsymbol{p}(n), 0 \leqslant n \leqslant N$ 表示任意时刻系统中顾客数的稳态概率向量, 有

$$\begin{cases} \boldsymbol{p}(0) = \boldsymbol{\pi}(0) + \boldsymbol{\omega}(0) + (1-\delta_M)\boldsymbol{\nu}(0), \\ \boldsymbol{p}(n) = \boldsymbol{\pi}(n) + \boldsymbol{\omega}(n), \quad 1 \leqslant n \leqslant N-1, \\ \boldsymbol{p}(N) = \widetilde{\boldsymbol{\pi}} - \sum\limits_{n=0}^{N-1} \boldsymbol{p}(n). \end{cases} \tag{7.3.11}$$

最后, 我们给出到达前夕的队长–位相分布. 引入向量

$$\boldsymbol{\pi}^-(n) = (\pi_1^-(n), \cdots, \pi_m^-(n)),$$
$$\boldsymbol{\omega}^-(n) = (\omega_1^-(n), \cdots, \omega_m^-(n)),$$
$$\boldsymbol{\nu}^-(0) = (\nu_1^-(0), \cdots, \nu_m^-(0)),$$

其中 $\pi_i^-(n)[\omega_i^-(n), \nu_i^-(0)]$ 是一个到达发生在位相 i 上, 并且系统处在忙期 [休假期, 闲期], 并遇 n 个顾客在场的概率. 有

定理 7.3.7 到达前夕的稳态队长–位相分布是

$$\boldsymbol{\pi}^-(n) = \frac{1}{\lambda}\boldsymbol{\pi}(n)\boldsymbol{D}_1, \quad \boldsymbol{\omega}^-(n) = \frac{1}{\lambda}\boldsymbol{\omega}(n)\boldsymbol{D}_1, \quad 0 \leqslant n \leqslant N-1,$$
$$\boldsymbol{\pi}^-(N) + \boldsymbol{\omega}^-(N) = \frac{1}{\lambda}[\boldsymbol{\pi}(N) + \boldsymbol{\omega}(N)]\boldsymbol{D}_1,$$
$$\boldsymbol{\nu}^-(0) = \frac{1}{\lambda}\boldsymbol{\nu}(0)\boldsymbol{D}_1.$$

证明 只对 $\boldsymbol{\pi}^-(n)$ 给出证明, 剩余部分证明类似. 使用 Bayes 公式, 有

$$\pi_i^-(n) = P\{\text{到达在忙期, 位相}i\text{上, 遇}n\text{个顾客}|\text{该时隙处有到达}\}$$

$$= \frac{\sum\limits_{j=1}^{m} \pi_j(n)(\boldsymbol{D}_1)_{ji}}{\left\{\sum\limits_{n=0}^{N}(\boldsymbol{\pi}(n) + \boldsymbol{\omega}(n)) + \boldsymbol{\nu}(0)(1-\delta_M)\right\}\boldsymbol{D}_1\boldsymbol{e}},$$

写成矩阵和向量形式, 得到

$$\boldsymbol{\pi}^{-}(n)=\frac{1}{\lambda}\boldsymbol{\pi}(n)\boldsymbol{D}_1,\quad 0\leqslant n\leqslant N.$$

应该指出的是, 上式中 $\boldsymbol{\pi}^{-}(N)$ 并不能算出, 因为前面中并未给出 $\boldsymbol{\pi}(N)$ 的表达式. 类似的情况也发生于 $\boldsymbol{\omega}^{-}(N)$. 然而 $\boldsymbol{\pi}(N)+\boldsymbol{\omega}(N)$ 是知道的, 由此给出

$$\boldsymbol{\pi}^{-}(N)+\boldsymbol{\omega}^{-}(N)=\frac{1}{\lambda}[\boldsymbol{\pi}(N)+\boldsymbol{\omega}(N)]\boldsymbol{D}_1.$$ □

如果向量 $\boldsymbol{p}^{-}(n)$ 的第 i 个分量 $p_i^{-}(n)$ 表示到达发生于位相 i, 并且到达前夕系统中有 n 个顾客的概率. 则有

$$\begin{aligned}\boldsymbol{p}^{-}(0)&=\boldsymbol{\pi}^{-}(0)+\boldsymbol{\omega}^{-}(0)+(1-\delta_M)\boldsymbol{\nu}^{-}(0),\\ \boldsymbol{p}^{-}(n)&=\boldsymbol{\pi}^{-}(n)+\boldsymbol{\omega}^{-}(n),\quad 1\leqslant n\leqslant N.\end{aligned}$$

系统的消失概率 (对单重和多重休假系统两者) 为

$$p_b=[\boldsymbol{\pi}(^{-}N)+\boldsymbol{\omega}^{-}(N)]\boldsymbol{e}.$$

7.3.3 等待时间分析

未被系统拒绝的顾客, 进入系统后按 FIFO 规则排队等待. 下面将给出被接受顾客等待时间的母函数向量. 为此, 需要使用到达前夕系统状态的详细信息. 引入向量

$$\begin{aligned}\widehat{\boldsymbol{\pi}}^{-}(n,u,t^{-})&=(\widehat{\pi}_1^{-}(n,u,t^{-}),\cdots,\widehat{\pi}_m^{-}(n,u,t^{-})),\\ \widehat{\boldsymbol{\omega}}^{-}(n,u,t^{-})&=(\widehat{\omega}_1^{-}(n,u,t^{-}),\cdots,\widehat{\omega}_m^{-}(n,u,t^{-})).\end{aligned}$$

分量 $\widehat{\pi}_i^{-}(n,u,t^{-})$ 是一个到达前夕服务员忙, 到达位相是 i, 有 n 个顾客在场, 并且剩余服务时间是 u 的稳态联合概率. 分量 $\widehat{\omega}_i^{-}(n,u,t^{-})$ 是一个到达前夕服务员休假, 到达位相是 i, 剩余休假时间是 u, 并有 n 个顾客在场的概率. 类似地, 向量 $\widehat{\boldsymbol{\nu}}^{-}(0,t^{-})$ 的分量 $\widehat{\nu}_i^{-}(0,t^{-})$ 是一个顾客到达前夕服务员处闲期并且到达位相在 i 上的概率. 应用 Bayes 公式, 有

$$\begin{aligned}\widehat{\pi}_i^{-}(n,u,t^{-})&=P\{L(t^{-})=n,J(t^{-})=i,U(t^{-})=u,\xi(t^{-})=2|t^{-}\text{处有到达}\}\\ &=\frac{\displaystyle\sum_{j=1}^{m}\pi_j^{-}(n,u,t^{-})(\boldsymbol{D}_1)_{ji}}{\left\{\displaystyle\sum_{n=0}^{N-1}[\boldsymbol{\pi}(n,t^{-})+\boldsymbol{\omega}(n,t^{-})]+(1-\delta_M)\boldsymbol{\nu}(0,t^{-})\right\}\boldsymbol{D}_1\boldsymbol{e}},\\ &\qquad 0\leqslant n\leqslant N-1.\end{aligned}$$

令 $t \to \infty$, 写成矩阵和向量形式, 得到

$$\begin{aligned}\widehat{\boldsymbol{\pi}}^-(n,u) &= \frac{\boldsymbol{\pi}(n,u)\boldsymbol{D}_1}{\left\{\sum_{n=0}^{N-1}[\boldsymbol{\pi}(n)+\boldsymbol{\omega}(n)]+(1-\delta_M)\boldsymbol{\nu}(0)\right\}\boldsymbol{D}_1\boldsymbol{e}} \\ &= \frac{1}{(1-p_b)\lambda}\boldsymbol{\pi}(n,u)\boldsymbol{D}_1,\end{aligned}$$

其中 p_b 是系统的消失概率. $\widehat{\boldsymbol{\pi}}^-(n,u)$ 的母函数是

$$\widehat{\boldsymbol{\pi}}^{*-}(n,z) = \sum_{u=0}^{\infty} z^u \widehat{\boldsymbol{\pi}}^-(n,u) = \frac{1}{(1-p_b)\lambda}\boldsymbol{\pi}^*(n,z)\boldsymbol{D}_1. \tag{7.3.12}$$

类似地给出

$$\begin{aligned}\widehat{\boldsymbol{\omega}}^{*-}(n,z) &= \frac{1}{(1-p_b)\lambda}\boldsymbol{\omega}^*(n,z)\boldsymbol{D}_1, \\ \widehat{\boldsymbol{\nu}}^-(0) &= \frac{1}{(1-p_b)\lambda}\boldsymbol{\nu}(0)\boldsymbol{D}_1.\end{aligned}$$

现在, 引入等待时间向量及其母函数向量

$$\begin{aligned}\boldsymbol{W} &= (W_1,\cdots,W_m), \\ \boldsymbol{W}(z) &= (W_1(z),\cdots,W_m(z)),\end{aligned}$$

其中 $W_j(z)$ 是一顾客在位相 j 上到达, 其等待时间的母函数. 注意到顾客到达遇到的各种状态, 有

(1) 到达遇系统空闲, 立刻开始接受服务;

(2) 到达遇服务员是忙的, 要等到当前正在服务和在他前面等待的顾客都离去后, 才开始接受服务;

(3) 到达遇休假状态, 要等到休假结束并且他前面的顾客完成服务离去后, 才开始接受服务.

因此, 等待时间的母函数向量可写成

$$\begin{aligned}\boldsymbol{W}(z) &= (1-\delta_M)\widehat{\boldsymbol{\nu}}^-(0) + \sum_{n=0}^{N-1}\widehat{\boldsymbol{\pi}}^{*-}(n,z)S^n(z) + \sum_{n=0}^{N-1}\widehat{\boldsymbol{\pi}}^{*-}(n,z)S^n(z) \\ &= \frac{1}{(1-p_b)\lambda}\left\{(1-\delta_M)\boldsymbol{\nu}(0)\boldsymbol{D}_1 + \sum_{n=0}^{N-1}\boldsymbol{\pi}^*(n,z)\boldsymbol{D}_1S^n(z)\right. \\ &\quad \left. + \sum_{n=0}^{N-1}\boldsymbol{\omega}^*(n,z)\boldsymbol{D}_1S^n(z)\right\}.\end{aligned}$$

由此容易给出平均等待时间

$$\overline{W}=\frac{1}{(1-p_b)\lambda}\left\{\sum_{n=0}^{N-1}n[\boldsymbol{\pi}(n)+\boldsymbol{\omega}(n)]\boldsymbol{D}_1\boldsymbol{e}E(S)\right.$$
$$\left.+\sum_{n=0}^{N-1}[\boldsymbol{\pi}^{*(1)}(n,1)+\boldsymbol{\omega}^{*(1)}(n,1)]\boldsymbol{D}_1\boldsymbol{e}\right\}.$$

为计算 $\overline{W}$, 尚需给出 $\boldsymbol{\pi}^{*(1)}(n,1)$ 和 $\boldsymbol{\omega}^{*(1)}(n,1)$, $0\leqslant n\leqslant N-1$. 它们可通过对 (g-1) $\sim$ (g-3), (g-5) 和 (g-6) 微分, 并置 $z=1$ 给出, 结果如下

$$\begin{aligned}\boldsymbol{\pi}^{*(1)}(0,1)=&\{[(1-\delta_M)\boldsymbol{\nu}(0)\boldsymbol{D}_1+\sigma(\boldsymbol{\pi}^+(1)+\boldsymbol{\omega}^+(1))]E(S)\\&-\boldsymbol{\pi}(0)\}(\boldsymbol{I}-\boldsymbol{D}_0)^{-1},\\\boldsymbol{\pi}^{*(1)}(n,1)=&\Big\{\sigma[\boldsymbol{\pi}^+(n+1)+\boldsymbol{\omega}^+(n+1)]E(S)+\boldsymbol{\pi}^{*(1)}(n-1,1)\boldsymbol{D}_1\\&-\boldsymbol{\pi}(n)\Big\}(\boldsymbol{I}-\boldsymbol{D}_0)^{-1},\quad 1\leqslant n\leqslant N-1,\\\boldsymbol{\omega}^{*(1)}(0,1)=&\{\sigma[\boldsymbol{\pi}^+(0)+\delta_M\boldsymbol{\omega}^+(0)]E(V)-\boldsymbol{\omega}(0)\}(\boldsymbol{I}-\boldsymbol{D}_0)^{-1},\\\boldsymbol{\omega}^{*(1)}(n,1)=&\Big\{\boldsymbol{\omega}^{*(1)}(n-1,1)\boldsymbol{D}_1-\boldsymbol{\omega}(n)\Big\}(\boldsymbol{I}-\boldsymbol{D}_0)^{-1},\quad 1\leqslant n\leqslant N-1.\end{aligned}$$

这些表达式给出了递推地计算 $\boldsymbol{\pi}^{*(1)}(n,1)$ 和 $\boldsymbol{\omega}^{*(1)}(n,1)$ $(0\leqslant n\leqslant N-1)$ 的方法. 另一方面, 使用 Little 公式, 给出

$$L_q=\lambda'\overline{W},$$

这里, $L_q=\sum_{n=1}^{N}n\boldsymbol{p}_n\boldsymbol{e}$ 是平均排队顾客数, $\boldsymbol{p}_n(1\leqslant n\leqslant N)$ 由 (7.3.11) 给出, 而 $\lambda'=\lambda(1-p_b)$ 是有效到达率.

此外, 在 (7.3.12) 中令 $z=1$, 并使用引理 7.3.2 的结果, 得到

$$\widehat{\boldsymbol{\pi}}^-(n)=(1-p_b)\boldsymbol{\pi}^-(n),\qquad 0\leqslant n\leqslant N-1.$$

类似地, 还可给出

$$\begin{aligned}&\widehat{\boldsymbol{\omega}}^-(n)=(1-p_b)\boldsymbol{\omega}^-(n),\quad 0\leqslant n\leqslant N-1,\\&\widehat{\boldsymbol{\nu}}^-(0)=(1-p_b)\boldsymbol{\nu}^-(0).\end{aligned}$$

7.3.4 数值例子

本节对若干例子给出数值结果, 下面例子中将使用两个 D-MAP:

(1) D-MAP$^{(1)}, m=2$,

$$\boldsymbol{D}_0=\begin{bmatrix}0.9 & 0.1\\ 0 & 0\end{bmatrix},\quad \boldsymbol{D}_1=\begin{bmatrix}0 & 0\\ 0.2 & 0.8\end{bmatrix},\quad \widetilde{\boldsymbol{\pi}}=(0.6667,0.3333).$$

(2) D-MAP$^{(2)}, m=7$,

$$\boldsymbol{D}_0=\begin{bmatrix}0&1&0&0&0&0&0\\0&0&1&0&0&0&0\\0&0&0&0&0&0&0\\0&0&0&0.95&0&0&0\\0&0&0&0&0&0.05&0\\0&0&0&0&0&0.95&0.05\\0&0&0&0&0&0&0\end{bmatrix},$$

$$\boldsymbol{D}_1=\begin{bmatrix}0&0&0&0&0&0&0\\0&0&0&0&0&0&0\\0&0&0&1&0&0&0\\0&0&0&0&0.05&0&0\\0&0&0&0.95&0&0&0\\0&0&0&0&0&0&0\\0.8&0.2&0&0&0&0&0\end{bmatrix},$$

$$\widetilde{\boldsymbol{\pi}}=(0.0018,0.0023,0.0023,0.9013,0.0451,0.0451,0.0023).$$

例 7.3.1 顾客到达是 D-MAP$^{(1)}$, 等待场所 $N=10$, 服务时间和休假时间两者都是定长的:

$$S=5(s_5=1),\quad V=3(\nu_3=1).$$

约定单重休假策略. 对这个系统

$$\begin{aligned}
&\lambda=0.3333, && \rho=\lambda E(S)=1.6665,\\
&b=0.9832, && p_b=0.4106,\\
&L_q=7.3031, && \overline{W}=37.1635,\\
&\boldsymbol{\nu}(0)=(0.0113,0.0013), && \boldsymbol{\nu}^-(0)=(0.0008,0.0030).
\end{aligned}$$

表 7.3.1 按不同到达位相给出该系统中各种时刻的队长分布.

表 7.3.1 例 7.3.1 中各种时刻的队长分布

n	$p_k^+(n)$			$\pi_k^+(n)$			$\omega_k^+(n)$		
	$k=1$	$k=2$	$\sum_{k=1}^{m}$	$k=1$	$k=2$	$\sum_{k=1}^{m}$	$k=1$	$k=2$	$\sum_{k=1}^{m}$
0	0.0079	0.0009	0.0087	0.0078	0.0009	0.0087	0.0057	0.0006	0.0063
1	0.0116	0.0020	0.0137	0.0115	0.0020	0.0135	0.0004	0.0006	0.0010
2	0.0164	0.0036	0.0200	0.0162	0.0035	0.0198	0.0003	0.0005	0.0008
3	0.0225	0.0055	0.0281	0.0223	0.0055	0.0278	0.0001	0.0004	0.0006
4	0.0305	0.0080	0.0386	0.0303	0.0080	0.0382	0.0000	0.0000	0.0000
5	0.0411	0.0131	0.0542	0.0407	0.0130	0.0537	0.0000	0.0000	0.0000
6	0.0547	0.0155	0.0702	0.0542	0.0154	0.0696	0.0000	0.0000	0.0000
7	0.0734	0.0210	0.0945	0.0728	0.0208	0.0936	0.0000	0.0000	0.0000
8	0.0985	0.0282	0.1267	0.0976	0.0280	0.1256	0.0000	0.0000	0.0000
9	0.1320	0.0385	0.1705	0.1309	0.0382	0.1691	0.0000	0.0000	0.0000
10	0.1769	0.1981	0.3749	0.1753	0.1963	0.3717	0.0000	0.0000	0.0000
Sum			1.0000			0.9913			0.0087

n	$\pi_k(n)$			$\omega_k(n)$			$p_k(n)$		
	$k=1$	$k=2$	$\sum_{k=1}^{m}$	$k=1$	$k=2$	$\sum_{k=1}^{m}$	$k=1$	$k=2$	$\sum_{k=1}^{m}$
0	0.0107	0.0024	0.0131	0.0042	0.0005	0.0047	0.0262	0.0041	0.0303
1	0.0147	0.0038	0.0185	0.0001	0.0003	0.0004	0.0148	0.0041	0.0189
2	0.0199	0.0055	0.0254	0.0000	0.0001	0.0001	0.0199	0.0056	0.0255
3	0.0268	0.0076	0.0343	0.0000	0.0000	0.0000	0.0268	0.0076	0.0343
4	0.0359	0.0106	0.0465	0.0000	0.0000	0.0000	0.0359	0.0106	0.0465
5	0.0480	0.0138	0.0618	0.0000	0.0000	0.0000	0.0480	0.0138	0.0618
6	0.0644	0.0186	0.0830	0.0000	0.0000	0.0000	0.0644	0.0186	0.0830
7	0.0863	0.0249	0.1112	0.0000	0.0000	0.0000	0.0863	0.0249	0.1112
8	0.1157	0.0335	0.1492	0.0000	0.0000	0.0000	0.1157	0.0335	0.1492
9	0.1551	0.0737	0.2287	0.0000	0.0000	0.0000	0.1551	0.0737	0.2287
10			0.2104			0.0000	0.0736	0.1369	0.2104
Sum			0.9823			0.0051			1.0000

n	$\pi_k^-(n)$			$\omega_k^-(n)$			$p_k^-(n)$		
	$k=1$	$k=2$	$\sum_{k=1}^{m}$	$k=1$	$k=2$	$\sum_{k=1}^{m}$	$k=1$	$k=2$	$\sum_{k=1}^{m}$
0	0.0015	0.0058	0.0073	0.0003	0.0011	0.0014	0.0025	0.0099	0.0124
1	0.0023	0.0091	0.0114	0.0002	0.0006	0.0008	0.0024	0.0098	0.0122
2	0.0033	0.0132	0.0165	0.0001	0.0003	0.0003	0.0034	0.0135	0.0169
3	0.0045	0.0182	0.0227	0.0000	0.0000	0.0000	0.0045	0.0182	0.0227
4	0.0064	0.0255	0.0319	0.0000	0.0000	0.0000	0.0064	0.0255	0.0319
5	0.0083	0.0331	0.0414	0.0000	0.0000	0.0000	0.0083	0.0331	0.0414
6	0.0111	0.0445	0.0557	0.0000	0.0000	0.0000	0.0111	0.0445	0.0557
7	0.0149	0.0597	0.0747	0.0000	0.0000	0.0000	0.0149	0.0597	0.0747
8	0.0201	0.0804	0.1005	0.0000	0.0000	0.0000	0.0201	0.0804	0.1005
9	0.0442	0.1768	0.2210	0.0000	0.0000	0.0000	0.0442	0.1768	0.2210
10							0.0821	0.3285	0.4106
Sum			0.5831			0.0025			1.0000

例 7.3.2 输入过程是 D-MAP$^{(2)}$, $m = 7$, 等待场所容量 $N = 60$. 单重休假策略, 服务时间与休假时间两者都服从几何分布, 有均值 $E(S) = 0.9090, E(V) = 5.000$. 系统指标是

$$\lambda = 0.0924, \quad \rho = 0.8399,$$
$$b = 0.8398, \quad p_b = 0.0000,$$
$$L_q = 6.0149, \quad \overline{W} = 65.1109,$$
$$\boldsymbol{\nu}(0)\boldsymbol{e} = 0.1214, \quad \boldsymbol{\nu}^-(0)\boldsymbol{e} = 0.0658.$$

此外, 表 7.3.2 给出了各种时刻的队长分布, 这些概率数值是不按位相给出的. 从表 7.3.2 可以看到, 当 N 充分大时, ρ 和 b 几乎是相等的, 并且消失概率几乎是 0. 而当 $\rho < 1$ 且 N 很大时, 趋向于一个无限容量的休假排队模型.

表 7.3.2 例 7.3.2 中各种时刻队长分布

n	$\sum_{k=1}^{m} p_k^+(n)$	$\sum_{k=1}^{m} \pi_k^+(n)$	$\sum_{k=1}^{m} \omega_k^+(n)$	$\sum_{k=1}^{m} \pi_k(n)$	$\sum_{k=1}^{m} \omega_k(n)$	$\sum_{k=1}^{m} p_k(n)$	$\sum_{k=1}^{m} \pi_k^-(n)$	$\sum_{k=1}^{m} \omega_k^-(n)$	$\sum_{k=1}^{m} p_k^-(n)$
0	0.0840	0.0775	0.0607	0.0806	0.0321	0.2341	0.1092	0.0182	0.1932
1	0.1223	0.1128	0.0047	0.1010	0.0019	0.1029	0.0911	0.0131	0.1042
2	0.0934	0.0862	0.0100	0.0782	0.0040	0.0822	0.0883	0.0023	0.0906
3	0.0900	0.0830	0.0006	0.0744	0.0002	0.0746	0.0754	0.0017	0.0771
4	0.0757	0.0699	0.0013	0.0629	0.0005	0.0634	0.0675	0.0003	0.0678
5	0.0678	0.0625	0.0001	0.0561	0.0000	0.0561	0.0586	0.0002	0.0588
10	0.0343	0.0317	0.0000	0.0284	0.0000	0.0284	0.0300	0.0000	0.0300
20	0.0089	0.0082	0.0000	0.0074	0.0000	0.0074	0.0078	0.0000	0.0078
50	0.0002	0.0001	0.0000	0.0001	0.0000	0.0001	0.0001	0.0000	0.0001
59	0.0000	0.0000	0.0000	0.0000	0.0000	0.0000	0.0000	0.0000	0.0000
60	0.0000	0.0000	0.0000	0.0000	0.0000	0.0000			0.0000
Sum	1.0000	0.9225	0.0775	0.8398	0.0388	1.0000	0.8983	0.0358	1.0000

例 7.3.3 到达是 D-MAP$^{(2)}$, $m = 7$, 服务时间和休假时间服从下列一般分布

$$s_5 = 0.6, \quad s_9 = 0.4, \quad E(S) = 6.6;$$
$$\nu_2 = 0.2, \quad \nu_5 = 0.3, \quad \nu_7 = 0.5, \quad E(V) = 5.4.$$

约定空竭服务多重休假策略, 等待空间容量为 $N = 10$. 数值结果是

$$\lambda = 0.0924, \quad \rho = 0.6097,$$
$$b = 0.6086, \quad p_b = 0.0018,$$
$$L_q = 1.2198, \quad \overline{W} = 13.2275.$$

表 7.3.3 给出各种时刻的队长概率.

表 7.3.3 例 7.3.3 中各种时刻的队长分布

n	$\sum_{k=1}^{m} p_k^+(n)$	$\sum_{k=1}^{m} \pi_k^+(n)$	$\sum_{k=1}^{m} \omega_k^+(n)$	$\sum_{k=1}^{m} \pi_k(n)$	$\sum_{k=1}^{m} \omega_k(n)$	$\sum_{k=1}^{m} p_k(n)$	$\sum_{k=1}^{m} \pi_k^-(n)$	$\sum_{k=1}^{m} \omega_k^-(n)$	$\sum_{k=1}^{m} p_k^-(n)$
0	0.1872	0.1048	0.3352	0.1414	0.3453	0.4867	0.1180	0.1869	0.3049
1	0.2635	0.1475	0.0235	0.1856	0.0170	0.2027	0.1693	0.1450	0.3143
2	0.1845	0.1033	0.0730	0.1063	0.0274	0.1336	0.1438	0.0148	0.1586
3	0.1532	0.0858	0.0032	0.0758	0.0009	0.0767	0.0863	0.0091	0.0954
4	0.0869	0.0486	0.0049	0.0426	0.0008	0.0433	0.0547	0.0004	0.0551
5	0.0549	0.0308	0.0001	0.0253	0.0000	0.0253	0.0313	0.0002	0.0314
6	0.0313	0.0175	0.0001	0.0146	0.0000	0.0146	0.0182	0.0000	0.0182
7	0.0183	0.0102	0.0000	0.0084	0.0000	0.0084	0.0105	0.0000	0.0105
8	0.0105	0.0059	0.0000	0.0049	0.0000	0.0049	0.0061	0.0000	0.0061
9	0.0061	0.0034	0.0000	0.0028	0.0000	0.0028	0.0036	0.0000	0.0036
10	0.0036	0.0020	0.0000	0.0010	0.0000	0.0010			0.0018
Sum	1.0000	0.5599	0.4401	0.6086	0.3914	1.0000	0.6418	0.3564	1.0000

例 7.3.4 到达按 D-MAP$^{(1)}$, $m = 2, N = 10$. 服务时间与休假时间都服从几何分布, 有均值 $E(S) = 3.3333, E(V) = 5.0000$. 假设多重休假策略. 对这个系统, 有

$$\begin{aligned} &\lambda = 0.3333, &&\rho = 1.1111, \\ &b = 0.4673, &&p_b = 0.2247, \\ &L_q = 5.2661, &&\overline{W} = 20.3761. \end{aligned}$$

表 7.3.4 给出各种时刻稳态队长概率的数值结果.

表 7.3.4 例 7.3.4 中各种时刻的队长分布

n	$\sum_{k=1}^{m} p_k^+(n)$	$\sum_{k=1}^{m} \pi_k^+(n)$	$\sum_{k=1}^{m} \omega_k^+(n)$	$\sum_{k=1}^{m} \pi_k(n)$	$\sum_{k=1}^{m} \omega_k(n)$	$\sum_{k=1}^{m} p_k(n)$	$\sum_{k=1}^{m} \pi_k^-(n)$	$\sum_{k=1}^{m} \omega_k^-(n)$	$\sum_{k=1}^{m} p_k^-(n)$
0	0.0383	0.0346	0.0622	0.0398	0.0989	0.1387	0.0204	0.0297	0.0500
1	0.0525	0.0474	0.0109	0.0502	0.0124	0.0627	0.0353	0.0204	0.0557
2	0.0635	0.0574	0.0075	0.0585	0.0085	0.0670	0.0466	0.0140	0.0605
3	0.0724	0.0654	0.0051	0.0653	0.0058	0.0712	0.0554	0.0096	0.0650
4	0.0799	0.0722	0.0035	0.0712	0.0040	0.0753	0.0626	0.0066	0.0691
5	0.0865	0.0781	0.0024	0.0766	0.0027	0.0793	0.0687	0.0045	0.0732
6	0.0926	0.0836	0.0016	0.0816	0.0019	0.0834	0.0741	0.0031	0.0772
7	0.0983	0.0888	0.0011	0.0864	0.0013	0.0877	0.0792	0.0021	0.0813
8	0.1040	0.0939	0.0008	0.0912	0.0009	0.0921	0.0840	0.0015	0.0854
9	0.1096	0.0990	0.0005	0.1187	0.0006	0.1193	0.1567	0.0010	0.1579
10	0.2023	0.1827	0.0012	0.1220	0.0013	0.1233			0.2247
Sum	1.0000	0.9032	0.0968	0.8615	0.1385	1.0000	0.6830	0.0923	1.0000

例 7.3.5 到达按 D-MAP$^{(2)}$, $m=7$. 服务时间服从确定性分布, $E(S)=5$, 休假时间服从几何分布, $E(V)=20$. 对单重休假和多重休假两者, 图 7.3.1 显示出等待空间容量 N 对服务台忙的概率 b 产生的影响. 我们看到, 对适度小的 N, 单重休假模型中的 b 大于多重休假系统中对应的量, 这表明单重休假下, 服务员比多重休假下更忙. 在两种休假策略下, b 随 N 单调增加, 并最终趋向于 $\rho=0.4619$. 这是因为在无限容量系统中有 $b=\rho$.

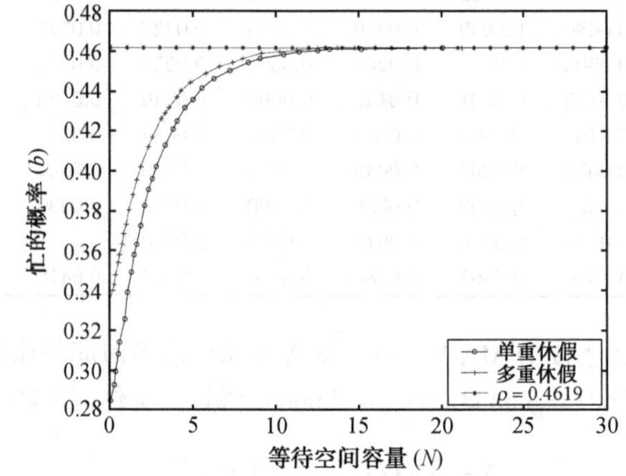

图 7.3.1 等待空间容量对 b 的影响

例 7.3.6 为了在有和没有相关性结构的到达过程下比较系统容量 N 对消失系统 p_b 的影响, 同时考虑 D-MAP/Geom/1/N 及 Geom/Geom/1/N 两类系统. D-MAP$^{(1)}$ 与单个 Bernoulli 到达两者都有到达率 $\lambda=0.3333$, 几何分布的服务时间有均值 $E(S)=3.3333$, 几何分布的休假时间有均值 $E(V)=5$. 图 7.3.2 给出这两

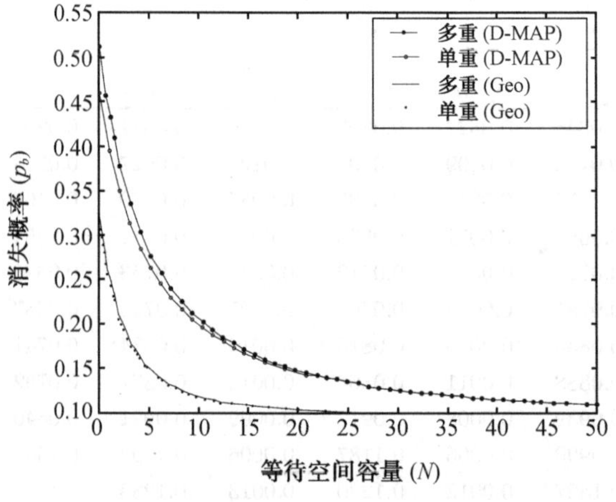

图 7.3.2 到达过程相关性及系统容量对 p_b 的影响

类模型中容量 N 与消失概率的关系. 注意到几何到达间隔下, 到达过程没有相关性结构. 可以看到, 对所有 N 的值, D-MAP 比 Bernoulli 到达产生更大的消失概率. 进一步, 在相关到达和无相关到达两种情况下, 多重休假系统的消失概率略高于单重休假系统.

例 7.3.7 到达按 D-MAP$^{(1)}, m = 2, N = 10$, 几何分布的服务时间有均值 $E(S) = 3.3333$. 图 7.3.3 显示了平均休假时间在平均等待时间上的影响. 从图中看到, 随着平均休假时间 $E(V)$ 的增长, 平均等待时间几乎是线性的增长. 对相同的 $E(V)$, 多重休假系统的平均等待时间略高于单重休假系统. 当 $E(V)$ 较小时, 两者差异是可以分辨的; 当 $E(V)$ 较大时, 两种休假策略下等待时间的差异是可以忽略的.

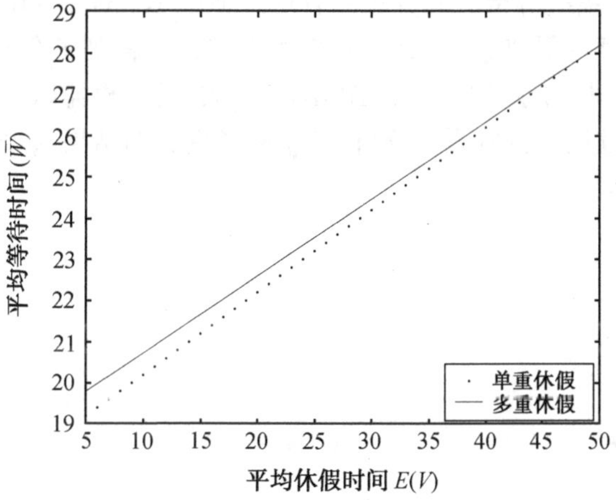

图 7.3.3 平均休假时间对平均等待时间的影响

§7.4 文献评述

连续时间 MAP 与 BMAP 由 Neuts(1979) 引入, 许多作者研究了各种以 MAP 和 BMAP 为输入的排队系统, 详见汇总性文献 (Lucantoni, 1993) 及所列的文献.

离散时间 D-MAP 与 D-BMAP, 最初在文献 (Blondia, 1992,1993) 中描述. 这两篇论文作为宽带综合业务数字网络输入模型, 研究了 D-MAP 和 D-BMAP 的结构和基本性质. Blondia(1993) 还讨论了 D-BMAP/G/1/N 排队系统, 使用有限 MC 经典的递推降阶方法, 给出稳态队长分布的计算程序. §7.1 和 §7.2 主要取材于文献 (Blondia, 1993).

到达为 D-MAP 和 D-BMAP 排队系统的分析, 当前主要使用两种方法: 补充变量方法和 M/G/1 型矩阵解析方法. 限于篇幅, 本章涉及 M/G/1 型结构矩阵及其分析, 相关理论和方法可参阅文献 (Neuts, 1989; Latouche et al., 1999).

Chaudhry 与 Gupta(2003) 使用补充变量方法研究 D-MAP/G/1/N 系统, 给出各种时刻的稳态队长分布及数值算法. Femg Huei-Wen 等 (2000) 研究了无限场所 D-MAP/G/1 排队的输出过程. 最近, Gupta, Samanta, Sharma 与 Chaudhry(2007) 对单重或多重休假的 D-MAP/G/1/N 系统给了一个完整的分析. 使用补充变量方法给出各种时刻稳态队长分布及等待时间、消失概率等系统性能指标度量. 平行地, Samanta, Gupta 与 Sharma(2007) 把这一工作扩展到成批到达, 对单重或多重休假的 D-BMAP/G/1/N 进行了详细处理. Alfa(1998) 使用矩阵解析方法, 研究了优先权 D-MAP/PH/1 排队. Alfa(1995,1998) 还对一类时间限量服务、闸门服务的 MAP/PH/1 休假排队给出了平行的分析. 对 D-BMAP 输入, Herrmann(1997) 给出 D-BMAP/G/1/N 系统等待时间分布的算法. 使用 Neuts(1989) 的矩阵解析方法, Herrmann(2001) 对有限容量 D-BMAP/G/1/N 系统, 得到了全面的结果. Zhao 等 (2006) 使用矩阵解析方法研究了 D-BMAP/PH/1 优先权排队. 当前, D-MAP 和 D-BMAP 为输入过程的排队系统分析, 还不断涌现新的结果. §7.3 主要取材于文献 (Gupta et al., 2007).

第 8 章　离散时间排队网络简介

迄今, 我们总是孤立地研究每一个排队系统. 然而, 在实际应用中, 多个相互联系的排队系统构成一个更大的整体, 称为排队网络 (queueing network). Jackson(1957) 开创了连续时间排队网络的研究, Walrand (1988), Chao Xiuli 等 (1999) 对连续时间排队网络理论给出了系统的处理. 平行地, 离散时间排队网络的分析和应用也取得了丰富成果. 在文献 (Bruneel et al., 1993; Woodward, 1994) 中均有部分篇幅用于介绍离散时间排队网络的理论及其在通信工程中的应用. 最近, Daduna (2001) 还出版了一本离散时间排队网络的专著. 本章将对离散时间排队网络的理论及应用给出一个简明而系统的介绍.

§8.1　排队网络引论

8.1.1　离散时间排队网络的描述

多个相互连接的排队系统的总体称为一个排队网络, 其中每个排队系统称为网络的结点 (node). 从每一个结点处完成服务的顾客, 既可以离开网络系统, 也可能依某种路径规则到达另一个结点等待并接受服务. 类似地, 每一个结点作为一个排队系统, 其顾客既可能来自网络外部, 也可能来自网络内部的其他结点. 排队网络在众多领域都有重要的应用. Jackson(1957) 研究排队网络的动因是建立机器加工车间的数学模型. 一个部件在某随机时刻进入该车间, 首先在某台 (组) 机器上进行加工. 在一处完成加工的部件, 可能作为成品离开车间, 也可能送到另一台 (组) 机器处返工或进入下一个加工工序. 在这里, 每一台 (组) 机器处看成一个排队系统, 整个车间构成一个排队网络. 很明显, 多个商店的商业区、多个十字路口的交通系统都是典型的排队网络. 特别值得强调指出的是, 自 20 世纪 60 年代以后, 排队网络广泛应用于计算机系统、通信网络、柔性制造系统等高新技术领域, 成为这些领域中建模和分析的主要工具.

将 N 个离散时间排队系统连接成一个网络, 每个系统依次记为结点 $j, j = 1, \cdots, N$. 正如对单个离散时间排队系统一样, 我们约定每个结点处, 顾客离去只能发生在时隙首端 (n, n^+) 处. 若在 (n, n^+) 处有顾客从结点 i 完成服务离开, 他将以概率 r_{i0} 离开网络系统, 以概率 r_{ij} 在该时隙末端成为结点 j 处的一个到达, $i, j = 1, \cdots, N$. 并约定从网络外部到达各结点的顾客也发生在时隙末端 (n^-, n) 处.

换言之, 网络中的每一个结点是一个晚到且有延迟入口的离散时间排队系统. 这里, 概率 $r_{ij}, i=1,\cdots,N; j=0,1,\cdots,n$ 称为顾客在诸结点之间的移动概率, 它们构成了顾客在网络中的某种路径规则, 并满足

$$\sum_{j=0}^{N} r_{ij} = 1, \quad i=1,\cdots,N.$$

由于排队网络的高度复杂性, 通常只关注网络的稳态行为. 以 L_j 表示稳态下任意离散时刻 (时隙分点) 结点 j 处的顾客数, 包括排队等待和正在结点 j 接受服务的那些顾客, $j=1,\cdots,N$. 随机向量 $(L_1,\cdots,L_N)$ 称为网络在对时隙分点处的稳态队长, 文献中也称时隙边界队长. 类似地, L_j^+ 表示稳态下时刻 n^+ 在结点 j 处的顾客数, 随机向量 $(L_1^+,\cdots,L_N^+)$ 称为网络的时隙内部队长. 如果在 (n,n^+) 处确有顾客离开结点 j, 则 L_j 与 L_j^+ 将取不同的数值, L_j 中包含这些将在 (n,n^+) 处离开结点 j 的顾客, L_j^+ 则不包含这些离去者. 为了记号简便, 引入向量

$$\begin{aligned} \boldsymbol{L} &= (L_1,\cdots,L_N), \\ \boldsymbol{L}^+ &= (L_1^+,\cdots,L_N^+), \\ \boldsymbol{n} &= (n_1,\cdots,n_N), \end{aligned}$$

并且

$$\begin{aligned} \boldsymbol{L}=\boldsymbol{n} &\Leftrightarrow (L_1=n_1,\cdots,L_N=n_N), \\ \boldsymbol{L}^+=\boldsymbol{n} &\Leftrightarrow (L_1^+=n_1,\cdots,L_N^+=n_N). \end{aligned}$$

排队网络分析的主要目标是导出稳态队长 $\boldsymbol{L}(\boldsymbol{L}^+)$ 的分布. 有时也关注其他指标, 例如顾客在诸结点处的逗留时间、一个顾客在整个网络中的循回时间等, 这些指标通常可通过稳态队长 $\boldsymbol{L}(\boldsymbol{L}^+)$ 的分布来计算.

初看起来, 各结点处的队长是相依随机变量, 因此, 确定 $\boldsymbol{L}=(L_1,\cdots,L_N)$ 和 $\boldsymbol{L}^+=(L_1^+,\cdots,L_N^+)$ 的分布可能是十分复杂的. 然而, 正如下一节将证明的, 对大量简单的排队网络, 稳态队长分布具有下列结构

$$\pi(n) = P\{\boldsymbol{L}=\boldsymbol{n}\} = \prod_{j=1}^{N} P\{L_j=n_j\},$$

$$\pi^+(n) = P\{\boldsymbol{L}^+=\boldsymbol{n}\} = \prod_{j=1}^{N} P\{L_j^+=n_j\}, \tag{8.1.1}$$

这里, L_j 和 L_j^+ 是孤立地考察结点 j 时, 该离散时间排队系统在相应时刻的稳态队长. 如果网络稳态队长分布形如 (8.1.1), 称该网络有乘积解 (product form results). (8.1.1) 表明, 虽然诸 $L_j(L_j^+)$ 是相依的随机变量, 但是对有乘积解的网络, 在稳态下各结点好像是相互独立的排队系统. 乘积解为排队网络的理论分析和实际应用提供了极大的便利, 本章主要内容都集中在有乘积解的离散时间排队网络.

8.1.2 离散时间准可逆排队

对连续时间排队网络, 当顾客到达和服务两者都是 Poisson 过程时可能有乘积解. 平行地, 在离散时间网络中, 要求各结点是成批 Bernoulli 到达的排队系统. 为了给出离散时间排队网络有乘积解的条件, 引入下列离散时间准可逆 (quasi reversible) 排队.

考虑一个晚到有延迟入口的离散时间排队系统, 具有成批 Bernoulli 到达. 在每个时隙末端 (n^-, n) 处, 到达批量 X 相互独立, 服从同一分布

$$a_i = P\{X = i\}, \quad i = 0, 1, \cdots.$$

以 L_l 和 L_l^+ 表示时隙边界 l 和时隙内部 l^+ 处系统中顾客数, A_l 表示 (l^-, l) 上到达顾客数, D_l 是 (l, l^+) 处完成服务离去的顾客数, 则有

$$\begin{aligned} L_{l+1} &= L_l - D_l + A_l, \quad l \geqslant 0; \\ L_{l+1}^+ &= L_{l+1} - D_{l+1} = L_l^+ + A_l - D_{l+1}, \quad l \geqslant 0. \end{aligned}$$

现在, 规定系统的离去机制, 假定 D_l 可依赖于 L_l, 但独立于时隙分点 l 以前的所有其他事件. 记

$$\begin{aligned} p^D(n,i) &= P\{D_l = i | L_k, k = 0, 1, \cdots, l-1; L_l = n\} \\ &= P\{D_l = i | L_l = n\}. \quad i = 0, 1, \cdots, n. \end{aligned} \tag{8.1.2}$$

称 $p^D(n,i)$ 为排队系统的离去函数. 注意, 对成批 Bernoulli 到达且离去函数满足 (8.1.2) 的系统, 队长 $\{L_l \geqslant 0\}$ 和 $\{L_l^+ \geqslant 0\}$ 都是 Markov 链. 在这里, 我们并未规定系统中服务台个数, 也未规定是单个还是成批服务.

假定这个排队系统达到了平衡, L 和 L^+ 表示时隙边界和时隙内部的稳态队长, 其分布记为

$$\pi_i = P\{L = i\}, \quad \pi_i^+ = P\{L^+ = i\}, \quad i = 0, 1, \cdots.$$

定义 8.1.1(离散时间准可逆性) 一个成批 Bernoulli 到达的离散时间排队系统称为准可逆的, 当且仅当存在概率分布 $\{b_i, i \geqslant 0\}$, 使得

$$\pi_{n+i} p^D(n+i, i) = b_i \pi_n^+, \quad n, i \geqslant 0. \tag{8.1.3}$$

下面将证明, 只有对 $a_i = b_i$ 时 (8.1.3) 才成立. 注意到

$$\begin{aligned} \pi_{n+i} p^D(n+i, i) &= P\{L_l = n+i\} P\{D_l = i | L_l = n+i\} \\ &= P\{D_l = i, L_l = n+i\} \\ &= P\{D_l = i, L_l^+ = n\} \\ &= P\{D_l = i | L_l^+ = n\} \pi_n^+. \end{aligned}$$

此式与 (8.1.3) 比较, 有

$$P\{D_l = i | L_l^+ = n\} = b_i, \quad i = 0, 1, \cdots,$$

这表明 D_l 虽然依赖于 L_l, 但却与 L_l^+ 无关. 进而, $\{b_i, i \geqslant 0\}$ 是稳态下一个时隙上离去顾客数的分布. 联系到 (8.1.3), 只有当 $a_i = b_i$ 时才成立, 因此, 对准可逆的离散时间排队, 顾客离去与到达是同一个成批 Bernouli 过程.

定理 8.1.1　顾客按成批 Bernoulli 过程到达, 批量分布为 $\{a_i, i = 0, 1, \cdots\}$. 这个离散时间排队系统是准可逆的, 当且仅当 $a_i = b_i, i = 0, 1, \cdots$, 并且离去函数形如

$$p^D(n, i) = \frac{\Psi(n-i)}{\Phi(n)} a_i, \tag{8.1.4}$$

这里 $\Psi(n)$ 是一个非负函数, 满足

$$\sum_{n=0}^{\infty} \Psi(n) < \infty. \tag{8.1.5}$$

$\Phi(n)$ 是正值函数, 定义为

$$\Phi(n) = \sum_{i=0}^{n} \Psi(n-i) a_i, \quad n \geqslant 0.$$

在上述情况下, 平稳队长分布可表为

$$\pi_n = c\Phi(n), \quad \pi_n^+ = c\Psi(n), \quad n \geqslant 0,$$

其中 c 是共同的正规化因子.

证明　先证必要性. 假设时隙边界稳态队长分布 $\{\pi_i, i = 0, 1, \cdots\}$ 存在, 并且排队是准可逆的, 则时隙内部稳态队长分布 $\{\pi_i^+, i = 0, 1, \cdots\}$ 也存在. 记

$$\pi_i = \Phi(i), \quad \pi_i^+ = \Psi(i), \quad i = 0, 1, \cdots.$$

准可逆条件 (8.1.3) 可改写为

$$p^D(n, i) = \frac{\Psi(n-i)}{\Phi(n)} b_i, \quad i = 0, 1, \cdots.$$

由关系式

$$\sum_{i=0}^{n} p^D(n, i) = 1,$$

给出

$$\Phi(n) = \sum_{i=0}^{n} \Psi(n-i) b_i, \quad n \geqslant 0. \tag{8.1.6}$$

另一方面, 因为 $L_{n+1}=L_n^+ + A_n$ 是独立和, 有

$$\begin{aligned}\Phi(n)&=\sum_{i=0}^{n}\pi_{n-i}^{+}P\{A_n=i\}\\&=\sum_{i=0}^{n}\Psi(n-i)a_i,\quad n\geqslant 0.\end{aligned}\tag{8.1.7}$$

比较 (8.1.6) 与 (8.1.7), 对一切 i, 必有 $a_i=b_i$. 现在, $\{\Phi(i),i\geqslant 0\}$ 和 $\{\Psi(i),\,i\geqslant 0\}$ 都是概率分布, 取定理中公共正规化因子 $c=1$.

再证充分性. 设 (8.1.4) 对 $\{a_i,i=0,1,\cdots\}$ 和一个满足 (8.1.5) 的非负函数 $\{\Psi(n),n=0,1,\cdots\}$ 成立. 由此可得

$$\Phi(n)=\sum_{i=0}^{n}\Psi(n-i)a_i,\quad n=0,1,\cdots.$$

注意到 (8.1.4) 可改写成

$$\Phi(n+j-i)p^D(n+j-i,j)a_i=\Psi(n-i)a_ja_i,$$

两端对 i 求和, 应用 $\Phi(n)$ 的表达式, 有

$$\begin{aligned}&\sum_{j=0}^{\infty}\sum_{i=0}^{n}\Phi(n+j-i)p^D(n+j-i,j)a_i\\&-\sum_{j=0}^{\infty}\sum_{i=0}^{n}\Psi(n-i)a_ja_i\\&=\Phi(n)\sum_{j=0}^{\infty}a_j=\Phi(n),\quad n=0,1,\cdots.\end{aligned}\tag{8.1.8}$$

注意到 $p^D(n+j-i,j)a_i$ 是平稳队长 L 从状态 $n+j-i$ 到状态 n 的转移概率, (8.1.8) 表明函数 $\{\Phi(n),n=0,1,\cdots\}$ 满足平稳 Markov 链的平衡方程. 因此,$\{\Phi(n),n=0,1,\cdots\}$ 与 L 的分布 $\{\pi_n,n=0,1,\cdots\}$ 只差一个常数因子 c. 另外, 有

$$\begin{aligned}\sum_{n=0}^{\infty}\Phi(n)&=\sum_{n=0}^{\infty}\sum_{i=0}^{n}\Psi(n-i)a_i\\&=\sum_{i=0}^{\infty}a_i\sum_{n=i}^{\infty}\Psi(n-i)\\&=\sum_{n=0}^{\infty}\Psi(n)=c^{-1}<\infty.\end{aligned}\tag{8.1.9}$$

现在, 取

$$\pi_n = \frac{\Phi(n)}{\sum_{i=0}^{\infty}\Phi(i)} = c\Phi(n), \quad n = 0, 1, \cdots.$$

则 (8.1.8) 表明 $\{\pi_n, n = 0, 1, \cdots\}$ 是时隙边界稳态队长 L 的分布. 由关系式

$$\pi_n^+ = \sum_{i=0}^{\infty} \pi_{n+i} p^D(n+i, i), \quad n = 0, 1, \cdots,$$

立刻给出

$$\pi_n^+ = c\Psi(n), \quad n = 0, 1, \cdots.$$

这样一来, (8.1.4) 等价于准可逆条件 (8.1.3), 排队系统是准可逆的. □

定理 8.1.1 不仅指出准可逆的充分必要条件是输出过程与到达过程是同一个成批 Bernoulli 过程, 还表明准可逆性可由其输出函数的形式完全确定. 通过给定批量分布和选取适当的非负函数 $\{\Psi(n), n = 0, 1, \cdots\}$, 不但可给出各式各样的离去函数, 还可给出由此确定准可逆排队系统中 L 和 L^+ 稳态分布的方法. 下面是一些典型的例子.

例 8.1.1　Bernoulli 到达.

考虑经典的 Geom/Geom/1 系统, 到达和服务参数分别是 p 和 μ, 晚到延迟接入. 对此, 批量分布及离去函数是

$$a_0 = \bar{p}, \quad a_1 = p, \quad a_i = 0, \quad i \geqslant 2;$$
$$p^D(n, 0) = \bar{\mu}, \quad p^D(n, 1) = \mu, \quad n \geqslant 1.$$

由定理 8.1.1, 排队是准可逆的当且仅当存在满足 (8.1.5) 的函数 $\{\Psi(n), n = 0, 1, \cdots\}$ 使得 (8.1.4) 成立, 即

$$\Phi(0) = \bar{p}\Psi(0),$$
$$\mu\Phi(n) = p\Psi(n-1), \quad n \geqslant 1,$$
$$\bar{\mu}\Phi(n) = \bar{p}\Psi(n), \quad n \geqslant 1.$$

后两式相除, 给出递推关系

$$\Psi(n) = \frac{p\bar{\mu}}{\bar{p}\mu}\Psi(n-1), \quad n \geqslant 1,$$

由此得到

$$\Psi(n) = \alpha^n \Psi(0), \quad \alpha = \frac{p\bar{\mu}}{\bar{p}\mu}, \quad n \geqslant 0,$$

并且时隙分点和内部的稳态分布分别是

$$\pi_n = \begin{cases} \bar{p}\Psi(0), & n = 0, \\ \dfrac{p}{\mu}\alpha^{n-1}\Psi(0), & n \geqslant 1, \end{cases}$$
$$\pi_n^+ = \Psi(0)\alpha^n, \quad n \geqslant 0.$$

这里, 为使 $\{\pi_n, n \geqslant 0\}$ 和 $\{\pi_n^+, n \geqslant 0\}$ 是真正的概率分布, 当且仅当 $\alpha < 1$, 即 $p < \mu$, 并取

$$\Psi(0) = 1 - \alpha = \frac{\mu - p}{\bar{p}\mu}.$$

类似地, 可以讨论服务率依赖于系统状态的模型. 这时离去函数为

$$p^D(n, 0) = \bar{\mu}_n, \quad p^D(n, 1) = \mu_n, \quad n \geqslant 1.$$

排队仍是准可逆的, $\Psi(n)$ 仅有的形式是

$$\Psi(n) = \left(\frac{p}{\bar{p}}\right)^n \prod_{l=1}^{n} \frac{\bar{\mu}_l}{\mu_l} \Psi(0), \quad n \geqslant 0.$$

系统平衡条件是

$$\sum_{n=0}^{\infty} \left(\frac{p}{\bar{p}}\right)^n \prod_{l=1}^{n} \frac{\bar{\mu}_l}{\mu_l} < \infty.$$

当系统平衡时, 取

$$\Psi(0) = \left\{ \sum_{n=0}^{\infty} \left(\frac{p}{\bar{p}}\right)^n \prod_{l=1}^{n} \frac{\bar{\mu}_l}{\mu_l} \right\}^{-1}.$$

定理 8.1.1 给出 L 和 L^+ 的稳态分布

$$\pi_n = \begin{cases} \bar{p}\Psi(0), & n = 0, \\ \dfrac{p}{\mu_n}\left(\dfrac{p}{\bar{p}}\right)^n \displaystyle\prod_{l=1}^{n-1} \frac{\bar{\mu}_l}{\mu_l} \Psi(0), & n \geqslant 1; \end{cases}$$
$$\pi_n^+ = \left(\frac{p}{\bar{p}}\right)^n \prod_{l=1}^{n} \frac{\bar{\mu}_l}{\mu_l} \Psi(0), \quad n \geqslant 0.$$

例 8.1.2 几何批量.

如果 Bernoulli 成批到达的批量 X 服从几何分布

$$a_i = P\{X = i\} = \bar{p}p^i, \quad i = 0, 1, \cdots,$$

在 (8.1.4) 中用 $\Psi_0(i)p^i$ 和 $\Phi_0(i)\bar{p}p^i$ 取代 $\Psi(i)$ 和 $\Phi(i)$, 排队是准可逆的, 当且仅当离去函数形如

$$p^D(n, i) = \frac{\Psi_0(n-i)}{\Phi_0(n)}, \quad i = 0, 1, \cdots, n.$$

对适当的非负函数 $\Psi_0(i)$, 定义

$$\Phi_0(n) = \sum_{i=0}^{n} \Psi_0(i), \quad n = 0, 1, \cdots,$$

就可以引发一个离去函数和一个准可逆排队. 以下讨论 $\Psi_0(i)$ 的多种选择, 并导出对应的离去函数和平稳分布.

(1) 取 $\Psi_0(i) \equiv c$ 是常数, $i = 0, 1, \cdots$, 因为 $\Psi(i)$ 是一个概率分布, 有

$$1 = \sum_{i=0}^{\infty} \Psi(i) = \sum_{i=0}^{\infty} \Psi_0(i) p^i = \frac{c}{\bar{p}},$$

由此得到 $c = \bar{p}$, 并且

$$\Phi(n) = (n+1)\bar{p}, \quad n = 0, 1, \cdots.$$

对应的离去函数是

$$p^D(n, i) = \frac{\Psi_0(n-i)}{\Phi_0(n)} = \frac{1}{n+1}, \quad i = 0, 1, \cdots, n.$$

这时, 离去概率是均匀的. 如果有 n 个顾客在场, 离去数 $i = 0, 1, \cdots, n$ 具有相同概率 $(1+n)^{-1}$. 由定理 8.1.1, 时隙边界和内部的平稳队长分布是

$$\begin{aligned} \pi_n &= \Phi(n) = (n+1)\bar{p}^2 p^n, \quad n = 0, 1, \cdots; \\ \pi_n^+ &= \Psi(n) = \bar{p} p^n, \quad n = 0, 1, \cdots. \end{aligned}$$

(2) 取 $\Psi_0(i) = c\mu^{-i}, i = 0, 1, \cdots$, 即 $\Psi_0(i)$ 也是几何序列. 因为

$$1 = \sum_{i=0}^{\infty} \Psi(i) = \sum_{i=0}^{\infty} c\left(\frac{p}{\mu}\right)^i = \frac{c}{1 - \dfrac{p}{\mu}},$$

必有 $c = 1 - p\mu^{-1}$. 排队是稳定的, 当且仅当 $\mu > p$. 因此

$$\begin{aligned} \Psi_0(i) &= \left(1 - \frac{p}{\mu}\right)\mu^{-i}, \quad i = 0, 1, \cdots; \\ \Phi_0(n) &= \sum_{i=0}^{n} \Psi_0(i) = \left(1 - \frac{p}{\mu}\right)\mu^{-n}\frac{1 - \mu^{n+1}}{1 - \mu}, \quad n = 0, 1, \cdots. \end{aligned}$$

系统的离去函数是

$$p^D(n, i) = \frac{\Psi_0(n-i)}{\Phi_0(n)} = \frac{1 - \mu}{1 - \mu^{n+1}}\mu^i, \quad i = 0, 1, \cdots, n.$$

这表明, 输出顾客批量服从截尾的几何分布. 此时, 排队系统是准可逆的, 时隙分点和内部的稳态队长分布分别是

$$\pi_n = \Phi(n) = \left(1-\frac{p}{\mu}\right)\frac{\bar{p}}{\bar{\mu}}\left(\frac{p}{\mu}\right)^n(1-\mu^{n+1}), \quad n=0,1,\cdots;$$
$$\pi_n^+ = \Psi(n) = \left(1-\frac{p}{\mu}\right)\left(\frac{p}{\mu}\right)^n, \quad n=0,1,\cdots.$$

(3) 取 $\Psi_0(i)$ 是修正的几何序列, 即

$$\Psi_0(0)=c_0, \quad \Psi_0(i)=c_1q^{-i}, \quad i\geqslant 1.$$

因为

$$\Phi_0(n)=\sum_{i=0}^{n}\Psi_0(i)=c_0+c_1\frac{1-q^n}{1-q}q^{-n}, \quad n\geqslant 1.$$

如果取 $c_1=(1-q)c_0$, 则有

$$\Psi_0(n)=c_0(1-q)q^{-n}, \quad n\geqslant 1;$$
$$\Phi_0(n)=c_0q^{-n}, \quad n\geqslant 0.$$

注意到 $\Phi(n)=\Phi_0(n)\bar{p}p^n, n\geqslant 0$ 是时隙边界的稳态队长分布, 由正规化条件可知

$$c_0=\frac{1}{\bar{p}}\left(1-\frac{p}{q}\right),$$

并且系统能达到平衡的条件是 $1>q>p$. 定理 8.1.1 给出离去函数

$$p^D(n,i)=\begin{cases}(1-q)q^i, & i=0,1,\cdots,n-1,\\ q^n, & i=n.\end{cases}$$

时隙边界与时隙内部的平稳队长分布分别是

$$\pi_n=\left(1-\frac{p}{q}\right)\left(\frac{p}{q}\right)^n, \quad n\geqslant 0;$$
$$\pi_n^+=\begin{cases}\dfrac{1}{\bar{p}}\left(1-\dfrac{p}{q}\right), & n=0,\\ \dfrac{1}{\bar{p}}(1-q)\left(1-\dfrac{p}{q}\right)\left(\dfrac{p}{q}\right)^n, & n\geqslant 1.\end{cases}$$

例 8.1.3 S 排队.

成批 Bernoulli 到达过程的批量 X 服从 Poisson 分布

$$a_i=P\{X=i\}=\frac{\lambda^i}{i!}\mathrm{e}^{-\lambda}, \quad i=0,1,\cdots.$$

设 $\{\gamma(i), i \geqslant 0\}$ 是正整值函数, $\gamma(0)=1$, 并且离去函数是

$$p^D(n,i)=\frac{c(n)}{i!}\gamma(n)\gamma(n-1)\cdots\gamma(n-i+1),\quad 0\leqslant i\leqslant n, \tag{8.1.10}$$

式中 $c(n)$ 为正规化常数, 由 $\sum_{i=0}^{n}p^D(n,i)=1$ 确定. 由定理 8.1.1 容易证实, 这一排队系统是准可逆的, 当且仅当选取

$$\begin{aligned}\Psi(i)&=\frac{\lambda^i}{\gamma(i)\gamma(i-1)\cdots\gamma(0)},\quad i\geqslant 0,\\ \Phi(i)&=\frac{1}{c(i)}\frac{\lambda^i}{\gamma(i)\gamma(i-1)\cdots\gamma(0)}\mathrm{e}^{-\lambda},\quad i\geqslant 0.\end{aligned} \tag{8.1.11}$$

它们满足 (8.1.4) 及 $\Phi(n)$ 与 $\Psi(n)$ 的关系. 事实上, 对 Poisson 批量的系统, 若 $\{\Psi(i), i\geqslant 0\}$ 是任何正整值函数, 则离去函数的形式 (8.1.10) 等价于 (8.1.4). 因为一旦 $\{\Psi(i), i\geqslant 0\}$ 给出, $\{\gamma(i), i\geqslant 0\}$ 可由 (8.1.11) 唯一的确定. 由定理 8.1.1, 排队系统在时隙边界和内部的平稳队长分布是

$$\begin{aligned}\pi_n&=K\frac{\lambda^n}{\gamma(0)\cdots\gamma(n)c(n)}\mathrm{e}^{-\lambda},\quad n=0,1,\cdots;\\ \pi_n^+&=K\frac{\lambda^n}{\gamma(0)\cdots\gamma(n)},\quad n=0,1,\cdots,\end{aligned} \tag{8.1.12}$$

这里 λ 是平均批量, K 是正规化常数.

有 Poisson 到达批量且离去函数形如 (8.1.10) 的离散时间排队, 称为 S 排队 (synchronized queue)(Walrand, 1983). 如上所述, S 排队都是准可逆的, 其稳态队长分布由 (8.1.12) 给出.

(1) 若 $0<\mu<1$, 选取 $\gamma(0)=1$, 且

$$\gamma(i)=\frac{\mu}{\bar{\mu}}i,\quad i\geqslant 1,$$

则 $c(n)=\bar{\mu}^n$, (8.1.10) 给出二项分布的离去函数

$$p^D(n,i)=\binom{n}{i}\mu^i\bar{\mu}^{n-i},\quad 0\leqslant i\leqslant n.$$

这可解释为有无穷多个服务台, 并且每个服务台上顾客服务时间都服从参数 μ 的几何分布. (8.1.12) 给出这个 S 排队的稳态队长分布

$$\begin{aligned}\pi_n&=\Phi(n)=\frac{1}{n!}\left(\frac{\lambda}{\mu}\right)^n\mathrm{e}^{-\frac{\lambda}{\mu}},\quad n=0,1,\cdots;\\ \pi_n^+&=\Psi(n)=\frac{1}{n!}\left(\frac{\lambda\bar{\mu}}{\mu}\right)^n\mathrm{e}^{-\frac{\lambda\bar{\mu}}{\mu}},\quad n=0,1,\cdots.\end{aligned}$$

两者都服从 Poisson 分布.

(2) 另一特例是选取 $\gamma(0)=1,\gamma(i)\equiv\mu,i\geqslant 1$. 这时离去函数是

$$p^D(n,i)=\frac{\mu^i}{i!}c(n),\quad n=0,1,\cdots,n.$$

这是一个截尾 Poisson 分布. 由 (8.1.12), 这个 S 排队中 L 和 L^+ 的稳态分布是

$$\pi_n=\Big(1-\frac{\lambda}{\mu}\Big)\mathrm{e}^{-\lambda}\sum_{i=0}^{n}\Big(\frac{\lambda}{\mu}\Big)^{n-i}\frac{\lambda^i}{i!},\quad n=0,1,\cdots;$$

$$\pi_n^+=\Big(1-\frac{\lambda}{\mu}\Big)\Big(\frac{\lambda}{\mu}\Big)^n,\quad n=0,1,\cdots.$$

系统平衡的条件是 $\mu>\lambda$.

在上述例子中, 首先给出到达批量分布, 然后选取适当的函数 $\{\Psi(n),n\geqslant 0\}$ 构造准可逆排队. 另一种可能是, 对给定的离去函数 $p^D(n,i)$, 通过定理 8.1.1, 寻求适当的到达批量分布构造准可逆排队.

§8.2 准可逆排队的网络

8.2.1 串联排队

把若干同型的准可逆离散时间排队系统串联起来, 各结点依次记为 $1,\cdots,N$. 这里, 同型是指诸结点有相同的服务机制, 因此, 有结构相同的离去函数. 例如, 所有结点属于例 8.1.1～ 例 8.1.3 中的某一个系统. 对串联网络, 来自外部的顾客到达只发生在结点 1, 结点 i 处完成服务的顾客必定进入结点 $i+1,i=1,\cdots,N-1$. 换言之, 顾客从结点 1 进入系统, 依次经历各结点服务, 最后从结点 N 离开系统.

在结点 1 处, 顾客依成批 Bernoulli 过程到达, 同型的结点处离去函数对该到达批量分布构成准可逆排队. 由定理 8.1.1, 在稳态下每一个结点处的输入和输出都是同一个成批 Bernoulli 过程. 另一方面, 一个结点处的状态 (队长) 只依赖于进入该结点的到达过程和它的离去函数, 与其他结点处的状态无关, 这就导致下列定理.

定理 8.2.1 (串联网络乘积解) 对同型准可逆排队的串联网络, 稳态下时隙边界和内部的网络队长有乘积形式

$$\pi(\boldsymbol{n})=\prod_{j=1}^{N}\pi_j(n_j),$$

$$\pi^+(\boldsymbol{n})=\prod_{j=1}^{N}\pi_j^+(n_j),\tag{8.2.1}$$

其中 $\boldsymbol{n}=(n_1,\cdots,n_N)$. $\{\pi_j(n_j),n_j\geqslant 0\}$ 与 $\{\pi_j^+(n_j),n_j\geqslant 0\}$ 是结点 j 作为一个孤立排队系统, 在时隙边界与内部的稳态队长分布.

对不同型结点的串联排队网络, 不一定有 (8.2.1) 形式的乘积解. 这是因为, 准可逆性取决于到达批量分布与离去函数结构的匹配. 对同一个到达过程, 当结点处有不同结构的离去函数时, 可能破坏某些结点的准可逆性. 另一方面, 定理 8.2.1 中只要求前 $N-1$ 个结点是同型的准可逆排队. 最后的结点 N 不必与前面的结点同型, 甚至不必是准可逆的, 定理的结论仍然成立.

例 8.2.1　几何批量串联网络.

外部成批 Bernoulli 到达有几何批量分布

$$a_i=\bar{p}p^i,\quad i=0,1,\cdots.$$

如果同型结点对该批量分布是准可逆的, 则串联网络有形如 (8.2.1) 的乘积解. 但是, 各结点处的平稳队长分布 $\pi_j(n_j)$ 和 $\pi_j^+(n_j)$ 还取决于离去函数的选取. 例如, 各结点离去函数是均匀分布的 (见例 8.1.2(1)), 则

$$\pi_j(n_j)=(n_j+1)\bar{p}^2p^{n_j},\quad n_j=0,1,\cdots;$$
$$\pi_j^+(n_j)=\bar{p}p^{n_j},\quad n_j=0,1,\cdots.$$

若结点 j 处的离去函数服从参数 μ_j 的截尾几何分布

$$p^D(n,i)=\frac{\bar{\mu}_j\mu_j^i}{1-\mu_j^{n+1}},\quad 0\leqslant i\leqslant n,$$

由例 8.1.2(2), 乘积解 (8.2.1) 中结点 j 处的稳态队长分布是

$$\pi_j(n_j)=\Big(1-\frac{p}{\mu_j}\Big)\frac{\bar{p}}{\bar{\mu}_j}\Big(\frac{p}{\mu_j}\Big)^{n_j}(1-\mu_j^{n_j+1}),\quad n_j=0,1,\cdots;$$
$$\pi_j^+(n_j)=\Big(1-\frac{p}{\mu_j}\Big)\Big(\frac{p}{\mu_j}\Big)^{n_j},\quad n_j=0,1,\cdots.$$

网络平衡的条件是 $p<\mu_j$ 对所有的 $j=1,\cdots,N$ 成立. 最后, 若结点 j 处的离去函数服从有限状态几何分布

$$p^D(n,i)=\begin{cases}\bar{\mu}_j\mu_j^i, & i=0,1,\cdots n-1,\\ \mu_j^n, & i=n.\end{cases}$$

由例 8.1.2(3), (8.2.1) 中结点 j 处的稳态队长分布是

$$\pi_j(n_j)=\Big(1-\frac{p}{\mu_j}\Big)\Big(\frac{p}{\mu_j}\Big)^{n_j},\quad n_j=0,1,\cdots;$$
$$\pi_j^+(n_j)=\begin{cases}\dfrac{1}{\bar{p}}\Big(1-\dfrac{p}{\mu_j}\Big), & n_j=0,\\ \dfrac{1}{\bar{p}}(1-\mu_j)\Big(1-\dfrac{p}{\mu_j}\Big)\Big(\dfrac{p}{\mu_j}\Big)^{n_j}, & n_j\geqslant 1.\end{cases}$$

从该例中可以看出，各结点同型是指离去函数有相同的结构形式，但各结点处可以有不同的服务参数.

例 8.2.2 两结点无穷台串联网络.

考虑图 8.2.1 的两结点网络，结点 1 和 2 都是无穷服务台的离散时间排队系统，顾客在每个结点的服务时间分别服从参数 μ_1 和 μ_2 的几何分布. 外部到达从结点 1 进入系统，遵循 Poisson 批量的成批 Bernoulli 过程，有平均批量 λ. 从结点 2 处输出的顾客，以概率 r 离开系统，以概率 $1-r$ 反馈到结点 1 重新进入网络.

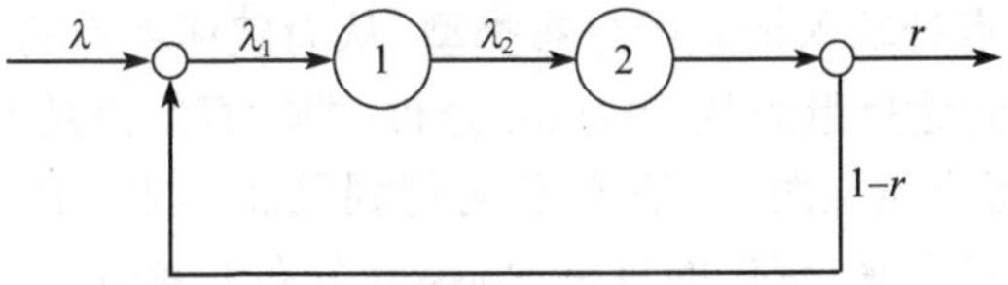

图 8.2.1 带反馈的两结点串联网络

注意到 Poisson 分布在分拆与合并操作下保持不变，因此结点 1 和 2 的输入和输出仍是 Poisson 批量的 Bernoulli 过程，平均批量记为 λ_1 和 λ_2. 正如例 8.1.3 中指出的，现在结点 1 和 2 都是 S 排队. 首先确定 λ_1 和 λ_2，在稳态下 S 排队的输入和输出过程完全相同，有

$$\begin{cases} \lambda_1 = \lambda + \lambda_2(1-r), \\ \lambda_1 = \lambda_2, \end{cases}$$

解方程组给出

$$\lambda_1 = \lambda_2 = \frac{\lambda}{r}.$$

由定理 8.2.1，网络在时隙边界和内部的稳态队长分布分别是

$$\pi(n_1, n_2) = \pi_1(n_1)\pi_2(n_2), \quad n_1, n_2 \geqslant 0,$$

其中

$$\begin{aligned} \pi_i(n_i) &= \frac{1}{n_i!}\left(\frac{\lambda}{r\mu_i}\right)^{n_i} \mathrm{e}^{-\frac{\lambda}{r\mu_i}}, \quad i = 1, 2; \quad n_i \geqslant 0, \\ \pi^+(n_1, n_2) &= \pi_1^+(n_1)\pi_2^+(n_2), \quad n_1, n_2 \geqslant 0, \\ \pi_i^+(n_i) &= \frac{1}{n_i!}\left(\frac{\lambda\bar{\mu}_i}{r\mu_i}\right)^{n_i} \mathrm{e}^{-\frac{\lambda\bar{\mu}_i}{r\mu_i}}, \quad i = 1, 2; \quad n_i \geqslant 0. \end{aligned}$$

特别地，若 $r = 1$，系统中无反馈，网络的稳态队长是

$$\pi(n_1, n_2) = \frac{1}{n_1!n_2!}\left(\frac{\lambda}{\mu_1}\right)^{n_1}\left(\frac{\lambda}{\mu_2}\right)^{n_2} \mathrm{e}^{-\left(\frac{\lambda}{\mu_1} + \frac{\lambda}{\mu_2}\right)}, \quad n_1, n_2 \geqslant 0,$$

$$\pi^+(n_1, n_2) = \frac{1}{n_1!n_2!}\left(\frac{\lambda\bar{\mu}_1}{\mu_1}\right)^{n_1}\left(\frac{\lambda\bar{\mu}_2}{\mu_2}\right)^{n_2} \mathrm{e}^{-\lambda\left(\frac{\bar{\mu}_1}{\mu_1} + \frac{\bar{\mu}_2}{\mu_2}\right)}, \quad n_1, n_2 \geqslant 0.$$

8.2.2 S 排队的一般网络

前节的串联网络仅是一种特殊的结构, 在更一般的网络拓扑中, 每个结点都可能有外部输入和输出. 从每一个结点完成服务离去的顾客, 可依某种路径机制到达其他结点, 也可直接离开网络系统. 很明显, 定理 8.2.1 中关于准可逆排队串联网络乘积解的结果不能直接推广到一般网络拓扑. 因为在一般网络拓扑下, 一个结点的实际输入批量是来自网络外部和其他结点顾客的总和; 从一个结点输出的一批顾客, 将被分拆成若干部分, 分别进入其他结点或直接离开网络系统. 这种合并与分拆通常将改变诸结点处输入批量的分布类型, 从而破坏结点的准可逆性. 然而, 如果所有结点的外部到达批量服从 Poisson 分布, 即所有结点是 S 排队, 则在上述分拆与合并过程中, 每个结点的准可逆性仍可得到保证. 因为 Poisson 分布在分拆与合并下保持分布形式不变, 变化的只是 Poisson 分布的参数.

本节讨论 S 排队的一般网络. 网络有 N 个结点, 依次记为 $j=1,\cdots,N$. 结点 j 处来自外部的成批 Bernoulli 到达, 其批量服从参数 λ_j 的 Poisson 分布, $j=1,\cdots,N$. 不同结点的外部到达过程相互独立. 从结点 j 离开的任何一个顾客, 依概率 r_{jk} 进入结点 k, $k=1,\cdots,N$, 并依概率 r_{j0} 离开网络系统. $\{r_{jk}, j=1,\cdots,N; k=0,1,\cdots,N\}$ 称为网络的路径规则, 满足

$$\sum_{k=0}^{N} r_{jk}=1,\quad j=1,\cdots,N.$$

不同顾客的路径是相互独立的. 我们强调指出, 每一个结点是晚到且有延迟入口的 S 排队. 如果在 $(n-1,(n-1)^+)$ 处某顾客离开结点 j, 那么, 他依概率 r_{jk} 在时刻 (n^-,n) 进入结点 k, $k=1,\cdots,N$. 对每一结点处的服务机制, 我们并不规定服务台个数或具体的服务规则, 而是给出结点 j 的离去函数 $p_j^D(n,i), j=1,\cdots,N; i=0,\cdots,n$. 图 8.2.2 是一个一般网络拓扑的三结点排队网络.

考虑网络在稳态下的队长过程. 在一个时隙末端进入结点 j 的批量是来自外部及网络各结点处的顾客批量之和. 由 Poisson 分布的性质, 结点 j 处真实输入批量仍然服从 Poisson 分布. 以 $\gamma_1,\cdots,\gamma_N$ 表示稳态下各结点输入批量 Poisson 分布的参数 (平均批量), 它们满足方程组

$$\gamma_j=\lambda_j+\sum_{k=1}^{N}\gamma_k r_{kj},\quad j=1,\cdots,N. \tag{8.2.2}$$

这一式子表明, 结点 j 处到达的 Poisson 批量的均值 γ_j, 等于外部到达的 Poisson 批量的均值 λ_j 与来自各结点平均批量 $\gamma_k r_{kj}$ 之和, $k=1,\cdots,N$. 称方程组 (8.2.2) 为网络的流平衡方程. 若路径矩阵 $\boldsymbol{R}=(r_{jk}), j,k=0,1,\cdots,N$ 是不可约的, 可以证明 (8.2.2) 有唯一的正解 $(\gamma_1,\cdots,\gamma_N)$. 这里 0 表示网络外部, 并且

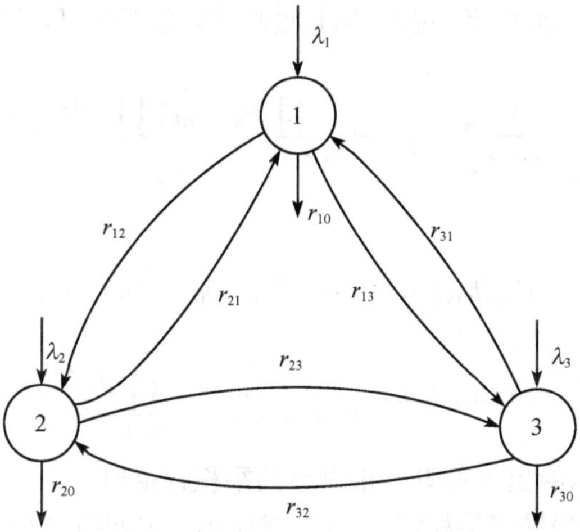

图 8.2.2 一般拓扑的三结点网络

$$r_{0k} = \frac{\lambda_k}{\sum_{j=1}^{N} \lambda_j}, \quad k = 1, \cdots, N \tag{8.2.3}$$

是任何一个外部到达从结点 k 进入网络的概率.

由 S 排队到达过程及离去函数的规定, 上述排队网络在时隙边界的队长过程 $\boldsymbol{L}$ 是多维 Markov 链, 有状态空间

$$\Omega = \{0, 1, \cdots\}^N.$$

若已知时隙边界 s 处过程 $\boldsymbol{L}$ 在状态 $\boldsymbol{n} = (n_1, \cdots, n_N)$ 上, 它在时隙边界 $s+1$ 处达到状态 $\boldsymbol{n}' = (n_1', \cdots, n_N')$ 的概率, 称为过程的一步转移概率, 记为

$$p(\boldsymbol{n}, \boldsymbol{n}') = P\{\boldsymbol{L}_{s+1} = \boldsymbol{n}' | \boldsymbol{L}_s = \boldsymbol{n}\}, \quad \boldsymbol{n}, \boldsymbol{n}' \in \Omega.$$

为表出转移概率, 以 $\boldsymbol{a} = (a_1, a_2, \cdots, a_N)$ 表示时刻 (s, s^+) 从诸结点完成服务离去顾客向量, b_{0k} 表示 $((s+1)^-, (s+1))$ 处从外部到达结点 k 的顾客数. 并记

$$\begin{aligned} &\boldsymbol{b}_j = (b_{j0}, b_{j1}, \cdots, b_{jN}), \\ &|\boldsymbol{b}_j| = b_{j0} + b_{j1} + \cdots + b_{jN}, \quad j = 1, \cdots, N, \\ &|\boldsymbol{b}_j'| = b_{0j} + b_{1j} + \cdots + b_{Nj}, \end{aligned}$$

其中 b_{jk} 表示从结点 j 离开进入结点 k 的顾客数, $|\boldsymbol{b}_j'|$ 是从外部及诸结点到达结点 j 的顾客数. 注意到外部到达有 Poisson 批量, 从一个结点离开的一批顾客, 遵循多

项分布到达外部及其他结点. 现在, 队长过程的转移概率可以写成

$$p(\boldsymbol{n},\boldsymbol{n}')=\sum_{\substack{n_i-a_i+|\boldsymbol{b}_i'|=n_i'\\ i=1,\cdots,N}}\ \sum_{\substack{|\boldsymbol{b}_l|=a_l\leqslant n_l\\ l=1,\cdots,N}}\ \prod_{k=1}^{N}P_{\lambda_k}(b_{0k})\prod_{j=1}^{N}p_j^D(n_j,a_j)c_j(a_j,b_j),$$

其中

$$P_{\lambda_k}(b_{0k})=\frac{{\lambda_k}^{b_{0k}}}{b_{0k}!}\mathrm{e}^{-\lambda_k},\quad b_{0k}=0,1,\cdots;$$

$$c_j(a_j,b_j)=\frac{a_j!}{b_{j0}!b_{j1}!\cdots b_{jN}!}\prod_{k=1}^{N}r_{jk}^{b_{jk}}.$$

现在, 我们可以给出 S 排队一般网络的乘积解定理.

定理 8.2.2 (一般网络乘积解)　对 S 排队的一般网络, 时隙边界和内部的网络队长 $\boldsymbol{L}$ 和 $\boldsymbol{L}'$, 有乘积形式的平稳分布

$$\pi(\boldsymbol{n})=\prod_{j=1}^{N}\pi_j(n_j),\quad \boldsymbol{n}=(n_1,\cdots,n_N);$$

$$\pi^{+}(\boldsymbol{n})=\prod_{j=1}^{N}\pi_j^{+}(n_j),\quad \boldsymbol{n}=(n_1,\cdots,n_N),\tag{8.2.4}$$

式中 $\pi_j(n_j)(\pi_j^+(n_j))$ 是结点 j 作为一个孤立的离散时间排队, 当 Bernoulli 到达过程批量服从参数 γ_j 的 Poisson 分布时, 在时隙边界 (内部) 的稳态队长分布.

证明　我们来证明, 如果过程在时隙边界 1 处, 有形如 (8.2.4) 前式的初始分布, 则对任何时隙边界 l, $\boldsymbol{L}$ 都有同样的分布. 关于 $\boldsymbol{L}'$ 的结论, 证明可类似地给出.

首先, 因为每个结点都是 S 排队, 如在时隙边界 l 处结点 j 有平稳队长分布 $\pi_j(n_j)$, 并在 $((l+1)^-,(l+1))$ 处发生批量为均值 γ_j 的 Poisson 分布的到达, 则时隙边界 $l+1$ 处结点 j 的队长分布仍是 $\pi_j(n_j)$, 并且在 (l,l^+) 处离开结点 j 的顾客批量服从参数 γ_j 的 Poisson 分布. 时隙边界 $l+1$ 处结点 j 的状态独立于时隙边界 $l+1$ 之前的离去批量.

现在, 在时隙边界 1 处, 网络从初始分布 $\pi(\boldsymbol{n})$ 开始. 每个结点在 $(1,1^+)$ 处有一批顾客离去, 这些离去或直接离开系统, 或在 $(2^-,2)$ 时刻转化为其他结点的到达. 正如前面指出的, 结点 k 处离去批量服从参数 γ_k 的 Poisson 分布, 并且每个离去的顾客以概率 r_{kj} 加入结点 j. 以 D_k 表示结点 k 处在时刻 $(1,1^+)$ 离去的顾客批量, 则时隙末端 $(2^-,2)$ 处到达结点 j 的顾客数是

$$A_j=A_{0j}+\sum_{k=1}^{N}\sum_{l=1}^{D_k}\mathbf{1}_{kj}(l),\quad j=1,\cdots,N,\tag{8.2.5}$$

式中 D_k 服从均值 γ_k 的 Poisson 分布. A_{0j} 是外部到达批量, 服从参数 λ_j 的 Poisson 分布. $\mathbf{1}_{kj}(l)$ 是独立同分布的 0–1 随机变量.

$$\mathbf{1}_{kj}(l)=\begin{cases}1, & \text{以概率 } r_{kj},\\ 0, & \text{以概率 } 1-r_{kj}.\end{cases}$$

$\mathbf{1}_{kj}(l)$ 有母函数

$$\mathbf{1}_{kj}^{(l)}(z)=1-r_{kj}(1-z), \quad k,j=1,\cdots,N.$$

注意到 (8.2.5) 右端所有的随机变量相互独立, 对 A_j 取母函数, 有

$$\begin{aligned}A_j(z)&=\mathrm{e}^{-\lambda_j(1-z)}\prod_{k=1}^{N}\mathrm{e}^{-\gamma_k(1-z)r_{kj}}\\&=\exp\left\{-\left(\lambda_j+\sum_{k=1}^{N}\gamma_k r_{kj}\right)(1-z)\right\}.\end{aligned}$$

这表明时刻 $(2^-,2)$ 到达结点 j 的顾客批量服从参数

$$\lambda_j+\sum_{k=1}^{N}\gamma_k r_{kj}$$

的 Poisson 分布. 由于流平衡方程 (8.2.2) 有唯一的解, 因此, 结点 j 处输入批量服从均值 $\gamma_j=\lambda_j+\sum\limits_{k=1}^{N}\gamma_k r_{kj}$ 的 Poisson 分布. 如前所述, 时隙边界 2 处的网络状态独立于时隙 2 之前的离去, 并与时隙 1 处有相同的分布 $\pi(\boldsymbol{n})$. 这一方法可延续下去, 从而证明任何时隙边界处网络队长分布是

$$\pi(\boldsymbol{n})=\prod_{j=1}^{N}\pi_j(n_j), \quad \boldsymbol{n}=(n_1,\cdots,n_N). \qquad \square$$

类似的乘积解结果对 S 排队的闭网络也成立. 在闭网络中, 不存在外部到达和离去, 有固定的 M 个顾客在各结点之间循环. 因此, 网络在时隙边界和内部的队长过程, 都是有限状态的. 记为

$$\Omega_M=\left\{\boldsymbol{n}=(n_1,\cdots,n_N)\middle|\sum_{j=1}^{N}n_j\leqslant M\right\}.$$

与定理 8.2.2 的证明类似, 使用按时间递推的方法, 对 S 排队的闭网络可证明下列乘积解结果 (Woodward, 1994)[104–106].

定理 8.2.3 (S 排队闭网络) 在有 M 个顾客 N 个结点的 S 排队闭网络中, 结点 j 处有离去函数 (见例 8.1.3)

$$p_j^D(n,i)=\frac{c(n)}{i!}\alpha_j(n)\alpha_j(n-1)\cdots\alpha_j(n-i+1),\quad 0\leqslant i\leqslant n, j=1,\cdots,N.$$

则时隙内部网络的稳态队长分布有乘积形式

$$\pi^+(\boldsymbol{n})=G_M\prod_{j=1}^N\gamma_j(n_j),\quad \boldsymbol{n}=(n_1,\cdots,n_N)\in\Omega_M,\tag{8.2.6}$$

其中

$$\gamma_j(n_j)=\frac{\gamma_j^{n_j}}{\alpha_j(n_j)\alpha_j(n_j-1)\cdots\alpha_j(0)},\quad n_j\geqslant 0,$$

$(\gamma_1,\cdots,\gamma_N)$ 是流平衡方程 (8.2.2) 的解, G_M 是正规化常数

$$G_M=\frac{1}{\displaystyle\sum_{\boldsymbol{n}\in\Omega_M}\prod_{j=1}^N\gamma_j(n_j)}.$$

对时隙边界的稳态队长分布, 也成立与 (8.2.6) 类似的结果, 不再详述. 下面给出闭排队网络应用的例子.

例 8.2.3 2 用户 TDMA.

两个用户共用一条通信线路, 每个用户有一个恰好容纳一个消息的缓冲器. 每个用户在每个时隙首端以概率 σ 产生一个消息, 消息是定长的, 并选取消息长度作为时隙单位. 使用一个多路协议 (multiple access protocol)将线路交替地分配给用户以满足发送消息地需求.

系统的离散时间排队网络模型如图 8.2.3, 这是分时多路接入(time division multiple access, TDMA) 协议的一个特殊情况. 这里有 3 个结点, 因为每个结点处都不发生排队等待, 为了与 S 排队联系起来, 把每个结点看成一个无穷服务台的离散时间排队系统. 在任何一个时刻, 两个用户中必有一个位于结点 2, 另一个可位于结点 1 或 3. 结点 1 或 2 处用户的缓冲器是空的, 结点 3 处用户缓冲器中有一个消息. 在一个时隙首端, 结点 2 处的用户以概率 σ 产生一个消息, 并在该时隙末端转移到结点 3; 或者以概率 $1-\sigma$ 不产生消息, 并在时隙末端转移到结点 1, 这时该用户的缓冲器是空的. 结点 3 处的用户缓冲器中有一个消息, 并可以在当前的时隙占用线路进行传输, 然后在该时隙末端转移到结点 2. 结点 1 处用户的缓冲器是空的, 但可在当前时隙首端以概率 σ 产生一个消息, 并且立刻在线路上发送, 然后于该时隙末端转移到结点 2; 如果结点 1 处用户不产生新消息 (以概率 $1-\sigma$), 他在该时隙末

端将未经通信服务而转移到结点 2. 注意到在任何时候, 结点 1 和 3 处只有一个用户, 另一个是空的.

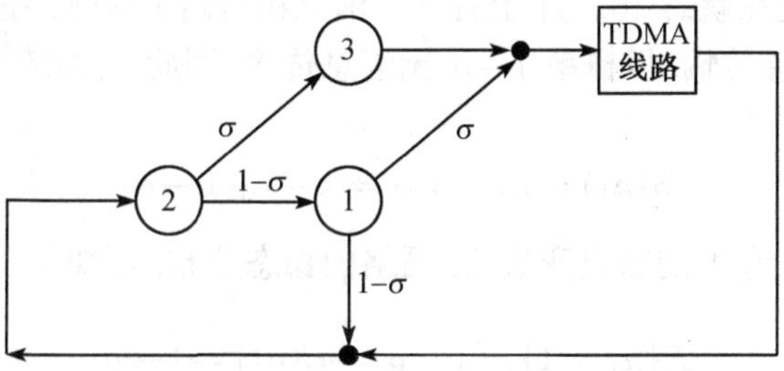

图 8.2.3 两用户 TDMA 的排队网络模型

以 $\boldsymbol{n}=(n_1,n_2,n_3)$ 表示稳态下各结点的顾客数, 模型可看成顾客总数 $M=2$ 的三结点闭排队网络, 有状态空间

$$\Omega_M=\{(0,1,1),(1,1,0)\}.$$

诸结点作为无穷服务台的 S 排队, 顾客逗留时间恰好是一个时隙, 因此服务率是 $\mu_1=\mu_2=\mu_3=1$. 如图 8.2.3 所示, 路径概率是

$$r_{12}=r_{32}=1,\quad r_{23}=\sigma,\quad r_{21}=1-\sigma.$$

注意到网络没有外部到达, 流平衡方程是

$$\begin{cases}\gamma_1=\gamma_2(1-\sigma),\\ \gamma_2=\gamma_1+\gamma_3,\\ \gamma_3=\gamma_2\sigma.\end{cases}$$

因为结点 2 处每个时隙都有 1 个顾客到达, 取 $\gamma_2=1$, 解方程给出 $\gamma_1=1-\sigma,\gamma_3=\sigma$. 对无穷服务台的 S 排队, 有

$$\alpha_j(0)=1,\quad \alpha_j(n_j)=n_j,\quad j=1,2,3.$$

由定理 8.2.3, 网络在时隙内部的稳态队长分布是

$$\begin{aligned}\pi^+(0,1,1)&=k_M r_1(0)r_2(1)r_3(1)\\&=k_M\gamma_2\gamma_3=k_M\sigma,\\ \pi^+(1,1,0)&=k_M r_1(1)r_2(1)r_3(0)\\&=k_M\gamma_1\gamma_2=k_M(1-\sigma).\end{aligned}$$

使用正规化条件, 可知 $k_M = 1$.

现在, 我们来确定系统在稳态下的平均吞吐量, 即每个时隙上通过线路传输的消息平均数. 系统在状态 (0,1,1) 上有一个消息在线路上传输; 在状态 (1,1,0) 上以概率 σ 有一个消息传输, 以概率 $1-\sigma$ 无消息传输. 因此, 已知在状态 $(n_1, 1, n_3)$ 上的吞吐量是

$$S(n_1) = n_3 + \sigma n_1 = 1 - n_1(1-\sigma),$$

其中 n_1 是取值 0 或 1 的随机变量, 由网络的稳态分布, 可知

$$P\{n_1 = 1\} = 1 - \sigma, \quad E(n_1) = 1 - \sigma.$$

系统的平均吞吐量是

$$E[S(n_1)] = 1 - (1-\sigma)E(n_1) = 1 - (1-\sigma)^2.$$

8.2.3　一个卫星通信系统模型

作为排队网络的应用, 本节详细讨论一个卫星通信系统模型, 给出系统性能指标分析.

有 N 个用户共用一条卫星信道. 消息由多个固定长度的数据包 (packet) 组成, 选取一个包在信道中的传输时间为时隙单位. 一个消息所含包的个数, 服从均值 γ^{-1} 的几何分布, $0<\gamma<1$. 这意味着, 如果在当前时隙上一个消息正在被传输, 则以概率 γ 在该时隙完成整个消息的服务, 以概率 $1-\gamma$ 该消息还有剩余的包需继续传送. 当前没有消息等待发送的用户, 在时隙首端以概率 σ 产生一个消息, 通常 $\sigma \ll 1$; 以概率 $1-\sigma$ 不产生新的通信需求. 使用 TDMA 协议分配信道, 该协议将信道时间分成帧, 每个帧包含 N 个时隙, 在一个帧内每个用户恰好分配到一个时隙. 如果信道以 c 比特/秒的速率传递消息, TDMA 确保每个用户拥有 $N^{-1}c$ 比特/秒的带宽.

图 8.2.4 给出 N 个用户 TDMA 协议卫星通信系统的离散时间排队网络模型, 它是例 8.2.3 对 N 个用户消息长度服从几何分布的推广.

结点 $1 \leqslant i \leqslant N$ 处的用户没有等待传播的消息, 但在一个时隙首端以概率 σ 产生一个消息, 以概率 $1-\sigma$ 不产生新的通信需求. 在结点 $N+1 \leqslant i \leqslant 2N$ 的用户都有至少一个包等待传输. 在某个帧内, 如果用户分配的时隙恰好位于该帧的 i 个时隙之后, 该顾客将在结点 $i+1$ 或 $i+N+1$ 处, 取决于用户在该时隙开始时刻没有或有数据包等待传输. 位于结点 1 处的用户, 以概率 σ 在一个时隙首端产生一个消息, 并在该时隙上占用信道发送一个包; 然后, 在该时隙末端以概率 $1-\gamma$ 或 γ 转移到结点 $2N$ 或 N. 若有用户位于结点 $N+1$, 这时结点必是空的, 结点 $N+1$ 处的用户在当前时隙上传输一个包, 然后视是否还有消息需继续传输, 转移到结点

$2N$ 或 N. 注意到每个结点用户数只能是 0 或 1, 并且结点 i 与 $N+i$ 处顾客数之和等于 1. 在结点 $2 \leqslant i \leqslant N$ 处的用户, 若在时隙首端产生新的消息, 将在该时隙末端转移到结点 $N+i-1$; 否则转移到结点 $i-1$. 在结点 $N+2 \leqslant i \leqslant 2N$ 处的用户, 在时隙末端进入结点 $i-1$.

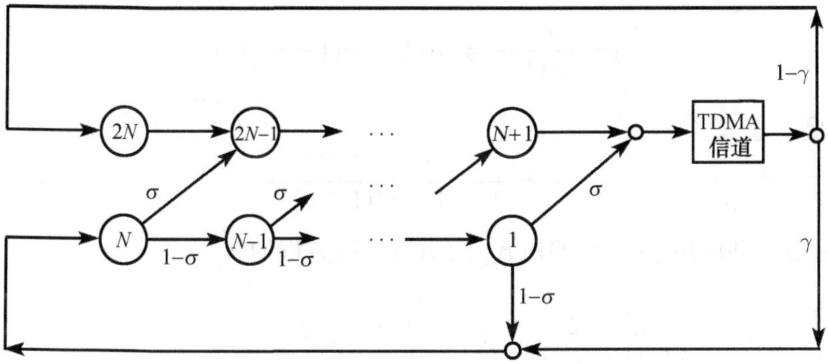

图 8.2.4 TDMA 系统的离散时间排队网络模型

正如例 8.2.3 指出的, 网络中每个结点可看成无穷服务台的 S 排队. 稳态下网络在时隙内部的队长向量 $\boldsymbol{n}=(n_1,\cdots,n_{2N})$, 有状态空间

$$\Omega_N=\{\boldsymbol{n}=(n_1,\cdots,n_{2N})|n_i=0,1;n_i+n_{N+i}=1;i=1,\cdots,N\}.$$

用户在任何结点处逗留时间是 1 个时隙, 各结点处服务率取

$$\mu_1=\mu_2=\cdots=\mu_{2N}=1.$$

如图 8.2.4 所示, 非零的路径概率分别是

$$\begin{aligned}
&r_{i,i-1}=1,\quad N+2\leqslant i\leqslant 2N,\\
&\left.\begin{aligned}&r_{i,i+N-1}=\sigma,\\&r_{i,i-1}=1-\sigma,\end{aligned}\right\},\quad 2\leqslant i\leqslant N,\\
&r_{N+1,2N}=1-\gamma,\quad r_{1,2N}=\sigma(1-\gamma),\\
&r_{N+1,N}=\gamma,\quad r_{1,N}=1-\sigma(1-\gamma).
\end{aligned}$$

不同用户的路径行为显然是相互独立的, 并有下列流平衡方程

$$\begin{cases}\lambda_i+\lambda_{N+i}=1,\quad 1\leqslant i\leqslant N,\\ \lambda_{i-1}=\lambda_i(1-\sigma),\quad 2\leqslant i\leqslant N,\\ \lambda_N=\lambda_1[1-\sigma(1-\gamma)]+\lambda_{N+1}\gamma.\end{cases}\tag{8.2.7}$$

(8.2.7) 中第二式给出

$$\lambda_i=\frac{\lambda_1}{(1-\sigma)^{i-1}},\quad 1\leqslant i\leqslant N.\tag{8.2.8}$$

(8.2.7) 中第一式中取 $i=N$, 联立 (8.2.7) 后式, 有

$$\lambda_N=\lambda_1(1-\gamma)(1-\sigma)+\gamma.$$

与 (8.2.8) 中 $i=N$ 的式子比较, 给出等式

$$\frac{\lambda_1}{(1-\sigma)^{N-1}}=\lambda_1(1-\gamma)(1-\sigma)+\gamma.$$

由此得到

$$\lambda_1=\frac{\gamma(1-\sigma)^{N-1}}{1-(1-\gamma)(1-\sigma)^N},$$

代入 (8.2.8), 并应用 (8.2.7) 的前式, 给出流平衡方程的解.

$$\lambda_i=\frac{\gamma(1-\sigma)^{N-i}}{1-(1-\gamma)(1-\sigma)^N},\quad 1\leqslant i\leqslant N,$$
$$\lambda_{N+i}=\frac{1-(1-\sigma)^{N-i}[\gamma+(1-\gamma)(1-\sigma)^i]}{1-(1-\gamma)(1-\sigma)^N},\quad 1\leqslant i\leqslant N.$$

由定理 8.2.3, 网络有乘积型稳态分布

$$\pi^+(\boldsymbol{n})=G_N\prod_{j=1}^{2N}\frac{\lambda_j^{n_j}}{n_j!},\quad \boldsymbol{n}=(n_1,\cdots,n_{2N})\in\Omega_N, \tag{8.2.9}$$

其中常数因子是

$$G_N=\frac{1}{\displaystyle\sum_{\boldsymbol{n}\in\Omega_N}\prod_{j=1}^{2N}\frac{\lambda_j^{n_j}}{n_j!}}.$$

然而, 如果我们只关心系统的平均值指标, 并不必要按 (8.2.9) 计算稳态分布和常数 G_N. 例如, 给定 n_1 时, 系统的吞吐量是

$$S(n_1)=n_{N+1}+n_1\sigma=1-n_1(1-\sigma),$$

式中 n_1 是 0–1 值随机变量, 使用 Little 公式, 有

$$E(n_1)=\frac{\lambda_1}{\mu_1}=\lambda_1.$$

注意到 λ_1 的表达式, 系统的平均吞吐量是

$$S=E[S(n_1)]=1-\lambda_1(1-\sigma)=\frac{1-(1-\sigma)^N}{1-(1-\gamma)(1-\sigma)^N}. \tag{8.2.10}$$

按上述讨论, (8.2.10) 给出的是在一个消息的平均传输时间内, 通过信道的平均消息个数. 注意到消息的平均传输时间是 γ^{-1} 个时隙, 因此, 每个时隙上的平均吞吐量为乘积 $S\gamma$.

现在计算消息的平均延迟, 设 $\bar{n}$ 表示结点 $N+1, N+2, \cdots, 2N$ 处用户的总平均数, 再次应用 Little 公式, 消息的平均接入延迟是

$$Q = \frac{\bar{n} + (N - \bar{n}\sigma)}{S\gamma}(\text{时隙}). \tag{8.2.11}$$

另外, 在稳态下, 每个时隙上产生消息的平均数, 等于每个时隙上传输消息的平均数, 即

$$(N - \bar{n}\sigma) = S\gamma.$$

这一关系式代入 (8.2.11), 给出

$$Q = \frac{N}{\gamma S} + 1 - \frac{1}{\sigma}. \tag{8.2.12}$$

在卫星通信系统中, 还需考虑到消息在信道中的传播延迟 (propagation delay). 例如, 高程 3600km 的地球定点卫星, 从地面发射的信号再返回地面接收站, 时间大约为 0.27 秒. 对高速传播的数字通信系统, 这是一个不容忽视的时延. 以 R 表示按时隙计算的传播延迟, 消息的平均延迟 W 是

$$W = \frac{N}{\gamma S} + 1 + R - \frac{1}{\sigma}.$$

使用其他接入协议 (如 SLOTTED ALOHA, CDMA) 的卫星通信系统, 也可使用离散时间排队及其网络建模分析 (Woodward, 1994, 第 6 章).

§8.3 并行移动网络

8.3.1 并行移动的线性网络

本节讨论到达批量可服从任意分布的网络. 为此, 首先描述一类规定顾客在网络中转移路径的新方法. 考虑 N 个结点的离散时间排队网络, 依次记为 $i = 1, \cdots, N$. 此外, 引入结点 0 表示 “网络外部”. 对每个时隙首端引入一个向量

$$\bar{\boldsymbol{a}} = (a_0, a_1, \cdots, a_N),$$

其中, a_j 表示离开结点 j 的顾客数, 称 $\bar{\boldsymbol{a}}$ 为离去批向量. 注意, a_0 是离开网络外部的顾客数, 即从外部进入网络系统的顾客数. 假设向量 $\bar{\boldsymbol{a}}$ 在该时隙末端以概率 $r(\bar{\boldsymbol{a}}, \bar{\boldsymbol{a}}')$ 转变为向量

$$\bar{\boldsymbol{a}}' = (a_0', a_1', \cdots, a_N'),$$

这里 a'_j 表示到达结点 j 的顾客批量, 称 $\bar{\boldsymbol{a}}'$ 为到达批向量. a'_0 表示到达外部的顾客数, 即从各结点直接离开网络的顾客总数. 概率 $r(\bar{\boldsymbol{a}},\bar{\boldsymbol{a}}')$ 仍称为路径函数, 它统一表述了各结点处顾客在网络内外的移动规则. 这种描述称为 "并行移动"(concurrent movement) 路径规则. 如果还满足 $|\bar{\boldsymbol{a}}|=|\bar{\boldsymbol{a}}'|$, 这里

$$|\bar{\boldsymbol{a}}|=\sum_{j=0}^{N}a_j,$$

则称为有 "并行移动" 路径的线性网络.

以 $\mathscr{A}$ 表示可能的离去批向量和到达批向量的集合, 它是 $\{0,1,\cdots\}^{N+1}$ 的子集, 则 $r(\bar{\boldsymbol{a}},\bar{\boldsymbol{a}}')$ 可以看成状态空间 $\mathscr{A}$ 上的一个 MC 的转移概率函数.

作为例子, 前节中描述的独立路径机制, 也可通过并行移动规则表出. 设 $r_{kj}(k=1,2,\cdots,N;j=0,1,\cdots,N)$ 表示一个离开结点 k 的顾客, 在该时隙末端进入结点 j 的概率. 对给定的非负整值向量 $\bar{\boldsymbol{a}}$ 和 $\bar{\boldsymbol{a}}'$ 满足 $|\bar{\boldsymbol{a}}|=|\bar{\boldsymbol{a}}'|$, 可构造矩阵

$$\boldsymbol{B}=\begin{bmatrix} b_{00} & b_{01} & b_{02} & \cdots & b_{0N}\\ b_{10} & b_{11} & b_{12} & \cdots & b_{1N}\\ \vdots & \vdots & \vdots & & \vdots\\ b_{N0} & b_{N1} & b_{N2} & \cdots & b_{NN}\end{bmatrix},$$

使得 $\boldsymbol{Be}=\bar{\boldsymbol{a}}^{\mathrm{T}},\boldsymbol{e}^{\mathrm{T}}\boldsymbol{B}=\bar{\boldsymbol{a}}'$. b_{kj} 是在一个时隙上从结点 k 转移到结点 j 的顾客数量, $k,j=0,1,\cdots,N$, 规定 $b_{00}=0$, "T" 表示转置, 并有

$$|\bar{\boldsymbol{a}}|=|\bar{\boldsymbol{a}}'|=\sum_{k=0}^{N}\sum_{j=0}^{N}b_{kj}.$$

在独立路径下, 离开结点 k 的一批顾客, 以多项分布转移到各结点, 有

$$r(\bar{\boldsymbol{a}},\bar{\boldsymbol{a}}')=\sum_{\boldsymbol{Be}=\bar{\boldsymbol{a}}^{\mathrm{T}}}\ \sum_{\boldsymbol{e}^{\mathrm{T}}\boldsymbol{B}=\bar{\boldsymbol{a}}'}\ \prod_{j=0}^{N}\frac{a_j!}{b_{j0}!b_{j1}!\cdots b_{jN}!}r_{j0}^{b_{j0}}r_{j1}^{b_{j1}}\cdots r_{jN}^{b_{jN}},\tag{8.3.1}$$

其中

$$r_{0k}=\frac{\lambda_k}{\sum\limits_{j=1}^{N}\lambda_j},\quad k=1,\cdots,N$$

是一顾客由结点 k 进入网络的概率. 约定 $r(\bar{\boldsymbol{0}},\bar{\boldsymbol{0}}')=1$.

正如前面指出的, 路径函数 $r(\bar{\boldsymbol{a}},\bar{\boldsymbol{a}}')$ 可以看成状态空间 $\mathscr{A}$ 上的 MC 的转移概率. 因为, 只有当 $|\bar{\boldsymbol{a}}|=|\bar{\boldsymbol{a}}'|$ 时, 才有 $r(\bar{\boldsymbol{a}},\bar{\boldsymbol{a}}')>0$. 因此, 状态空间 $\mathscr{A}$ 可分解成不相

交的闭集. 回顾状态空间的子集称为闭集, 指的是从该集中状态出发, 不能转移到该集之外的状态. 假设 r 在每个闭集上是不可约的, 因为这些闭集都含有限状态, 因此在每个闭集上存在平稳测度 $\gamma(\bar{\boldsymbol{a}})$, 满足

$$\gamma(\bar{\boldsymbol{a}})=\sum_{\bar{\boldsymbol{a}}'}\gamma(\bar{\boldsymbol{a}}')r(\bar{\boldsymbol{a}}',\bar{\boldsymbol{a}}). \tag{8.3.2}$$

注意 $\mathscr{A}$ 上的测度 $\gamma(\bar{\boldsymbol{a}})$ 不是唯一的, 因为在每个闭集上可任意加权. 各闭集上权重的不同选择, 对应着不同的路径规则. 我们假定

$$\sum_{\bar{\boldsymbol{a}}}\gamma(\bar{\boldsymbol{a}})<\infty. \tag{8.3.3}$$

网络的动态行为可规定如下：若在时隙边界 l 处, 网络队长是 $\boldsymbol{n}$, 则在该时隙首端产生一个离去批向量 $\bar{\boldsymbol{D}}_l=\bar{\boldsymbol{a}}\in\mathscr{A}$ 的概率是

$$P\{\bar{\boldsymbol{D}}_l=\bar{\boldsymbol{a}}|\boldsymbol{L}_l=\boldsymbol{n}\}=p^D(\boldsymbol{n},\bar{\boldsymbol{a}})=\begin{cases}\dfrac{\Psi(\boldsymbol{n}-\boldsymbol{a})}{\Phi(\boldsymbol{n})}\gamma(\bar{\boldsymbol{a}}), & \bar{\boldsymbol{a}}\neq\bar{\boldsymbol{0}},\\ C(\boldsymbol{n}), & \bar{\boldsymbol{a}}=\bar{\boldsymbol{0}},\end{cases} \tag{8.3.4}$$

这里 $\boldsymbol{a}=(a_1,\cdots,a_N)$ 是 $\bar{\boldsymbol{a}}=(a_0,a_1,\cdots,a_N)$ 去掉第一个分量 a_0. 常数 $C(\boldsymbol{n})$ 满足

$$0\leqslant C(\boldsymbol{n})<1.$$

Ψ 是 n 元非负函数, 满足

$$\sum_{\boldsymbol{n}}\Psi(\boldsymbol{n})<\infty.$$

Φ 是正值函数, 通过 Ψ 可表出如下

$$\Phi(\boldsymbol{n})(1-C(\boldsymbol{n}))=\sum_{\bar{\boldsymbol{a}}\neq\bar{\boldsymbol{0}}}\Psi(\boldsymbol{n}-\boldsymbol{a})\gamma(\bar{\boldsymbol{a}}). \tag{8.3.5}$$

与单个排队系统准可逆性的讨论类似, (8.3.4) 中的 $p^D(\boldsymbol{n},\bar{\boldsymbol{a}})$ 也称为离去函数. 然而, 应该注意, 它不仅确定离开结点 j 的批量 $\boldsymbol{a}=(a_1,\cdots,a_N)$, 还可通过 a_0 确定了来自外部的顾客批量. 在该时隙末端, 离去批向量 $\bar{\boldsymbol{a}}$ 以概率 $r(\bar{\boldsymbol{a}},\bar{\boldsymbol{a}}')$ 变成到达批向量 $\bar{\boldsymbol{a}}'$. 路径函数 r 和离去函数 p^D 两者, 决定了这个并行移动线性网络的动态演化.

以 $\boldsymbol{L}$ 和 $\boldsymbol{L}^+$ 表示网络在时隙边界和时隙内部的稳态队长, Ω 表示它们共同的状态空间. 现在对并行移动的线性网络, 可证明下列主要结果.

定理 8.3.1　对并行移动线性网络, 有路径函数 r 和离去函数 p^D, 若对任何 $\boldsymbol{n} \in \Omega$ 和某正数 c_0, 都有 $C(\boldsymbol{n}) < c_0$, 则网络平稳分布可表为

$$\begin{aligned} &\pi(\boldsymbol{n}) = P\{\boldsymbol{L} = \boldsymbol{n}\} = c\Phi(\boldsymbol{n}), \\ &\pi^+(\boldsymbol{n}) = P\{\boldsymbol{L}^+ = \boldsymbol{n}\} = c\Big(\Psi(\boldsymbol{n}) \sum_{\bar{\boldsymbol{a}} \neq \boldsymbol{0}} \gamma(\bar{\boldsymbol{a}}) + \Phi(\boldsymbol{n}) C(\boldsymbol{n})\Big), \quad \boldsymbol{n} \in \Omega, \end{aligned} \tag{8.3.6}$$

其中 c 是公共的正规化常数.

证明　由 r 和 p^D 的定义, 网络队长 $\boldsymbol{L}$ 是一个 MC, 有转移概率

$$p^{\boldsymbol{L}}(\boldsymbol{n}, \boldsymbol{n}') = \sum_{\boldsymbol{n}-\boldsymbol{a}+\boldsymbol{a}'=\boldsymbol{n}'} p^D(\boldsymbol{n}, \bar{\boldsymbol{a}}) r(\bar{\boldsymbol{a}}, \bar{\boldsymbol{a}}').$$

设 $\gamma(\bar{\boldsymbol{a}})$ 是由路径函数引起的平稳测度, 满足

$$\gamma(\bar{\boldsymbol{a}}) = \sum_{\bar{\boldsymbol{a}}'} \gamma(\bar{\boldsymbol{a}}') r(\bar{\boldsymbol{a}}, \bar{\boldsymbol{a}}').$$

该式两端乘以 $\Psi(\boldsymbol{n} - \boldsymbol{a})$, 注意到 $\boldsymbol{n} - \boldsymbol{a} = \boldsymbol{n}' - \boldsymbol{a}'$, 给出

$$\Phi(\boldsymbol{n}) \frac{\Psi(\boldsymbol{n} - \boldsymbol{a})}{\Phi(\boldsymbol{n})} \gamma(\bar{\boldsymbol{a}}) = \sum_{\boldsymbol{a}'} \Phi(\boldsymbol{n}') \frac{\Psi(\boldsymbol{n}' - \boldsymbol{a}')}{\Phi(\boldsymbol{n}')} \gamma(\bar{\boldsymbol{a}}') r(\bar{\boldsymbol{a}}', \bar{\boldsymbol{a}}). \tag{8.3.7}$$

使用 p^D 的定义 (8.3.4),(8.3.7) 可改写成

$$\Phi(\boldsymbol{n}) p^D(\boldsymbol{n}, \bar{\boldsymbol{a}}) = \sum_{\boldsymbol{n}-\boldsymbol{a}=\boldsymbol{n}'-\boldsymbol{a}'} \Phi(\boldsymbol{n}') p^D(\boldsymbol{n}', \bar{\boldsymbol{a}}') r(\bar{\boldsymbol{a}}', \bar{\boldsymbol{a}}),$$

该式对 $\bar{a} = \bar{\boldsymbol{0}}$ 显然也成立. 将表达式对一切 $\bar{a}$ 求和, 有

$$\begin{aligned} \Phi(\boldsymbol{n}) &= \sum_{\bar{\boldsymbol{a}}} \sum_{\boldsymbol{n}-\boldsymbol{a}=\boldsymbol{n}'-\boldsymbol{a}'} \Phi(\boldsymbol{n}') p^D(\boldsymbol{n}', \bar{\boldsymbol{a}}') r(\bar{\boldsymbol{a}}', \bar{\boldsymbol{a}}) \\ &= \sum_{\boldsymbol{n}'} \Phi(\boldsymbol{n}') \sum_{\boldsymbol{n}=\boldsymbol{n}'-\boldsymbol{a}'+\boldsymbol{a}} p^D(\boldsymbol{n}', \bar{\boldsymbol{a}}') r(\bar{\boldsymbol{a}}', \bar{\boldsymbol{a}}) \\ &= \sum_{\boldsymbol{n}'} \Phi(\boldsymbol{n}') p^L(\boldsymbol{n}', \boldsymbol{n}). \end{aligned}$$

这就验证了 $\{\Phi(\boldsymbol{n}), \boldsymbol{n} \in \Omega\}$ 是转移概率 p^L 的平稳测度. 另外, 由 (8.3.5) 式及 $C(\boldsymbol{n}) < c_0$, 有

$$\begin{aligned} (1 - c_0) \sum_{\boldsymbol{n}} \Phi(\boldsymbol{n}) &\leqslant \sum_{\boldsymbol{n}} \Phi(\boldsymbol{n})(1 - C(\boldsymbol{n})) = \sum_{\boldsymbol{n}} \sum_{\boldsymbol{a} \neq \bar{\boldsymbol{0}}} \Psi(\boldsymbol{n} - \boldsymbol{a}) \gamma(\bar{\boldsymbol{a}}) \\ &= \sum_{\bar{\boldsymbol{a}} \neq \bar{\boldsymbol{0}}} \sum_{\boldsymbol{n} \geqslant \boldsymbol{a}} \Psi(\boldsymbol{n} - \boldsymbol{a}) \gamma(\bar{\boldsymbol{a}}) = \sum_{\boldsymbol{n}} \Psi(\boldsymbol{n}) \sum_{\bar{\boldsymbol{a}} \neq \bar{\boldsymbol{0}}} \gamma(\bar{\boldsymbol{a}}) < \infty. \end{aligned}$$

因此, $\{\Phi(\boldsymbol{n}), \boldsymbol{n} \in \Omega\}$ 可通过正规化因子 c 变成一个平稳概率分布. 类似地, 对时隙内部的稳态分布, 有

$$\begin{aligned}\pi^{+}(\boldsymbol{n}) &= \sum_{\boldsymbol{a}} \pi(\boldsymbol{n}+\boldsymbol{a}) p^{D}(\boldsymbol{n}+\boldsymbol{a}, \bar{\boldsymbol{a}}) \\ &= c\Big(\Psi(\boldsymbol{n}) \sum_{\bar{\boldsymbol{a}} \neq \bar{\boldsymbol{0}}} \gamma(\bar{\boldsymbol{a}}) + \Phi(\boldsymbol{n}) C(\boldsymbol{n})\Big).\end{aligned}$$

这就完成了定理的证明. □

由定理 8.3.1 可以看到, $C(\boldsymbol{n})$ 的选取并不影响时隙边界的平稳分布, 但它可能影响时隙内部的平稳分布. 如果我们只考虑时隙边界队长 $\boldsymbol{L}$ 的分布, 在 (8.3.4) 中可不规定 $C(\boldsymbol{n})$. 下面的定理表明, 逆过程的离去函数恰好是原过程的到达函数. 为此, 以 $\bar{\boldsymbol{A}}_l$ 表示时隙 l 末端的到达批向量, 有

定理 8.3.2 若网络是平稳的, 在定理 8.3.1 的条件下, 有

$$P\{\bar{\boldsymbol{A}}_l = \bar{\boldsymbol{a}} | \boldsymbol{L}_{l+1} = \boldsymbol{n}\} = p^{D}(\boldsymbol{n}, \bar{\boldsymbol{a}}). \tag{8.3.8}$$

证明 过程的离去函数由 (8.3.4) 给出. 对 $\bar{\boldsymbol{a}} \neq \bar{\boldsymbol{0}}$, 有

$$\begin{aligned}&P\{\bar{\boldsymbol{A}}_l = \bar{\boldsymbol{a}} | \boldsymbol{L}_{l+1} = \boldsymbol{n}\} \\ &= P\{\bar{\boldsymbol{A}}_l = \bar{\boldsymbol{a}}, \boldsymbol{L}_{l+1} = \boldsymbol{n}\}[P\{\boldsymbol{L}_{l+1} = \boldsymbol{n}\}]^{-1} \\ &= \frac{1}{c\Phi(\boldsymbol{n})} \sum_{\bar{\boldsymbol{a}}'} P\{\boldsymbol{L}_l = \boldsymbol{n} + \boldsymbol{a}' - \boldsymbol{a}, \boldsymbol{D}_l = \bar{\boldsymbol{a}}'\} \\ &= \frac{\Psi(\boldsymbol{n}-\boldsymbol{a})}{\Phi(\boldsymbol{n})} \sum_{\bar{\boldsymbol{a}}'} \gamma(\bar{\boldsymbol{a}}') r(\bar{\boldsymbol{a}}', \bar{\boldsymbol{a}}) \\ &= \frac{\Psi(\boldsymbol{n}-\boldsymbol{a})}{\Phi(\boldsymbol{n})} \gamma(\bar{\boldsymbol{a}}) \\ &= p^{D}(\boldsymbol{n} - \bar{\boldsymbol{a}}).\end{aligned}$$

若 $\bar{\boldsymbol{a}} = \bar{\boldsymbol{0}}$, 由 $r(\bar{\boldsymbol{0}}, \bar{\boldsymbol{0}}) = 1$, 有

$$\begin{aligned}&P\{\bar{\boldsymbol{A}}_l = \bar{\boldsymbol{0}} | \boldsymbol{L}_{l+1} = \boldsymbol{n}\} \\ &= P\{\bar{\boldsymbol{D}}_l = \bar{\boldsymbol{0}}, \boldsymbol{L}_l = \boldsymbol{n}\}[P\{\boldsymbol{L}_{l+1} = \boldsymbol{n}\}]^{-1} \\ &= \frac{1}{c\Phi(\boldsymbol{n})} P\{\bar{\boldsymbol{D}}_l = \bar{\boldsymbol{0}} | \boldsymbol{L}_l = \boldsymbol{n}\} P\{\boldsymbol{L}_l = \boldsymbol{n}\} \\ &= \frac{1}{c\Phi(\boldsymbol{n})} C(n) c\Phi(\boldsymbol{n}) \\ &= p^{D}(\boldsymbol{n}, \bar{\boldsymbol{0}}).\end{aligned}$$

□

特别地, 如果网络的外部到达是 Poisson 批量的 Bernoulli 过程, 并且未来的到达独立于网络当前的状态, 由 (8.3.8), 从网络中离去的顾客, 即 $\bar{\boldsymbol{A}}_l$ 的第 1 个元素, 仍是 Poisson 批量的 Bernoulli 过程, 并且从前的离去独立于网络当前的状态.

为了看到定理 8.3.1 的一般性, 我们指出定理 8.2.2 可作为它的特例. 以下的讨论也可以看作是定理 8.2.2 的另一个证明.

假设网络结点都是 S 排队, 即每个结点是准可逆排队, 并且到达批量服从 Poisson 分布. 整个网络的离去函数是

$$p^D(\boldsymbol{n},\bar{\boldsymbol{a}}) = P_\lambda(a_0)\prod_{j=1}^N \frac{\Psi_j(n_j-a_j)}{\Phi_j(n_j)}P_{\gamma_j}(a_j),$$

其中 $\lambda=\lambda_1+\cdots+\lambda_n$, Ψ_j 和 Φ_j 满足定理 8.1.1, 并按准可逆条件构成结点 j 处的离去函数, $P_\alpha(k)$ 是均值 α 的 Poisson 分布的概率. 不失一般性, 可设 $\{\Psi_j(n), n\geqslant 0\}$ 和 $\{\Phi_j(n), n\geqslant 1\}$ 是两个概率分布. 网络中路径函数 $r(\bar{\boldsymbol{a}},\bar{\boldsymbol{a}}')$ 由 (8.3.1) 给出. 并记

$$\gamma_0=\lambda,\quad r_{0j}=\frac{\lambda_j}{\lambda},\quad j=1,\cdots,N.$$

在这样的表示下, 流平衡方程 (8.2.2) 可改写成

$$\gamma_j=\sum_{k=0}^N \gamma_k r_{kj},\quad j=1,\cdots,N.$$

现在, 设

$$\Psi(\boldsymbol{n})=\prod_{j=1}^N \Psi_j(n_j),\quad \boldsymbol{n}=(n_1,\cdots,n_N),$$

$$\Phi(\boldsymbol{n})=\prod_{j=1}^N \Phi_j(n_j),\quad \boldsymbol{n}=(n_1,\cdots,n_N),$$

$$\gamma(\bar{\boldsymbol{a}})=\prod_{j=0}^N \frac{\gamma_j^{a_j}}{a_j!}\mathrm{e}^{-\gamma_j},\quad \bar{\boldsymbol{a}}=(a_0,a_1,\cdots,a_N).$$

如果我们能证明 γ 是路径函数 r 的平稳分布, 即

$$\gamma(\bar{\boldsymbol{a}})=\sum_{\bar{\boldsymbol{a}}'}\gamma(\bar{\boldsymbol{a}}')r(\bar{\boldsymbol{a}}',\bar{\boldsymbol{a}}), \tag{8.3.9}$$

则由定理 8.3.1, 乘积形式 $\Phi(\boldsymbol{n})$ 就是网络在时隙分点处的平稳队长分布.

为了验证 (8.3.9), 需应用下列等式. 由二项式公式, 容易证明

$$a_k!\sum_{b_{0k}+b_{1k}+\cdots+b_{Nk}=a_k}\prod_{j=0}^N \frac{(\gamma_j r_{jk})^{b_{jk}}}{b_{jk}!}=\left(\sum_{j=0}^N \gamma_j r_{jk}\right)^{a_k}=\gamma_k^{a_k}.$$

使用这一恒等式, 有

$$
\begin{aligned}
&\sum_{\bar{\boldsymbol{a}}'}\gamma(\bar{\boldsymbol{a}}')r(\bar{\boldsymbol{a}}',\bar{\boldsymbol{a}})\\
=&\sum_{\bar{\boldsymbol{a}}'}\prod_{i=0}^{N}\frac{\gamma_i^{a_i'}}{a_i'!}\mathrm{e}^{-\gamma_i}\sum_{\boldsymbol{B}\boldsymbol{e}=(\bar{\boldsymbol{a}}')^{\mathrm{T}}}\sum_{\boldsymbol{e}^{\mathrm{T}}\boldsymbol{B}=\bar{\boldsymbol{a}}}\prod_{j=0}^{N}a_j'!\prod_{k=0}^{N}\frac{r_{jk}^{b_{jk}}}{b_{jk}!}\\
=&\sum_{\bar{\boldsymbol{a}}'}\prod_{i=0}^{N}\gamma_i^{a_i'}\mathrm{e}^{-\gamma_i}\sum_{\boldsymbol{B}\boldsymbol{e}=(\bar{\boldsymbol{a}}')^{\mathrm{T}}}\prod_{k=0}^{N}\sum_{\boldsymbol{e}^{\mathrm{T}}\boldsymbol{B}=\bar{\boldsymbol{a}}}\prod_{j=0}^{N}\frac{r_{jk}^{b_{jk}}}{b_{jk}!}\\
=&\prod_{i=0}^{N}\mathrm{e}^{-\gamma_i}\sum_{\bar{\boldsymbol{a}}'}\sum_{\boldsymbol{B}\boldsymbol{e}=(\bar{\boldsymbol{a}}')^{\mathrm{T}}}\prod_{m=0}^{N}\gamma_m^{b_{im}}\prod_{k=0}^{N}\sum_{\boldsymbol{e}^{\mathrm{T}}\boldsymbol{B}=\bar{\boldsymbol{a}}}\prod_{j=0}^{N}\frac{r_{jk}^{b_{jk}}}{b_{jk}!}\\
=&\prod_{i=0}^{N}\mathrm{e}^{-\gamma_i}\prod_{k=0}^{N}\sum_{\boldsymbol{e}^{\mathrm{T}}\boldsymbol{B}=\bar{\boldsymbol{a}}}\prod_{j=0}^{N}\frac{(\gamma_j r_{jk})^{b_{jk}}}{b_{jk}!}\\
=&\prod_{i=0}^{N}\mathrm{e}^{-\gamma_i}\prod_{k=0}^{N}\frac{\gamma_k^{a_k}}{a_k!}=\gamma(\bar{\boldsymbol{a}}).
\end{aligned}
$$

8.3.2 离散时间 Jackson 网络

考虑一个 N 结点并行移动的离散时间排队网络, 假定在每个时隙上至多发生 1 次顾客移动. 这里 "移动" 指顾客从外部进入系统, 顾客从一个结点进入另一个结点, 或者从某结点到达系统外部. 为刻画这类路径机制, 引入 $N+1$ 维单位向量

$$
\begin{aligned}
\bar{\boldsymbol{e}}_0&=(1,0,0,\cdots,0),\\
\bar{\boldsymbol{e}}_1&=(0,1,0,\cdots,0),\\
\bar{\boldsymbol{e}}_2&=(0,0,1,\cdots,0),\\
&\cdots\cdots\cdots\cdots\\
\bar{\boldsymbol{e}}_N&=(0,0,0,\cdots,1).
\end{aligned}
$$

$\mathscr{A}=\{\bar{\boldsymbol{e}}_i,0\leqslant i\leqslant N\}$ 构成 $N+1$ 维欧氏空间的基底. 现在, 并行移动的路径概率 $r(\bar{\boldsymbol{a}},\bar{\boldsymbol{a}}')$ 取正值, 当且仅当 $\bar{\boldsymbol{a}}$ 和 $\bar{\boldsymbol{a}}'$ 取 $\bar{\boldsymbol{e}}_i,\bar{\boldsymbol{e}}_j$ 或 $\bar{\boldsymbol{0}}$ 向量, $i,j=0,1,\cdots,N$. 记

$$r_{jk}=r(\bar{\boldsymbol{e}}_j,\bar{\boldsymbol{e}}_k),\quad j,k=0,1,\cdots,N.$$

结点 0 表示系统外部, r_{jk} 是时隙首端有 1 个顾客离开结点 j, 并在该时隙末端到达结点 k 的概率. 约定 $r_{00}=0$, $r(\bar{\boldsymbol{0}},\bar{\boldsymbol{0}})=1$. 注意 $\bar{\boldsymbol{e}}_0$ 与零向量 $\bar{\boldsymbol{0}}$ 是不同的. 取 $\bar{\boldsymbol{a}}=\bar{\boldsymbol{e}}_0$, r_{0k} 是时隙末端在结点 k 处发生一个外部到达的概率; 取 $\bar{\boldsymbol{a}}'=\bar{\boldsymbol{e}}_0$, r_{j0} 是时隙首端在结点 j 处有一个顾客离开系统的概率. 将 r_{jk} 看成状态空间 $\mathscr{A}$ 上的 MC 的转移

概率, 并设这个 MC 有平稳测度 $\gamma(\bar{\boldsymbol{e}}_j)$, 满足

$$\gamma(\bar{\boldsymbol{e}}_j) = \sum_{k=0}^{N} \gamma(\bar{\boldsymbol{e}}_k) r_{kj}, \quad j = 0, 1, \cdots, N. \tag{8.3.10}$$

并适当选取 $\gamma(\bar{\boldsymbol{0}})$ 的值. 注意到 (8.3.10), 实际上正是前节的 (8.3.2) 式. 为了方便, 记

$$\alpha_j = \gamma(\bar{\boldsymbol{e}}_j), \quad j = 0, 1, \cdots, N.$$

现在, 如果给定网络的离去函数

$$p^D(\boldsymbol{n}, \bar{\boldsymbol{a}}) = \begin{cases} \dfrac{\Psi(\boldsymbol{n} - \boldsymbol{e}_i)}{\Phi(\boldsymbol{n})} \alpha_i, & \bar{\boldsymbol{a}} = \bar{\boldsymbol{e}}_i, 1 \leqslant i \leqslant N, \\ C(\boldsymbol{n}), & \bar{\boldsymbol{a}} = \bar{\boldsymbol{0}}, \end{cases} \tag{8.3.11}$$

则由定理 8.3.1, 可以得到网络的平稳队长分布. 这类每个时隙上至多发生 1 个顾客移动的离散时间网络, 称为 Jackson 网络.

特别地, 可以选取

$$\Psi(\boldsymbol{n}) = \prod_{j=1}^{N} \left(\frac{\alpha_j}{q_j}\right)^{n_j}, \quad \boldsymbol{n} = (n_1, \cdots, n_N),$$

这里, $\alpha_0 = \gamma(\bar{\boldsymbol{e}}_0)$ 是在一个时隙末端有一个顾客从外部进入网络的概率, $\alpha_0 r_{0j}$ 是外部到达经结点 j 进入网络的概率, $j = 0, 1, \cdots, N$. $q_j (j = 1, \cdots, N)$ 是时隙首端可以从结点 j 输出一个顾客的概率, $q_j r_{jk}$ 是从结点 j 输出的顾客在时隙末端到达结点 k 的概率, $j = 1, \cdots, N; k = 0, 1, \cdots, N$. 因为每个时隙上至多发生 1 个顾客移动, 因此

$$\alpha_0 + \sum_{j=1}^{N} q_j = 1.$$

进一步, 选取

$$C(\boldsymbol{n}) = \sum_{j=1}^{N} q_j \boldsymbol{1}(n_j = 0),$$

这里 $\boldsymbol{1}(n_j = 0)$ 是印记函数. 现在, 由 (8.3.5), 有

$$\begin{aligned} \Phi(\boldsymbol{n}) \Big(1 - \sum_{j=1}^{N} q_j \boldsymbol{1}(n_j = 0)\Big) &= \sum_{j=1}^{N} \Psi(\boldsymbol{n} - \boldsymbol{e}_j) \alpha_j \\ &= \sum_{j=1}^{N} \prod_{\substack{k=1 \\ k \neq j}}^{N} \left(\frac{\alpha_k}{q_k}\right)^{n_k} \left(\frac{\alpha_j}{q_j}\right)^{n_j - 1} \alpha_j \boldsymbol{1}(n_j \geqslant 1) \end{aligned}$$

$$
\begin{aligned}
&= \prod_{k=1}^{N}\Big(\frac{\alpha_k}{q_k}\Big)^{n_k}\Big(\sum_{j=1}^{N} q_j\mathbf{1}(n_j \geqslant 1)\Big)\\
&= \prod_{k=1}^{N}\Big(\frac{\alpha_k}{q_k}\Big)^{n_k}\Big(1-\sum_{j=1}^{N} q_j\mathbf{1}(n_j = 0)\Big).
\end{aligned}
$$

因此, 在 $\Phi(\boldsymbol{n})$ 和 $C(\boldsymbol{n})$ 的上述选择下, 有

$$\Psi(\boldsymbol{n}) = \Phi(\boldsymbol{n}) = \prod_{j=1}^{N}\Big(\frac{\alpha_j}{q_j}\Big)^{n_j}, \quad \boldsymbol{n} = (n_1, \cdots, n_N).$$

将 Ψ 和 Φ 代入 $p^D(\boldsymbol{n}, \bar{\boldsymbol{e}}_i)$ 的表达式 (8.3.11), 给出离去函数

$$p^D(\boldsymbol{n}, \bar{\boldsymbol{e}}_i) = q_i, \quad 1 \leqslant i \leqslant N, \quad n_i \geqslant 1.$$

由定理 8.3.1, 时隙边界网络队长的平稳分布是

$$\pi(\boldsymbol{n}) = c\Phi(\boldsymbol{n}) = c\prod_{j=1}^{N}\Big(\frac{\alpha_j}{q_j}\Big)^{n_j}, \quad \boldsymbol{n} = (n_1, \cdots, n_N). \tag{8.3.12}$$

因此, q_i 是任一个时隙上从结点 i 可输出一个顾客的概率. 常数因子 c 可由正规化条件确定, 因为

$$
\begin{aligned}
\sum_{\boldsymbol{n}=(n_1,\cdots,n_N)}\prod_{j=1}^{N}\Big(\frac{\alpha_j}{q_j}\Big)^{n_j} &= \sum_{n_1=0}^{\infty}\cdots\sum_{n_N=0}^{\infty}\prod_{j=1}^{N}\Big(\frac{\alpha_j}{q_j}\Big)^{n_j}\\
&= \prod_{j=1}^{N}\Big\{\sum_{n_j=0}^{\infty}\Big(\frac{\alpha_j}{q_j}\Big)^{n_j}\Big\}\\
&= \prod_{j=1}^{N}\Big(1-\frac{\alpha_j}{q_j}\Big)^{-1}.
\end{aligned}
$$

因此, 网络存在平稳分布的条件是 $\alpha_j < q_j, j = 1, \cdots, N$, 并且常数因子 c 是

$$c = \prod_{j=1}^{N}\Big(1-\frac{\alpha_j}{q_j}\Big).$$

代入 (8.3.12), 给出时隙边界的网络队长分布

$$\pi(\boldsymbol{n}) = \prod_{j=1}^{N}\Big(1-\frac{\alpha_j}{q_j}\Big)\Big(\frac{\alpha_j}{q_j}\Big)^{n_j}, \quad \boldsymbol{n} = (n_1, \cdots, n_N).$$

一般说来, (8.3.11) 允许选择多种多样的离去函数. 例如, 对某个固定的正向量 $\boldsymbol{M} = (M_1, \cdots, M_N)$, 考虑一个各结点处有限容量的离散时间 Jackson 网络, 设结点

i 处有容量 $M_i, i = 1, \cdots, N$. 此外, 网络还有一个容量为 1 的公共缓冲器, 可供任何结点使用. 当某结点 j 处顾客数到达 M_j 时, 一个经结点 j 进入系统的顾客可占用公共缓冲器. 一旦公共缓冲器被占用, 网络各结点的外部到达均被拒绝进入系统, 并且在当前时隙上, 只允许在公共缓冲器中有顾客的结点发生顾客离去. 对这个网络, 可选取

$$\Psi(\boldsymbol{n}) = \mathbf{1}(\boldsymbol{n} \leqslant \boldsymbol{M}) \prod_{j=1}^{N} \left(\frac{\alpha_j}{q_j}\right)^{n_j}, \quad \boldsymbol{n} = (n_1, \cdots, n_N),$$

并且

$$C(\boldsymbol{n}) = \sum_{j=0}^{N} q_j \mathbf{1}(n_j = 0) + \sum_{j=1}^{N} \mathbf{1}(n_j = M_j + 1) \sum_{k=1}^{N} q_k \mathbf{1}(k \neq j),$$

在这个表达式中, 取 $q_0 = \alpha_0$ 是发生外部到达的概率. 当公共缓冲器被占用时, 把发生顾客消失 (被拒绝进入) 也看成移动, 因为每个时隙上至多发生一个顾客移动, 有

$$\sum_{j=0}^{N} q_j + \sum_{j=1}^{N} \mathbf{1}(n_j = M_j + 1) \sum_{k=1}^{N} q_k \mathbf{1}(k \neq j) = 1. \tag{8.3.13}$$

现在, 应用关系式 (8.3.5), 有

$$\begin{aligned}
\Phi(\boldsymbol{n})(1 - C(\boldsymbol{n})) &= \sum_{j=1}^{N} \Psi(\boldsymbol{n} - \boldsymbol{e}_j)\alpha_j \\
&= \sum_{j=1}^{N} \mathbf{1}(\boldsymbol{n} \leqslant \boldsymbol{M}) \prod_{\substack{k=1 \\ k \neq j}}^{N} \left(\frac{\alpha_k}{q_k}\right)^{n_k} \left(\frac{\alpha_j}{q_j}\right)^{n_j - 1} \mathbf{1}(n_j \geqslant 1)\alpha_j \\
&= \mathbf{1}(\boldsymbol{n} \leqslant \boldsymbol{M}) \prod_{k=1}^{N} \left(\frac{\alpha_k}{q_k}\right)^{n_k} \left\{ \sum_{j=1}^{N} q_j \mathbf{1}(n_j \geqslant 1) \right\}.
\end{aligned} \tag{8.3.14}$$

由 (8.3.13), 有

$$\sum_{j=1}^{N} q_j \mathbf{1}(n_j \geqslant 1) = 1 - C(\boldsymbol{n}), \quad \boldsymbol{n} = (n_1, \cdots, n_N).$$

于是, (8.3.14) 给出

$$\Psi(\boldsymbol{n}) = \Phi(\boldsymbol{n}) = \mathbf{1}(\boldsymbol{n} \leqslant \boldsymbol{M}) \prod_{j=1}^{N} \left(\frac{\alpha_j}{q_j}\right)^{n_j}, \quad \boldsymbol{n} = (n_1, \cdots, n_N).$$

将 Ψ 和 Φ 代入 (8.3.11), 可表出离去函数

$$p^D(\boldsymbol{n},\bar{\boldsymbol{e}}_j)=\begin{cases} q_j, & \boldsymbol{n}\leqslant \boldsymbol{M}, j=0,1,\cdots,N,\\ q_j, & n_j=M_j+1, \boldsymbol{n}\leqslant \boldsymbol{M}+\boldsymbol{e}_j, j=0,1,\cdots,N,\\ 0, & \text{其他}.\end{cases}$$

基于定理 8.3.1, 可以给出时隙边界的网络队长分布.

8.3.3 服务率依赖于状态的网络

8.3.1 节的并行移动网络允许多种多样的解释, 与独立路径 S 排队网络比较, 是一个包罗广泛的网络类型. 下面通过一个允许服务率依赖于网络状态的模型解释定理 8.3.1.

考虑一个 N 结点离散时间排队网络. 若时隙边界网络状态是 $\boldsymbol{L}=\boldsymbol{n}=(n_1,\cdots,n_N)$, 则它在该时隙首端的离去函数

$$p^D(\boldsymbol{n},\bar{\boldsymbol{a}})=K\frac{\Psi(\boldsymbol{n}-\boldsymbol{a})}{\Phi(\boldsymbol{n})}\Big(\prod_{j=1}^{N}a_j!\Big)^{-1},\quad \boldsymbol{n}=(n_1,\cdots,n_N), \tag{8.3.15}$$

这里, $\bar{\boldsymbol{a}}=(a_0,\boldsymbol{a})=(a_0,a_1,\cdots,a_N)$, K 是某一个常数, Ψ 和 Φ 满足 (8.3.4) 和 (8.3.5). (8.3.15) 表明, 输出函数可依赖于每个结点的输出批量. 一个特殊情况是选取特殊的 Ψ 和 Φ, 使之对应于有独立路径的 S 排队网络. 离开结点 j 的顾客以概率 r_{jk} 加入结点 $k, j,k=0,1,\cdots,N$. 设 $\gamma_0,\gamma_1,\cdots,\gamma_N$ 满足流平衡方程

$$\gamma_j=\sum_{k=0}^{N}\gamma_k r_{kj},\quad j=1,\cdots,N,$$

并取 $\gamma_0=1$.

前面已经证明, 对独立路径 S 排队网络, 平衡方程

$$\gamma(\bar{\boldsymbol{a}})=\sum_{\bar{\boldsymbol{a}}'}\gamma(\bar{\boldsymbol{a}}')r(\bar{\boldsymbol{a}}',\bar{\boldsymbol{a}})$$

的解是

$$\gamma(\bar{\boldsymbol{a}})=\prod_{j=1}^{N}\frac{\gamma_j^{a_j}}{a_j!}\mathrm{e}^{-\gamma_j},\quad \bar{\boldsymbol{a}}=(a_0,a_1,\cdots,a_N).$$

现在, 可将 (8.3.15) 改写如下

$$p^D(\boldsymbol{n},\bar{\boldsymbol{a}})=K\frac{\Psi(\boldsymbol{n}-\boldsymbol{a})}{\Phi(\boldsymbol{n})}\frac{1}{\prod\limits_{j=1}^{N}a_j!}$$

$$= \left(\frac{K \prod_{k=0}^{N} e^{-\gamma_k} \Psi(\boldsymbol{n}-\boldsymbol{a}) \prod_{j=1}^{N} \gamma_j^{n_j - a_j}}{\Phi(\boldsymbol{n}) \prod_{j=1}^{N} \gamma_j^{n_j}} \right) \gamma(\bar{\boldsymbol{a}}).$$

现在, 如果引入记号

$$\widetilde{\Psi}(\boldsymbol{n}-\boldsymbol{a}) = K \prod_{k=0}^{N} \mathrm{e}^{-\gamma_k} \Psi(\boldsymbol{n}-\boldsymbol{a}) \prod_{j=1}^{N} \gamma_j^{n_j - a_j},$$

$$\widetilde{\Phi}(\boldsymbol{n}) = \Phi(\boldsymbol{n}) \prod_{j=1}^{N} \gamma_j^{n_j}.$$

则 (8.3.15) 可表为

$$p^D(\boldsymbol{n}, \bar{\boldsymbol{a}}) = \frac{\widetilde{\Psi}(\boldsymbol{n}-\boldsymbol{a})}{\widetilde{\Phi}(\boldsymbol{n})} \gamma(\bar{\boldsymbol{a}}).$$

这就回到了定理 8.3.1 的标准形式, 但是这里的 $\widetilde{\Psi}$ 和 $\widetilde{\Phi}$ 是依赖于网络状态的. 应用定理 8.3.1, 可给出时隙边界的网络状态分布

$$\pi(\boldsymbol{n}) = c\widetilde{\Phi}(\boldsymbol{n}) = c\Phi(\boldsymbol{n}) \prod_{j=1}^{N} \gamma_j^{n_j}.$$

§8.4　文 献 评 述

离散时间准可逆排队的概念, 首先由 Walrand(1983a) 对 Poisson 批量的 Bernoulli 到达情况引入, Ōsawa(1994) 把准可逆性推广到一般批量分布. 然而, 它们的准可逆性定义依赖了一系列独立性假设. 8.1.2 节的定义是由 Chao, Miyazawa 和 Pinedo(1999) 给出的. 关于准可逆性的定理 8.1.2 也是Ōsawa (1994) 证明的, 随后, Chao 等 (1999) 对该定理给出一个推广. Bernoulli 到达几何服务时间排队的串联网络先后由 Hus 与 Burke(1976), Bharah 与 Kumar (1980), Ōsawa (1989) 等研究. S 排队由 Walrand(1983a) 首先研究. 关于并行移动线性网络的主要结果定理 8.3.1, 首先见于文献 (Henderson et al., 1990), 类似的结果还由 Boucherie 与 Van Dijk (1991) 给出, 并由 Miyazawa(1994) 进行了更一般的推广. 还有许多研究工作试图建立离散时间排队理论的更一般的框架, 或者讨论乘积解存在的条件 (Yamashita et al., 1998; Miyazawa, 1999; Serfozo, 1989, 1993; Boucherie, 1992) 等.

以计算机系统和通信网络性能分析为目标, 讨论离散时间排队网络的著作参见文献 (Woodward, 1994; Bruneel et al., 1993). 这两本书介绍了离散时间排队及其

网络的一些简单结果, 并将主要篇幅用于具体应用实例的分析. 以发展离散时间排队网络理论体系为目标的著作参见文献 (Daduna, 2001), 该书中还包括多类顾客、依状态服务、依状态路径等更复杂的离散时间排队网络的分析. 文献 (Chao et al., 1999) 虽然主要介绍连续时间排队网络理论, 但最后一章对离散时间排队网络给出一个简明而系统的处理. 本章部分内容取自 Chao 等 (1999) 的著作.

参考文献

邓永录. 1994. 随机模型及其应用. 北京: 高等教育出版社.

邓永录. 1996. 运筹学中的随机模型. 广州: 中山大学出版社.

费勒 W. 1979. 概率论及其应用 (下册). 刘文译. 北京: 科学出版社.

费勒 W. 1964. 概率论及其应用 (上册). 胡迪鹤, 林向清译. 北京: 科学出版社.

侯振挺, 郭青峰. 1978. 齐次马尔可夫过程. 北京: 科学出版社.

蒋庆琅. 1987. 随机过程原理与生命科学模型. 方积乾译. 上海: 上海翻译出版公司.

金顺福, 田乃硕. 2004. 虚通道交换系统性能指标的离散时间排队分析. 通信学报, 25: 58–68.

金顺福, 霍占强. 2007. 交换虚通道性能分析. 北京: 电子工业出版社.

刘洺辛, 马占友, 田乃硕. 2006. 多信道无线通信网混合业务接入控制的离散排队分析. 通信学报, 27(7): 100–105.

马占友, 田乃硕. 2002. 多重休假和启动时间的 Geom/G/1 排队. 运筹与管理, 11(4): 5–10.

马占友, 徐秀丽, 田乃硕. 2004. 多重休假的带启动 —— 关闭期的 Geom/G/1 排队. 运筹与管理, 13(5): 21–25.

马占友, 刘洺辛, 田乃硕. 2004. 空竭服务 Geom/G/1 休假排队. 运筹学学报, 8(3): 71–77.

马占友, 刘银萍, 田乃硕. 2004. 多重休假的带启动期的 Geom/G/1 排队的 PH 封闭性. 运筹与管理, 13(3): 1–5.

马占友, 田乃硕, 金顺福. 2006. 单重休假的 $\mathrm{Geom}^{\xi}/\mathrm{G}/1$ 排队系统. 燕山大学学报, 30(4): 287–292.

马占友, 金顺福, 刘洺辛. 2006. 离散时间闸门服务系统建模. 中国控制与决策学术年会, 265–268.

马占友, 刘洺辛, 徐秀丽, 田乃硕. 2007. 混合延迟消失制 $\mathrm{Geo}_1 \overleftarrow{+} \mathrm{Geo}_2/\mathrm{Geo}_1, \mathrm{Geo}_2/s/s+K$ 排队系统. 系统工程理论与实践, 27(1): 91–98.

马占友, 田乃硕. 2007. 单重休假闸门服务的 Geom/G/1 离散时间排队系统. 运筹学学报, 11(4): 70–76.

孙荣恒, 李建平. 2002. 排队论基础. 北京: 科学出版社.

唐应辉, 唐小我. 2006. 排队论 —— 基础与分析技术. 北京: 科学出版社.

田乃硕. 1990. 休假随机服务系统 (综述). 运筹学杂志, 9: 17–31.

田乃硕. 1992. GI/Geometric/1 离散时间休假排队. 运筹与决策, 2: 1671–1677.

田乃硕. 1992. 多级适应性休假的 M/G/1 排队. 应用数学, 4: 12–18.

田乃硕. 1993. Geom/G/1 休假随机服务系统. 应用数学与计算数学学报, 2: 71–78.

田乃硕. 1993. 单重指数休假的 GI/M/1 排队系统. 系统科学与数学, 13: 1–9.

田乃硕. 1993. PH 启动时间的 GI/M/1 排队. 数学的实践与认识, 4: 1–7.

田乃硕. 2001. 休假随机服务系统. 北京: 北京大学出版社.

田乃硕, 刘洺辛, 马占友, 徐秀丽. 2006. Erlang 消失系统的离散时间建模分析. 系统工程与电子技术, 28(6): 623–626.

田乃硕, 马占友, 刘洺辛. 2007. Erlang 消失系统空闲服务台的利用. 工程数学学报, 24(4): 677–684.

王梓坤. 1980. 生灭过程与马尔可夫链. 北京: 科学出版社.

韦才敏, 田乃硕, 王艳. 2002. 带有启动时间和单重休假的 Geom/G/1 排队. 运筹与管理, 11(5): 5–9.

邢秦中. 1999. ATM 通信网. 北京: 人民邮电出版社.

徐光辉. 1988. 随机服务系统 (第二版). 北京: 科学出版社.

徐秀丽, 田乃硕. 2001. 离散 PH 分布的一个封闭性质及其应用. 运筹与管理, 10(1): 6–9.

徐秀丽, 田乃硕. 2002. 带关闭期和启动期的 GI/M/1 排队及其应用. 运筹与管理, 11(5): 10–13.

徐秀丽, 田乃硕. 2003. 带关闭期和启动期的 GI/M/1 排队. 燕山大学学报, 27(1): 68–71.

徐秀丽, 马占友, 田乃硕. 2004. 非时齐 Poisson 到达的 $M(t)/\mathrm{G}_j/\infty$ 排队群. 运筹与管理, 13(6): 25–30.

徐秀丽, 田乃硕. 2004. (e, d, N) 策略的 M/M/c 排队. 中国运筹学会第七届学术交流会论文集 (下卷), 1082 1088.

徐秀丽, 刘洺辛, 马占友, 田乃硕. 2005. 同输入 M/M/∞ 排队群的联合队长过程. 运筹与管理, 14(1): 1–8.

徐秀丽, 马占友, 刘洺辛, 田乃硕. 2007. 多服务台排队系统的组装策略. 应用数学学报, 30(2): 218–227.

赵玮, 王荫清. 1993. 随机运筹学. 北京: 高等教育出版社.

Alfa A S. 1995. A discrete MAP/PH/1 queue with vacations and exhaustive service. *Oper. Res. Lett.*, 18: 31–40.

Alfa A, Frigui I. 1996. Discrete NT-policy single sever queue with Markovian arrival process and phase type service. *Oper. Res. Lett.*, 88: 599–613.

Alfa A S. 1998. Matrix-geometric solution of discrete time MAP/ PH/1 priority queue. *Naval Research Logistics*, 45: 23–50.

Alfa A S. 1998. A discrete MAP/PH/1 vacation queue with gated times——limited service. *Queueing Systems*, 29: 35–54.

Alfa A S. 2003. Vacation models in discrete time. *Queueing Systems*, 44: 5–30.

Alfa A S, Li W. 2001. Matrix–geometric solution of the discrete time GI/G/1 system. *Stoch. Mod.*, 17: 541–554.

Alfa A S, Neuts M F. 1995. Modelling vehicular traffic using the discrete time Markovian arrival process. *Transportation Science*, 29: 109–117.

Anick D, Mitra D and Sondi M M. 1982. Stochastic theory of data handling system with multiple sources. *Bell System Tech. J.*, 61(8): 1871–1894.

Arem B van, Doorn E A and Meijer T M J. 1989. Queueing analysis of a discrete closed-loop conveyor with service facilities. *Queueing System*, 4: 95–114.

Atencia I, Moreno P. 2004. A discrete tme Geo/G/1 retrial queue with general retrial times. *Queueing System*, 48: 5–21.

Baba Y. 2005. Analysis of a GI/M/1 queue with multiple working vacations. *Oper. Res. Lett.*, 33: 201–209.

Baccelli F, Bremaud P. 2003. *Elements of Queueing Theory: Palm Martingale Calculus and Stochastic Recurrences.* 2nd ed. Berlin: Springer–Verlag.

Balmer D W. 1972. A single server queue in discrete time with customers served in random order. *J. Appl. Prob.*, 9: 862–867.

Banik Y. Gupta U and Pathak S. 2007. On the GI/M/1/N queue with multiple working vacations–analysis and computation. *Applied Mathematical Modelling*, 31: 1701–1710.

Baskett F, Chandy M, Muntz R and Palacios F G. 1975. Closed and mixed networkes of queues with different classes of customers. *Journal of the Association for Computing Machinery*, 22: 248–260.

Bellman R. 1960. *Introduction to Matrix Analysis.* New York: McGraw Hill.

Bharah-Kumar K. 1980. Discrete time queueing systems and their networks. *IEEE Trans. Comm. Com.*, 28: 260–263.

Bharucha-Reid A. 1960. *Elements of the Theory of Markov Processes and Their Applications.* New York: McGraw-Hill.

Bhat U N. 1968. *A Study of the Queueing Systems* M/G/1 *and* GI/M/1. Berlin and New York: Springer-Verlag.

Blondia C. 1989. The N/G/1 finite capacity queue. *Communtis. Stochastic Model*, 5(2): 273–294.

Blondia C. 1991. Finite capacity vacation models with non-renewal input. *J. Appl. Probab.*, 28: 174–197.

Blondia C, Casals O. 1991. Cell loss probabilities in a statistical multiplexer in an ATM network // Proc. 6th Gl/ITG-Fachtagung, Messung, Modellierung and Bewertung von Rechensystemen. Miinchen, 1991, *lnformatik- Fachber.* Berlin: Springer, 286: 121–136.

Blondia C. 1992. Performance evaluation of an M/1-stage in an ATM switching element. *Performance Evaluation*, 15(1): 1–20.

Blondia C. 1993. A discrete time batch Markovian arrival process as B-ISDN traffic model. *Belgian J. Oper. Res. Statist. Comput. Sci.*, 32(3/4): 3–23.

Blondia C, Casals O. 1992. Statistical multiplexing of VBR sources: a matrix-analytic approach. *Performance Evaluation*, 16: 5–20.

Böhm W. 1993. *Markovian queueing systems in discrete time.* Mathem. Syst. In Economics, 137 (Haim, Frankfurs/Main).

Böhm W, Mohanty S G. 1994. Transient analysis of with heterogeneous arrivals. *Queueing Systems*, 18: 27–45.

Böhm W, Mohanty S G. 1994. *On discrete time Markovian N–policy queue involving batches.* Sankyā. Ser. A, 56: 1–20.

Böhm W, Mohanty S G. 1994. Transient analysis of M/M/1 queue in discrete time with general server vacations. *J. Appl. Prob.*, 31: 115–129.

Bolch G, Greiner S, Meer H. 1998. de and Trivedi K S. *Queueing networks and Markov chains.* New York: John Wiley.

Boucherie R J, Dijk N M. 1990. van. Spacial birth-death processes with multiple changes and applications to batch service networks and clustering processes. *Advances of Applied Probability*, 22: 433–455.

Boucherie R J, Van Dijk N M. 1991. Product form for queueing networks with state-depedent multiple job transitions.. *Advances of Applied Probability*, 23: 152–187.

Boucherie R J. 1992. *Product form in queueing networks.* Tinbergen Institute Research Series. Free University, Netherlands.

Boxma O J, Groenendijk W P. 1988. Waiting times in discrete time cyclic service systems. *IEEE Transactions on Communications*, 36(2): 164–170.

Boxma O J, Daduna H. 1990. *Sojourn times in queueing networks* // Takage H. Stochastic Analysis of Computer and Communication Systems, Amsterdam, IFIP, North-Holland, 401–450.

Brandt A, Franken P and Lisek B. 1990. *Stationary Stochastic Models.* John Wiley & Sons.

Bremaud P. 1981. *Point Processes and Queues.* New York: Springer–verlag.

Briem U, Theimer T H and Kröner H. 1981. A general discrete time queueing model: analysis and applications // ITC-13, 14: 13–19.

Bruell S C, Kim Byung G. 1980. *Computational algorithms for closed queueing networks.* New York: North-Holland.

Bruneel H. 1984. Analysis of discrete–time buffer with single output, subject to interruption process. *In Performance' 84. Amsterdam: Elsevier*, 103–115.

Bruneel H, Kim B G. 1993. *Discrete-Time Models for Communication Systems Including ATM.* Boston: Kluwer Academic Publishers.

Buzen J P. 1973. Computational algorithms for closed queueing networks with exponential servers. *Communications of the ACM*, 16: 527–531.

Chan W. Maa D. 1978. The GI/Geom/N queue in discrete time. *INFOR*, 16: 232–252.

Chang S H, Choi D W. 2005. Performance analysis of a finite–buffer discrete–time queue with bulk arrival, bulk service and vacations. *Computers &Oper. Res.*, 365–407.

Chao X, Pinedo M. 1993. On generalized networks of queues with positive and negative arrivals. *Prob. Eng. Inf. Sci.*, 7: 301–334.

Chao X, Miiyazawa M and Pinedo M. 1999. *Queueing Networks.* New York: John Wiley & Sons.

Chatterjee V, Mukherjee A. 1990. GI/M/1 queue with server vacations. *J. Oper. Res. Soc.*, 41: 83–87.

Chaudhry M L, Templeton J. 1983. *A First Course in Bulk Queues.* New York: John Wiley & Sons.

Chaudhry M L, Zhao Y Q. 1984. First–passage–time and busy distributions of discrete time Markovian queue: Geom(n)/Geom(n)/1/N. *Queueing Systems*, 18: 5–26.

Chaudhry M L, Gupta U. 1996. Performance analysis of the discrete–time GI/Geom/1/N queue. *J. Appl. Prob.*, 33(1): 239–255.

Chaudhry M L, Gupta U C and Templeton J G. 1996. On the relations amongs the distributions at different epochs fot discrete time GI/Geom/1 queues. *Oper. Res. Letters*, 18: 247–255.

Chaudhry M L. 2000. On numerical computations of some discrete-time queues // Grassmann W K (Ed.). *Computational Probability.* Boston: Kluwer Academic Publishers, 365–407.

Chaudhry M L, Gupta U C. 2003. Queue length distributions at various epochs in discrete-time D-MAP/G/1/N queue and their numerical evaluations. *International Journal of Information and Management Sciences*, 14(3): 67–83.

Chaudhry M L, Gupta U C. 2003. Analysis of a finite-buffer bulk-service queue with discrete Markovian arrival process: D-MAP/$G^{a,b}$/1/N. *Naval Research Logistics*, 50: 345–363.

Chen D T, Rieders M. 1996. Cyclic Markov modulated Poisson processes in traaffic characterization. *Commun. Statist. Stochastic Models*, 12(4): 585–610.

Christoph H. 2001. The complete analysis of the discrete time finite DBMAP/G/1/N queue. *Performance Evaluation*, 43: 95–121.

Chu W, Konheim A G. 1972. On the analysis and modeling of a class of computer communication systems. *IEEE Transactions on Communications*, 20(3): 645–660.

Chung K L. 1967. *Markov Chains with Stationary Transition Probabilities.* 2nd. New York: Springer.

Cinlar E. 1975. *Introduction to Stochastic Process.* 1st ed. Englewood Cliffs, NJ: Pretice-Hall.

Cohen J. 1979. The multiple phase service network with generalized processor sharing. *Acta Informatica*, 12: 245–284.

Cohen J. 1982. *The Single Server Queue.* Second edition. Amsterdam: North–Holland.

Coleman J L, Henderson W, Pearce C E M and Taylor P G. 1997. A correspondence between product-form batch-movement queueing networks and single-movement networks. *Journal of Applied Probability*, 34: 160–175.

Cooper R. 1981. *Introduction to Queueing Theory.* Amsterdam: North– Holland.

Daduna H, Schassberger R. 1983. Networks of queues in discrete time. *Zeitschrift fuer Operations Research*, 27: 159–175.

Daduna H, Schassberger R. 1993. Delay time distributions and adjusted transfer rates for Jackson networks. *Archiv für Electronik und Übertragungstechnik*, 47: 342–348.

Daduna H. 1996. The cycle time distribution in a cycle of Bernoulli servers in discrete time. *Methematical Methods of Operations Research*, 44: 295–332.

Daduna H. 1997. Sojourn time distributions in non-product form queueing networks // Jewgeni Dshalalow. *Frontiers in Queueing: Models and Applications in Science and Engineering*, Chapter7, 197–224, Boca Raton: CRC Press.

Daduna H. 1997. Some results for steady-state and sojourn time distributions in open and closed linear networks of Bernoulli servers with state-depedent service and arrival rates. *Performance Evaluation*, 30: 3–18.

Daduna H, Szekli R. 1999. *Conditional job observer properties in multitype closed queueing networks.* Preprint, Mathematical Institute of the Unversity of Wroclaw.

Daduna H. 2001. *Queueing Networks with Discrete Time Scale.* Berlin: Springer-Verley.

Dafermos C, Neuts M A. 1971. Single server queue in discrete time. *Cahies Centre Etudes Rech. Oper.*, 13: 23–40.

De Souza e Silva E Muntz R R. 1990. Queueing networks: Solutions and applications // Takagi H. *Stochastic Analysis of computer and Communication Systems*, 319-399, Amsterdam, IFIP, North-Holland.

Dijk N M van. 1993. *Queueing Networks and Product Forms-A Systems Approach.* Chichester: Wiley.

Doob J L. 1953. *Stochastic Processes.* New York: John Wiley & Sons.

Doshi B. 1985. A note on stochastic decomposition in a GI/G/1 queue with vacations or set–up times. *J. Appl. Prob.*, 22: 419–428.

Doshi B. 1986. Queueing systems with vacations–a survey. *Queueing Systems*, 1: 29–66.

Dukhovny A. 1997. Vacation in $GI^x/M^x/1$ systems and Riemann boundary value problems. *Queueing Systems*, 27: 351–366.

Femg Huci-Wen, Chang Jin-Fu. 2000. The departure process of discrete time queueing systems with Markovian type input. *Queueing Systems*, 36: 201–220.

Fiems D, Bruneel H. 2001. Discrete time queueing systems with vacations governed by geometrically distribution times // *Proc. Africom, Fifth International Conference on Communication Systems.* South Africa.

Fiems D, Bruneel H. 2002. Analysis of a discrete–time queueing system with timed vacations. *Queueing Systems*, 42: 243–254.

Fiems D, Vuyst S and Bruneel H. 2002. The combined gated exhaustive vacation system in discrete time. *Performance Evaluation*, 49: 227–239.

Franken P, König D, Arndt U and Schmidt V. 1982. *Queues and Point Processes.* New York: John Wiley & Sons.

Freedman D. 1983. *Markov Chains.* New York: Springer.

Frigui I, Alfa A S and Xu X Y. 1997. Algorithms for computing waiting time distributions under different queue disciplines for the DBMAP/PH/1.*Naval Research Logistics*, 44: 559–576.

Fuhrmann S A. 1984. A note on the M/G/1 queue with server vacation. *Oper. Res.*, 32: 1368–1373.

Fuhrmann S A, Cooper R. 1985. Stochastic decompositions in the M/G/1 queue with generalized vacations. *Oper. Res.*, 33: 1117–1129.

Garcia J, Casals O. 1992. Stochastic models of space priority mechanisms with Markovian arrival process. *Ann. Oper. Res.*, 35: 271–296.

Gordon W J, Newell G F. 1967. Closed queueing networks with exponential servers. *Operations Research*, 15: 252–267.

Graham A. 1987. *Non-negativ Matrices and applicable Topics in Linear Algebra.* Chichester: Ellis Horwood.

Grassman W, Taksar M and Heyman D. 1985. Regenerative analysis and steady state distribution for Markov chains. *Oper. Res.*, 33: 1107–1116.

Grassmann W K, Stanford D A. 1999. Matrix analytic methods // *Computational Probability.* Norwell, MA: Kluwer Academic Publishers, 153–203.

Gravey A, Louvion J R and Boyer P. 1990. On the Geom/D/1 and Geom/D/1/N queues. *Performance Evaluation*, 11(2): 117–125.

Gravey A, Hebuterne G. 1992. Simultaneity in discrete time single server queue with Bernoulli inputs. *Performance Evaluation*, 14: 123–131.

Gross D, Harris C. 1985. *Foundamentals of Queueing Theory.* Second edition. New York: John Wiley & Sons.

Gunter B, Stefan G, Hermann D and Kishor S. 2006. *Queueing Networks and Markov Chains.* 2nd ed. Wiley-Interscience.

Gupta U C, Samanta S K, Sharmab R K and Chaudhry M L. 2007. Discrete-time single-server finite-buffer queues under discrete Markovian arrival process with vacations. *Performance Evaluation*, 64: 1–19.

Harel A, Namm S and Sturm J. 1999. Simple bounds for closed queueing networks. *Queueing Systems and Their Applications*, 31: 125–135.

Harnpanichpun N, Pujolle G. 1995. Product-form discrete-time queues in series with batch transition: late arrival case. *Performance Evaluation*, 21: 261–269.

Harris C, Marchal W. 1988. State dependence in M/G/1 server vacation models. *Oper. Res.*, 36: 560–565.

Hassan M, Atiquzzaman M. 1997. A delayed vacation model of an M/G/1 queue with setup time and its application to SVCC–based ATM network. *IEICE Trans. Commun. E80–B*, 317–323.

He Q M. 1996. Queues with marked customers. *Advances in Applied Probability*, 28: 567–587.

He Q M, Neuts M F. 1998. Markov chains with marked transitions.*Stochastic Processes and their Applications*, 74: 37–52.

Heimann D, Netus M. 1973. The single server queue in discrete time–numerical analysis, IV. *Naval Res. Logist. Quart.*, 20: 753–766.

Henderson W, Taylor P G. 1990. Product form in queueing networks with batch arrivals and batch services. *Queueing System*, 6: 71–88.

Henderson W, Pearce C E M, Taylor P G and Dijk N M. van. 1990. Closed queueing networks with batch services. *Queueing Systems and Their Applications*, 6: 59–70.

Henderson W, Taylor P G. 1991. Embedded processes in stochastic Petri nets. *IEEE Transactions on Software Engineering*, 17: 108–116.

Henderson W, Taylor P G. 1991. Some new results on queueing networks with batch movements. *Journal of Applied Probability*, 28: 409–421.

Henderson W, Taylor P G. 1992. Discrete-time queueing networks with geometric release probabilities. *Advances of Applied Probability*, 24: 229–233.

Henderson W, Northcote B S and Taylor P G. 1995. Triggered batch movement in queueing networks. *Queueing Systems*, 21: 125–141.

Herrmann C. 1993. A performance model for statistical multiplexing of correlated ATM Traffic superpositions // *Proceedings of the Seventh ITG/GI Fachtagung: MMB'* 93, Acchen. Berlin: Springer, 21–23.

Herrmann C. 1994. VBR video in ATM without fram-buffering: influence of a periodic correlation function on QOS parameters // *Proceedings of the Second IFIP workshop on Performance Modelling and Evaluation of ATM Networks*, Bradford, July, 4–6.

Herrmann C. 1995. Discrete time models for connection admission control (CAC) in ATM // *Performance modelling and Evaluation of ATM Networks*, 1. London: Chapman& Hall, 85–104.

Herrmann C. 1996. Transient behaviour of QOS parameters during connection admission in ATM. *Int. J. Electron. Commun.*, 50(4): 274–284.

Herrmann C. 1997. Efficient computation of waiting time moments for the DBMAP/G/1/N queue // Kouvatsos D, *Performance Analysis of ATM Networks*. Dordrecht: Kluwer Academic Publishers.

Herrmann C. 2001. The complete analysis of the discrete time finite DBMAP/G/1/N queue. *Performance Evaluation*, 43: 95–121.

Heyman D. 1977. The T-policy for the M/G/1 queue. *Manag. Sci.*, 23: 775–778.

Hsu J, Burke P. 1971. Behariour of tandem buffers with geometric input and Markovian output. *IEEE Trans. Comm. Com.*, 24: 358–360.

Hunter J J. 1983. *Mathematical Techniques of Applied Probability//Discrete-Time Models: Techniques and Applications.* New York: Academic Press.

Hus J, Burke P. 1976. Behavior of tandem buffers with geometric input and Markovian output. IEEE Transactions on Communications COM, 24: 358–360.

Ishizaki F, Takine T and Hesegawa T. 1995. Analysis of a discrete–time queue with gated priority. *Performance Evaluation*, 23: 121–143.

Jackson J R. 1957. Networks of waiting lines. *Oper. Res.*, 5(4): 518–521.

Janssen A, Vanleeuwaarden J. 2005. Relaxation time for the discrete D/G/1 queue. *Queueing Systems*, 50: 53–80.

Johnson M A, Narayana S. 1996. Descriptors of arrival process burstiness with application to the discrete time Markovian arrival process. *Queueing Systems*, 23: 107–130.

Ke J C. 2003. The analysis of a general input queue with N-policy and exponential vacations. *Queueing Systems*, 45: 135–160.

Keilson J, Servi L. 1987. Dynamics of the M/G/1 vacation model. *Oper. Res.*, 35: 575–582.

Kelly F. 1976. Networks of queues. *Advances of Applied Probability*, 8: 416–432.

Kelly F. 1979. *Reversibility and Stochastic Networks.* Chichester-New York-Brisbane-Toronto: John Wiley and Sons.

Kelly F, Phillip Pollett. 1983. Sojourn times in closed queueing networks. *Advances of Applied Probability*, 15: 638–653.

Kemeny J, Snell J. 1983. *Finite Markov Chains.* New York: Springer.

Kim B G, Towsley D F and Wolf J K. 1979. On discrete–time queueing systems. *Inter. Conference on Communications*, Boston, June.

Kim B G. 1988. A single server discrete time queueing systems: with and without priorities. *IEEE Global Telecommunications Conference*, 522–526.

Kim J, Chae K. 2003. Analysis of queue-length distribution of the M/G/1 queue with working vacations. *Hawaii International Conference on Statistics and Related Fields*, June, 5–8.

Kleinrock L. 1976. *Queueing Systems, Vol.1 Theory, Vol.2 computer Applications.* New York: John Wiley & Sons.

Klimko E, Netus M. 1973. The single server queue in discrete time–numerical analysis, II. *Naval Res. Logist. Quart.*, 20: 304–319.

Kobayashi H, Konheim A. 1977. Queueing models for computer communications analysis. *IEEE Trans. Comm. Com.*, 25: 1–9.

Koenigsberg E. 1982. Twenty five years of cyclic queues and closed queue networks: A review. *Journal of the Operations Research Society*, 33: 605–619.

Konhein A G, Meister B. 1974. Waiting limes and times in a system with polling. *J. Association for Computing Machinery*, 21: 470–480.

Kook K H, Serfozo R F. 1993. Travel and sojourn times in stochastic networks. *Annals of Applied Probability*, 3: 228–252.

Kramer M. 1987. Computational methods for Markov chains occuring in queueing theory // Herzog U and Paterok M, eds.. *Messung, Modellierung und Bewertung von Rechensystemen, lnformatik-Fachber.* Berlin: Springer, 154: 164–175.

Kramer M. 1989. Stationary distribution in a queueing system with vacation times and limited service. *Queueing Systems*, 4: 57–68.

Kröner H, Theimer T and Briem U. 1990. Queueing models for ATM systems——a comparison. *Contribution to the 7th ITC Seminar.* Morristown, NJ.

Kröner H. 1991. Statistical multiplexing of sporadic sources-exact and approximate performance analysis. Jensen A and Iversen V B., eds.. *Teletraffic and Data Traffic in a Period of Change* Proc. 13th ITC, Copenhagen, Denmark. Amsterdam: North Holland, 19–26.

Latouche G, Jacobs P A and Gaver D P. 1984. Finite Markov chain models skip-free in one direction. *Naval Res. Logist. O.*, 31: 571–588.

Latouche G, Ramaswami V. 1999. *Introduction to Matrix Analytic Methods in Stochastic Modeling.* ASA–SCAM series on Applied Probability. New York.

Lavenberg S S, Reiser M. 1980. Stationary state probabilities at arrival instants for closed queueing networks with multiple types of customers. *Journal of Applied Probability*, 17: 1048–1061.

Lee H, Park N and Jeon J. 2003. A new approach to the queue length and waiting time of BMAP/G/1 queues. *Computers & Oper. Res.*, 30: 2021–2045.

Levy H, Kleinrock L. 1986. A queue with starter and a queue with vacations: Delay analysis by decomposition. *Oper. Res.*, 34: 426–436.

Levy Y, Yechiali U. 1975. Utilization of idle time in an M/G/1 queueing system. *Manag. Sci.*, 22: 202–211.

Li H, Yang T. 1998. Geo/G/1 discrete time retrial queue with Bernoulli schedule. *Eur. J. Oper. Res.*, 111: 629–649.

Li J, Tian N. 2007. The M/M/1 queue with working vacations and vacation interruption. *JSSSE*, 16(1): 121–127.

Li J, Tian N. 2007. The discrete–time GI/Geom/1 queue with working vacations and vacation interruption. *Applied Mathematic and Computer*, 185(1): 1–10.

Li J, Tian N and Liu W. 2007. The discrete–time GI/Geo/1 queue with multiple working vacations. *Queueing Systems.*, 56(1): 53–63.

Li J, Tian N. 2008. Analysis of the discrete time Geo/Geo/1 queue with single working vacation. *Quality Technology and Quantitative Management*, 5(1): 77–89.

Li J, Zhang G and Tian N. The discrete-time Geo/G/1 queue with working vacations: A matric analytic approach. in press.

Li S Q. 1989. Study of information loss in packet voice systems. *IEEE Trans. Comm.*, 37(11): 1192–1202.

Liu D, Neuts M F. 1994. A queueing model for an ATM rate control scheme. *Telecommunication Systems*, 2: 321–348.

Liu W, Xu X and Tian N. 2007. Stochastic decomposition in the M/M/1 queue with working vacations. *Oper. Res. Lett.*, 35(5): 595–600.

Lucantoni D M, Meier-Hellstern K S and Neuts M F. 1990. A singleserver queue with server vacations and a class of non-renewal arrival processes. *Advances in Applied Probability*, 22: 676–705.

Lucantoni D M. 1991. Newresults on the single server queue with a batch Markovian arrival process. *Stochastic Models*, 7: 1–46.

Lucantoni D M. 1993. *The BMAP/G/1 queue: a tutorial, in Models and techniques for performance evaluation of computer and communication systems.* Springer-Verlag. 330–358.

Lucantoni D M. New results on the single server queue with a batch Markovian arrival process. Commun. Statist. 1991. *Stochastic Models*, 7(1): 1–46.

Ma Z, Tian N. 2005. M/G/1 gate service system with multiple adaptive vacation. *J. Computational Information Systems*, 1(4): 985–991.

Ma Z, Tian N. 2005. Pure limited service Geom/G/1 queue with multiple adaptive vacations. *J. Computational Information Systems*, 1(3): 515–521.

Ma Z, Tian N and Liu M. 2006. M/G/1 Queue with Multiple Vacations and Server Set-up and Close-down Times. *Pure Mathematics and Applications*, 15(4): 419–427.

Ma Z, Tian N, Chen L and Liu M. 2007. A Geom/G/1 gate service system with multiple adaptive vacation. *International Journal of Information and Management Sciences*, 18(3): 56–62.

Ma Z, Tian N. 2008. Pure Decrementing Service M/G/1 Queue with Multiple Adaptive Vacations. *Quality Technology and Quantitative Management*, 5(1): 91–100.

Maglaris B, Anastassiou D, Sen P, Karlsson G and Robbins J. 1988. Performance models of statistical multiplexing in packet video communications. *IEEE Trans. Comm.*, 36(7): 834–844.

Meisling T. 1958. Discrete time queueing theory. *Oper. Res.*, 6: 96–105.

Miller D G. 1981. Computation of steady-state probabilities for M/M/1 priority queues. *Operations Research*, 29: 945–958.

Minh D I. 1978. The discrete–time single server queue with time–inhomogeneous compound Poisson input. *J. Appl. Prob.*, 15: 590–601.

Mitrou N M, Kontovassalis K P and Nellas V. 1994. Bursty traffic modelling and multiplexing performance analysis in ATM networks: a three moment approach. *Modelling and Evaluation of ATM Networks*, 32–54.

Miyazawa M. 1994. On the characterisation of departure rules for discrete-time queueing networks with batch movements and its applications. *Queueing Systems and Their Applications*, 18: 149–166.

Miyazawa M. 1995. A note on my paper: On the characterisation ofdeparture rules for discrete-time queueing networks with batch movements and its applications. *Queueing Systems and Their Applications*, 19: 445–448.

Miyazawa M. 1999. Stability of discrete-time Jackson networks with batch movements// Paul Glasserman, Karl Sigman and David D Yao, editors. *Stochastic Networks: Stability and Rare Events*, volume 117 of *Lecture Notes in Statistics*, Chapter 5. New York: Springer, 76–93.

Miyazawa M. 1997. Structure–reversibility and departure functions of queueing networks with batch movements and state dependent routing. *Queueing Systems*, 25: 45–75.

Morrison J. 1979. Two discrete time queue in tandem. *IEEE Trans. Comm. Com*, 27: 563–573.

Narayan Bhat U. 1984. *Elements of Applied Stochastic Processes*. Second Edition. New York: John Wiley & Sons.

Neuts M. 1973. The single server queue in discrete time–numerical analysis. I. *Naval Res. Logist. Quart.*, 20: 297–304.

Neuts M, Klimko E. 1973. The single server queue in discrete time–numerical analysis, III. *Naval Res. Logist. Quart.*, 20: 557–567.

Neuts M. 1975. Probability distributions of phase type. *in Liber Amicorum Prof. Belgium Univ. of Louvain*, 173–206.

Neuts M. 1978. Markov chains with applications in queueing theory which have a matrix–geometric invariant vector. *Adv. Appl. Prob.*, 10: 185–211.

Neuts M. 1979. A versatile Markovian point process. *J. Appl. Probab.*, 16: 764–779.

Neuts M. 1980. The probabilistic significance of the rate matrix in matrix–geometric invariant vectors. *J. Appl. Prob.*, 17: 291–296.

Neuts M. 1981. *Matrix–Geometric Solutions in Stochastic Models.* Baltimore: Johns Hopkins Univ. Press.

Neuts M. 1989. *Structured Stochastic Matrices of M/G/1 Type and Their Applications.* New York: Marcel Dekker.

Norros I, Virtamo J T. 1991. Who loses cells in the case of burst scale congestion? Jensen A, lversen V B. eds.. *e Teletraffic and Data Traffic in a Period of Change*, Proc. 13th ITC, Copenhagen, Denmark, 19-26 June 829–833.

Niu Z, Takahashi Y and Endo N. 1998. Performance evluation of SVC–Based Ip–Over–ATM network. *IEICE Trans. Commun.*, E81–B, 948–957.

Niu Z, Takahashi Y. 1999. A finite capacity queue with exhaustive vacation/close–down/setuptime and Markovian arrival processes. *Queueing Systems*, 31: 1–23.

Niu Z, Shu T and Takahashi Y. 2003. A vacation queue with setup and close–down time and batch Markovian arrival processes. *Performance Evaluation*, 54: 225–248.

Ōsawa H. 1989. Disscrete–time storage models with negative binomial inflow. *J. Oper. Res. Japan*, 32: 218–232.

Ōsawa H. 1994. Quasi–reversibility of a discrete–time queue and related models. *Queueing Systems*, 18: 133–148.

Pestien. V, Ramakrishnan S. 1994. Asymptotic behavior of large discrete-time cyclic queueing networks. *Annals of Applied Probability*, 4: 591–606.

Pestien V, Ramakrishnan S. 1994. Features of some discrete-time cyclic queueing networks. *Queueing Systems and Their Applications*, 18: 117–132.

Perterson S. 2000. General batch service disciplines - A product-form batch processing network with customer coalescence. *Mathematical Methods of Operations Research*, 52: 79–97.

Prabhu N. 1965. *Queues and Inventries.* New York: John Wiley & Sons.

Ramaswami V. 1988. Traffic performance modeling for packet communication whence, where and whiter (keynote adress), 3rd. *Australian Teletraffic Seminar*, November.

Ramaswami V, Latouche G. 1988. Modeling packet arrivals from asynchronous input lines. 12th ITC Torino, Paper No.4.1 A.5, Paper No.4.2.

Reiser M. 1979. A queueing network analysis of computer communication networks with window flow control. *IEEE Transactions in Communications*, 27: 1199–1209.

Ross M. 1983. *Stochastic Processes.* New York: John Wiley & Sons.

Rubin I, Mornes L F. 1983. Message delay analysis for polling and token multiple–access schemes for local communication networks. *IEEE J. Selected Areas in Communications*, Vol. SAC–1, 5: 935–947.

Saaty T. 1961. *Elements of Queueing Theory.* New York: McGraw Hill.

Saito H. 1990. The departure process of the N/G/I queue. *Performance Evaluation*, 11: 241–251.

Samanta S, Gupta U and Sharma R. 2007. Analyzing discrete time D-BMAP/G/1/N queue with single and multiple vacations. *Eur. J. Oper. Res.*, 182: 321–339.

Samanta S K, Chaudhry M L and Gupta U C. 2007. Discrete–time Geom^X/G$^{(a,b)}$/1/N queues with single and multiple vacations. *Mathematical & Computer Modeling*, 45: 93–118.

Samanta S K, Gupta U C and Sharma R K. 2007. Analysis of finite capacity discrete–time GI/Geom/1 queueing system with multiple vacations. *J. Oper. Res. Society*, 58(3): 368–377.

Schmookler M S. 1970. Limited capacity discrete time queues with single or bulk arrival. *IBM technical report TROO*. 2048, 148–158.

Schwardz M. 1996. *Broadband Integerated Networks.* Prentice Hall PTR.

Sen P, Maglaris B, Rikli N E and Anastassiou D. 1989. Models for packet switching of variable-bit-rate video sources. *IEEE J. Selected Areas Comm.*, 7(5): 865–869.

Sengupta B. 1991. Phase type representation of matrix–gemetric solution. *Stoch. Mod.*, 6: 163–167.

Serfozo R F. 1989. Markovian network processes: Congestion dependent routing and processing. *Queueing System*, 5: 5–36.

Serfozo R F. 1993. Queueing networks with depedent nodes and concurrent movements. *Queueing Systems and Their Applications*, 13: 143–182.

Serfozo R F, Yang B. 1998. Markov network processes with string transitions. *Annals of Applied Probability*, 8: 793–821.

Serfozo R F. 1999. *Introduction to Stochastic Networks*, New York: Springer.

Servi L, Finn S. 2003. M/M/1 queue with working vacations (M/M/ 1/WV). *Perfor. Eval.*, 50: 41–52.

Shacham N. 1992. Multipoint communication by hierarchically encoded data // *IEEE Infocom'02. Florence*, Italy, 3: 2107–2114.

Shanthikumar J. 1988. On stochastic decomposition in M/G/1 type queue with generalized server vacations. *Oper. Res.*, 36: 566–569.

Sharma V, Gangadhar N D. 1993. Some algrithms for discrete time queues with finite capacity. *Queueing Systems and Their Applications*, 14: 159–175.

Sun W, Tian N. The discrete-time GI/Geom/1 queue with single vacation. *Applied Mathem. Modeling.* in press.

Swartz G B. 1980. Polling in a loop system. *J. Assocation for Computing Machinery*, 27: 42–59.

Takacs L. 1962. *Introduction to the Theory of Queues.* New York: Oxford Univ. Press.

Takagi H. 1991. *Queueing Analysis, Vol.1. vacation and priority systems.* Amsterdam: North-Holland.

Takagi H. 1993. *Queueing Analysis, Vol.2. Finite systems.* Amsterdam: North-Holland,

Takagi H. 1993. *Queueing Analysis, Vol.3. Discrete time systems.* Amsterdam: North-Holland.

Takagi H, Leung K. 1994. Analysis of a discrete time queueing system with time-limited service. *Queueing Systems*, 18: 183–197.

Takahashi Y, Hashida O. 1991. Delay analysis of descrete–time priority queue with structured inputs. *Queueing Systems*, 8(2): 149–163.

Takine T. 2005. Mean buffer contents in discrete time single server queues with heterogeneous sources. *Queueing Systems*, 49: 161–186.

Teghem J. 1986. Control of the service process in a queueing system. Eur. *J. Oper. Res.*, 23: 141–148.

Tian N, Ma Z and Liu M. The discrete time Geom/Geom/1 queue with working vacations. *Applied Mathematical Modelling.* to appear.

Tian N, Xu X. 2005. The Waiting Time of an M/M/*c* Queue with Partial Servers Vacations. *OR Transactions*, 9(2): 1–8.

Tian N, Zhang D and Cao C. 1989. The GI/M/1 queue with exponential vacations. *Queueing Systems*, 5: 331–344.

Tian N, Zhang Z G. 2002. The discrete-time GI/Geo/1 queue with multiple vacations. *Queueing Systems*, 40: 283–294.

Tian N, Zhang Z G. 2003. A note on GI/M/1 queues with phase–type setup times or server vacations. *INFOR*, 41: 341–351.

Tian N, Zhang Z G. 2006. *Vacation Queueing Models–Theory and Applications.* Springer.

Tian N, Zhang Z G. 2006. A two threshold vacation policy in multiserver queueing systems. *European Journal of Operational Research*, 168: 153–163.

Tian N, Xu X, Ma Z. 2006. Set of Queues $M^{Q(t)}/G_j/\infty$ in Supply Chain. *OR Transactions*, 10(1): 21–30.

Tian, N, Zhang G. 2007. Quantifying the performance effects of idle time utilization in multiserver systems. *Naval Research Logistics*, 54(2): 189–199.

Tian N, Liu M, Ma Z, Xu X. 2006. Performance Analysis of Discrete-Time Erlang Loss System. *The 38th Southeastern Symposium on System Theory*, 3: 192–195.

Verbiest W, Pinnoo L. 1989. A variable rate video codec for Asynchronous Transfer Mode networks. *IEEE J. Selected Areas Comm.*, 7(5): 761–770.

Verbiest W, Pinnoo L and Voeten B. 1988. The impact of the ATM concept on video coding. *IEEE J. Selected Areas Comm.*, 6(9): 1623–1632.

Walrand J. 1983a. A discrete-time queueing networks. *Journal of Applied Probability*, 20: 903–909.

Walrand J. 1983b. A probabilistic look at networks of quasi-reversible queues. *IEEE Trans. Inf. Th.*, IT–29, 6: 825–831.

Walrand J. 1988. *An Introduction to Queueing Networks.* New Jersey: Pretice–Hall.

Woodward M E. 1994. *Communication and Computer Networks: Modeling with Discrete-Time Queues.* Los Alamitos, CA: IEEE Computer Society Press.

Wu D, Takagi H. 2006. M/G/1 queue with multiple working vacations. *Perfor. Eval.*, 63: 654–681.

Xu X, Zhang Z. 2006. Analysis of Multi-server Queue with a Single Vacation (e, d)-Policy. *Performance Evaluation*, 63(8): 825–838.

Xu X, Tian N. 2006. Analysis on M/M/c Queue with (e, d, N)-policy Vacation. *Journal of Engineering Methematics*, 23(6): 1095–1100.

Xu X, Tian N. The M/M/c Queue with (e, d)-setup Times. *Journal of System Sciences and Complexity.* in press.

Xu X, Zhang Zh, Tian N. The M/M/1 queue with single working vacation and setup times. *International Journal of Operational Research.* in press.

Yamashita H. 1994. Discrete-time analysis of a classified multi–server queue with burst arrival and a shared buffer. *Queueing Systems*, 18: 167–182.

Yamashita H, Miyazawa M. 1998. Geometric product form queueing networks with concurrent batch movements. *Adv. Appl. Prob.*, 30: 1111–1129.

Yates R. 1994. Analysis of discrete time queue via reversed process. *Queueing Systems*, 18: 107–166.

Yuan C, Silvester J. 1989. Queueing analysis of delay constrained voice traffic in a packet switching system. *IEEE J. Selected Areas Comm.*, 7(5): 729–738.

Zhang Z G, Tian N. 2001. Discrete time Geom/G/1 queue with multiple adaptive vacations. *Queueing Systems*, 38: 419–429.

Zhang Z G, Tian N. 2004. The N–threshold for the GI/M/1 queue. *Oper. Res. Lett.*, 32: 77–84.

Zhang Z, Xu X. Analysis for the M/M/1 queue with multiple working vacations and N-policy. *International Journal of Information and Management Sciences.* in press.

Zhao J A, Li B and Ahmad I. 2003. Traffic model for layered video: an approach on Markovian arrival process // *Packet Video 2003.* Universite de Nantes, Nantes, France.

Zhao J A, Li B, Cao X R and Ahmad I. 2006. A matrix-analytic solution for the DBMAP/PH/1 priority queue. *Queueing Syst.*, 53: 127–145.

Zhao J A, Li B, Kok C W and Ahmad I. 2004. MPEG-4 video transmission over wireless networks: a link level performance study. *Wireless Networks*, 10: 133–146.

Zhao Y Q. 2000. Censoring technique in studying block-structured Markov chains // *The Third International Conference on Matrix Analytic Methods in Stochastic Models.* Leuven, Belgium.

名词索引

Z

其 他

《运筹与管理科学丛书》已出版书目

1．非线性优化计算方法　袁亚湘　著　2008年2月

2．博弈论与非线性分析　俞　建　著　2008年2月

3．蚁群优化算法　马良等　著　2008年2月

4. 组合预测方法有效性理论及其应用　陈华友　著　2008年2月

5. 非光滑优化　高　岩　著　2008年5月

6. 离散时间排队论　田乃硕等　著　2008年6月